电工
完全自学手册

段荣霞 李楠 濮霞 ◎ 编著

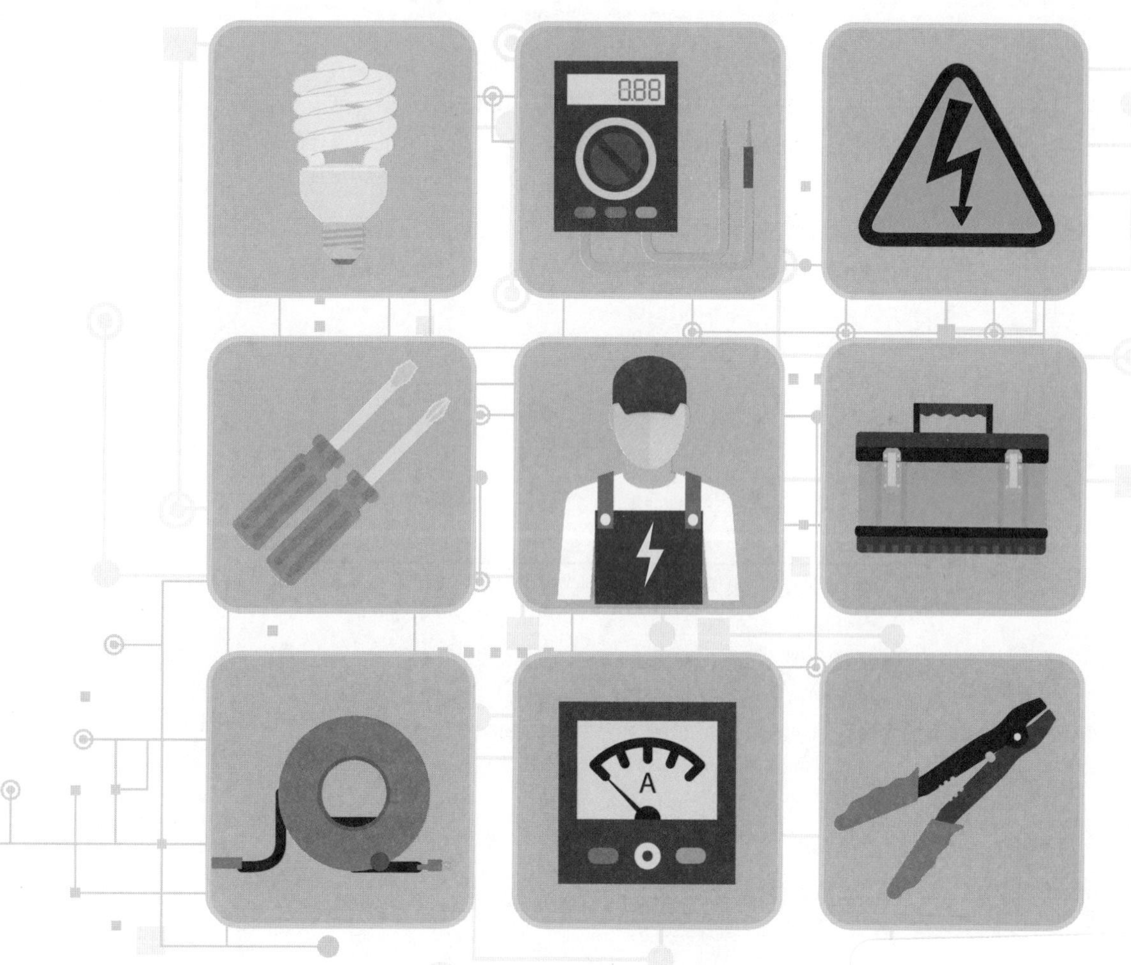

人 民 邮 电 出 版 社
北 京

图书在版编目（CIP）数据

电工完全自学手册 / 段荣霞，李楠，濮霞编著. -- 北京 : 人民邮电出版社，2021.5
ISBN 978-7-115-55503-8

Ⅰ. ①电… Ⅱ. ①段… ②李… ③濮… Ⅲ. ①电工技术－技术手册 Ⅳ. ①TM-62

中国版本图书馆CIP数据核字(2020)第241593号

内 容 提 要

本书深入浅出地介绍了电工应用中必须掌握的实用知识。具体内容包括：电工基础知识、电工操作安全知识、常用测量仪表和工具、电工材料、印制电路板、焊接技术、常用电子元器件、常用低压电器元件、电工电路识图、电气故障检测与处理、电力系统基础、电力变压器、供配电线路基础、继电保护和二次回路、倒闸操作、电动机、电气控制设计、电动机控制系统设计、可编程逻辑控制器（PLC）系统等。

本书内容丰富，讲解通俗易懂，适合广大电工及希望掌握电工技能和知识的读者学习参考。

◆ 编　　著　段荣霞　李　楠　濮　霞
　责任编辑　黄汉兵
　责任印制　陈　犇
◆ 人民邮电出版社出版发行　　北京市丰台区成寿寺路 11 号
　邮编　100164　　电子邮件　315@ptpress.com.cn
　网址　https://www.ptpress.com.cn
　临西县阅读时光印刷有限公司印刷
◆ 开本：787×1092　1/16
　印张：15.25　　2021 年 5 月第 1 版
　字数：390 千字　　2021 年 5 月河北第 1 次印刷

定价：89.80 元

读者服务热线：(010)81055493　印装质量热线：(010)81055316
反盗版热线：(010)81055315
广告经营许可证：京东市监广登字 20170147 号

前言

随着社会的不断进步与发展，电工在越来越多的领域发挥着重要作用。从生活用电到工业用电，从电工基本操作到电气规划设计，电工在社会生活中变得越来越重要。为培养出更多优秀的电工人才，满足这一专业需求，我们编写了本书。本书从电工操作入门开始讲解，并逐步深化、提高内容的专业性和层次性，除注重电工传统的基本技术能力训练外，还突出新技术的讲解和训练，力求实现理论与现代先进技术相结合，与时俱进，不断适应和满足现代社会对电工人才的需求。

电工领域不同于其他领域，由于其操作存在一定风险，专业人员不仅需要具备丰富的理论知识，还要有熟练的动手能力，方能在出现问题的时候以最快速、最安全的方式将问题解决，并将损失降到最低。为此，本书不仅对理论知识进行了系统的讲解，而且将不少技能培养与操作要点以图文并茂的形式展现在读者面前，将知识性、实践性系统地结合，确保能在电工及其相关技术中对读者起到良好的指导作用。

本书内容丰富，讲解通俗易懂，适合于广大电工及渴望掌握电工技能的读者学习参考，本书主要内容如下。

（1）电工操作入门基础知识，具体内容包括：电工基础知识、电工操作安全知识、常用测量仪表和工具、电工材料、印制电路板和焊接技术。

（2）低压电器与电工识图，具体内容包括：常用电子元器件、常用低压电器元件、电工电路识图和电气故障检测与处理。

（3）电气系统及其控制，具体内容包括：电力系统基础、电力变压器、供配电线路基础、继电保护和二次回路、倒闸操作、电动机、电气控制设计、电动机控制系统设计和可编程逻辑控制器系统。

本书由陆军工程大学石家庄校区的段荣霞老师、李楠老师、濮霞老师编著。第 1 章到第 6 章由李楠编写，第 7 章到第 10 章由濮霞编写，第 11 章到第 19 章由段荣霞编写。在此对所有参编人员表示衷心的感谢。

由于编者能力有限，本书在编写过程中难免会有些许不足，还请各位读者批评指正，以便于今后修改提高。联系邮箱：714491436@qq.com。

编者

2021 年 3 月

目录

▶▶第1篇

电工操作入门基础

本篇主要介绍电工操作的基础知识，包括电工基础知识、电工操作安全知识、常用测量仪表和工具、电工材料、印制电路板、焊接技术等内容。

第1章 电工基础知识

本章从最基础的电工知识入手，遵循由浅入深、循序渐进的知识体系，比较系统地介绍了直流电路、电磁、正弦交流电路、三相交流电路等电工技术中最常用的知识。本章的讲解是从学习电路开始的，也是电工必须掌握的基础。

1.1 直流电路

直流电所通过的电路称为直流电路。在直流电路中，电流的方向是不变的，但电流大小是可以改变的。例如，我们用的手电筒（用的是干电池），就构成一个直流电路，如图1-1所示。一般来说，把干电池或蓄电池当作电源的电路就可以看作是直流电路。市电经过整流桥变压后变成直流电而组成的电路也是直流电路。

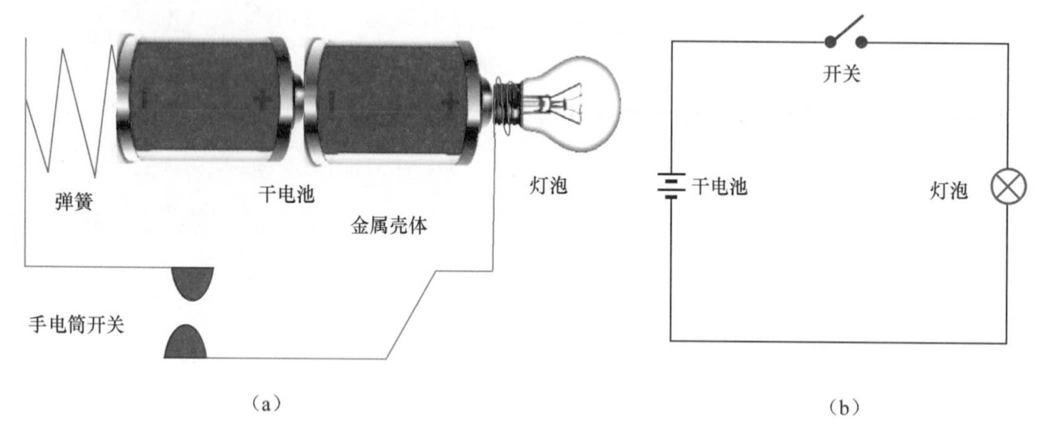

图1-1 手电筒电路图

图1-1（a）所示的实物电路图中，开关闭合后，电路中就有电流流过，电能是由干电池将化学能转换而来的，灯泡作为负载将电池中通过导线传输过来的电能转换成光能和热能并消耗掉，这个过程实现了电能与光能、热能之间的转换。当开关断开后，电路便切断，电流无法流通，灯泡失去了电能就不能发光了。图1-1（b）是为了设计和分析而把电路中的实物简化，用符号表示，通常称为电路图。

从上面的简单电路图中可以看出，直流电路主要包括以下三个部分。

（1）电源。它是电路中输出电能必不可少的装置，没有它电路无法工作。通常是干电池、锂电池、太阳能电池、发电机等，在工作时它们分别能将化学能、光能、机械能等能量转换成电能。

（2）负载。负载也是电路必不可少的基本组成部分，通常称为用电设备，比如电灯、电动机、电水壶、电视机等，它们能将电能转换成光能、热能、机械能等。

（3）连接导线。连接导线用来传输和分配电能，没有它就无法构成电路，开关也归于导线中。

以上便是最基本的直流电路组成，在实际运用中的电路常常还有很多附属设备，如各类控制（如通过可变电阻控制耳机音量的大小）、保护（如短路自动跳闸）、测量（比如电流表）等设备。

在比较简单的直流电路中，电源电动势、电阻、电流以及任意两点电压之间的关系可根据欧姆定律及电动势的定义得出。复杂的直流电路可根据基尔霍夫定律、叠加定理、戴维南定理等求解。

1.1.1　欧姆定律

在一段电路中，流过该段电路的电流与该段电路的电压成正比，与电阻成反比，这个规律叫作欧姆定律。它是分析电路的基本定律之一。对图 1-2（a）所示的电路，欧姆定律可用下式表示

$$\frac{U}{R}=I \qquad (1\text{-}1)$$

式中，R 即为该段电路的电阻。

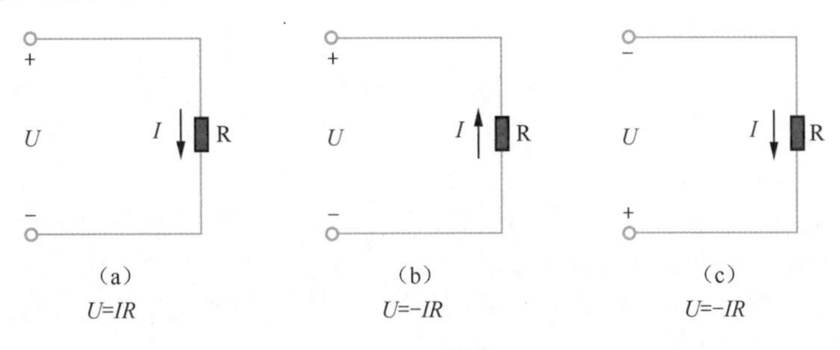

图 1-2　欧姆定律

由式 1-1 可知，当所加电压 U 一定时，电阻 R 越大，则电流 I 越小。显然，电阻具有对电流起阻碍作用的物理性质。

在国际单位制中，电阻的单位是欧［姆］（Ω）。当电路两端的电压为 1V，通过的电流为 1A 时，则该段电路的电阻为 1Ω。计量高电阻时，则以千欧（kΩ）或兆欧（MΩ）为单位。

在电路分析中，一个元件的电流或电压的实际方向可能是未知的，那它的参考方向可以独立地任意指定。根据在电路图上所选电压和电流的参考方向的不同，在欧姆定律的表达式中可带有正号或负号。当指定流过电阻的电流的参考方向是从电压正极性的一端指向负极性的一端，即两者的参考方向一致［见图 1-2（a）］时，则得出

$$U=RI \qquad (1\text{-}2)$$

当两者的参考方向不一致时［见图 1-2（b）和图 1-2（c）］，则得出

$$U=-RI \qquad (1\text{-}3)$$

这里应注意，一个式子中有两套正负号，式 1-2 和式 1-3 中的正负号是根据电压和电流的参考方向得出的。此外，电压和电流本身还有正值和负值之分。

1-1：基尔霍夫定律

1.1.2　基尔霍夫定律

电路的基本定律除了欧姆定律外，还有基尔霍夫定律。基尔霍夫定律是进行电路分析的重要定律，是电路理论的基石。

在介绍基尔霍夫定律之前，先介绍电路分析时常用的几个名词术语。

（1）支路。电路中每一条不分岔的局部路径，称为支路。图 1-3 所示的电路中有 5 条支路：支路 ab、支路 ac、支路 cb、支路 ad 和支路 db。

（2）节点。电路中有 3 条或 3 条以上支路的连接点，称为节点。图 1-3 所示的电路中有 2 个节点：节点 a 和节点 b。

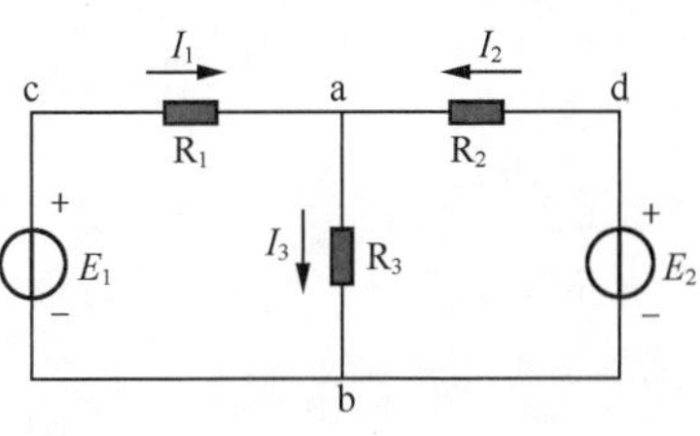

图 1-3　电路举例

（3）回路。电路中由一条或多条支路构成的闭合路径，称为回路。图 1-3 所示的电路中有 3 个回路：回路 acba、回路 adba 和回路 adbca。

（4）网孔。平面电路（平面电路是指电路画在一个平面上没有任何支路的交叉）中不含有支路的回路，称为网孔。图 1-3 所示的电路中共有 2 个网孔：网孔 acba 和网孔 adba。网孔属于回路，但回路并非都是网孔。

基尔霍夫定律分为：基尔霍夫电流定律（KCL），适用于电路中的节点，说明电路中各电流之间的约束关系；基尔霍夫电压定律（KVL），适用于电路中的回路，说明电路中各部分电压之间的约束关系。

基尔霍夫定律是电路中一个普遍适用的定律，既适用于线性电路也适用于非线性电路，还适用于连接各种元器件的电路支路。

1 基尔霍夫电流定律

基尔霍夫电流定律就是在任一瞬时，流向某一节点的电流之和等于由该节点流出的电流之和。

在图 1-4 所示的电路中，对节点 a（见图 1-4）可以写出

$$I_1+I_2=I_3 \tag{1-4}$$

或将上式改写成

$$I_1+I_2-I_3=0 \tag{1-5}$$

即

$$\sum I=0 \tag{1-6}$$

就是在任一瞬时，一个节点上的电流的代数和恒等于零。如果规定参考方向与节点方向一致时，电流取正值；与节点方向相反时，电流就取负值。

根据计算的结果可知，有些支路的电流可能是负值，这是由于所选定的电流的参考方向与实际方向相反所致。

基尔霍夫电流定律通常应用于节点，也可以把它推广应用于包围部分电路的任一假设的闭合面。例如，图 1-5 所示的闭合面包围的是一个三角形电路，它有三个节点。应用基尔霍夫电流定律可列出

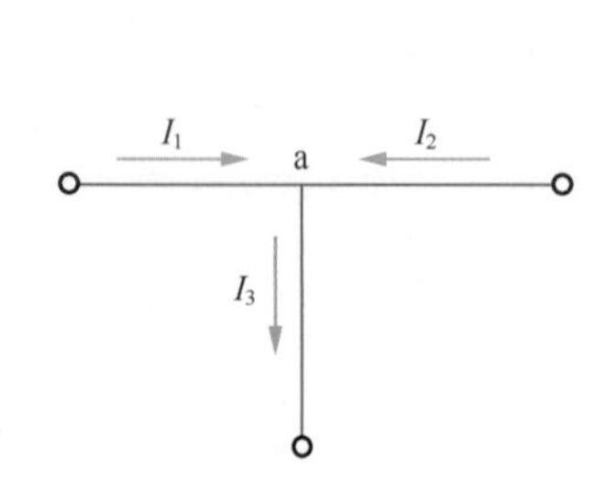

图 1-4 电路中的节点

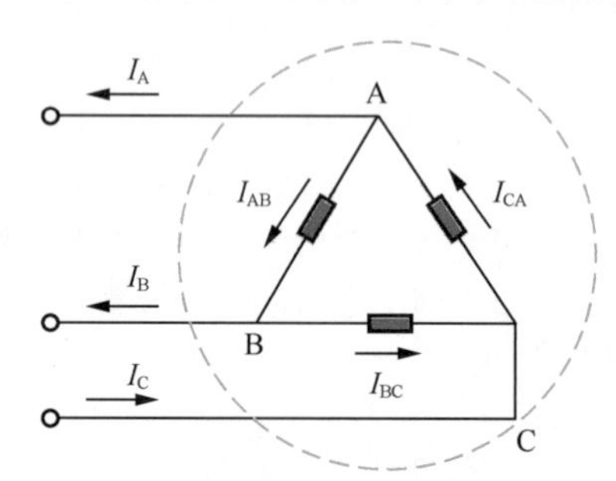

图 1-5 基尔霍夫电流定律的应用

$$I_A=I_{CA}-I_{AB} \tag{1-7}$$

$$I_B=I_{AB}-I_{BC} \tag{1-8}$$

$$I_C=I_{CA}-I_{BC} \tag{1-9}$$

式 1-7、式 1-8 和式 1-9 相加，便得

$$I_A+I_B-I_C=0 \tag{1-10}$$

$$I_1+I_2-I_3=0 \tag{1-11}$$

或

$$\sum I=0 \tag{1-12}$$

可见，在任一瞬时，通过任一闭合面的电流的代数和也恒等于零。

2 基尔霍夫电压定律

基尔霍夫电压定律是用来确定回路中各段电压之间关系的。

以图 1-6 所示的回路（图 1-3 所示电路中的一个回路）为例，图中电源电动势、电流和各段电压的参考方向均已标出。按照虚线所示方向绕行一周，根据电压的参考方向可列出

$$U_1+U_4=U_2+U_3 \tag{1-13}$$

或将式 1-13 改为

$$U_1-U_2-U_3+U_4=0 \tag{1-14}$$

即

$$\sum U=0 \tag{1-15}$$

可见，在任一瞬时，沿任一回路绕行方向（顺时针方向或逆时针方向），回路中各段电压的代数和恒等于零。如果规定电位降取正值，则电位升就取负值。

图 1-6 所示的回路是由电源电动势和电阻构成的，式 1-4 可改写为

$$E_1-E_2-R_1I_1+R_2I_2=0 \tag{1-16}$$

或

$$E_1-E_2=R_1I_1-R_2I_2 \tag{1-17}$$

即

$$\sum E=\sum (RI) \tag{1-18}$$

式 1-18 为基尔霍夫电压定律在电阻电路中的另一种表达式，即在任一回路绕行方向上，回路中电动势的代数和等于电阻上电压降的代数和。在这里，凡是电动势的参考方向与所选回路绕行方向相反者，则取正值，一致者则取负值。凡是电流的参考方向与回路绕行方向相反者，则该电流在电阻上所产生的电压降取正值，一致者则取负值。

基尔霍夫电压定律不仅应用于闭合回路，也可以把它推广应用于回路的部分电路。以图 1-7 所示的两个电路为例，根据基尔霍夫电压定律计算各支路的电压。

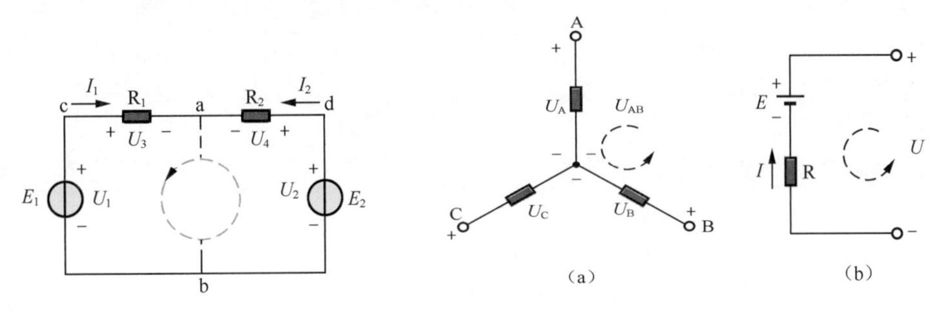

图 1-6　回路

图 1-7　基尔霍夫电压定律的应用

由图 1-7（a）所示电路（各支路的元件是任意的）可列出

$$\sum U_B=U_B-U_B-U_{AB}=0 \tag{1-19}$$

或

$$U_{AB}=U_A-U_B \tag{1-20}$$

由图 1-7（b）所示电路（各支路的元件是任意的）可列出

$$E-U-RI=0 \tag{1-21}$$

或

$$U=E-RI \tag{1-22}$$

式 1-22 就是一段有源电路的欧姆定律的表达式。

应该指出，图 1-3 所示为直流电路，但是基尔霍夫两个定律具有普遍性，它们适用于由各种不同元件所构成的电路，也适用于任一瞬间任何变化的电流和电压。列方程时，不论是应用基尔霍夫定律还是欧姆定律，都要先在电路图上标出电流、电压或电动势的参考方向；因为所列方程中各项前的正负号是由它们的参考方向决定的，如果参考方向选得相反，则会相差一个负号。

1.1.3　叠加定理

叠加定理是指在多个电源同时作用的线性电路中，任一支路的电流或任意两点间的电压，都是各个独立电源单独作用时产生的结果的代数和。

叠加定理在电路中应用的基本思路是分解法，步骤如下。

（1）画出各独立电源单独作用时的分电路图，标出各支路电流（电压）的参考方向。未起作用的独立电压源视为短路，未起作用的独立电流源视为开路。

（2）分别求出各分电路图中的各支路电流（电压）。

（3）对各分电路图中同一支路电流（电压）进行叠加求代数和，参考方向与原图中参考方向相同的为正，反之为负。

图 1-8（a）所示为两个电压源共同作用，图 1-8（b）所示为电压源 E_1 单独作用，图 1-8（c）所示为电压源 E_2 单独作用。根据叠加定理有

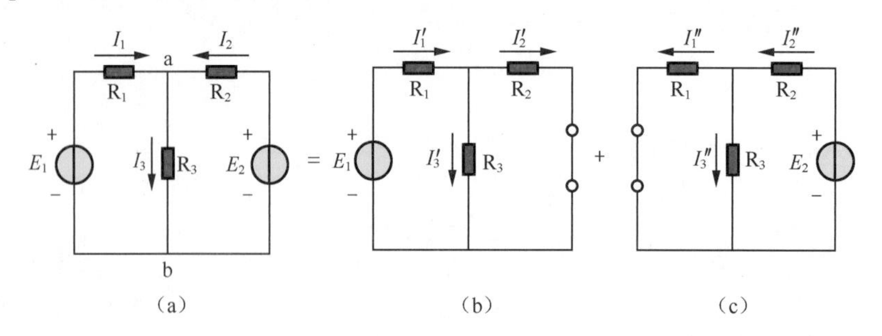

图 1-8　叠加定理

$$I_1 = I_1' - I_1''$$

$$I_2 = I_2' - I_2'' \tag{1-23}$$

$$I_3 = I_3' - I_3'' \tag{1-24}$$

注意：叠加时应为代数相加。若单个电源单独作用时，电压或电流参考方向与多个电源共同作用时电压或电流参考方向相同，则为正，反之为负。另外，此处正负号是所列表达式的符号，与电压或电流值的大小正负无关。

1.1.4　戴维南定理

任何一个有源二端线性网络都可以用一个电动势为 E 的理想电压源和内阻 R_0 串联的电源来等效代替（见图 1-9）。等效电源的电动势 E 就是有源二端线性网络的开路电压 U_0，即将负载断开后 a、b 两端之间的电压。等效电源的内阻 R_0 等于有源二端线性网络中所有电源均去除（将各个理想电压源短路，即其电动势为零；将各个理想电流源开路，即其电流为零）后所得到的无源网络 a、b 两端之间的等效电阻。这就是戴维南定理。

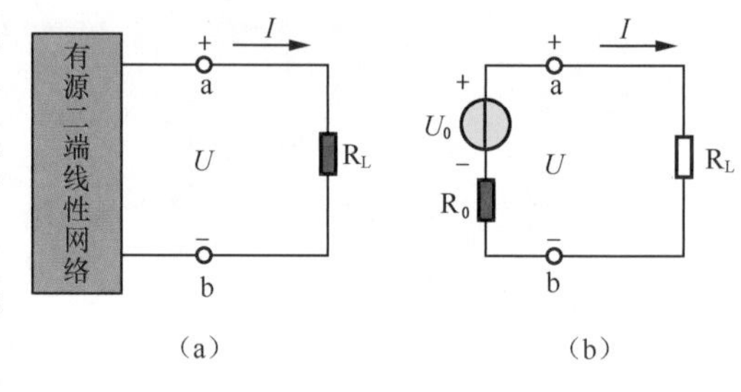

图 1-9　戴维南定理

图 1-9(b)所示的等效电路是一个比较简单的电路，其中电流可由下式计算。

$$I = \frac{U_0}{R_0 + R_L} \tag{1-25}$$

1.2　磁场

1.2.1　磁场基本知识

在很多电工设备（变压器、电机、电磁铁等）中，不仅有电路的问题，还有磁路的问题，本节我们学习磁的相关知识。

磁场是存在于磁体、电流和运动电荷周围空间的一种特殊形态的物质。磁极和磁极之间的相互作用是通过磁场发生的。电流在周围空间产生磁场，小磁针在该磁场中受到力的作用。磁极和电流之间，电流和电流之间的相互作用也是通过磁场产生的。

1　磁场与磁感应线

与电场相仿，磁场是在一定空间区域内连续分布的向量场，描述磁场的基本物理量是磁感应强度（B），也可以用磁感应线形象地表示。然而，作为一个矢量场，磁场的性质与电场颇为不同。

磁铁和电流周围都存在磁场。磁场具有力和能的特征。磁感应线能形象地描述磁场，如图 1-10 所示。它们是互不交叉的闭合曲线，在磁体外部由 N 极指向 S 极，在磁体内部由 S 极指向 N 极，磁感应线上某点的切线方向表示该点的磁场方向，其疏密程度表示磁场的强弱。

2 磁感应强度

在磁场中垂直于磁场方向的通电直导线所受的磁场力 F 与电流 I 和导线长度 L 乘积的比值叫作通电导线处的磁感应强度，即：

$$B = F/IL \quad (1\text{-}26)$$

磁感应强度的单位为特斯拉（T），1T=1N/（A·m）

磁感应强度是矢量，其方向就是对应处磁场的方向。磁感应强度是反映磁场本身力学性质的物理量，与检验通电直导线的电流强度的大小、导线的长短等因素无关。磁感应强度的大小可用磁感应线的疏密程度来表示，磁感应强度的大小和方向处处相等的磁场叫作匀强磁场，匀强磁场的磁感应线是均匀且平行的一组直线。如图 1-11 所示，磁感线越密，磁感应强度越强。

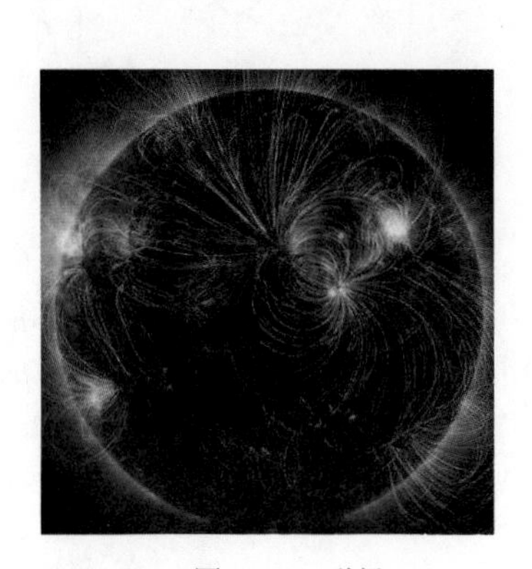

图 1-10　磁场

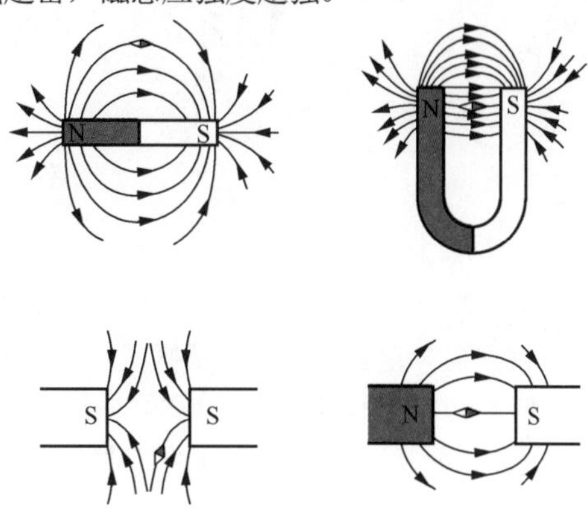

图 1-11　磁感应强度

3 磁通量

磁通量是表示磁场分布情况的物理量。穿过某一面积的磁感应线的条数，叫作穿过这个面积的磁通量，用符号 Φ 表示。则有

$$\Phi = BS\cos\theta \text{（}\theta\text{ 为 }B\text{ 与 }S\text{ 之间的夹角）} \quad (1\text{-}27)$$

当平面 S 与磁场方向平行时，$\Phi=0$。

在匀强磁场中，垂直于磁场方向的面积 S 上的磁通量 $\Phi=BS$。

在国际单位制中，磁通量的单位是韦伯，是以德国物理学家威廉·韦伯的名字命名的，符号是 Wb，1Wb=1T×m^2=1V（电动势）×s（秒），韦伯是标量，但有正负，正负仅代表磁感应线穿过磁场平面的方向。

1.2.2 电磁感应

我们把变动磁场在导体中产生电动势的现象称为电磁感应，也称“动磁生电”。由电磁感应产生的电动势叫作感应电动势，由感应电动势产生的电流叫作感应电流。

电磁感应研究的是其他形式的能转化为电能的特点和规律，其核心是法拉第电磁感应定律和楞次定律。

1 法拉第电磁感应定律

不论用什么方法，只要穿过闭合电路的磁通量发生变化，闭合电路中就有电流产生。这种现象称为电磁感应现象，所产生的电流称为感应电流，如图 1-12 所示。

电路中感应电动势的大小与穿过这一电路的磁通变化率成正比。即

$$\varepsilon = n\Delta\Phi/\Delta t \quad (1\text{-}28)$$

其中，ε 为感应电动势（V），n 为感应线圈匝数，$\Delta\Phi/\Delta t$ 为磁通量的变化率。这就是法拉第电磁感应定律。

2 楞次定律

楞次定律可以用来判断由电磁感应产生的电动势的方向，即感应电流的磁场总要阻碍引起感应电流的磁通量的变化。如图 1-13 所示，图中实线表示磁铁的磁感线，虚线表示感应电流的磁感线。图 1-13（a）

中，当磁铁下降时，线圈中的磁通量增加，感应电流产生一个磁通阻碍它的增加，电流表的指针则向右偏转；图 1-13（b）中，当磁铁上升时，线圈中的磁通量减少，感应电流产生一个磁通阻碍它的减少，电流表的指针则向左偏转；当磁铁不动时，线圈中的磁通量不变，则感应电流为零，电流表的指针在中间位置。

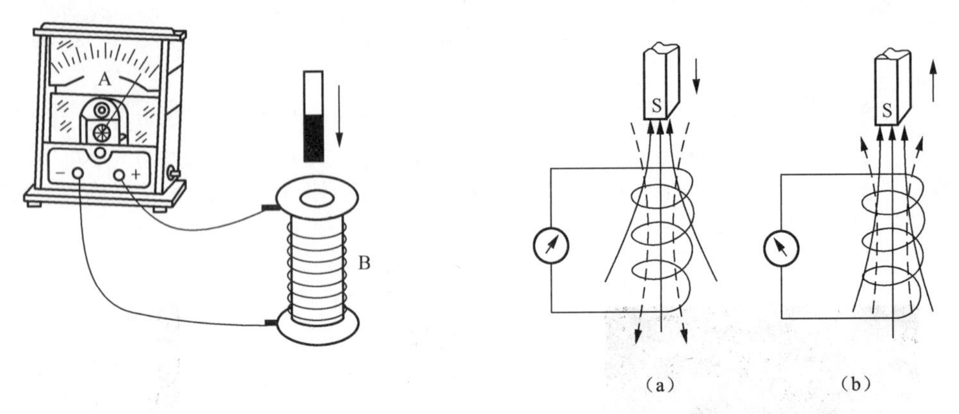

图 1-12　电磁感应现象

图 1-13　楞次定律

这里感应电流的“效果”是在回路中产生了磁通，而产生感应电流的原因则是“原磁通的变化”。可以用十二个字来形象记忆——“增反减同，来阻去留，增缩减扩”。如果感应电流是由组成回路的导体作切割感线运动而产生的，那么楞次定律可具体表述为“运动导体上的感应电流受的磁力（安培力）总是反抗（或阻碍）导体的运动”。由电磁感应而产生的电动势计算如下，即：

$$E = vBL \tag{1-29}$$

式中，v 为导体在磁场中移动的速度。

在实际应用中，常用楞次定律来判断感应电动势的方向，而用法拉第电磁感应定律来计算感应电动势的大小（绝对值）。这两个定律是电磁感应的基本定律。

1.2.3　自感和互感

1　自感现象

自感现象是一种特殊的电磁感应现象，是由于导体本身电流发生变化引起自身产生的磁场变化，从而导致其自身产生电磁感应现象。

当原电流增大时，自感电动势与原电流方向相反，阻碍它的增大，在电感与灯泡串联电路中，灯泡缓慢变亮；当原电流减小时，自感电动势与原电流方向相同，阻碍它的减小，在电感与灯泡并联电路中，灯泡缓慢熄灭。因此，“自感”简单地说，由于导体本身的电流发生变化而产生的电磁感应现象，叫作自感现象，如表 1-1 所示。

表 1-1　自感现象

	通电自感	断电自感
电路图	L　1　2　R　S　R_1	A　L　r　E　S
器材要求	同规格的电灯泡 1、2，R=R_1，L 较大	L 很大（有铁芯）
现象	在 S 闭合瞬间，灯 2 立即亮起来，灯 1 逐渐变亮，最终一样亮	在开关 S 断开时，灯 A 渐渐熄灭（$r \geqslant R$）或闪亮一下再熄灭（$r<R$）
原因	法拉第电磁感应定律	
能量转换情况	电能转化为磁场能	磁场能转化为电能

自感对人们来说既有利也有弊。例如，日光灯是利用镇流器的自感电动势来点亮灯管的，同时也利用它来限制灯管的电流；但是在含有大电感元件的电路被切断的瞬间，因电感两端的自感电动势很高，在开关处会产生电弧，容易烧坏开关或损坏设备的元器件，要想办法避免。通常在含有大电感的电路中都设有灭弧装置。最简单的办法是在开关或电感两端并联一个适当的电阻或电容，或先将电阻、电容串联然后并联到电感两端，让自感电流有一条能量释放的通路。

2 互感现象

互感现象是指两个相邻线圈中，一个线圈的电流随时间变化时导致穿过另一线圈的磁通量发生变化，而在该线圈中出现感应电动势的现象。互感现象产生的感应电动势称为互感电动势。

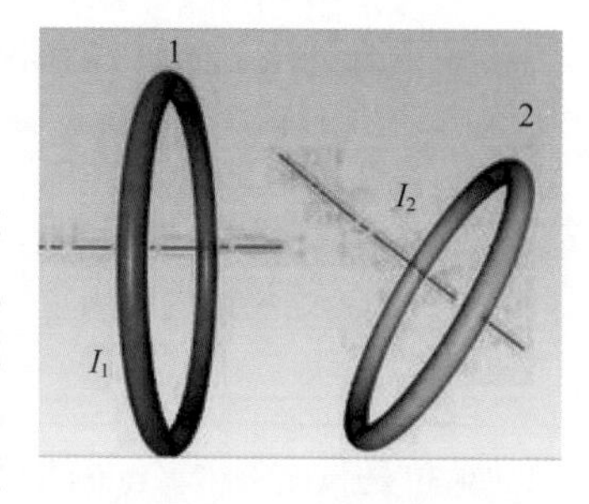

图 1-14　互感现象

如图 1-14 所示，我们将仅由回路 1 中电流 I_1 的变化而引起的感应电动势称为自感电动势，用符号 εL_1 表示，而把仅由回路 2 中电流 I_2 的变化而引起的感应电动势称为互感电动势，用符号 εL_2 表示，这就是说，由于回路中有电流变化，而在该回路自身中引起的感应电动势是自感电动势，而在两个邻近回路中，由于其中一个回路有电流的变化，而在另一回路引起的感应电动势则为互感电动势。

和自感一样，互感有利也有弊。在工农业生产中具有广泛用途的各种变压器、电动机都是利用互感原理工作的。但在电子电路中，若线圈的位置安放不当，各线圈产生的磁场会互相干扰，严重时会使整个电路无法工作。为此，人们常把互不相干的线圈的间距拉大或把两个线圈的位置垂直布置，在某些场合下还须用铁磁材料把线圈或其他元件封闭起来进行磁屏蔽。

1.3 正弦交流电路

所谓正弦交流电路是指含有正弦电源（激励）而且电路各部分所产生的电压和电流（响应）均按正弦规律变化的电路。交流发电机中所产生的电动势和正弦信号发生器所输出的信号电压，都是随时间按正弦规律变化的。在生产上和日常生活中所用的交流电，一般都是指正弦交流电。

1.3.1 正弦信号的表示方法

前面我们分析的是直流电路，其中的电流和电压的大小与方向（或电压的极性）是不随时间而变化的，如图 1-15 所示。

正弦电压和电流是按照正弦规律周期性变化的，其波形如图 1-16 所示。由于正弦电压和电流的方向是周期性变化的，在电路图上所标的方向是指它们的参考方向，即代表正半周时的方向。在负半周时，由于所标的参考方向与实际方向相反，则其值为负。图中的虚线箭头代表电流的实际方向；“+”“−”代表电压的实际方向（极性）。

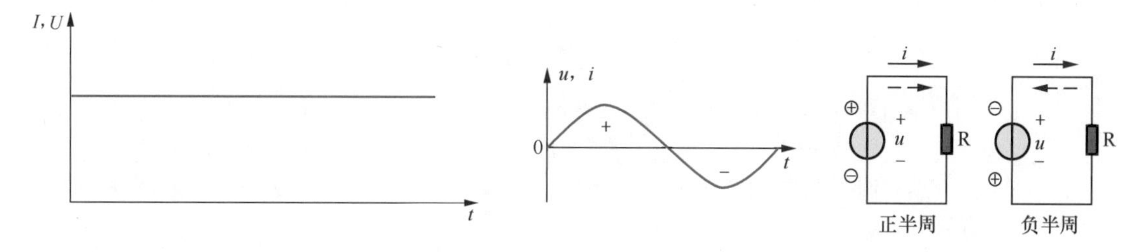

图 1-15　直流电路中电流与电压变化图

图 1-16　正弦电压和电流波形及电路图

电路中按正弦规律变化的电压或电流，统称为正弦量。正弦量的特征表现在变化的快慢、大小及初始值 3 个方面，而它们分别由频率（或周期）、幅值（或有效值）和初相位来确定。所以频率、幅值和初相位就称为确定正弦量的三要素。

1 频率与周期

正弦量变化一次所需的时间(秒)称为周期(T)。每秒内变化的次数称为频率，它的单位是赫[兹](Hz)。

频率是周期的倒数，即

$$f=\frac{1}{T} \tag{1-30}$$

在我国和大多数国家都采用50Hz作为电力标准频率，有些国家（如美国、日本等）采用60Hz。这种频率在工业上应用广泛，习惯上也称为工频。通常的交流电动机和照明负载都用该频率。

在其他各种不同的技术领域内使用着各种不同的频率。例如，高频炉的频率是200～300kHz；中频炉的频率是500～8000Hz；高速电动机的频率是150～2000Hz；通常收音机中波段的频率是530～1600kHz，短波段是2.3～23MHz。

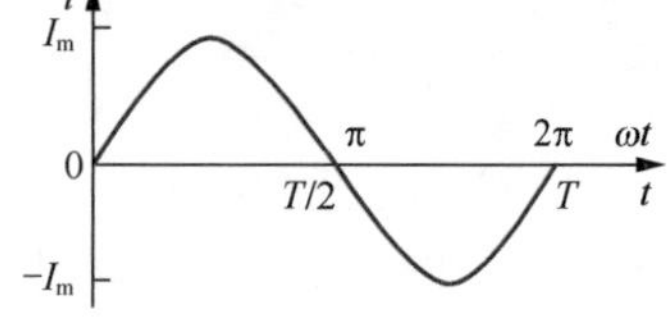

图1-17　正弦波形

正弦量变化的快慢除用周期和频率表示外，还可用角频率（ω）来表示。因为一周期内经历了2π弧度（见图1-17），所以角频率为

$$\omega=\frac{2\pi}{T}=2\pi f \tag{1-31}$$

它的单位是弧度每秒（rad/s）。

2 幅值与有效值

正弦量在任一瞬间的值称为瞬时值，用小写字母来表示，如i、u、e分别表示电流、电压及电动势的瞬时值。瞬时值中最大的值称为幅值或最大值，用大写字母带下标m来表示，如I_m、U_m、E_m分别表示电流、电压及电动势的幅值。

图1-17是正弦电流的波形，它的数学表达式为

$$i=I_m\sin\omega t \tag{1-32}$$

正弦电流、电压和电动势的大小往往不是用它们的幅值，而是常用有效值（均方根值）来计量的。

有效值是根据电流的热效应来规定的，因为在电工技术中，电流常表现出其热效应。不论是周期性变化的电流还是直流，只要它们在相等的时间内通过同一电阻后两者的热效应相等，就把它们的安[培]值看作是相等的。就是说，某一个周期电流i通过电阻R（如电阻炉）在一个周期内产生的热量，和另一个直流I通过同样大小的电阻在相等的时间内产生的热量相等，那么这个周期性变化的电流i的有效值在数值上就等于这个电流I。

根据上述，可得

$$\int_0^T Ri^2\mathrm{d}t=RI^2T \tag{1-33}$$

由此可得出周期电流的有效值

$$I=\sqrt{\frac{1}{T}\int_0^T i^2\mathrm{d}t} \tag{1-34}$$

式1-34适用于周期性变化的量，但不能用于非周期量。

正弦量的有效值与其最大值之间是$\sqrt{2}$倍关系，但是与正弦量的频率和初相位无关。一般所说的正弦电压或电流的大小，例如交流电压380V或220V，都是指它的有效值。一般交流电流表和电压表的刻度也是根据有效值来定的。

3 初相位

正弦量是随时间变化而变化的，要确定一个正弦量还须从计时起点（t=0）上看。所取的计时起点不同，正弦量的初始值（$t=0$时的值）就不同，到达幅值或某一特定位所需的时间也就不同。

正弦量可用下式表示为

$$i=I_m\sin\omega t \tag{1-35}$$

其波形如图1-17所示。它的初始值为零。

正弦量也可用下式表示为

$$i=I_m\sin(\omega t+\varphi) \tag{1-36}$$

其波形如图1-18所示。在这种情况下，初始值 $i_o=I_m\sin\varphi$，不等于零。

式1-35和式1-36中的角度 ωt 和（$\omega t+\varphi$）称为正弦量的相位角和相位，反映出正弦量变化的进程。当相位角随时间连续变化时，正弦量的瞬时值随之做连续变化。

$t=0$ 时的相位角称为初相位角或初相位。在式1-35中初相位为零，在式1-36中初相位为 φ，因此，所取计时起点不同，正弦量的初相位不同，其初始值也就不同。

4 正弦量的向量表示方法

一个正弦量具有幅值、频率及初相位3个特征。而这些特征可以用一些方法表示出来。正弦量的表示方法是分析与计算正弦交流电路的工具。

一种是用三角函数式来表示，如 $i=I_m\sin\omega t$，这是正弦量的基本表示法；另一种是用正弦波形来表示，如图1-17所示。

此外，正弦量还可以用向量来表示。向量表示法的基础是复数，就是用复数来表示正弦量。

设复平面中有一个复数 A，其模为 r，辐角为 φ（见图1-19），它可用下列3个式子表示

$$A=a+\mathrm{j}b=r\cos\varphi+\mathrm{j}r\sin\varphi=r(\cos\varphi+\mathrm{j}\sin\varphi) \tag{1-37}$$

$$A=r\mathrm{e}^{\mathrm{j}\varphi} \tag{1-38}$$

或简写为

$$A=r\angle\varphi \tag{1-39}$$

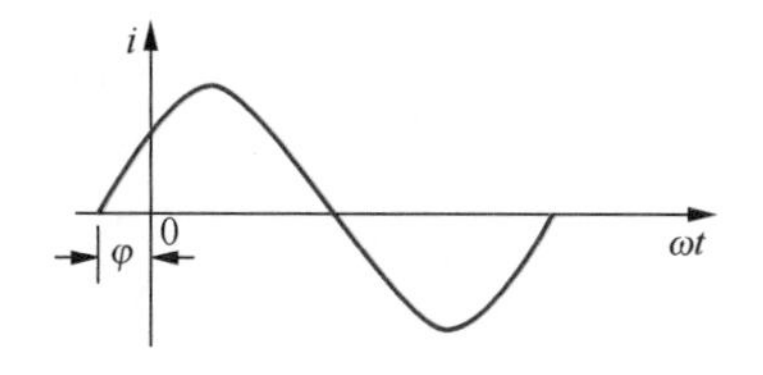

图1-18 初相不等于零的正弦波形

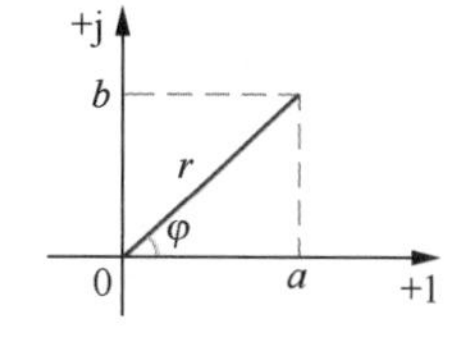

图1-19 复数

因此，一个复数可用上述几个复数式来表示。式1-37称为复数的直角坐标式，式1-38称为指数式，式1-39则称为极坐标式。三者可以互相转换。复数的加减运算可用直角坐标式，复数的乘除运算可用指数式或极坐标式。

至此，我们学习了表示正弦量的几种不同的方法，它们的形式虽然不同，但都是用来表示一个正弦量的，只要知道一种表示形式，便可求出其他几种表示形式。

1.3.2 单一参数的交流电路

分析各种正弦交流电路，要确定电路中电压与电流之间的关系（大小和相位），并讨论电路中能量的转换和功率问题。分析各种交流电路时，我们必须首先掌握单一参数（电阻、电感、电容）元件电路中电压与电流之间的关系，因为其他电路是一些单一参数元件的组合。

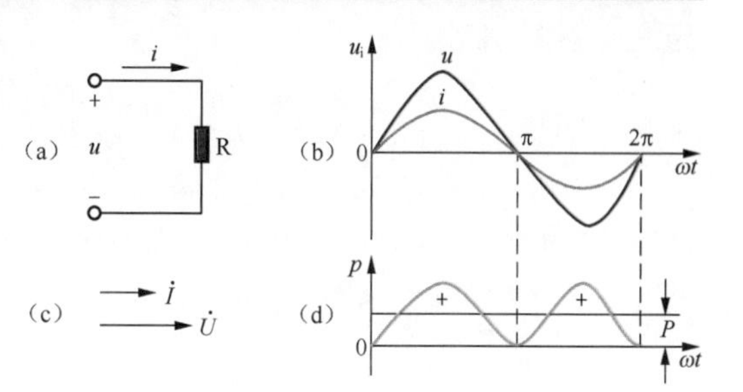

图1-20 电阻元件的交流电路

1 电阻元件的正弦交流电路

图1-20（a）是一个线性电阻元件的交流电路。电压和电流的参考方向如图1-20（b）所示。两者的关系由欧姆定律确定，即

$$u=Ri \tag{1-40}$$

为分析方便起见，选择电流经过零值并将向正值增加的瞬间作为计时起点（t=0），即设

$$i=I_m\sin\omega t \tag{1-41}$$

为参考正弦量，则

$$U=Ri=RI_m\sin\omega t=U_m\sin\omega t \tag{1-42}$$

电压和电流是同频率的正弦量。

比较式 1-41 和式 1-42 即可看出，在电阻元件的交流电流中，电流和电压是同相的（相位差 $\varphi=0$）。电压和电流的正弦波形如图 1-20（b）所示。

根据式 1-42 得出

$$U_m=RI_m \tag{1-43}$$

或

$$\frac{U_m}{I_m}=\frac{U}{I}=R \tag{1-44}$$

由此可知，在电阻元件电路中，电压的幅值（或有效值）与电流的幅值（或有效值）之比值，就是 R。

如用向量表示电压和电流的关系，则为

$$\dot{U}=U\mathrm{e}^{\mathrm{j}0^\circ} \quad \dot{I}=I\mathrm{e}^{\mathrm{j}0^\circ} \tag{1-45}$$

$$\frac{\dot{U}}{\dot{I}}=\frac{U}{I}\mathrm{e}^{\mathrm{j}0^\circ}=R \tag{1-46}$$

或

$$\dot{U}=R\dot{I} \tag{1-47}$$

此即欧姆定律的向量表示式。电压和电流的向量图如图 1-20（c）所示。

知道了电压与电流的变化规律和相互关系后，便可计算出电路中的功率。在任意瞬间，电压的瞬时值 u 与电流瞬时值 i 的乘积，称为瞬时功率，用小写字母 p 代表，即

$$p=p_R=ui=U_mI_m\sin^2\omega t=\frac{U_mI_m}{2}(1-\cos^2\omega t)=UI(1-\cos^2\omega t) \tag{1-48}$$

由式 1-44 可知，p 是由两部分组成的，第一部分是恒定量，第二部分为正弦量，其频率是电压或电流频率的两倍。p 随时间变化而变化的波形如图 1-20（d）所示。

由于在电阻元件的交流电路中 u 与 i 同相，它们同时为正，同时为负，所以瞬时功率总是正值，即 $p \geqslant 0$。瞬时功率为正，这表示外电路从电源取得能量，在这里就是电阻元件从电源取用电能而转换为热能，这是一种不可逆的能量转换过程。在一个周期内，转换成的热能为

$$W=\int_0^T p\mathrm{d}t \tag{1-49}$$

即相当于图中被功率波形与横轴所包围的面积。

通常用下式计算电能

$$W=Pt \tag{1-50}$$

式中，P 是一个周期内电路消耗电能的平均速率，即瞬时功率的平均值，称为平均功率。在电阻元件电路中，平均功率为

$$P=\frac{1}{T}\int_0^T p\mathrm{d}t=\frac{1}{T}\int_0^T UI(1-\cos^2\omega t)\mathrm{d}t=UI=RI^2=\frac{U^2}{R} \tag{1-51}$$

平均功率又称有功功率，是指瞬时功率在一个周期内的平均值。它代表负载实际消耗的功率，不仅与电压和电流有效值的乘积有关，且与它们之间的相位差有关。

2 电感元件的交流电路

非铁芯线圈（线性电感元件）与正弦电源连接的电路如图 1-21 所示。假定这个线圈只具有电感 L，而电阻 R 极小，可以忽略不计。

当电感线圈中通过交流 i 时，其中产生自感电动势 e_L，设电流 i、电动势 e_L 和电压 u 的参考方向如图 1-21 所示。

根据基尔霍夫电压定律得出，即

$$U=-e_L=L\frac{\mathrm{d}i}{\mathrm{d}t} \tag{1-52}$$

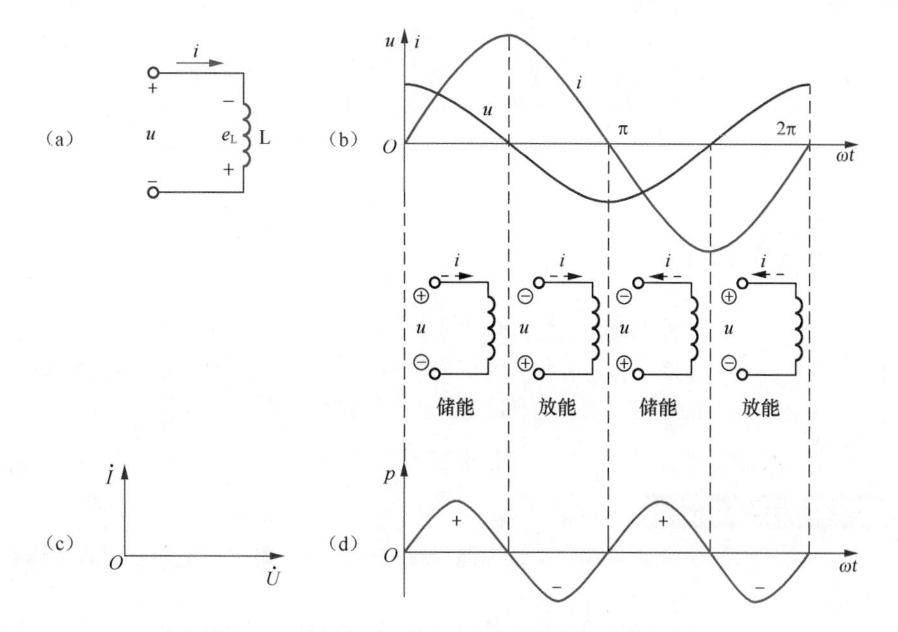

图 1-21　线形电感元件与正弦电源连接的电路及波形

设电流为参考正弦量，即

$$i=I_{\mathrm{m}}\sin\omega t \tag{1-53}$$

则

$$u=L\frac{\mathrm{d}(I_{\mathrm{m}}\sin\omega t)}{\mathrm{d}t}=\omega LI_{\mathrm{m}}\cos\omega t=\omega LI_{\mathrm{m}}\sin(\omega t+90^{\circ})=U_{\mathrm{m}}\sin(\omega t+90^{\circ}) \tag{1-54}$$

这也是一个同频率的正弦量。

比较式 1-53 和式 1-54 可知，在电感元件电路中，在相位上电流比电压滞后 90°（相位差 φ=+90°）。

表示电压 u 和电流 i 的正弦波形如图 1-21（b）所示。

在式 1-54 中

$$U_{\mathrm{m}}=\omega LI_{\mathrm{m}} \tag{1-55}$$

或

$$\frac{U_{\mathrm{m}}}{I_{\mathrm{m}}}=\frac{U}{I}=\omega L \tag{1-56}$$

由此可知，在电感元件电路中，电压的幅值（或有效值）与电流的幅值（或有效值）的比值为 ωL，它的单位为欧姆。当电压 U 一定时，ωL 越大，则电流 I 越小。可见它具有对交流电流起阻碍作用的物理性质，所以称为感抗，用 X_{L} 代表，即

$$X_{\mathrm{L}}=\omega L=2\pi fL \tag{1-57}$$

感抗 X_{L} 与电感 L、频率 f 成正比。因此，电感线圈对高频电流的阻碍作用很大，而对直流则可视作短路，即 X_{L}=0（注意，不是 L=0，而是 f=0）。

应该注意，感抗只是电压与电流的幅值或有效值之比，而不是它们的瞬时值之比，即 $\frac{u}{i}\neq X_{\mathrm{L}}$。因为这与上述电阻电路不一样。在这里，电压与电流成导数的关系，而不是正比关系。

如用向量表示电压与电流的关系，则为

$$\dot{U}=U\mathrm{e}^{\mathrm{j}0^{\circ}}\qquad \dot{I}=I\mathrm{e}^{\mathrm{j}0^{\circ}} \tag{1-58}$$

$$\frac{\dot{U}}{\dot{I}}=\frac{U}{I}\mathrm{e}^{\mathrm{j}0^{\circ}}=\mathrm{j}X_{\mathrm{L}} \tag{1-59}$$

或

$$\dot{U}=\mathrm{j}X_{\mathrm{L}}\dot{I}=\mathrm{j}\omega L\dot{I} \tag{1-60}$$

式 1-60 表示电压的有效值等于电流的有效值与感抗的乘积，在相位上电压比电流超前 90°。因电流向量$\dot{I}$乘上算子 j 后，即向前（逆时针方向）旋转 90°。电压和电流的向量图如图 1-21（c）所示。

了解电压与电流的变化规律和相互关系后，便可找出瞬时功率的变化规律，即

$$p=p_L=ui=U_m I_m \sin\omega t \sin(\omega t+90°)=U_m I_m \sin\omega t \cos\omega t=UI\sin 2\omega t \quad (1\text{-}61)$$

由式 1-61 可知，p 是一个幅值为 UI，并以 2ω 的角频率随时间变化而变化的交变量，其变化波形如图 1-21（d）所示。

在电感元件电路中，平均功率

$$P=\frac{1}{T}\int_0^T p\mathrm{d}t=\frac{1}{T}\int_0^T UI\sin 2\omega t\mathrm{d}t=0 \quad (1\text{-}62)$$

从图 1-21（d）的功率波形也容易看出 p 的平均值为零。可见，在电感元件的交流电路中，没有能量消耗，只有电源与电感的能量互换。这种能量互换的规模可以用无功功率来衡量。

$$Q=UI=X_L I^2 \quad (1\text{-}63)$$

3 电容元件的交流电路

图 1-22（a）是一个线性电容元件与正弦电源连接的电路，电路中的电流和电容器两端的电压 u 的参考方向如图 1-22（b）所示。

当电压发生变化时，电容器极板上的电荷量也要随着发生变化，在电路中就引起电流变化

$$i=\frac{\mathrm{d}q}{\mathrm{d}t}=C\frac{\mathrm{d}u}{\mathrm{d}t} \quad (1\text{-}64)$$

如果在电容器的两端加一正弦电压

$$u=U_m\sin\omega t \quad (1\text{-}65)$$

则

$$i=C\frac{\mathrm{d}(U\sin\omega t)}{\mathrm{d}t}=\omega CU_m\cos\omega t=\omega CU_m\sin(\omega t+90°)=I_m\sin(\omega t+90°) \quad (1\text{-}66)$$

这也是一个同频率的正弦量。

比较式 1-65 和式 1-66 可知，在电容元件电路中，在相位上电流比电压超前 90°（相位差 φ=−90°）。我们规定：当电流比电压滞后时，其相位差 φ 为正；当电流比电压超前时，其相位差 φ 为负。这样的规定是为了便于说明电路是电感性的还是电容性的。

表示电压 u 和电流 i 的正弦波形如图 1-22（b）所示。

根据式 1-66 可以得出

$$I_m=\omega CU_m \quad (1\text{-}67)$$

或

$$\frac{U_m}{I_m}=\frac{U}{I}=\frac{1}{\omega C} \quad (1\text{-}68)$$

由此可知，在电容元件电路中，电压的幅值（或有效值）与电流的幅值（或有效值）的比值为 $\frac{1}{\omega C}$，它的单位为欧姆。当电压 U 一定时，$\frac{1}{\omega C}$越大，则电流 I 越小。可见它具有对电流起阻碍作用的物理性质，所以称为容抗，用 X_C 代表，即

$$X_C=\frac{1}{\omega C}=\frac{1}{2\pi fC} \quad (1\text{-}69)$$

容抗 X_C 与电容 C、频率 f 成反比。这是因为电容越大时，在同样电压下，电容器所容纳的电荷量就越大，因而电流越大。当频率越高时，电容器的充电与放电速度就越快，在同样电压下，单位时间内电荷移动量就越多，因而电流越大。所以电容元件对高频电流所呈现的容抗很小，而对直流（f=0）所呈现的容抗 X_C 可视作开路。因此，电容元件具有隔断直流的作用。

用向量表示电压与电流的关系，则为

$$\dot{U}=U\mathrm{e}^{\mathrm{j}0^\circ}\qquad \dot{I}=I\mathrm{e}^{\mathrm{j}0^\circ} \tag{1-70}$$

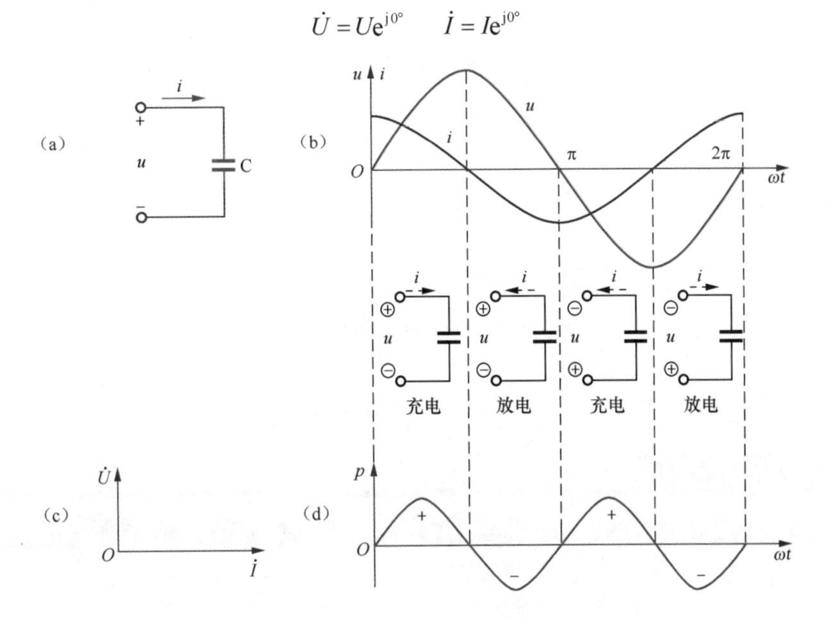

图 1-22　线性电容元件与正弦电源连接的电路及波形

$$\frac{\dot{U}}{\dot{I}}=\frac{U}{I}\mathrm{e}^{\mathrm{j}0^\circ}=-\mathrm{j}X_{\mathrm{C}} \tag{1-71}$$

或

$$\dot{U}=-\mathrm{j}X_{\mathrm{C}}\dot{I}=-\mathrm{j}\frac{\dot{I}}{\omega C}=\frac{\dot{I}}{\mathrm{j}\omega C} \tag{1-72}$$

式 1-72 表示电压的有效值等于电流的有效值与容抗的乘积，而在相位上电压比电流滞后 90°。因此，电流向量$\dot{I}$乘上算子（-j）后，即向后（顺时针方向）旋转 90°。电压和电流的向量图如图 1-22（c）所示。

了解电压与电流的变化规律和相互关系后，便可找出瞬时功率的变化规律，即

$$p=p_{\mathrm{C}}=ui=U_{\mathrm{m}}I_{\mathrm{m}}\sin\omega t\sin(\omega t+90^\circ)=U_{\mathrm{m}}I_{\mathrm{m}}\sin\omega t\cos\omega t=UI\sin 2\omega t \tag{1-73}$$

由式 1-73 可见知，p 是一个幅值为 UI，并以 2ω 的角频率随时间变化而变化的交变量，其变化波形如图 1-22（d）所示。

在电容元件电路中，平均功率

$$P=\frac{1}{T}\int_0^T p\mathrm{d}t=\frac{1}{T}\int_0^T UI\sin 2\omega t\mathrm{d}t=0 \tag{1-74}$$

这说明电容元件是不消耗能量的，在电源与电容元件之间只发生能量的互换。能量互换的规模用无功功率（Q）来衡量，它等于瞬时功率 P_{c} 的幅值。即

$$Q=-UI=-X_{\mathrm{C}}I^2 \tag{1-75}$$

1.3.3 复杂参数的交流电路

复杂参数的交流电路是一些单一参数元件的组合，和分析复杂的直流电路一样，也可以采用支路电流法、节点电压法、叠加定理和戴维南定理等方法来分析与计算。两者不同之处，电压和电流应以向量表示，电阻、电感和电容及其组成的电路应以阻抗或导纳来表示。下面举例说明。

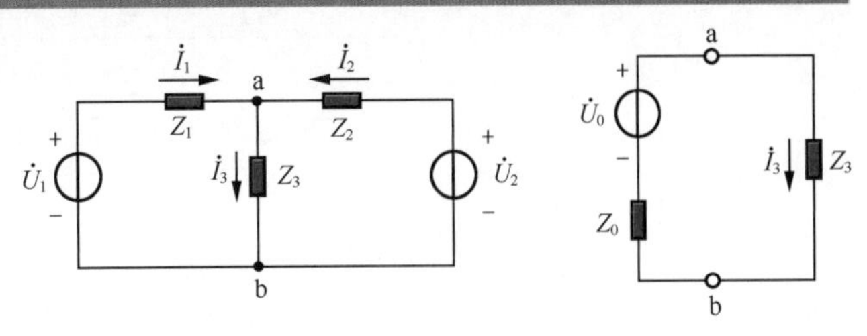

图 1-23　例 1.1 电路

【例 1.1】在图 1-23 所示的电路中，已知$\dot{U}_1=230\angle 0^\circ\mathrm{V}$，$\dot{U}_2=227\angle 0^\circ\mathrm{V}$，$Z_1=0.1+\mathrm{j}0.5\Omega$，$Z_2=0.1+\mathrm{j}0.5\Omega$，$Z_3=5+\mathrm{j}5\Omega$。试用支路电流法求电流$\dot{I}_3$。

【解】应用基尔霍夫定律列出下列向量表示方程

$$\begin{cases}\dot{I}_1+\dot{I}_2-\dot{I}_3=0\\ Z_1\dot{I}_1+Z_3\dot{I}_3=\dot{U}_1\\ Z_2\dot{I}_2+Z_3\dot{I}_3=\dot{U}_2\end{cases}$$

将已知数据代入，即得

$$\begin{cases}\dot{I}_1+\dot{I}_2-\dot{I}_3=0\\ (0.1+\text{j}0.5)\dot{I}_1+(5+\text{j}5)\dot{I}_3=230\angle 0°\\ (0.1+\text{j}0.5)\dot{I}_2+(5+\text{j}5)\dot{I}_3=227\angle 0°\end{cases}$$

解之，得

$$\dot{I}_3=31.3\angle-46.1°\text{A}$$

1.4 三相交流电路

1.4.1 三相交流供电方式

我们应用到的电能绝大多数是由三相发电机产生的。三相交流发电机能产生三相交流电压，然后将这三相交流电压以三种方式提供给用户。

1 直接连接供电方式

直接连接供电方式（见图 1-24）是将发电机三组线圈输出的每相交流电压分别用两根导线向用户供电。这种供电方式共需要用到六根供电导线，若供电的距离比较长，则不宜用这种方式，因为这样供电成本非常高。

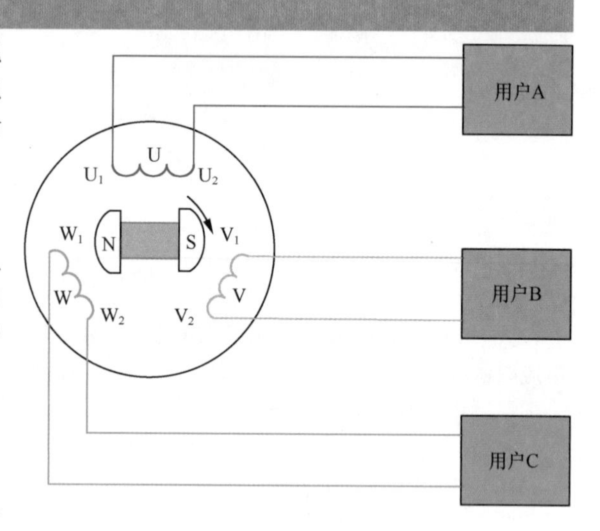

图 1-24 直接连接供电方式

2 星形连接供电方式

星形连接供电方式（见图 1-25）就是将发电机的三组线圈末端全部连接在一起，并接出一根线，我们把它称作中性线（N），三组线圈的首端各引出一根线，我们把它称作相线。

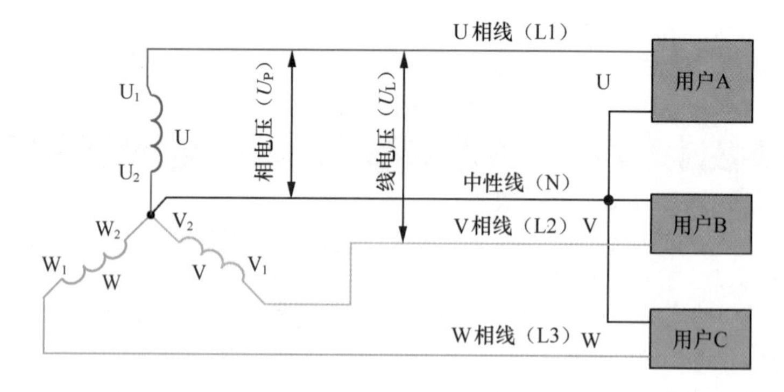

图 1-25 星形连接供电方式

这三根相线分别是（U 相线、V 相线和 W 相线）。三根相线分别连接到单独的用户（组），而中性线则在用户端一分为三，可以同时连接三个用户。这样，发电机三组线圈上的电压就分别提供给各自的用户。在这种供电方式中，发电机三组线圈连接成星形，并且采用四根线来传送三相电压，所以我们把它称作三相四线制星形连接供电方式。

3 三角形连接供电方式

三角形连接供电方式（见图1-26）是将发电机的三组线圈首末端依次连接在一起，连接方式呈三角形，在三个连接点各接出一根线（U相线、V相线、W相线），将这三根线按图1-26所示的方式与用户连接，三组线圈上的电压就分别提供给各自的用户。在这种供电方式中，发电机三组线圈连接成三角形，并且采用三根线传送三相电压，所以我们把它叫作三相三线制三角形连接供电方式。

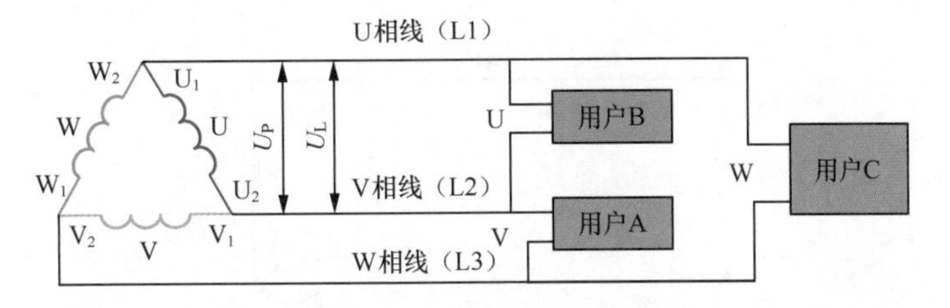

图1-26　三角形连接供电方式

1.4.2　三相负载的连接方式

三相电路中负载的连接方式有两种：星形连接和三角形连接。

1 三相负载的星形连接

三相负载分别接在三相电源的一根相线和中线之间的接法称为三相负载的星形连接（常用Y标记），如图1-27所示。

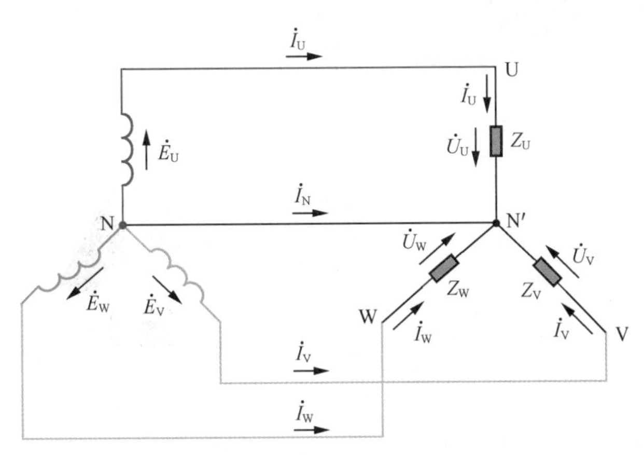

图1-27　星形连接的三相四线制电路

三相负载两端的电压称为负载的相电压。在忽略输电线上的电压降时，负载的相电压就等于电源的相电压，电源的线电压为负载相电压的$\sqrt{3}$倍。

流过每相负载的电流称为相电流。流过每根相线的电流称为线电流。线电流和相电流的大小关系为

$$I_{线Y}=I_{相Y} \tag{1-76}$$

负载星形连接时，中线电流为各相电流的向量和。在三相对称电路中，由于各相负载对称，所以流过三相电流也对称，其向量和为零，即

$$\dot{I}_N=\dot{I}_U+\dot{I}_V+\dot{I}_W=0 \tag{1-77}$$

三相对称负载星形连接时，中线电流为零，因此取消中线也不会影响三相负载的正常工作，三相四线制实际变成了三相三线制，如图1-28所示。

通常在低压供电系统中，由于三相负载经常要变动，各相负载不同，各相电流的大小也不一定相

等，相位差不一定为 120°，中线电流也不为零，则 $U_{N'N} \neq 0$，即 N′点和 N 点电位不相同了。当 N′点和 N 点电位相差很大时，可能使负载的工作不正常；另一方面，如果负载变动时，由于各相的工作相互关联，因此彼此都相互影响。当有中线时，尽管负载是不对称的，中线可使各相保持独立性，各相的工作互不影响，因而各相可以分别独立计算，这就克服了无中线时引起的缺点。因此，在负载不对称的情况下中线的存在是非常重要的。为了确保零线在运行中不断开，其上不允许接保险丝也不允许接刀闸，且中线常用钢丝制成，以免断开引起事故。比如，照明电路中各相负载不能保证完全对称，所以绝对不能采用三相三线制供电，而且必须保证零线可靠。

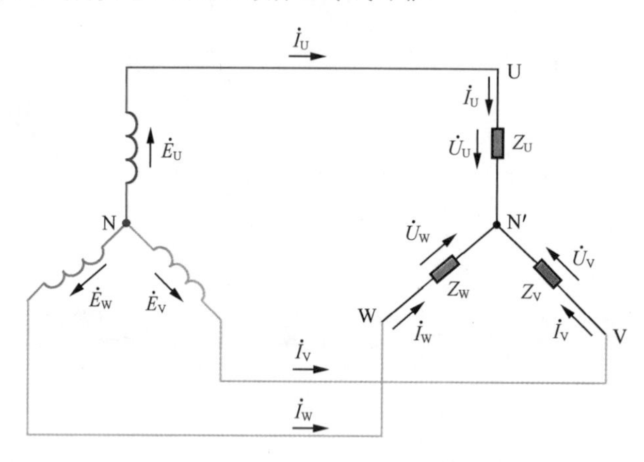

图 1-28　星形连接的三相三线制电路

2　三相负载的三角形连接

三相负载分别接在三相电源的每两根相线之间的接法称为三相负载的三角形连接（常用“△”标记），如图 1-29 所示。

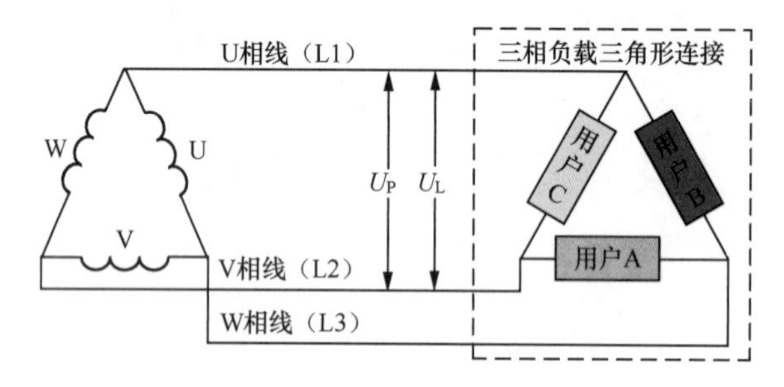

图 1-29　三相负载的三角形连接电路

在三角形连接中，负载的相电压和电源的线电压大小相等，即

$$U_{相\triangle}=U_{线\triangle} \tag{1-78}$$

如果三相负载对称，线电流和相电流的关系为

$$I_{线\triangle}=\sqrt{3}\,I_{相\triangle} \tag{1-79}$$

三相对称负载三角形连接时的相电压是星形连接时的相电压的$\sqrt{3}$倍。

三相负载接到电源中，是三角形还是星形连接，要根据负载的额定电压而定。

1.4.3　功率因数的提高

在交流供电线路上的负载，其功率因数取决于负载的参数。生产活动中大量使用的是异步电动机，其额定功率因数大多为 0.7 ～ 0.9，机械加工机床上的电动机，运行时的平均功率因数为 0.5 ～ 0.6、功率因数低，会引起以下不良后果。

（1）发电设备的容量不能充分得到利用。

发电设备输出的有功功率

$$P = U_N I_N \cos\varphi = S_N \cos\varphi \tag{1-80}$$

显然，$\cos\varphi$ 越小，有功功率越小，无功功率越大，即负载与发电设备之间的能量互换规模越大。即使发电设备的电流已达满载电流，设备的利用率还是不充分的。

以容量为 1000kV · A 的变压器为例。如果 $\cos\varphi=1$，能够输出 1000kW 的有功功率，而在 $\cos\varphi=0.65$ 时，只能输出 650kW 的功率，变压器的利用率为 65%。

（2）功率因数低，将使发电机绕组和输电线路的损耗增加。

设发电机绕组和输电线路的电阻和为 r，则其功率损耗为

$$\Delta P = I^2 r \tag{1-81}$$

式中，$I = \dfrac{P}{U\cos\varphi}$，发电机或输电线上的电流，则

$$\Delta P = \left(\frac{P}{U\cos\varphi}\right)^2 r \tag{1-82}$$

由此可知，当发电机的输出电压和输出功率 P 一定时，功率损耗 ΔP 和功率因数 $\cos\varphi$ 的平方成反比，这就说明功率因数越低，线路电流越大，往返于负载和电源之间的无功功率越大，因此消耗功率 ΔP 就越大，发电机绕组和线路上的电压降越大。因此，提高电网的功率因数对国民经济有着极为重要的意义。

电力部门规定：由高压供电的工业企业，其平均功率因数不低于 0.90，其他单位不低于 0.85。

提高功率因数的方法是：并联电容，让它与负载之间进行能量互换，以减少负载与电源之间的能量互换。

第2章 电工操作安全知识

电气设备在各行各业的运用相当普遍。电气工作人员如果缺乏必要的电工安全知识，不仅会造成电能浪费，而且会发生事故，危及人身安全，给国家和人民带来重大损失。事实上，在机械、化工、冶金等工矿事业中存在大量电器不安全现象，电器事故已成为引起人身伤亡、爆炸、火灾事故的重要原因。因此，电器安全已日益得到人们的关注和重视。

2.1 用电安全及电流对人体的作用

2.1.1 用电安全常识

1 安全用电标志

明确统一的标志是保证用电安全的一个重要措施。统计表明，不少电器事故完全是由于标志不统一而造成的。例如，由于导线的颜色不统一，误将相线接设备的机壳，而导致机壳带电，酿成触电伤亡事故。

标志分为颜色标志和图形标志。颜色标志常用来区分各种不同性质、不同用途的导线，或用来表示某处安全程度。图形标志一般用来告诫人们不要去接近有危险的场所。为保证安全用电，必须严格按有关标准使用颜色标志和图形标志。我国安全色标采用的标准，基本上与国际标准草案（ISD）相同。一般采用的安全色有以下几种。

（1）红色：用来标志禁止、停止和消防，如信号灯、信号旗、机器上的紧急停机按钮等都是用红色来表示“禁止”的信息（见图 2-1）。

（2）黄色：用来标志注意危险。如“当心触电”（见图 2-2）、“注意安全”等。

图 2-1 “禁止”标志

图 2-2 “当心触电”标志

（3）绿色：用来标志安全无事。如“在此工作”“已接地”（见图 2-3）等。

（4）蓝色：用来标志强制执行，如“进入车间请佩戴安全帽”（见图 2-4）、“必须系安全带”等。

为便于识别，防止误操作，确保运行和检修人员的安全，按照规定，采用不同颜色来区别设备特征。如电气母线 A 相为黄色，B 相为绿色，C 相为红色，接地线（N）为黑色，如图 2-5 所示。

2 安全用电的注意事项

随着生活水平的不断提高，生活中用电的地方越来越多了，我们有必要掌握以下基本的安全用电常识。

图 2-3　“已接地”标志

图 2-4　“必须佩戴安全帽”标志

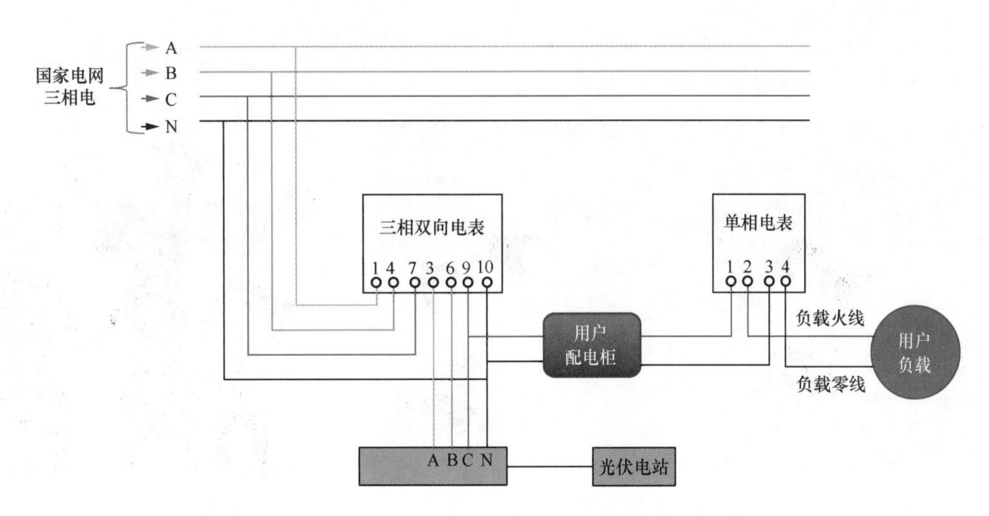

图 2-5　三相电中相线的颜色

（1）认识了解电源总开关（见图 2-6），学会在紧急情况下关断总电源。

（2）不用手或导电物（如铁丝、钉子、别针等金属品）去接触、探试电源插座内部（见图 2-7）。

（3）不用湿手触摸电器（见图 2-8），不用湿布擦拭电器。

（4）电器使用完毕后应拔掉电源插头；插拔电源插头时不要用力拉拽电线，以防止电线的绝缘层受损造成触电；电线的绝缘皮剥落，要及时更换新线或者用绝缘胶布包好（见图 2-9）。

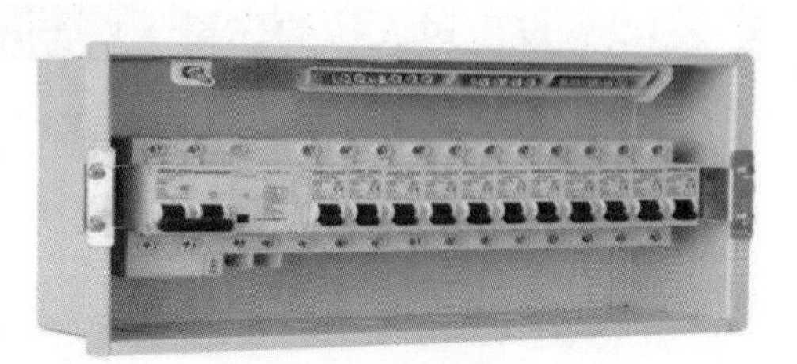

图 2-6　电源总开关

图 2-7　勿触碰电源插座内部

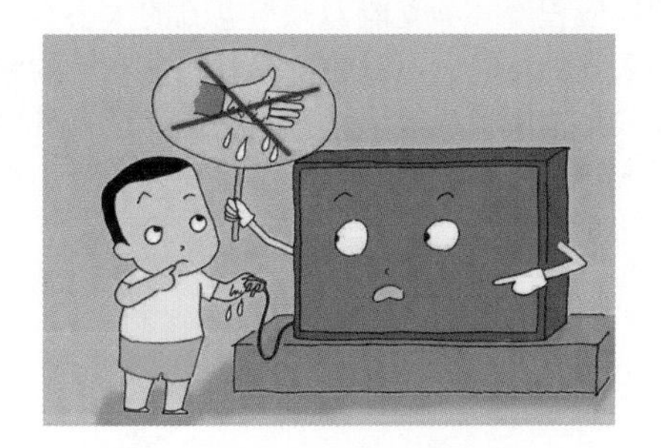

图 2-8　勿用湿手触碰电器

2-1：安全用电常识

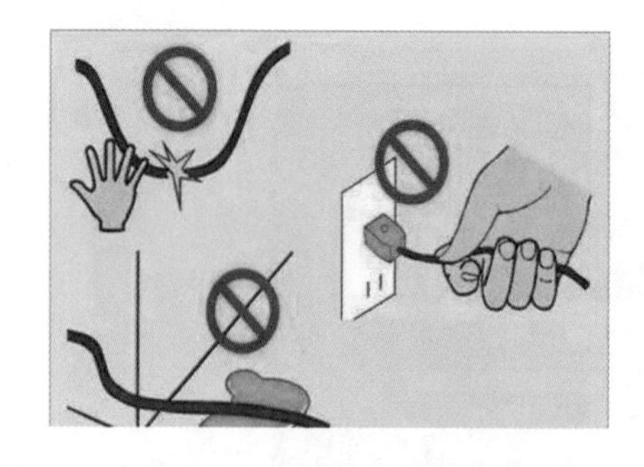
图 2-9　勿触碰绝缘皮脱落的电线和勿用力拔电源

（5）发现有人触电要设法及时关断电源，或者用干燥的木棍等物将触电者与带电的电器分开，不要用手去直接救人（见图 2-10）。

（6）不随意拆卸、安装电源线路、插座、插头等。哪怕安装和拆卸灯泡（见图 2-11）等简单的事情，也要先关断电源，并在做好安全防护后进行。

图 2-10　施救触电者

图 2-11　关断电源并做好防护后拆卸灯泡

2.1.2　电流对人体的伤害

电流的伤害程度与以下因素有关。

（1）通过人体电流的大小：电流越大伤害越严重。

（2）通电时间：通电时间越长伤害越严重。

（3）通过人体电流的种类：交流比直流危险性大。

（4）通过人体电流的途径：流过心脏的电流分量越大越危险。

（5）与人的生理和心理因素有关：身体越差、遭受突然打击，触电时越危险。

从本质上讲，触电是电流对人体的危害，如图 2-12 所示。当电流流经人体时，人体对电流的生理反应程度（承受能力）与电流的大小、电流流经人体的路径、电流的持续时间、电流的频率以及人体健康状况等因素有关。统计资料表明电流对人体的伤害作用有一个由量变到质变的过程。具体见表 2-1。

图 2-12　触电对人身体的伤害

表 2-1　电流对人体的伤害作用特征

电流 /mA	伤害作用特征	
	50 ～ 60Hz 交流电	直流电
0.6 ～ 1.5	开始感到手指麻刺	没有感觉
2 ～ 3	手指强烈麻刺	没有感觉
5 ～ 7	手的肌肉痉挛	刺痛，感到灼热
8 ～ 10	手已难以摆脱带电体，但终能摆脱	灼热感增加
20 ～ 25	手迅速麻痹，不能摆脱带电体，剧痛，呼吸困难	灼热更甚，产生不强烈的肌肉痉挛
50 ～ 80	呼吸麻痹，持续 3s 或更多时间，心脏停搏，并停止跳动	呼吸麻痹

电压对人体的危害分两种情况。一种是电压加于人体会产生持续电流。在这种情况下，当电阻一定时，人体触及带电体的电压越高，通过人体的电流就越大，时间越长，对人体危险性就越大。另一种是只有电压，没有电流流经人体，那就不会造成什么危害。这样的事例在现实中有很多。鸟站在高压线上安然无恙（见图 2-13），人穿等电位衣在高压线上工作安然无事等。又如在干燥的冬天，人拉门的金属把手时，静电电压高到数千伏，人仅突然感到手麻一下而已，这些都是只有电压，而人触及带电体时产生的电流却极微小，时间也极短，所以不足以对人体造成较大的伤害。

图 2-13　鸟站在高压线上

2.1.3　安全电压

安全电压是指不直接致死或致残的电压，行业规定安全电压不高于 36V，持续接触安全电压是 24V，安全电流为 10mA。电击对人体的危害程度（见图 2-14），主要取决于通过人体电流的大小和通电时间。电流强度越大，致命危险越大；持续时间越长，死亡的可能性越大。

图 2-14　人体触电的示意图

能引起人感觉到的最小电流称为感知电流，交流感知电流为 1mA，直流感知电流为 5mA。人触电后能自己摆脱的最大电流称为摆脱电流，交流摆脱电流为 10mA，直流摆脱电流 50mA。在较短时间内危及生命的电流称为致命电流，如 50mA 的电流通过人体 1s，可足以使人致命，因此致命电流为 50mA。在有防止触电保护装置的情况下，人体允许通过的电流一般为 30mA。

2.1.4 安全距离

安全距离是指为了防止人体触及或接近危险物体或危险状态，防止危险物体或危险状态造成的危害，而在两者之间所需保持的一定空间距离，比如人体要与高压线保持一定的距离，如图 2-15 所示。

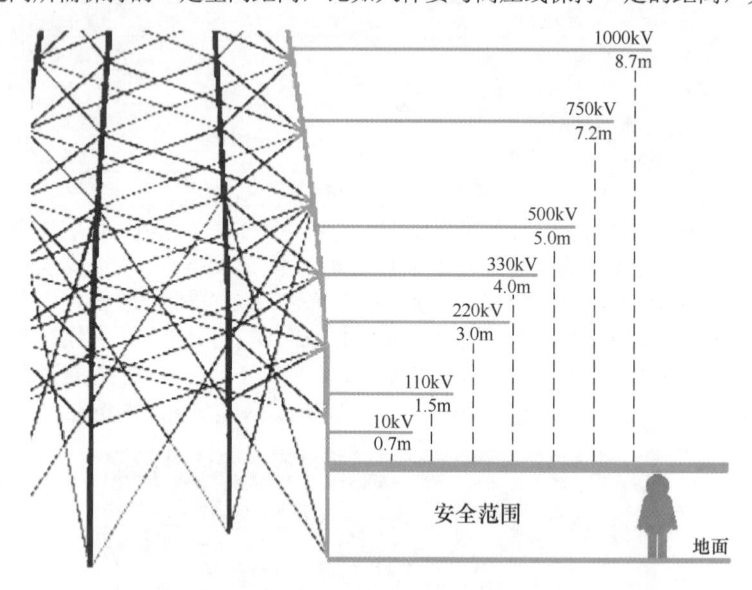

图 2-15 人体要与高压线保持一定的距离

（1）对于直流电压的最小安全距离。

±50kV——1.5m；

±500kV——6.8m；

±660kV——9.0m；

±800kV——10.1m。

（2）对于交流电压的最小安全距离。

10kV 及以下——0.70m；

20、35kV——1.00m；

63（66）110kV——1.50m；

220kV——3.00m；

330kV——4.00m；

500kV——5.00m；

750kV——7.2m；

1000kV——8.7m。

2.1.5 安全用具

电工安全用具是指在电气作业中，为了保证作业人员的安全，防止触电、坠落、灼伤等工伤事故所必须使用的各种电工专用工具或用具。

电工安全用具可分为绝缘安全用具和非绝缘安全用具两大类。绝缘安全用具（见图 2-16）是防止作业人员直接接触带电体用的，又可分为基本安全用具和辅助安全用具两种。非绝缘安全用具是保证电气维修安全用的，一般不具备绝缘性能，所以不能直接与带电体接触。

凡是可以直接接触带电部分，能够长时间可靠地承受设备工作电压的绝缘安全用具，都称为基本安全用具。基本安全用具主要用来操作隔离开关、更换高压熔断器和装拆携带型接地线等。使用基本安全用具时，其电压等级必须与所接触的电气设备的电压等级相符合，因此这些用具都必须经过耐压试验。

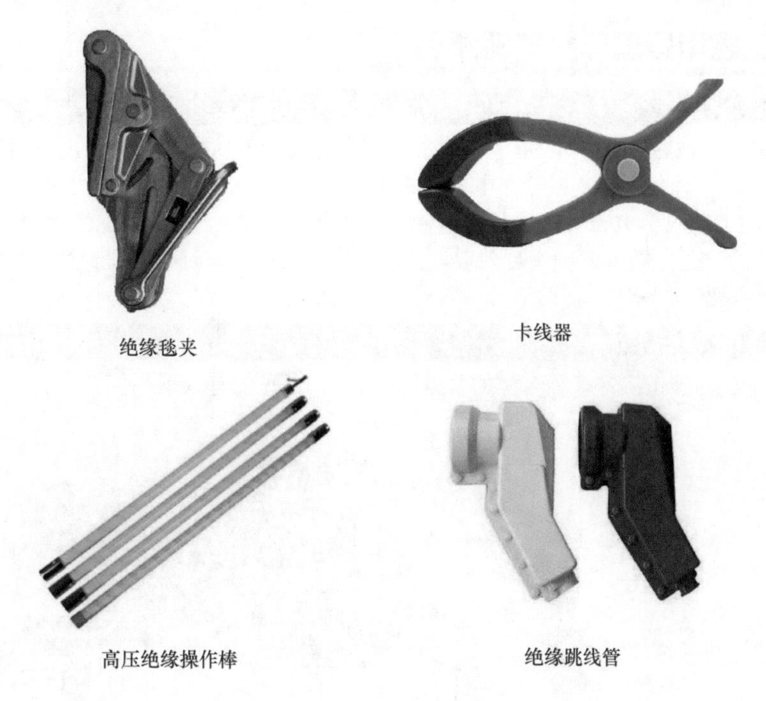

图 2-16　绝缘安全用具

辅助安全用具是用来进一步加强基本安全用具作用的工具。辅助安全用具一般须与基本安全用具配合使用。如果仅仅使用辅助安全用具直接在高压带电设备上进行工作或操作，由于其绝缘强度较低，不能保证安全。但配合基本安全用具使用，就能防止工作人员遭受接触电压或跨步电压的伤害。辅助安全用具应用于低压设备，一般可以保证安全。因此，有些辅助安全工具，如绝缘手套，在低压设备上可以作为基本安全用具使用；绝缘靴可作为防护跨步电压的基本安全用具。

辅助安全用具主要有绝缘手套、绝缘靴、绝缘垫、绝缘台（板）和个人使用的全套防护用具等，如图 2-17 所示。

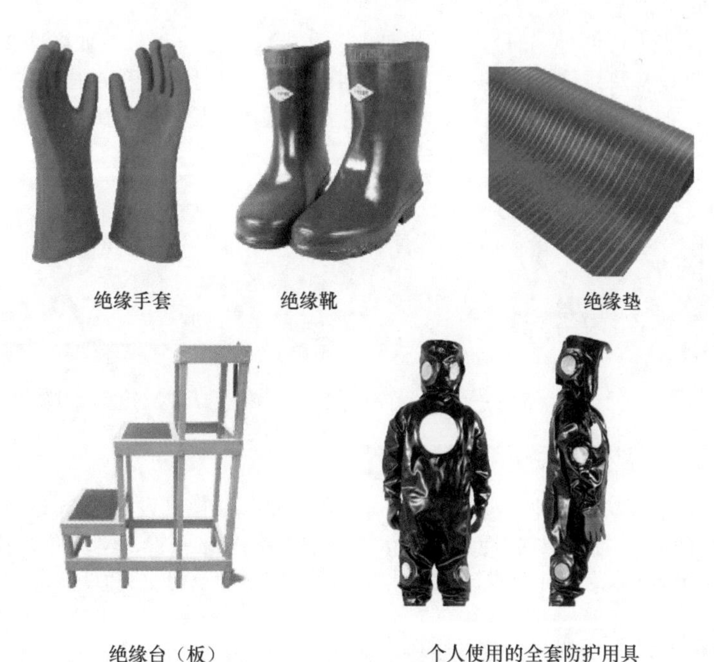

图 2-17　辅助安全用具

2.2 电工触电危害与产生的原因

2.2.1 触电危害

所谓触电是指人体触及带电体，带电体对小于安全距离的人体放电，以及电弧闪络波及人体时，电流通过人体与大地或其他导体，或分布电容形成闭合回路，使人体遭受不同程度的伤害。

当流经人体的电流小于 10mA 时，人体不会产生危险的病理生理效应；但当流经人体的电流大于 10mA 时，人体将会产生危险的病理生理效应，并随着电流的增大、时间的增长产生心室纤维性颤动，乃至人体窒息（“假死”），瞬间或在两三分钟内就会夺去人的生命。

2.2.2 触电事故的分类

造成触电事故的可能情况是多种多样的（见图 2-18），常见的有以下几种。

2-2：触电与救护

图 2-18　触电事故

1 人体直接触及相线

这类触电事故又可以分为单相触电和两相触电。

（1）单相触电是指人站在地面或其他与地连接的导体上，人体触及一根相线（火线）所造成的触电事故。单相触电是最常见的触电方式，如图 2-19 所示。

（2）两相触电是指人体两处同时触及两相带电体所造成的触电事故，如图 2-20 所示。在检修三相动力电源上的电气设备及线路时，容易发生此类触电事故。由于两相间的电压（即线电压）是相电压的$\sqrt{3}$倍，所以触电的危险性较大。两相触电事故较单相触电事故少得多。

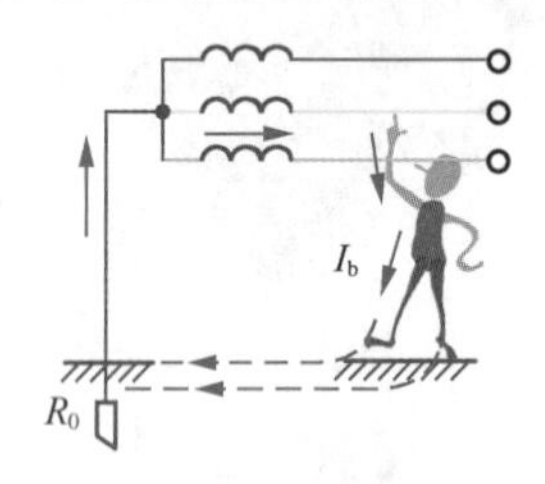

图 2-19　单相触电

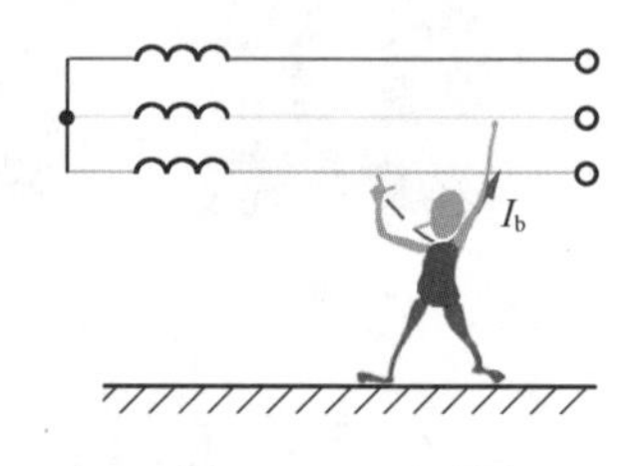

图 2-20　两相触电

2 人体触摸意外的带电体（见图 2-21）

产生意外的带电体有以下几种情况：正常情况下不应带电的电气设备的金属外壳、构架，因绝缘损坏或碰壳短路而带电；因导线破损、漏电、受潮或雨淋而使自来水管、建筑物的钢筋、水渠等带电。人体触及这些意外的带电体，就会造成触电。触电情况和直接触及相线类似。

3 放电及电弧闪烁引起的触电

当人体过分接近带电体，其间的空气间隙小于最小安全距离时，空气间隙的绝缘被击穿，造成带电体对人体电弧放电，使人遭受损伤，如图 2-22 所示。

清洁干燥空气的击穿电压约为 600kV/m，10kV 带电体的空气击穿距离约为 2cm。如果空气比较潮湿，空气中混有大量灰尘等，将使空气的击穿电压大大降低。

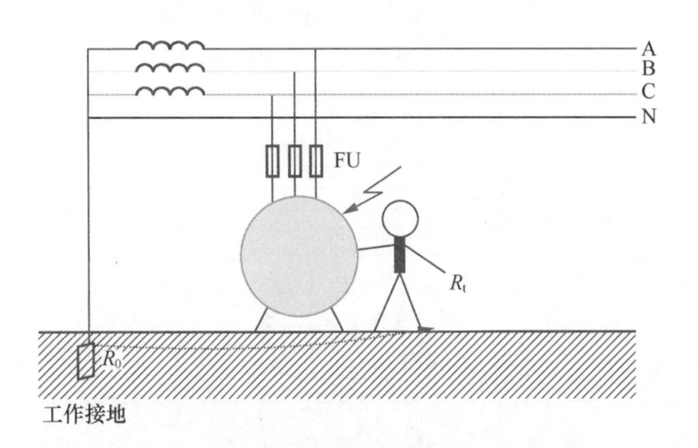

图 2-21　人体触摸意外的带电体

图 2-22　电弧引起触电

这类触电事故多发生在检修电气设备时违章作业的场合，例如误拉（隔离开关）、合闸、带负荷拉隔离开关、人体过分接近带电体等。

电弧闪烁到人体会使人体灼伤和触电，同时有可能使受害者倒向带电体而造成危险。这类事故在农村和工厂中比较突出，需要引起重视。

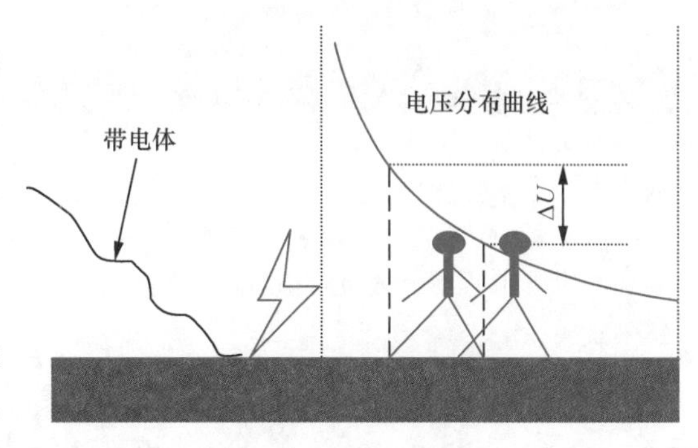

图 2-23　跨步电压触电

4 跨步电压触电

当发生带电体碰地、导线断落在地面或雷击避雷针在接地极附近时，会有接地电流或雷击放电电流流入地下，电流在地中呈半球面向外散开。当人走进这一区域时，便有可能遭到电击，这种触电方式称为跨步电压触电，如图 2-23 所示。

人受到跨步电压作用时，电流从一只脚经过腿、胯部流到另一只脚而使人遭到电击，进而人体可能倒在地上，使人体与地面接触的部位发生改变，有可能使电流通过人体的重要器官而造成严重后果。离接地点越远，电位越低，遭跨步电压电击的危险越小。一般认为离接地点 20m 以外，其电位为零。

2.3 电工触电的防护措施与应急处理

2.3.1 防止触电的基本措施

电气作业人员对安全必须高度负责，应认真贯彻执行有关各项安全工作规程，安全技术措施必须落实。安装电气必须符合绝缘和隔离要求，拆除电气设备要彻底干净。对电气设备金属外壳一定要有效接地。作业人员要正确使用绝缘的手套、鞋、垫、夹钳、杆和验电器等安全工具，如图 2-24 所示。

图 2-24　作业人员安全作业

1 保护接地

保护接地是把故障情况下可能呈现危险的对地电压的导电部分同大地紧密地连接起来。只要适当控制保护接地电阻大小，即可将漏电设备对地电压限制在安全范围内，如图 2-25 所示。凡由于绝缘破坏或其他原因可能呈现危险电压的金属部分，除另有规定外，均应接地。

2 保护接零

保护接零是指电气设备在正常情况下不带电的金属部分与电网的保护零线相互连接，如图 2-26 所示。这种安全技术措施用于中性点直接接地、电压为 380V/220V 的三相四线制配电系统。保护接零的基本作用是当某相带电部分碰连设备外壳时，通过设备外壳形成该相对零线的单相短路，短路电流促使线路上过电流保护装置迅速动作，把故障部分断开，消除触电危险。

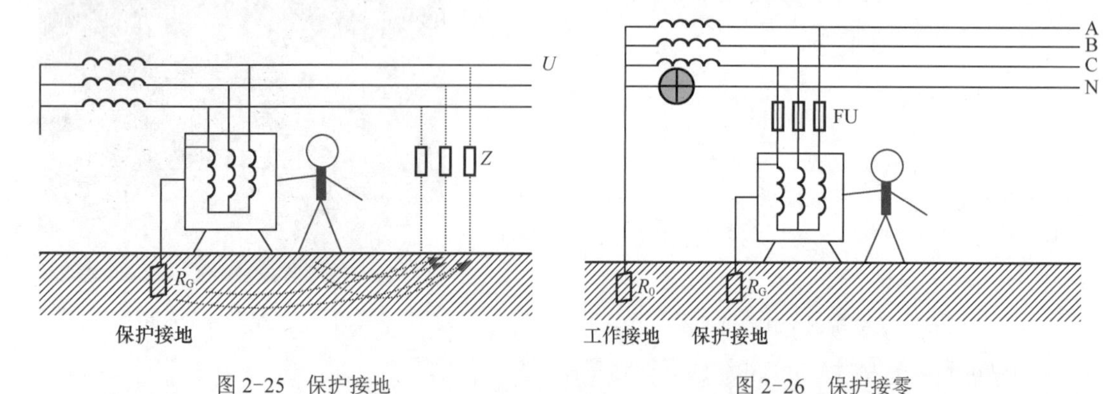

图 2-25　保护接地

图 2-26　保护接零

2.3.2　触电急救的应急措施

有人计算，如果从触电算起，5min 内赶到现场抢救，则抢救成功率可达 60%，超过 15min 才抢救，则多数触电者会死亡。因此，触电的现场抢救必须做到迅速、就地、准确、坚持。

急救第一步是切断电源或用绝缘体如干木棒、竹竿挑开电线，如图 2-27 所示。除非已经脱离电接触，否则千万不能去拉触电者，否则会引火烧身，造成自己也触电。

图 2-27　切断电源

第二步是保护触电者，防止跌落。

第三步是对触电者进行检查和处理，检查或恢复心跳、呼吸是急救的首要任务，若心跳呼吸停止，要立即实施心肺复苏初级救生术，有骨折的部位进行临时固定，有出血或局部烧伤的部位应进行止血和包扎。对损伤较轻者，尽量给予精神安慰，并让其喝些糖开水或浓茶。

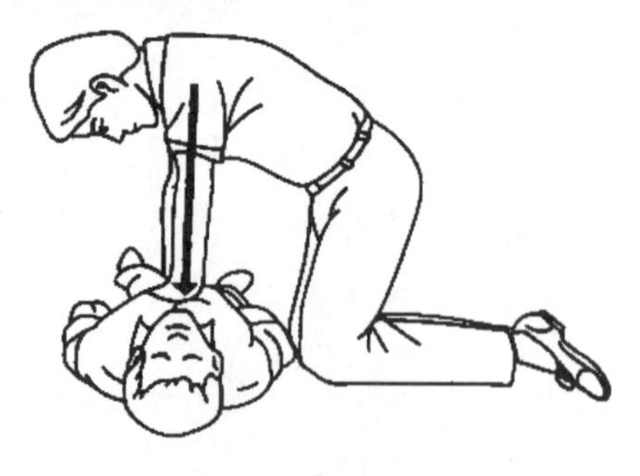

图 2-28　心肺复苏

对于触电者，应尽量将其移至通风干燥处仰卧，松开衣领、裤带，畅通呼吸道。对遭遇雷击者，应尽快将其移至避雨处，擦干伤员身上的雨水，若发现心跳呼吸已停止，先进行心肺复苏初级救生术，如图 2-28 所示。

在现场急救的同时，立即拨打“120”急救中心进行呼救，并将急救“接力棒”及时传递给急救医生。

一旦发生高压电线落地引起触电事故时，应派人看守，不让人或车靠近现场，因为离电线 10 ～ 15m 范围内仍带电，救护者贸然进入该带电区域很易触电。应通知电工或供电部门处理电线后再救人。

2.4 防止雷电和电气火灾

雷电来临时，躲到室内是比较安全的，但这也只是相对室外而言。在室内除了会遭受直击雷侵袭外，雷击电磁脉冲也会通过引入室内的电源线、信号线、无线电天线的馈线等通道进入室内，如图 2-29 所示。所以在室内不采取措施，也可能会遭受雷电的袭击。

图 2-29　雷电袭击

2.4.1 防雷电的措施

（1）发生雷雨时，在房间内一定要关闭好门窗，如图 2-30 所示，目的是防止雷电电流的入侵。同时还要尽量远离门窗、阳台和外墙壁，这是为了预防一旦雷击到所在的房屋，可能会受接触电压和旁侧闪击的伤害，成为雷电电流的泻放通道。

图 2-30　关窗防雷电

（2）发生雷雨时，在室内不要靠近和触摸任何金属管线（见图 2-31），包括水管、暖气管、煤气管等。特别是在雷雨天气不要洗澡，尤其是不要使用太阳能热水器洗澡。另外，室内随意拉一些铁丝等金属线，也是非常危险的。在一些雷击灾害调查中，许多人员伤亡事件都是在上述情况下受到接触电压和旁侧闪击造成的。

（3）发生雷雨时，在房间里不要使用任何家用电器，包括电视、计算机、电话（见图 2-32）、电冰箱、洗衣机、微波炉等。这些电器除了都有电源线外，电视机还会有由天线引入的馈线，计算机和电话还会有信号线，雷击电磁脉冲产生的过电压，会通过电源线、天线的馈线和信号线将设备烧毁，有的还会酿成火灾，人若接触或靠近设备也会被击伤、烧伤。最好的办法是不要使用这些电器，拔掉所有的电源。

图 2-31　雷雨天不要触摸金属管

图 2-32　雷雨天不要打电话

（4）发生雷雨时，要保持室内地面的干燥，以及各种电器和金属管线的良好接地。如果室内的地板或电气线路潮湿，就有可能会发生因雷电电流的漏电而伤及人员。室内的金属管线接地不好，接地电阻很大，雷电电流不能很通畅地泻放到大地，它就会击穿空气的间隙，向人体放电，造成人员伤亡。

2.4.2 电气灭火应急处理

（1）发生电气火灾时，首先迅速切断电源（拉下电闸、拨出电源插头等），如图 2-33 所示，以免事态扩大。带负荷切断电源时应戴绝缘手套，使用有绝缘柄的工具。当火场离开关较远需剪断电线时，火线和零线应分开错位剪断，以免在钳口处造成短路，并防止电源线掉在地上造成短路使人员触电。

（2）当电源线不能及时切断时，应及时通知变电站从供电始端拉闸，同时使用现场配置的灭火器进行灭火，灭火人员要注意人体的各部位与带电体保持充分的安全距离。

（3）扑灭电气火灾时，要用绝缘性能好的灭火剂，如干粉灭火器、二氧化碳灭火器或干燥沙子，严禁使用导电灭火剂（如水、泡沫灭火器等）扑救，如图 2-34 所示。

图 2-33　迅速切断电源

图 2-34　灭火器灭火

（4）发生电气初起火灾时，应先用合适的灭火器进行扑救，情况严重的则立即拨打“119”报警，如图 2-35 所示。报警内容应包括：事故单位，事故发生的时间、地点，火灾的类型，有无人员伤亡以及报警人姓名及联系电话。

2.4.3 电气火灾与预防

（1）不要超负荷用电。应当注意，使用电气设备的功率或者同时使用的电气设备的总功率之和不能超过电源允许的功率，否则会发生火灾，如图 2-36 所示。

图 2-35　遇火灾报警

图 2-36　超负荷用电

（2）选用合适的电源引线、连接器件和保险丝。按照电气设备的额定电流选用合适的连接导线和插头、插座等连接器件及保险丝。对于大功率的用电设备，还应单独供电。有时集体活动需要临时架设一些电源引线，也应按此原则考虑。

另外，在导线与导线、导线与电气设备的接线端连接处、刀闸与保险丝的连接处等电路中有连接的地方，一定要使其接触良好，连接牢固，如图 2-37 所示。

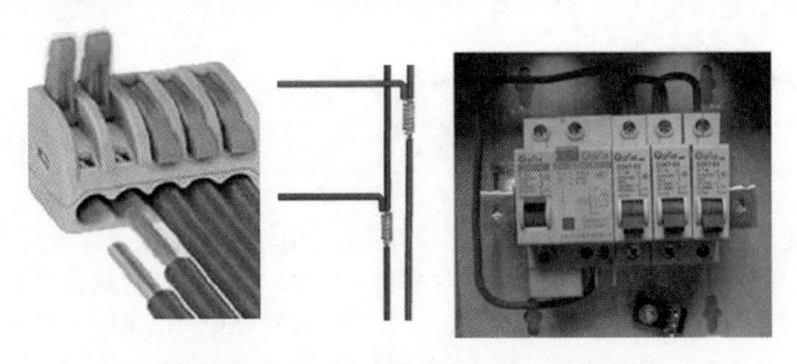

图 2-37　电气连接要牢固

（3）防止短路。不可使电源的任意两条火线或火线与零线碰到一起；不要使电源插头或插座上连接电源线的螺栓处多余的线头碰到一起；用验电器验电时不要同时触碰到火线与零线；在电气设备中不要发生电气元件的短接等情况。

（4）严格防火管理。在易导致火灾发生的场合用电，必须加强防火管理。如在进行电焊或其他会产生电弧、电火花的用电过程中，周围不能有易燃物，并应由专人负责，采取严格的防火措施。在易燃易爆场合，严禁有明火发生，使用的电气设备必须是具有防爆性能的电机、电器，并应由专业人员进行维护管理。

第3章 常用测量仪表和工具

电工工具和仪表在电气设备安装、维护、修理工作中起着重要的作用，正确使用电工工具和仪表，既能提高工作效率，又能减小劳动强度，保障作业安全。本章以通俗易懂的语言介绍了电工常用工具、常用仪表和电子仪器的结构原理与使用方法，为读者使用各类常见电工仪表和工具起到指引与参考作用。

3.1 验电器

验电器是一种检测物体是否带电以及粗略估计带电量大小的仪器。

3.1.1 验电器的分类和工作原理

1 验电器的工作原理

验电器的构造如图 3-1 所示。图中上部是一金属球（或用金属板），它和金属杆相连接，金属杆穿过橡皮塞，其下端挂两片极薄的金属箔，封装在玻璃瓶内。检验时，让物体与金属球(金属板)接触，如果物体带电，就有一部分电荷传到两片金属箔上，金属箔由于带了同种电荷，彼此排斥而张开，所带的电荷越多，张开的角度越大；如果物体不带电，则金属箔不动。

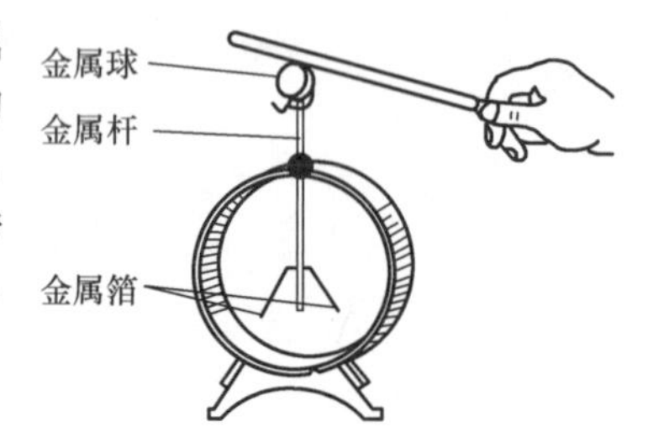

图 3-1 验电器的构造

2 验电器的分类

验电器通常分为低压验电器和高压验电器两种。

（1）低压验电器。

低压验电器又称低压验电笔，主要用来检测低压导体和对地电压在 60 ～ 500V 的低压电气设备外壳是否带电的常用工具，也是家庭中常用的电工安全工具。低压验电器由氖泡、电阻、弹簧、笔身和笔尖等部分组成，它是利用电流通过低压验电器、人体、大地形成回路，其漏电电流使氖泡起辉发光而工作的。只要带电体与大地之间电位差超过一定数值（36V 以上），验电器就会发出辉光，低于这个数值就不发光，从而判断低压电气设备是否带电。

低压验电器的外形通常有钢笔式和螺钉旋具式两种。另外，还包括具有电子显示功能的低压验电器，图 3-2 所示是几种低压验电器。

（2）高压验电器。

高压验电器主要用来检测高压架空线路、电缆线路、高压用电设备是否带电。高压验电器的主要类型有发光型高压验电器、声光型高压验电器和高压电磁感应旋转验电器，如图 3-3 所示。

发光型高压验电器由握柄、护环、紧固螺钉、氖管窗、氖管和金属探针（钩）等部分组成。

声光型高压验电器是广泛使用的棒状伸缩型高压验电器。棒状伸缩型高压验电器是根据国内电业部门的要求，在吸取国内外各验电器优点的基础上研制的“声光双重显示”型高压验电器。它的验电灵敏性高，不受阳光、噪声影响，白天黑夜、户内户外均可使用；抗干扰性强，内设过压保护、温度自动补偿，具备全电路自检功能；内设电子自动开关，电路采用集成电路屏蔽，保证在高电压、强电场下集成电路安全可靠地工作；产品报警时发出“请勿靠近，有电危险”的警告声音，简单明了，避免了工作人员的误操作，保障了人身安全；验电器外壳为 ABS 工程塑料，伸缩操作杆由环氧树脂玻璃钢管制造；产品结构一体，使用、存放方便。

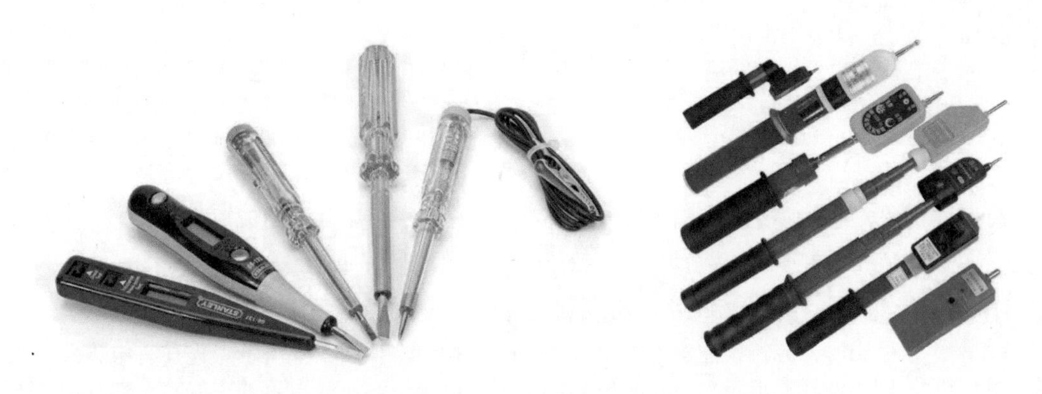

图 3-2 低压验电器　　　　图 3-3 高压验电器

高压电磁感应旋转验电器一般由检测部分（指示器部分或风车）、绝缘部分、握手部分三大部分组成。绝缘部分是指自指示器下部金属衔接螺钉起至罩护环止的部分，握手部分至罩护环以下的部分。其中，绝缘部分和握手部分根据电压等级的不同其长度也不相同。

3.1.2 验电器的使用方法及注意事项

1 低压验电器的使用方法和注意事项

由于低压验电器的类型不同，其使用方法也有所不同。在使用时必须按图 3-4 所示的正确方法使用。手持式采用螺丝刀式握法，食指顶住低压验电器的笔帽端，拇指和中指、无名指轻轻捏住验电器使其保持稳定，然后将金属笔尖插入墙上的插座面板孔或者外接的插线排插座孔中，查看低压验电器中间位置的氖管是否发光，发光表明带电。数字显示的低压验电器采用钢笔式握法。使用时如果要接触物体测量，就用拇指轻轻按住直接测量按钮（DIRECT，离笔尖最远的那个），用金属笔尖接触物体测量。如果想知道物体内部或带绝缘皮电线内部是否有电，就用拇指轻触感应按钮（INDUCTANCE，离笔尖最近的），如果低压验电器显示闪电符号，就说明物体内部带电；反之，就不带电。

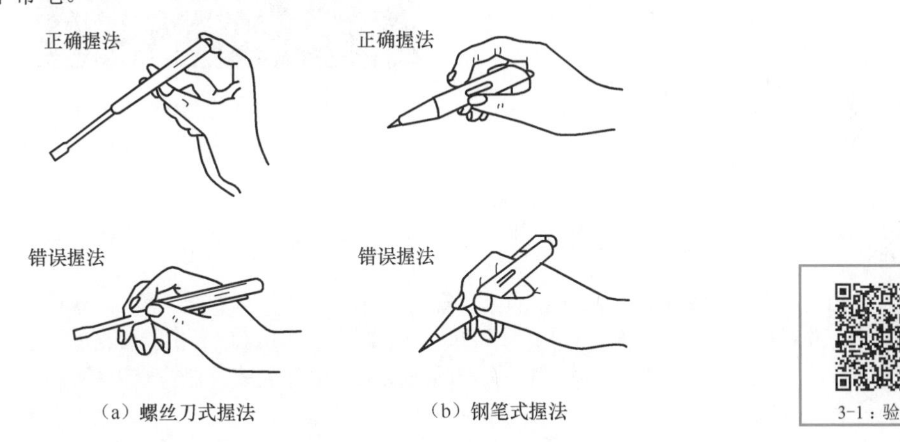

（a）螺丝刀式握法　　（b）钢笔式握法

图 3-4 低压验电器的使用方法

低压验电器使用不当会造成误判断，甚至引发触电等恶性事故，使用时要注意以下几点。

（1）绝对不能用手触及验电器前端的金属探头，这样做会造成人身触电事故。

（2）使用低压验电器时，一定要用手触及验电器尾端的金属部分，否则，因带电体、验电器、人体与大地没有形成回路，低压验电器中的氖管不会发光，会造成误判，认为带电体不带电。

（3）使用低压验电器之前应先检查低压验电器内是否有安全电阻，然后检查低压验电器是否损坏，是否有受潮或进水现象，检查合格后方可使用。

（4）在使用低压验电器测量电气设备是否带电之前，先要将低压验电器在已知带电体上检查一下氖管能否正常发光，如能正常发光，方可使用。

（5）使用低压验电器进电场测试之前，要确认检测所在场所的电压是否适用。不要尝试用验电器测试高于适用范围的电压，以免发生危险。

（6）在明亮的光线下使用低压验电器测量带电体时，应注意避光，以免因光线太强而不易观察氖管是否发光，造成误判。

（7）螺丝刀式验电器前端金属体较长，应加装绝缘套管，避免测试时造成短路或触电事故。

（8）使用完毕后，要保持验电器清洁，并放置在干燥处，严防碰摔。

2 高压验电器的使用方法和注意事项

高压验电器使用时，应特别注意手握部位不得超过护环，如图 3-5 所示。先在有电设备上进行检验。检验时，应逐渐地靠近带电设备至发光或发声，以验证高压验电器的完好性。然后在需要进行验电的设备上检测。同杆架设的多层线路验电时，应先验低压，后验高压，先验下层，后验上层。

在使用高压验电器进行验电时，首先必须认真执行操作监护制，一人操作，一人监护。操作者在前，监护人在后。验电时，操作人员一定要戴绝缘手套，穿绝缘靴，防止跨步电压或接触电压对人体造成的伤害，如图 3-6 所示。

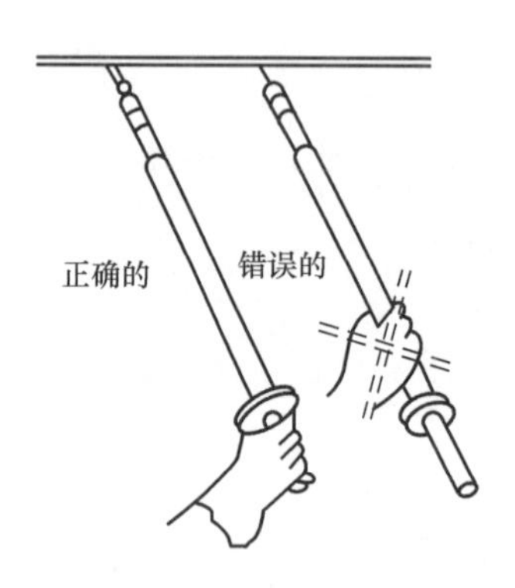

图 3-5　高压验电器的手握部位

图 3-6　使用高压验电器要戴绝缘手套

高压验电器在使用时要注意以下几点。

（1）用高压验电器进行测试时，人体与带电体应保持足够的安全距离，10kV 高压的安全距离为 0.7m 以上。室外使用时，天气必须良好，雨、雪、雾及湿度较大的天气中不宜使用普通绝缘杆的类型，以防发生危险。

（2）使用前，要按所测设备（线路）的电压等级将绝缘棒拉伸至规定长度，选用合适型号的指示器和绝缘棒，并对指示器进行检查，投入使用的高压验电器必须是经电气试验合格的。

（3）对线路的验电应逐相进行，对联络用的断路器或隔离开关或其他检修设备验电时，应在其进出线两侧各相分别验电。

（4）在电容器组上验电，应待其放电完毕后再进行。

（5）高压验电器每次使用完毕，在收缩绝缘棒及取下回转指示器放入包装袋之前，应将表面尘埃擦拭干净，并存放在干燥通风的地方，以免受潮。回转指示器应妥善保管，不得强烈震动或冲击，也不准擅自调整拆装。

（6）为保证使用安全，高压验电器应每半年进行一次预防性电气试验。

3.2 万用表

“万用表”是万用电表的简称，它是电子测量中一个必不可少的工具。万用表能测量电流、电压、电阻，有的还可以测量三极管的放大倍数、频率、电容值、逻辑电位、分贝值等。万用表有很多种，现在最流行的有指针式万用表和数字式万用表，它们各有优点。

3.2.1　指针式万用表

对于电子初学者，建议使用指针式万用表，因为它对我们熟悉一些电子知识原理很有帮助。下面介绍一些指针式万用表的原理和使用方法。

1　指针式万用表的原理

指针式万用表如图 3-7 所示。它的基本原理是利用一支灵敏的磁电式直流电流表（微安表）做表头。当微小电流通过表头时，就会有电流指示。但表头不能通过大电流，所以，必须在表头上并联与串联一些电阻进行分流或降压，从而测出电路中的电流、电压和电阻。

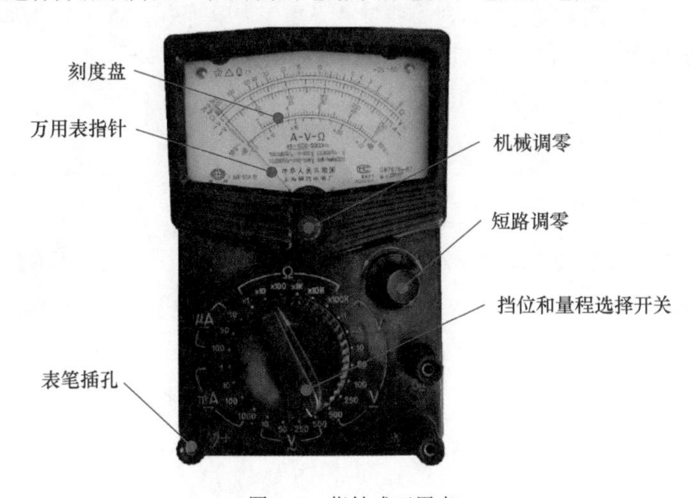

图 3-7　指针式万用表

3-2：万用表

2　指针式万用表的使用

在测量前，应把指针式万用表放置在水平状态，并检查其表针是否处于零点（指电流、电压刻度的零点），若不在，则应调整表头下方的“机械调零”旋钮，使指针指向零点。然后根据被测项正确选择万用表上的挡位和量程选择开关。如已知被测量物的数量级，则选择与其相对应的数量级量程。如不知被测量物的数量级，则应从选择最大量程开始测量，当指针偏转角度太小而无法精确读数时，再把量程减小。一般以指针偏转角不小于最大刻度的 30% 为合理量程。

（1）电阻的测量。

在测量电阻前，指针式万用表除进行机械调零之外还要进行短路调零。短路调零就是选择量程后将两个表笔搭在一起，使指针向右偏转，随即调整“短路调零”旋钮，使指针恰好指到“0”。然后将两根表笔分别接触被测电阻（或电路）两端，读出指针在欧姆刻度线（第一条线）上的读数，再乘以该挡标的数字，就是所测电阻的阻值，如图 3-8 所示。

测量电阻需要注意以下几点。

①每次换挡，都应重新进行短路调零，才能准确测量。

②选择的量程要使指针在刻度线的中部或右部，这样读数比较清楚、准确。

③由于量程挡不同，流过被测电阻上的电流大小也不同。量程挡越小，电流越大，否则相反。如果用万用表的小量程欧姆挡 $R\times1$、$R\times10$ 去测量小电阻（如毫安表的内阻），则被测电阻上会流过大电流，如果该电流超过了被测电阻所允许通过的电流，被测电阻会烧毁，或把毫安表指针打弯。同样，测量二极管或三极管的极间电阻时，如果用小量程欧姆挡去测量，管子容易被极间击穿。

④测量较大电阻时，手不可以同时接触被测电阻的两端，不然，人体电阻就会与被测电阻并联，使测量结果不准确，测试值会大大减小。另外，要测电路中的电阻时，应将电路的电源切断，否则测

量结果不准确（相当于再外接一个电压），还会使大电流通过微安表头，把表头烧坏。同时，还应把被测电阻的一端从电路上焊开，再进行测量，否则测得的是电路在该两点的总电阻。

⑤指针式万用表使用完毕后不要将量程开关放在欧姆挡上。这是为了保护微安表头，以免下次开始测量时不慎烧坏表头。测量完成后，应把量程开关拨至直流电压或交流电压的最大量程位置，千万不要放在欧姆挡上，以防两支表笔万一短路时，将内部干电池电能全部耗尽。

（2）电压的测量。

测量电压时，首先估计一下被测电压的大小，然后将指针式万用表的转换开关拨至适当的直流量程挡位或交流量程挡位。比如，测量一块干电池的电压，将红表笔接干电池的“+”端，黑表笔接干电池“-”端。然后将挡位拨至适当量程的直流挡，根据该挡量程数字与标直流电压符号刻度线上指针所指数字，读出被测电压的大小，如图 3-9 所示。测交流电压的方法与测量直流电压相似，所不同的是因交流电没有正、负之分，所以测量交流电压时，指针式万用表表笔也就不需分正、负。读数方法与上述测量直流电压的读法一样，只是数字应看标有交流符号的刻度线上的数字。

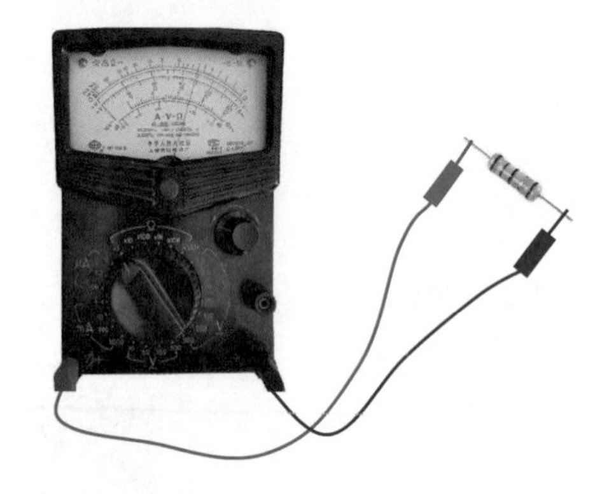

图 3-8　用指针式万用表测量电阻

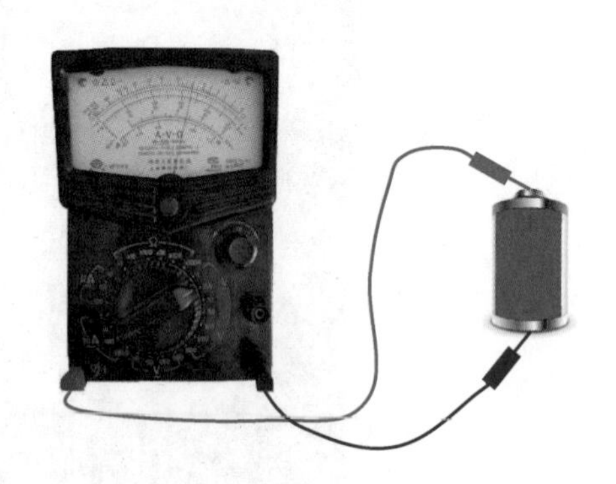

图 3-9　用指针式万用表测量直流电压

指针式万用表测量直流电压时，应注意被测点电压的极性，即把红表笔接电压高的一端，黑表笔接电压低的一端。如果不知被测电压的极性，指针式万用表两表笔接被测直流电压，若指针向右偏转，则可以进行测量；若指针向左偏转，则把红、黑表笔调换位置，方可测量。

（3）电流的测量。

测量电流时，先估计一下被测电流的大小，然后将指针式万用表的转换开关拨至合适的 mA 或 μA 量程，再把万用表串联接入电路中，如图 3-10 所示。同时观察标有直流符号的刻度线，如电流量程选在 3mA 挡时，应把表面刻度线上 300 的数字去掉两个“0”，将其看成 3，又依次把 200、100 看成 2、1，这样就可以读出被测电流数值。

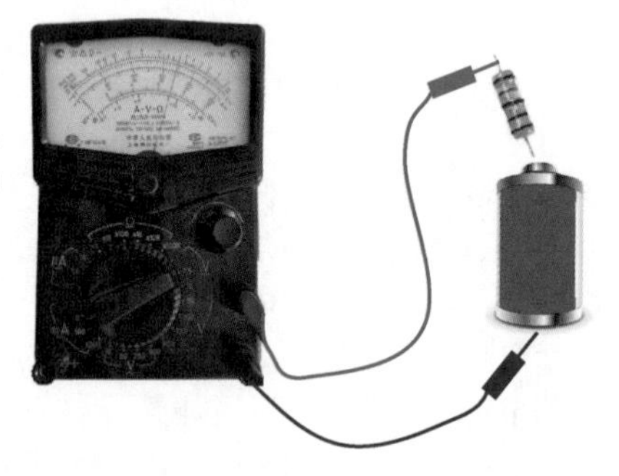

图 3-10　用指针式万用表测量电流

用指针式万用表测量电流时，如果不知被测电流的方向，可以在电路的一端先接好一支表笔，另一支表笔在电路的另一端轻轻地碰一下，如果指针向右摆动，说明接线正确；如果指针向左摆动（低于零点），说明接线不正确，应把万用表的两支表笔位置调换。另外，在指针偏转角大于或等于最大刻度的 30% 时，尽量选用大量程挡。因为量程越大，分流电阻越小，电流表的等效内阻越小，这时被测电路引入的误差也越小。在测量大电流（如 500mA）时，千万不要在测量过程中拨动量程选择开关，以免产生电弧，烧坏转换开关的触点。

3.2.2　数字式万用表

数字式万用表是目前最常用的一种数字仪表。其主要特点是准确度高、分辨率强、测试功能完善、测量速度快、显示直观、过滤能力强、耗电省、便于携带。

数字式万用表测量电流的基本原理是利用欧姆定律，将万用表串联接入被测电路中，选择对应的挡位，流过的电流在取样电阻上会产生电压，将此电压值送入 A/D（模数转换）芯片，由模拟量转换成数字量，再通过电子计数器计数，最后将数值显示在屏幕上。数字式万用表如图 3-11 所示。

1 电流的测量

在测量电流时，若使用“mA”挡进行测量时，将数字式万用表的黑表笔插入“COM”孔，红表笔插入“mA”孔。若测量20A左右的电流，则黑表笔不变，仍插入“COM”孔，而把红表笔拔出插入“20A”孔。

数字式万用表电流挡分为交流挡与直流挡两个，如图 3-12 所示。当测量电流时，必须将数字式万用表旋钮拨至相应的挡位和量程上才能进行测量。

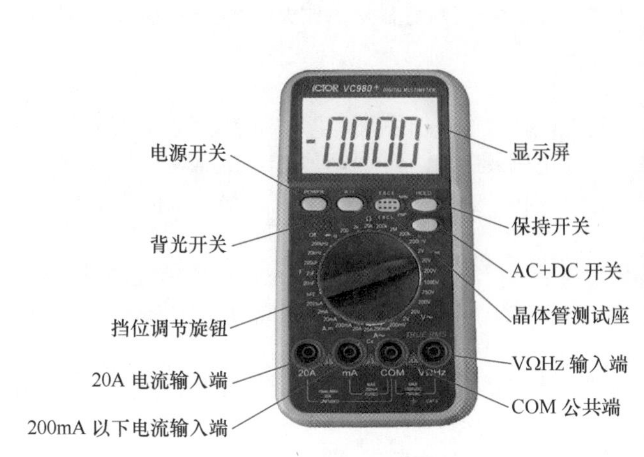

图 3-11　数字式万用表

图 3-12　数字式万用表功能和量程挡位的选择

2 电压的测量

数字式万用表测电压时，必须把黑表笔插入“COM”孔，红表笔插入“VΩHz”孔。若测直流电压，则将旋钮拨至如图3-12所示的直流挡位；若测交流电压，则将旋钮拨至如图3-12所示的交流电压挡位。用数字式万用表测量一块电池的电压如图 3-13 所示。

3 电阻的测量

将数字式万用表的表笔插入“COM”和“VΩHz”孔，把旋钮拨至“Ω”中所需的量程，将万用表表笔接在电阻两端金属部位，测量中可以用手接触电阻，但不要同时接触电阻两端，这样会影响测量精确度。读数时，要保持表笔和电阻有良好的接触；同时注意万用表挡位的单位：在“200”挡时，单位是“Ω”；在“2k”至“200k”挡时，单位为“kΩ”；“2M”以上的单位是“MΩ”。

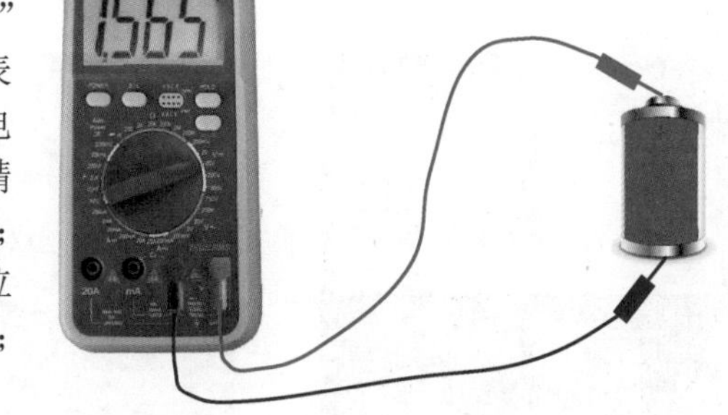

图 3-13　数字式万用表测量电池的电压

4 电容的测量

将电容两端短接，对电容进行放电，确保数字式万用表的安全。再将功能开关拨至电容 F 挡，并选择合适的量程，然后将万用表的表笔接在电容两端，读出 LCD 显示屏上的数字，即为电容数值。

5 二极管的测量

数字式万用表测量二极管时，首先要选择二极管挡，如果测量发光二极管，它的长脚为正极。数字式万用表显示屏中有示数，则此时红表笔端为发光二极管的正极，同时发光二极管会发光；若显示屏中没有示数，则将两支表笔调换再测一次。如果两次测量都没有示数，表示此发光二极管已经损坏。数字式万用表测量稳压二极管时，若显示屏中有示数，则红表笔端为正极，黑表笔端为负极；若显示屏中没有示数，两支表笔调换再测一次。如果两次测量显示屏中都没有示数，表示此稳压二极管已经损坏。数字式万用表测整流二极管时，若显示屏中有示数，则红表笔端为正极，黑表笔端为负极；若显示屏中没有示数，两支表笔调换再测一次。如果两次测量显示屏中都没有示数，表示此整流二极管已经损坏。

6 三极管放大倍数的测量

数字式万用表测量三极管放大倍数，首先要选择“hFE”挡，然后把三极管的3个引脚按正确的脚位插入数字式万用表对应的“e”“b”“c”位置，显示屏上就会显示出放大倍数。测试时，要注意分清三极管是PNP型的还是NPN型的。

使用数字式万用表时应注意以下几点。

①测量电流与电压不能选错挡位。如果误用电阻挡或电流挡去测量电压，就极易烧坏万用表。

②数字式万用表不用时，最好将挡位拨至交流电压最高挡，避免因使用不当而损坏。

③如果无法预先估计被测电压或电流的大小，则应先将数字式万用表拨至最高量程挡测量一次，再视情况逐渐把量程挡调到合适的位置。

④满量程时，数字式万用表仅在最高位显示数字“1”，其他位均消失，这时应选择更大的量程。

⑤测量电压时，应将数字式万用表与被测电路并联。测量电流时，应将数字式万用表与被测电路串联。测量直流电流时，一定要考虑正、负极性。

⑥当误用交流电压，按极性正确接入测量直流电压，或者误用直流电压挡去测量交流电压时，显示屏将显示“000”或低位上的数字出现跳动。

⑦禁止在测量高电压（220V以上）或大电流（0.5A以上）时换量程，防止产生电弧，烧毁开关触点。

3.3 电流表

电流表又称“安培表”，是测量电路中电流大小的工具，主要采用磁电系电表的测量机构。在电路图中，电流表的符号为“A”，分为交流电流表和直流电流表。交流电流表不能测直流电流，直流电流表也不能测交流电流，如果使用时选择错误，会把电流表烧坏。

3.3.1 电流表的分类与工作原理

根据电流表的功能及结构分类，主要有直流电流表、交流电流表和钳形电流表3种，如图3-14所示。

图3-14 电流表

（1）直流电流表主要采用磁电系测量机构，是利用载流线圈与永久磁铁的磁场相互作用而使可动部分偏转的电表。它一般可直接测量微安或毫安级电流。若想测量更大电流，则必须并联电阻器（又称分流器）。用环型分流器可制成多量程电流表。

（2）交流电流表主要采用电磁系、电动系、整流式三种测量机构。电磁系电流表是利用载流线圈的磁场，使可动软磁铁片磁化而受力偏转的电表。电动系电流表是利用固定线圈的磁场，使可动载流线圈受力而偏转的电表。整流式电流表是由包含整流元件的测量变换电路与磁电系电流表组合而成的电表。仅当交流为正弦信号时，整流式电流表的读数才正确，为扩大量程可利用分流器。电力系统中使用得较多是 5A 或 1A 的电磁系电流表，配以适当的电流互感器。电磁系和电动系电流表的最大量程为几十毫安，为扩大量程要加电流互感器。

（3）钳形电流表是由测量钳和电流表组成，用以在不切断电路的情况下测量导线中流过的电流。测量钳是铁芯可以开合的电流互感器，而其电流表可采用电磁系或整流式电流表。

3.3.2　电流表的使用方法及注意事项

1　普通电流表的使用规则

（1）电流表要串联在电路中，否则会短路。

（2）电流要从“+”接线柱入，从“-”接线柱出，否则指针会反转。

（3）被测电流不要超过电流表的量程，可以采用试触的方法来判断是否超过量程。

（4）绝对不允许不经过用电器而把电流表连到电源的两极上，因为电流表内阻很小，相当于一根导线。若将电流表连到电源的两极上，轻则指针打歪，重则烧坏电流表、电源和导线。

2　钳形电流表的使用方法

钳形电流表的使用如图 3-15 所示。钳形电流表由两个互感器、一个显示表、一个转换开关、一个钳口、一个扳手和一个手柄组成。用钳形电流表前需要先调整电流挡位，可粗略计算电流值，确定挡位和测量位置。测量的位置有绝缘层的导线部分，摁住扳手打开钳口，使电线穿过互感器铁芯，即可读出数值。

图 3-15　钳形电流表的使用

钳形电流表在使用时需要注意以下几点。

（1）测量前，应检查钳形铁芯的橡胶绝缘是否完好无损。钳口应清洁、无锈，闭合后无明显的缝隙。

（2）测量时，应估计被测电流的大小，选择适当量程。若无法估计，可先选较大量程，然后逐挡减少，转换到合适的挡位。转换量程挡位时，必须在不带电情况下或者在钳口张开情况下进行。因为在测量过程中切换挡位，会在切换瞬间使二次侧开路，造成仪表损坏甚至危及人身安全。

（3）应在无雷雨和干燥的天气下使用钳形表进行测量，可由两人进行，一人操作，一人监护。测量时，应注意佩戴个人防护用品，注意人体与带电部分保持足够的安全距离。

（4）测量时，被测导线应尽量放在钳口中部，钳口的结合面如有杂声，应重新开合一次，仍有杂声，应处理结合面，以使读数准确。另外，不可同时钳住两根导线。

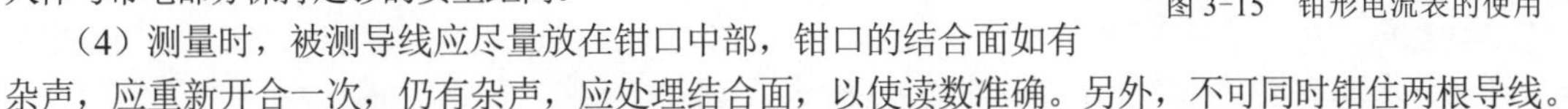

（5）测量 5A 以下电流时，为得到较为准确的读数，在条件许可时，可将导线多绕几圈，再放进钳口测量，其实际电流值应为仪表读数除以放进钳口内的导线根数。

（6）测量高压线路的电流时，要戴绝缘手套，穿绝缘鞋，站在绝缘垫上。

（7）被测线路的电压要低于钳形电流表的额定电压。

3.4　电压表

电压表是测量电压的一种仪器，主要用来测量电路或用电器两端的电压值。

3.4.1　电压表的分类和工作原理

电压表的分类有很多，根据结构可分为机械型电压表和数显型电压表（见图 3-16）；根据所测电压的性质，可分为直流电压表、交流电压表和交直两用电压表；根据动作原理，可分为电磁式电压表、磁电式电压表和电动系电压表等。

(a) 机械型直流电压表

(b) 机械型交流电压表

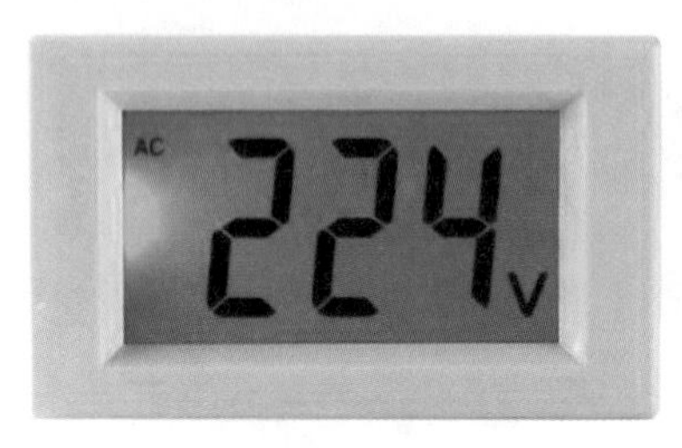

(c) 数显型交流电压表

(d) 数显型直流电压表

图 3-16　电压表

(1) 直流电压表主要采用磁电系电压表和静电系电压表的测量机构。磁电系电压表由小量程的磁电系电流表与串联电阻器（又称分压器）组成，最低量程为十几毫伏。为了扩大电压表量程，可以增大分压器的电阻值。为了避免电压表的接入过多影响原工作状态，要求电压表有较高的内阻。用几个电阻组成的分压器与测量机构串联，可形成多量程电压表。

(2) 交流电压表主要采用整流式电压表、电磁系电压表、电动系电压表和静电系电压表的测量机构。除静电系电压表外，其他系电压表都是用小量程电流表与分压器串联而成，也可用几个电阻组成的分压器与测量机构串联而形成多量程电压表。这些系的交流电压表难于制成低量程的，最低量程在几伏到几十伏之间，而最高量程则为 1 ～ 2kV。静电系电压表的最低量程约为 30V，而最高量程则可达很高。由于受测量机构线圈电感的限制，电磁系电压表、电动系电压表的使用频率范围较窄，上限频率低于 1 ～ 2kHz，电动系电压表略优于电磁系电压表。静电系电压表的使用频率范围较宽。整流式电压表的上限使用频率为几千赫兹，但要注意，仅当交流电压为正弦波形时，整流式电压表读数才是正确的。

(3) 数显型电压表是用模 / 数转换器将测量电压值转换成数字形式并以数字形式表示的仪表，适合环境温度 0 ～ 50℃，湿度 85% 以下使用。在因磁场或高频仪器、高压火花、闪电等原因引起电压异常时，在外部请使用电源线滤波器或非线性电阻等干扰吸收电路。

3.4.2　电压表的使用方法及注意事项

1　电压表的使用方法

测电压时，首先要选好合适的量程，提前确认好所要测量的电压表量程，不能超量程测量。然后把电压表并联在想要测量的电路两端，如果待测的电压是直流电压，正负极接线柱一定要连接正确，否则指针会反转。如果待测的电压是交流电压，就没必要区分正负极。最后，数显型电压表所得到的数值显示在显示屏的小窗口上，机械型电压表根据刻度线读数。

2　电压表的注意事项

(1) 测量时，应将电压表并联接入被测电路。

（2）由于电压表与负载是并联的，要求电压表的内阻远大于负载电阻。

（3）必须正确选择电压表的量程，无法估测时可利用试触法选量程。

（4）当多量程电压表需要变换量程时，应将电压表与被测电路断开后，再改变量程。

3.5 功率表

功率表是一种测量电功率的仪器，如图3-17所示。电功率包括有功功率、无功功率和视在功率。未做特殊说明时，功率表一般是指测量有功功率的仪表。

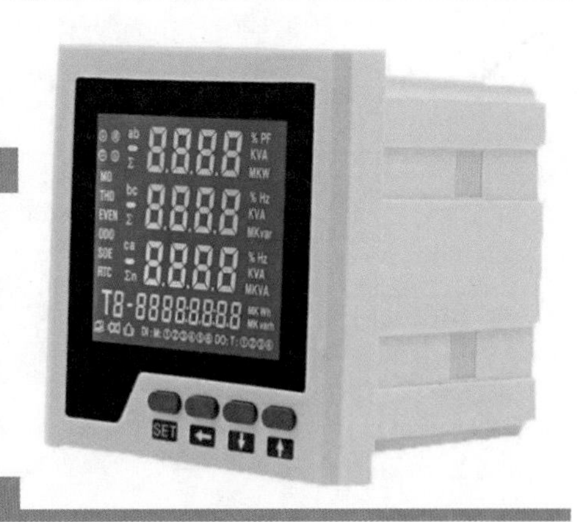

图3-17 功率表

3.5.1 功率表的工作原理

功率表大多采用电动系测量机构。电动系功率表与电动系电流表、电压表的不同之处：固定线圈和可动线圈不是串联起来构成一条支路，而是分别将固定线圈与负载串联，将可动线圈与附加电阻串联后再并联至负载。由于仪表指针的偏转角度与负载电流和电压的乘积成正比，故可测量负载的功率。

3.5.2 功率的测量

1 直流电路功率的测量

(1)用电压表和电流表测量直流电路功率，功率等于电压表与电流表读数的乘积，即$P=UI$，式中，P为功率（W），U为电压（V），I为电流（A）。

（2）用功率表测量直流电路功率，功率表的读数就是被测负载的功率。

2 单相交流电路功率的测量

测量单相交流电路的功率应采用单相功率表。功率表的接线必须遵守"发电机端"规则，如图3-18所示。功率表的正确接线：应将标有"*"号的电流端钮接至电源端，另一电流端钮接至负载端；标有"*"号的电压端钮可接至任一端，但另一电压端钮则应该接至负载的另一端。测量时，可动线圈匝数多，与负载并联；固定线圈匝数少，与负载并联。

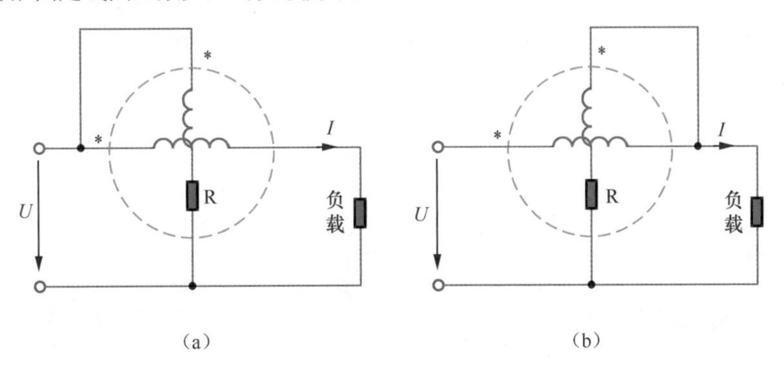

图3-18 功率表的接线规则

3 三相交流电的电路功率测量

三相交流电路的功率测量方法有二瓦计法和三瓦计法两种方法。

（1）二瓦计法。

二瓦计法测量交流电路功率如图3-19所示。它的理论依据是基尔霍夫电流定律，即：在集总电路中，任何时刻，对任意节点，所有流入流出节点的支路电流的代数和恒等于零。也就是说，两根火线的流入电流等于第三根火线的流出电流，或者说，三根火线的电流的矢量和等于零。电路总功率为两只功率表读数的和，每块功率表测量的功率本身无物理意义。

二瓦计法适用于在三相回路中只有三个电流存在的场合。

①三相三线制接法中性线不引出。

②三相三线制接法中性线引出，但不与地线或试验电源相连的场合，与是否三相平衡无关。

（2）三瓦计法。

三瓦计法测量交流电路功率如图3-20所示。需要将中性点作为电压的参考点，分别测出三相负载的相电压、相电流，每块功率表测量的功率就是单相功率，三相电路的总功率为三个单相电路的功率之和。

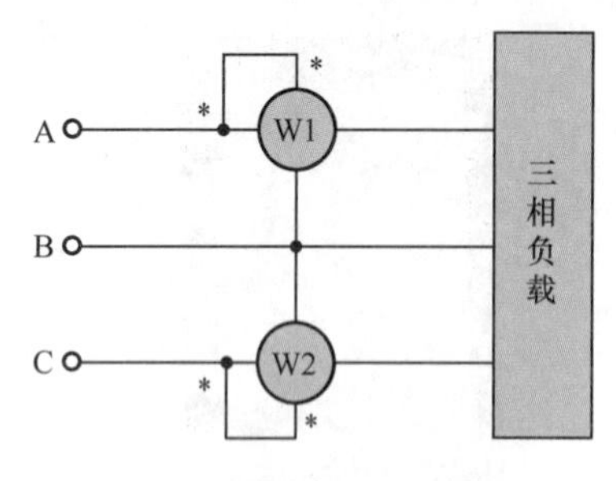

图3-19　二瓦计法测量交流电路功率

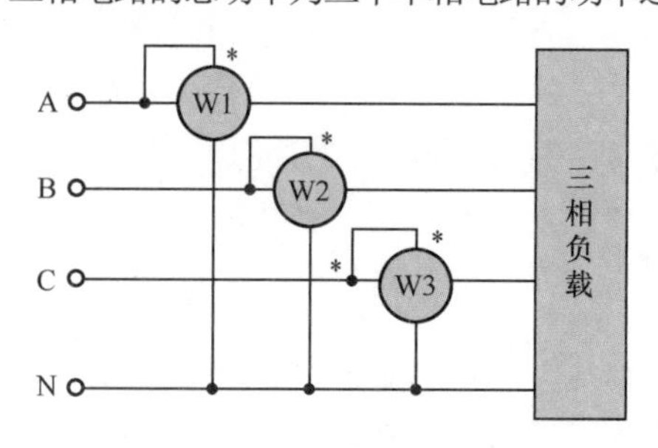

图3-20　三瓦计法测量交流电路功率

三瓦计法适用于如下场合。

①三相三线制中性线引出，但中性线不与电源或地线连接的场合。

②三相四线制，由于无法判断三相负载是否平衡或是否在中性线上有零序电流产生，只能采用三瓦计法。

3.5.3　功率表的使用方法及注意事项

1　功率表的使用

（1）量程选择。功率表的电压量程和电流量程根据被测负载的电压和电流来确定，要大于被测电路的电压、电流值。只有保证电压线圈和电流线圈都不过载，测量的功率值才准确，功率表也不会被烧坏。

（2）连接方法。用功率表测量功率时，需使用四个接线柱，两个电压线圈接线柱和两个电流线圈接线柱，电压线圈要并联接入被测电路，电流线圈要串联接入被测电路。通常情况下，电压线圈和电流线圈的带有 * 标端应短接在一起，否则功率表除反偏外，还有可能损坏。

（3）功率表的读数。功率表与其他仪表不同，功率表的表盘上并不标明瓦特数，而只标明分格数，所以从表盘上并不能直接读出所测的功率值，而须经过计算得到。当选用不同的电压、电流量程时，每分格所代表的瓦特数是不相同的，设每分格代表的功率为c，则

$$c=\frac{\text{电压量程（伏）}\times\text{电流量程（安）}\times\cos\varphi}{\text{表盘满刻度数}}\text{（瓦/格）}$$

$\cos\varphi$为功率表的功率因数。

随着电子技术、计算机技术的飞速发展，数字显示功率表的应用比较广泛，读数更加方便，可以直接读取数据。

2　功率表的注意事项

（1）功率表在使用过程中应水平放置。

（2）仪表指针如不在零位时，可利用表盖上零位调整器进行调整。

（3）测量时，如遇仪表指针反向偏转，应改变仪表面板上的“+”“-”换向开关极性，切忌互换电压接线，以免使仪表产生误差。

（4）功率表与其他指示仪表不同，指针偏转大小只表明功率值，并不显示仪表本身是否过载，有时表针虽未达到满度，只要U或I之一超过该表的量程就会损坏仪表。故在使用功率表时，通常需接入电压表和电流表进行监控。

（5）功率表所测功率值包括了其本身电流线圈的功率损耗，所以在测量时，应从测得的功率中减去电流线圈消耗的功率，才是负载消耗的功率。

3.6 兆欧表

兆欧表大多采用手摇发电机供电，故又称摇表，如图3-21所示。它的刻度是以兆欧（MΩ）为单位的。它是电工常用的一种测量仪表，主要用来检查电气设备、家用电器或电气线路对地及相间的绝缘电阻，以保证这些设备、电器和线路工作在正常状态，避免发生触电伤亡及设备损坏等事故。

3.6.1 兆欧表的工作原理

兆欧表的测量原理如图3-22所示，兆欧表共有3个接线柱:“L”为线端，接被测设备导体;“E”为地端，接设备的外壳（设备的外壳已接地）;“G”即屏蔽端，接被测设备的绝缘部分。表头有两个互成夹角约为60° 的可动线圈 L_1 和 L_2，装在一个圆柱铁芯外面，与指针一起固定在一个转轴上，被放于永久磁铁中，磁铁的磁极与铁芯之间的气隙是不均匀的。在兆欧表不使用时，由于指针没有阻尼弹簧，可以停留在表头的任何位置。

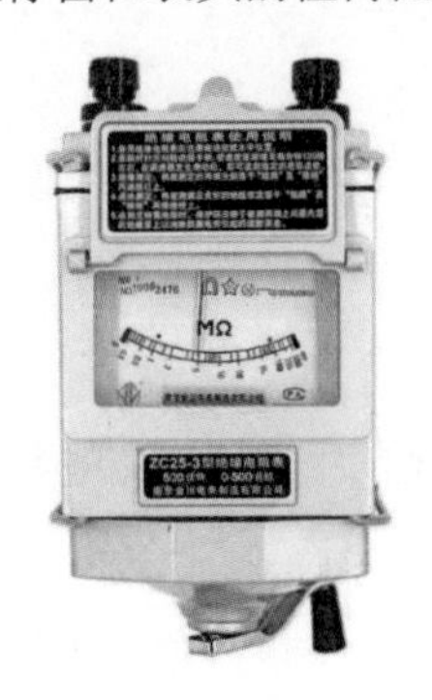

图3-21 兆欧表

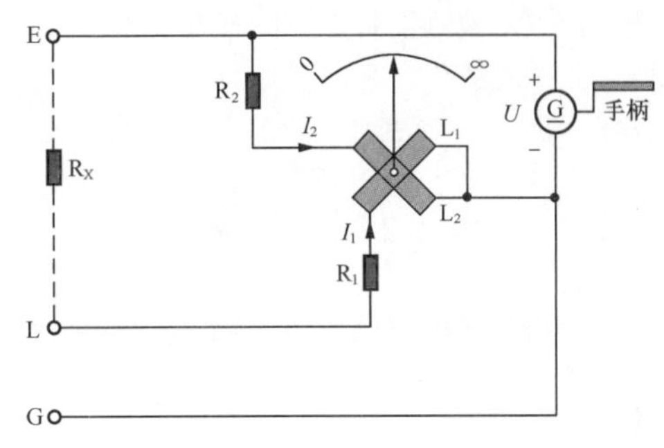

图3-22 兆欧表的测量原理

使用时接到摇动手柄，直流发电机G发电输出电流，其中电流 I_1 流入线圈 L_1 和被测电阻 R_x、电阻R1构成的回路，另一路电流 I_2 流入线圈 L_2 与附加电阻 R_2 构成的回路，设线圈 L_1 的电阻为 R_{L1}，线圈 L_2 的电阻为 R_{L2}，根据欧姆定律有:

$$I_1 = \frac{U}{R_{L1} + R_1 + R_X}, I_2 = \frac{U}{R_2 + R_{L2}}$$

因为线圈处在磁场中，所以通电后线圈受到磁场力的作用，假设线圈 L_1 产生转动力矩为 M_1，线圈 L_2 产生转动力矩 M_2，由于两线圈绕向相反，从而 M_1 与 M_2 方向相反，两个力矩同时作用的合力矩使指针发生偏转。在 M_1=M_2 时，指针静止不动，这时指针所指出的就是被测设备的绝缘电阻值。当 Rx=0时，即将摇表的测试线短接，此时 I_1 最大，M_1 最大，使指针偏转到刻度的“0”处;当 Rx= ∞时(即将摇表的测试线断开)，I_1=0，M_1=0，指针在 M_2 的作用下偏转，最后指向刻度“∞”处。也可以根据此原理可以检验兆欧表的好坏。

3.6.2 兆欧表的使用方法及注意事项

1 兆欧表的使用方法

（1）测量前，必须将被测设备电源切断，并对地短路放电，决不能让设备带电进行测量，以保证人身和设备的安全。对可能感应出高压电的设备，必须消除这种可能性后，才能进行测量。

（2）被测物表面要清洁，减少接触电阻，确保测量结果的正确性。

（3）测量前，应将兆欧表进行一次开路和短路试验，检查兆欧表是否良好。即在兆欧表未接上被测物之前，摇动手柄使发电机达到额定转速（120r/min），观察指针是否指在标尺的“∞”位置。将接线柱“线（L）”和“地（E）”短接，缓慢摇动手柄，观察指针是否指在标尺的“0”位。如指针不能指到该指的位置，表明兆欧表有故障，应检修后再使用。

（4）兆欧表使用时，应放在平稳、牢固的地方，且远离大的外电流导体和外磁场。

（5）必须正确接线。兆欧表上一般有3个接线柱，其中L接在被测物和大地绝缘的导体部分，E

接被测物的外壳或大地，G 接在被测物的屏蔽上或不需要测量的部分。测量绝缘电阻时，一般只用 L 和 E 端，但在测量电缆对地的绝缘电阻或被测设备的漏电流较严重时，就要使用 G 端，并将 G 端接屏蔽层或外壳。线路接好后，可按顺时针方向转动摇把，摇动的速度应由慢渐快，当转速达到 120r/min 时（ZC-25 型），保持匀速转动，1min 后读数，并且要边摇边读数，不能停下来读数。

（6）摇测时，将兆欧表置于水平位置，摇把转动时其端钮间不能短路。摇动手柄应由慢渐快，若发现指针指零，说明被测绝缘物可能发生了短路，这时就不能继续摇动手柄，以防表内线圈发热损坏。

（7）读数完毕后，将被测设备放电。放电方法是将测量时使用的地线从兆欧表上取下来与被测设备短接一下即可（不是兆欧表放电）。

2 兆欧表的使用注意事项

（1）禁止在雷电时或高压设备附近测量绝缘电阻，只能在设备不带电也没有感应电的情况下测量。

（2）摇测过程中，被测设备上不能有人工作。

（3）兆欧表线不能绞在一起，要分开。

（4）兆欧表未停止转动之前或被测设备未放电之前，严禁用手触及。拆线时，也不要触及引线的金属部分。

（5）兆欧表接线柱引出的测量软线绝缘应良好，两根导线之间、导线与地之间应保持适当距离，以免影响测量精度。

（6）为了防止被测设备表面电阻泄漏，使用兆欧表时应将被测设备的中间层（如电缆壳芯之间的内层绝缘物）接于保护环。

（7）要定期校验兆欧表的准确度。

3.7 电工常用加工工具

3.7.1 钳子

1 钢丝钳

钢丝钳如图 3-23 所示。钢丝钳在电工作业时用途广泛。钳口可用来弯绞或钳夹导线线头；齿口可用来紧固或起松螺母；刀口可用来剪切导线或钳削导线绝缘层；铡口可用来铡切导线线芯、钢丝等较硬线材。

钢丝钳在使用前要注意检查其绝缘是否良好，以免带电作业时造成触电事故；在带电剪切导线时，不得用刀口同时剪切不同电位的两根线（如相线与零线、相线与相线等），以免发生短路事故。

2 尖嘴钳

尖嘴钳因其头部尖细（见图 3-24），适用于在狭小的工作空间操作。尖嘴钳可用来剪断较细小的导线；可用来夹持较小的螺钉、螺帽、垫圈、导线等；也可用来对单股导线整形（如平直、弯曲等）。若使用尖嘴钳带电作业，应检查其绝缘是否良好，并在作业时金属部分不要触及人体或邻近的带电体。

图 3-23 钢丝钳

图 3-24 尖嘴钳

3 斜口钳

斜口钳专用于剪断各种电线电缆，其外形图如图 3-25 所示。对粗细不同、硬度不同的材料，应选用大小合适的斜口钳。

4 剥线钳

剥线钳是专用于剥削较细小导线绝缘层的工具，其外形如图 3-26 所示。使用剥线钳剥削导线绝缘层时，先将要剥削的绝缘长度用标尺定好，然后将导线放入相应的刃口中（比导线直径稍大），再用手将钳柄一握，导线的绝缘层即被剥离。

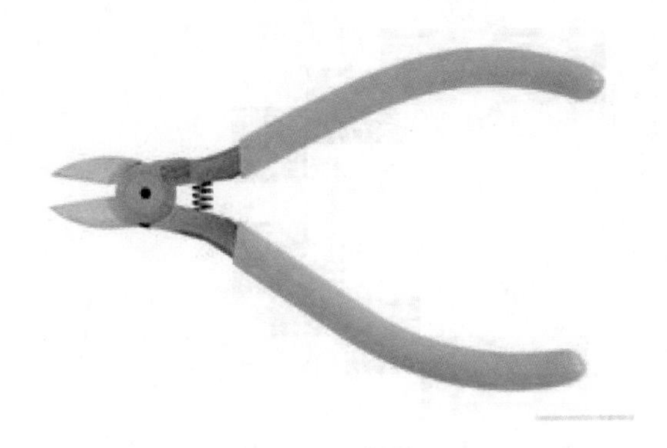

图 3-25 斜口钳

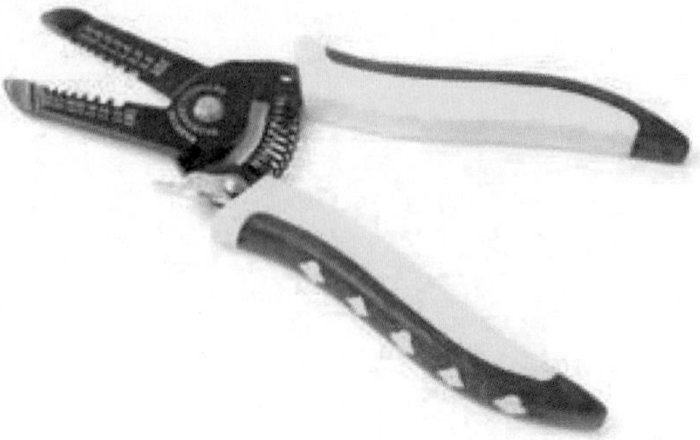

图 3-26 剥线钳

3.7.2 螺钉旋具

螺钉旋具又称螺丝刀、改锥、起子，它是一种紧固或拆卸螺钉的工具。螺钉旋具的式样和规格很多，按头部形状可分为一字形和十字形两种，电工经常采用绝缘性能较好的塑料柄螺钉旋具，如图 3-27 所示。

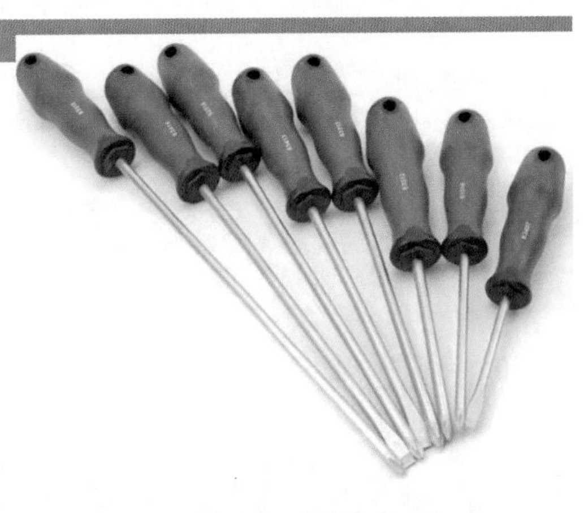

图 3-27 螺钉旋具

1 螺钉旋具的规格

一字形螺钉旋具常用的规格有 50mm、100mm、150mm 和 200mm 等，电工必备的是 50mm 和 150mm。十字形螺钉旋具常用的规格有 4 种，Ⅰ号适用于直径为 2 ～ 2.5mm 的螺钉，Ⅱ号适用于直径为 3 ～ 5mm 的螺钉，Ⅲ号适用于直径为 6 ～ 8mm 的螺钉，Ⅳ号适用于直径为 10 ～ 12mm 的螺钉。

2 螺钉旋具的使用方法和注意事项

一般螺钉的螺纹是正螺纹，顺时针为拧入，逆时针为拧出。螺钉旋具使用时，应注意在旋具的金属杆上要套上绝缘管，以免发生触电事故；螺钉旋具头部厚度应与螺钉尾部槽型相配合，使头部的厚度正好卡入螺母上的槽，否则易损伤螺钉槽。

3.7.3 扳手

扳手种类很多，如图 3-28 所示，常用的扳手有以下几种。

（1）呆扳手如图 3-28（a）所示，一端或两端制有固定尺寸的开口，用以拧转一定尺寸的螺母或螺栓。

（2）梅花扳手如图 3-28（b）所示，两端具有带六角孔或十二角孔的工作端，适用于工作空间狭小，不能使用普通扳手的场合。

（3）两用扳手如图 3-28（c）所示，一端与单头呆扳手相同，另一端与梅花扳手相同，两端拧转相同规格的螺栓或螺母。

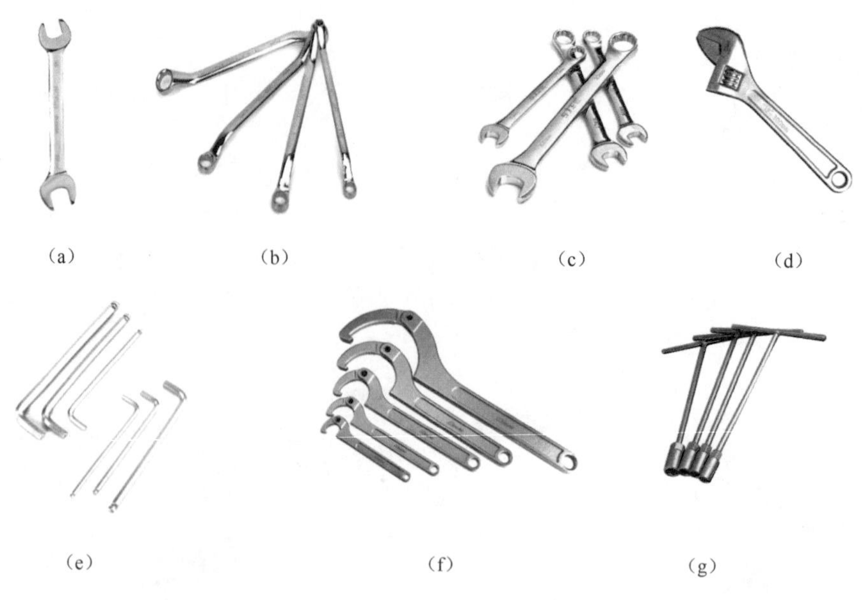

(a) (b) (c) (d)

(e) (f) (g)

图 3-28　扳手

（4）活扳手如图 3-28（d）所示，开口宽度可在一定尺寸范围内进行调节，能拧转不同规格的螺栓或螺母。

（5）内六角扳手如图 3-28（e）所示，成 L 形的六角棒状扳手，专用于拧转内六角螺钉。内六角扳手的型号是按照六方的对边尺寸来分的，螺栓的尺寸有国家标准。

（6）钩形扳手如图 3-28（f）所示，又称月牙形扳手，用于拧转厚度受限制的扁螺母等。

（7）套筒扳手如图 3-28（g）所示，一般称为套筒，它是由多个带六角孔或十二角孔的套筒并配有手柄、接杆等多种附件组成，特别适用于拧转空间十分狭小或凹陷处很深的螺栓或螺母。

扳手使用时的注意事项如下。

（1）在使用活扳手扳动大螺母时，必须使用比较大的力矩，手最好是握在靠近柄尾的地方。

（2）在使用活扳手扳动比较小的螺母时，不需要太大的力矩，但是由于螺母太小且容易出现打滑，所以手最好是握在活扳手靠近头部处，这样在调节蜗轮的时候比较方便，同时能收紧活络扳唇以免出现打滑。

（3）活扳手一定不要反用，因为反用会损坏活络扳唇，同时也不能用钢管接长手柄来施加较大的扳拧力矩。

（4）活扳手有属于自己的功能，千万不要用其做撬棒和手锤使用。

3.7.4　电工刀

电工刀如图 3-29 所示，它由刀身（刀片）、刀刃、刀把（刀柄）、刀挂等构成。不用时，把刀片收缩到刀把内。刀片根部与刀柄相铰接，其上带有刻度线及刻度标识，前端有螺丝刀刀头，两面加工有锉刀面区域，刀刃上具有一段内凹形弯刀口，弯刀口末端形成刀口尖，刀柄上设有防止刀片退弹的保护钮。电工刀的刀片汇集多项功能，使用时只需一把电工刀便可完成连接导线的各项操作，无须携带其他工具，具有结构简单、使用方便、功能多样等特点。

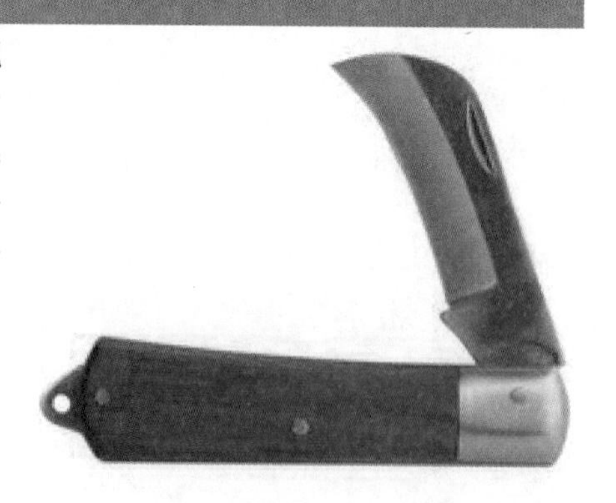

图 3-29　电工刀

电工刀使用时，应将刀口朝外剖削。剖削导线时，应使刀面与导线成较小的锐角，以免割伤导线，并且用力不宜太猛，以免削破手指。电工刀用毕，应随即将刀身折进刀柄，不得传递未折进刀柄的电工刀。

电工刀使用时需要注意以下几点。

（1）电工刀的刀柄是无绝缘保护的，不能在带电导线或器材上剖削，以免触电。

（2）电工刀第一次使用前应开刃，使用时应将刀口朝外剖削，并注意避免伤及手指。

（3）电工刀不许代替锤子用于敲击。

（4）电工刀的刀尖是剖削作业的必需部位，应避免在硬器上划损或碰缺，刀口应经常保持锋利，磨刀宜用油石。

（5）使用完毕，随即将刀身折进刀柄。

3.8 电工常用开凿工具

3.8.1 开槽机

开槽机如图 3-30 所示，它主要用于排放水管、煤气管、电线管和光缆管的安装。通过轮盘锯快速将墙体切割成均匀的凹槽，形成新的结合面。开槽机体积小、重量轻，操作方便，自带动力，野外施工不用为外界电源而烦恼。开槽机能够轻易、精确、快速地在沥青和水泥路面沿任意缝开出宽度 5 ～ 25cm、深度 15 ～ 80cm 的封缝槽，并且无须其他的辅助工具，开出的线槽满足需求，美观实用而且不会损害墙体。

图 3-30　开槽机

开槽机使用时，注意事项如下。

（1）开槽机可一机两用，使用单片金刚石切断轮可作为切割用；使用双片金刚石切断轮可作为开槽用。

（2）开槽宽度可通过两个金刚石切断轮之间的距离圈进行调整。

（3）开槽机一定要选用优质的金刚石切断轮，要同时更换两个金刚石切断轮，最好不要新、旧混用。

（4）开槽机在使用前，一定要检查两个金刚石切断轮的动平衡情况。

3.8.2 电钻和电锤

1 电钻

电钻如图 3-31 所示，它是利用电作为动力的钻孔机具，是电动工具中的常规产品，也是需求量最大的电动工具类产品。电钻主要规格有 4mm、6mm、8mm、10mm、13mm、16mm、19mm、23mm、32mm、38mm、49mm 等，数字指在抗拉强度为 390N/mm^2 的钢材上钻孔的钻头最大直径。电钻适用于建筑梁、板、柱、墙等的加固、装修，墙、支架、栏杆、广告牌、空调室外机、钢结构厂房等安装。

电钻可分为三类：手电钻、冲击钻、锤钻。

（1）手电钻：功率最小，使用范围仅限于钻木和作为电动改锥使用，部分手电钻可以根据用途改成专门工具，用途及型号较多。

（2）冲击钻：冲击钻的冲击机构有犬牙式和滚珠式两种。滚珠式冲击钻由动盘、定盘、钢球等组成。动盘通过螺纹与主轴相连，并带有 12 个钢球；定盘利用销钉固定在机壳上，并带有 4 个钢球，在推力作用下，12 个钢球沿 4 个钢球滚动，使硬质合金钻头产生旋转冲击运动，能在砖、砌块、混凝土等脆性材料上钻孔。脱开销钉，使定盘随动盘一起转动，不产生冲击，可作普通电钻使用。

（3）锤钻（电锤）：可在多种硬质材料上钻洞，使用范围最广。

在使用电钻时需要注意以下几点。

（1）使用电钻时的个人防护。

①面部朝上作业时，要戴上防护面罩。在生铁铸件上钻孔要戴好防护眼镜，以保护眼睛。

②钻头夹持器应妥善安装。

③作业时，钻头处在灼热状态，应防止灼伤肌肤。

④钻 ϕ12mm 以上的孔时应使用有侧柄手枪钻。

⑤站在梯子上或高处作业时应做好高处坠落措施，梯子应有地面人员扶持。

（2）作业前应注意如下事项。

①确认现场所接电源与电钻铭牌是否相符，是否接有漏电保护器。

②钻头与夹持器应适配，并妥善安装。

③确认电钻上开关接通锁扣状态，否则插头插入电源插座时电钻将出其不意地立刻转动，可能导致人员受伤。

④若作业场所在远离电源的地点，需延伸线缆时，应使用容量足够、安装合格的延伸线缆。延伸线缆如通过人行过道应高架或做好防止线缆被碾压损坏的措施。

2 电锤

电锤如图 3-32 所示，它是在电钻的基础上，增加了一个由电动机带动有曲轴连杆的活塞，在一个汽缸内往复压缩空气，使汽缸内空气压力呈周期性变化，变化的空气压力带动汽缸中的击锤往复打击钻头的顶部，好像我们用锤子敲击钻头，故名电锤。

图 3-31　电钻

图 3-32　电锤

由于电锤的钻头在转动的同时还产生了沿着电钻杆方向的快速往复运动（频繁冲击），所以它可以在脆性大的水泥混凝土及石材等材料上开 6 ～ 100mm 的孔，电锤在上述材料上开孔效率较高，但它不能在金属上开孔。

3.9 电工常用管路加工工具

3.9.1 切管器

切管器分为手动式和自动式切管器，其中最常用的是自动式切管器，如图 3-33 所示。切管器通过电脑、液压的互相配合，由电气系统控制液压系统的油路运动方向，推动拖板做直线往返运动。微电脑会按照用户编写的走刀路线行走，在往返运动中，以拖板限位所检测到的信号作为依据，控制和改变其油路运动，从而达到预期的走刀路线。

图 3-33　自动式切管器

接通电源并启动电机，在需要切割的长度上做好标记，直到刀片能够插入线材的黑色外皮层，但是也不要插入太深，避免把线材压变形而无法旋转或者旋转困难。然后，将管子标记对准割刀轮，确保管子正确地坐落在刀架轮上，再用脚动泵使管子与割刀轮对准，以免切割不准。站在管子后面，用脚施加压力于脚动泵，连续驱动脚动泵，使枢轴臂以及割刀轮进到管子处。当割刀轮接触到管子时，再使泵工作 2 ～ 3 个冲程，然后启动动力驱动装置，一旦割刀轮与管子啮合，管子就开始转动。重复泵送几次，就可以使割刀轮就座，最后，停止泵送，使管子转动 1 ～ 2 圈。重新启动脚动泵工作四次，只要使管子转上一圈，连续不断地进行这一步操作，直到管子彻底被割开。工作后，必须切断电源。

切管器使用时需要注意以下几点。

（1）切割前要调整好刀具，夹紧工作物。夹紧部位的长度不得少于 50mm。停车挡板要固定，经过夹紧、松开、向前、向后等顺序试车后，方可进行工作。

（2）主轴变速必须在停车后进行。变速时齿轮要完全啮合。发现机床不正常时，要立即停车检查。

（3）机床在转动时，人体的任何部位不得接触传动部件。操作时，要扎好袖口，严禁戴手套工作。人体头部应偏离切削方向。

（4）调换刀具、测量工件、润滑、清理管头时，必须停车进行。

（5）切割管头时，要防止管头飞出伤人。

（6）长料管放入料架和松开捆扎铅丝时，应采取防止管子滚动、冲击、压伤人的措施。

（7）使用砂轮切管机，应事先检查砂轮片有无缺损裂纹、受潮，电源线是否可靠。

（8）切管器的除尘装置应完好，方可切削。

（9）在工件进出料方向不应站人。

3.9.2 弯管器

弯管器是用于管道配线中将管道弯曲成型的专用工具，有手动、电动、液压等多种类型。手动弯管器由于体积小、方便携带等优点，是电工中弯制金属线管最简便最常用的弯管工具，如图 3-34 所示。

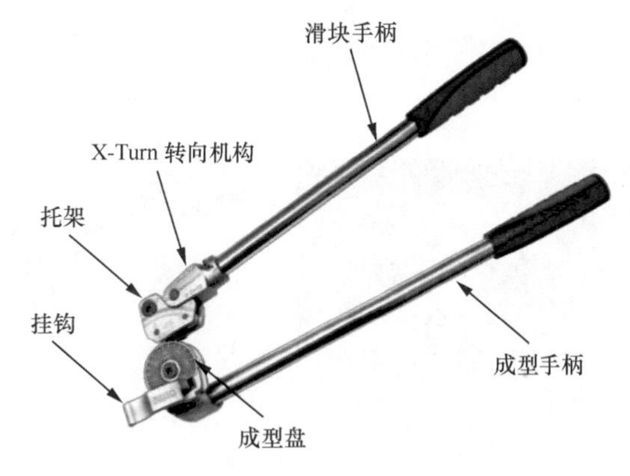

图 3-34　手动弯管器

使用时，先握住弯管器成型手柄或将弯管器固定在台钳上，然后松开挂钩，抬起滑块手柄，将管道放置在成型盘槽中并用挂钩将其固定在成型盘中，接着放下滑块手柄直至挂钩上的“0”刻度线对准成型盘上的 0° 位置，绕着成型盘旋转托架手柄直至滑块上的“0”刻度线对准成型盘上所需的度数，则管道被弯曲成所需形状。

在使用手动弯管器时需要注意以下几点。

（1）弯管器操作时需要用力均匀，使滑块手柄平稳转动，以防止管子出现死弯或裂纹。

（2）管道弯制时要一次弯成，管子弯曲后，应检查有无裂纹和凹陷处。

（3）弯曲管壁薄、直径大时，管内要灌满沙子，两端堵上木塞，以防管子弯瘪。

第4章 电工材料

工程技术领域中，材料占有重要的地位。电工材料是电工领域应用的各类材料的统称。它包括导电材料、半导体材料、绝缘材料和其他电介质材料、磁性材料等，这些电工材料在我们的日常生活中随处可见。本章对各类电工材料进行了系统分类及讲解，以便读者对其有一个直观的了解。

4.1 导电材料

导电材料是指专门用于输送和传导电流的材料，如图 4-1 所示。电工领域使用的导电材料应具有高电导率，良好的机械性能、加工性能，耐大气腐蚀，化学稳定性高的特点，同时还应该具有资源丰富、价格低廉的特点。

4.1.1 常用的导电材料

1 金属导电材料

常用的金属导电材料（见图 4-2）可分为四类：金属元素、合金（铜合金、铝合金等）、复合金属以及特殊功能导电材料。

4-1：导电材料

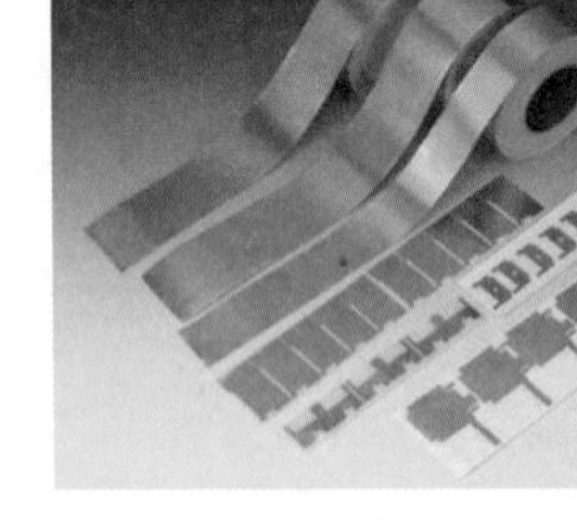

图 4-1 导电材料

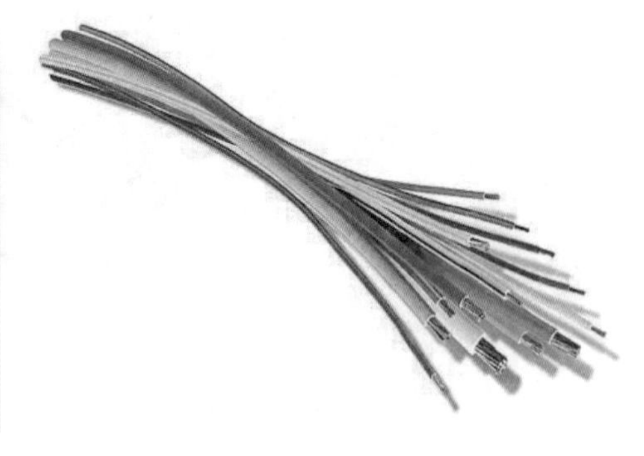

图 4-2 金属导电材料

2 复合型高分子导电材料

复合型高分子导电材料由通用的高分子材料与各种导电性物质通过填充复合、表面复合或层积复合等方式制得，如图 4-3 所示。其主要品种有导电塑料、导电橡胶、导电纤维织物、导电涂料、导电胶黏剂以及透明导电薄膜等。其性能与导电填料的种类、用量、粒度和状态及它们在高分子材料中的分散状态有很大的关系。常用的导电填料有镍包石墨粉、镍包碳纤维炭黑、金属粉、金属箔片、金属纤维、碳纤维等。

3 结构型高分子导电材料

结构型高分子导电材料是指高分子结构本身或经过掺杂之后具有导电功能的高分子材料，如图 4-4 所示。结构型高分子导电材料根据电导率的大小又可分为高分子半导体、高分子金属和高分子超导体；按照导电机理可分为电子导电高分子材料和离子导电高分子材料。

结构型高分子导电材料用于试制轻质塑料蓄电池、太阳能电池、传感器件、微波吸收材料及试制半导体元器件等。但这类材料由于存在稳定性差（特别是掺杂后的材料在空气中的氧化稳定性差）及加工成型性、机械性能方面的问题，尚未进入实用阶段。

图 4-3　复合型高分子导电材料

图 4-4　结构型高分子导电材料

4.1.2　电线电缆的分类与选择

电线电缆用以传输电（磁）能、信息和实现电磁能转换的线材产品，广义的电线电缆简称为电缆，狭义的电缆是指绝缘电缆，其定义为：一根或多根绝缘线芯，以及它们各自可能具有的包覆层、总保护层及外护层，电缆亦可有附加的没有绝缘的导体，如图 4-5 所示。

图 4-5　电线电缆

为便于选用及提高产品的适用性，我国的电线电缆产品按其用途可分为下列五大类。

（1）裸电线：指仅有导体，而无绝缘层的产品，其中包括铜、铝等各种金属和复合金属圆单线，各种结构的架空输电线用的绞线、软接线、型线和型材。

（2）绕组线：以绕组的形式在磁场中切割磁力线感应产生电流，或通以电流产生磁场所用的电线，故又称为电磁线，包括具有各种特性的漆包线、绕包线、无机绝缘线等，如图 4-6 所示。

（3）电力电缆：在电力系统的主干线路中用以传输和分配大功率电能的电缆产品，包括 1 ～ 750kV 及以上各种电压等级、各种绝缘等级的电力电缆，如图 4-7 所示。

图 4-6　绕组线

图 4-7　电力电缆

（4）通信电缆、通信光缆和射频电缆：通信电缆是传输电话、电报、电视、广播、数据和其他电信息的电缆，如图 4-8（a）所示；通信光缆是以光导纤维（光纤）作为光波传输介质，进行信息传输；射频电缆是适用于无线电通信、广播和有关电子设备中传输射频信号的电缆，如图 4-8（b）所示。

（5）电气设备电线电缆：从电力系统的配电点把电能直接传送到各种用电设备、器具的电源连接线路用电线电缆。这类产品使用面最广，品种最多，而且大多要结合所用装备的特性和使用环境条件来确定产品的结构、性能，如图 4-9 所示。

(a)

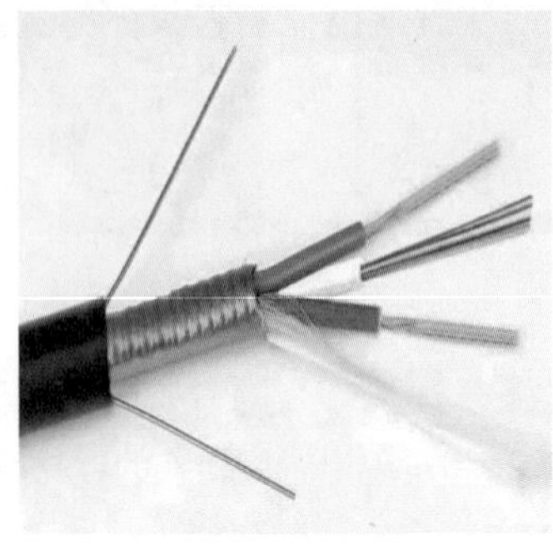

(b)

图 4-8 通信电缆和射频电缆

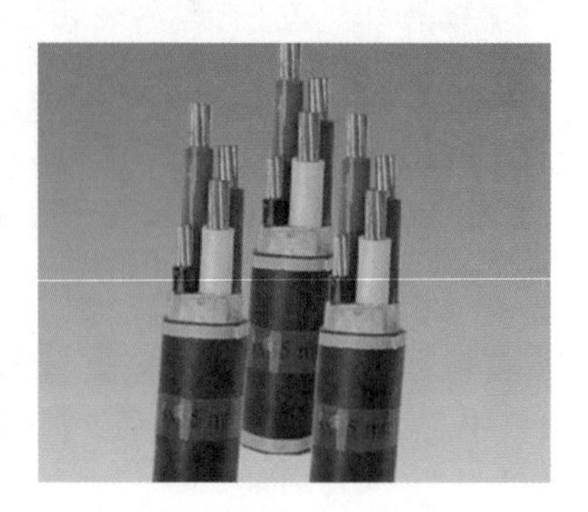

图 4-9 电气设备电线电缆

4.2 常用的绝缘材料

按国家标准规定，绝缘材料的定义是“低电导率的材料，用于隔离不同电位的导电部件或使导电部件与外界隔离”。绝缘材料可以是固体、液体或气体，或者是它们的组合。如在电动机中，导体周围的绝缘材料将匝间隔离并与接地的定子铁芯隔离开来，以保证电动机的安全运行。不同的电工产品中，根据需要，绝缘材料往往还起着储能、散热、冷却、灭弧、防潮、防霉、防腐蚀、防辐照、机械支撑和固定、保护导体等作用。常用的绝缘材料如图 4-10 所示。

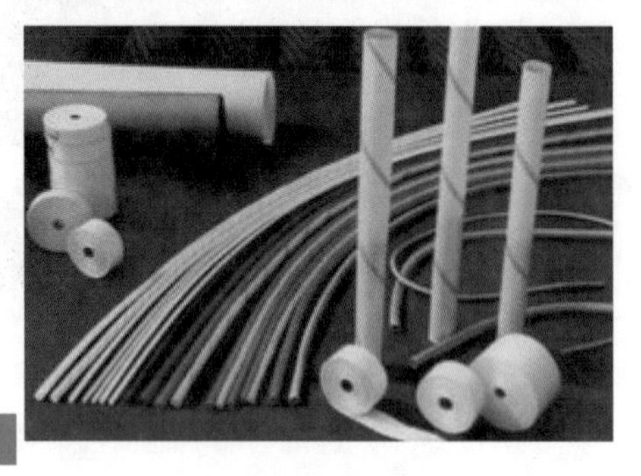

图 4-10 绝缘材料

4.2.1 绝缘材料的分类和耐热等级

1 绝缘材料

绝缘材料种类很多，可分为气体绝缘材料、液体绝缘材料、固体绝缘材料三大类。

气体绝缘材料是用以隔绝不同电位导电体的气体。其特点是具有高的电离场强和击穿场强，击穿后能迅速恢复绝缘性能，化学稳定性好，不燃、不爆、不老化，无腐蚀性，不易为放电所分解，并且比热容大，导热性、流动性均好。空气是用得最广泛的气体绝缘材料。例如，交、直流输电线路的架空导线间、架空导线对地间均由空气绝缘。由于气体的介电系数稳定，其介质损耗极小，所以高压标准电容器均采用气体介质，早期采用高气压的氮或二氧化碳，目前已被六氟化硫（SF_6）气体取代。

液体绝缘材料是用来隔绝不同电位导电体的液体，又称绝缘油，如图 4-11（a）所示。它主要取代气体，填充固体材料内部或极间的空隙，以提高其介电性能，并改进设备的散热能力。例如，在油浸纸绝缘电力电缆中，它不仅显著地提高了绝缘性能，还增强了散热作用；在电容器中提高其介电性能，增大每单位体积的储能量；在开关中除起到绝缘作用外，更主要起灭弧作用。液体绝缘材料按材料来源可分为矿物绝缘油、合成绝缘油和植物油三大类。工程技术上最早使用的是植物油，如蓖麻油、大豆油、菜籽油等，至今仍在使用，但工程上使用最多的仍然是矿物绝缘油。

固体绝缘材料是用以隔绝不同电位导电体的固体，一般还要求固体绝缘材料兼具支撑作用。与气体绝缘材料、液体绝缘材料相比，固体绝缘材料由于密度较大，因而击穿强度也高得多，这对减少绝缘厚度有重要意义。固体绝缘材料可分为有机固体绝缘材料、无机固体绝缘材料两类。有机固体绝缘材料包括绝缘漆、绝缘胶、绝缘纸、绝缘纤维制品及绝缘浸渍纤维制品、电工用薄膜、复合制品等。无机固体绝缘材料主要有云母、玻璃、陶瓷及其制品。相比之下，固体绝缘材料品种多样，也最为重要，如图 4-11（b）所示。

(a)

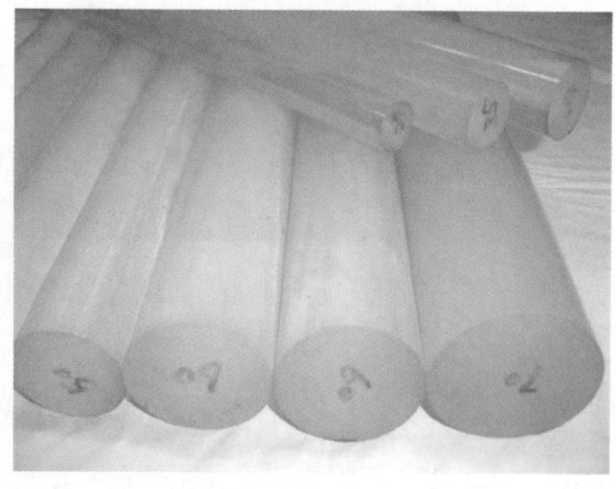

(b)

图 4-11　绝缘材料（液体和固体）

2 耐热等级

绝缘材料的使用期受到多种因素的影响，而温度通常是对绝缘材料和绝缘结构老化起支配作用的因素。已有一种实用的、被世界公认的耐热性分级方法，也就是将电气绝缘材料的耐热性划分为若干耐热等级，各耐热等级及所对应的温度值如表 4-1 所示。

表 4-1　电气绝缘耐热等级对应的温度值

耐热等级	Y	A	E	B	F	H	220	250
温度 /℃	90	105	120	130	155	180	220	250

温度超过 250℃，则按间隔 25℃相应设置耐热等级。

也可以不用字母表示耐热等级，但是必须遵从表 4-1 中的对应关系。对在特殊条件下使用的以及有特殊要求的设备，上述分级方法不一定适用，可能要采用其他的鉴别分类方法。

4.2.2　绝缘纤维材料

电工领域用的绝缘纤维材料（见图 4-12）有天然纤维（包括植物纤维和动物纤维）、无机纤维（如石棉、玻璃纤维）和合成纤维（如聚酯纤维、聚芳酰胺纤维等）三大类。具有如下优点。

（1）在超导磁体线圈中，绝缘纤维材料能使冷却剂浸透所有的截面，增加传热面积。

（2）绝缘纤维材料保证浸渍漆或包封胶直接与超导纤维及复合层接触。

天然纤维包括植物纤维和动物纤维。植物纤维包括棉、麻和木纤维等，植物纤维的耐热性较差。动物纤维通常使用蚕丝、羊毛等，其组成为蛋白质，但其形态与植物纤维大不相同，是一类光滑的长丝，其耐热性也较差。

合成纤维是将具有高分子量的聚合物加于有机溶剂中（有时还加助溶剂）制成纺丝液后再用干法或湿法纺丝工艺制成，如图 4-13 所示。重要合成纤维有聚酯纤维和聚芳酰胺纤维。由于所用聚合物不同，各种合成纤维的性能大不相同。

在电工中，合成纤维和天然纤维使用时都要进行浸渍处理或脱脂加工处理，以减少吸潮性，提高耐热性和工作温度，增加柔软性和弹性，提高介电性能和机械强度。用绝缘漆和胶浸渍的天然或合成纤维材料有不同的耐热等级。由天然有机纤维材料浸有机材料构成的，属于 A ～ E 级绝缘材料；由耐热性高的合成有机纤维浸以有机硅、二苯醚、聚酰亚胺等材料的，可达 F、H 和更高耐热等级。

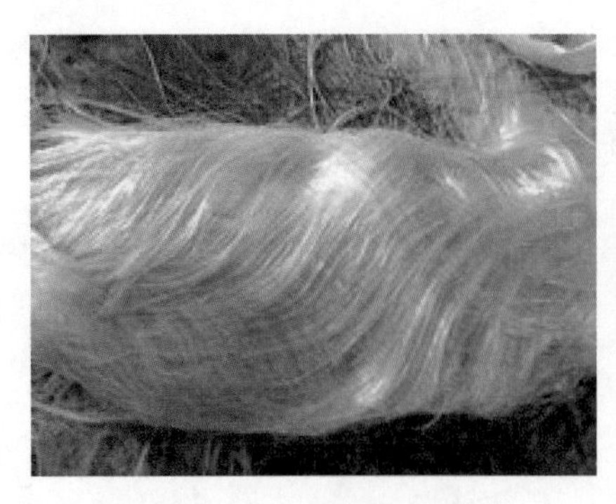

图 4-12 绝缘纤维材料

图 4-13 合成纤维

无机纤维有石棉、玻璃纤维等材料。常用来做电绝缘的石棉是温石棉，主要化学成分为含结晶水的正硅酸镁盐（$3MgO \cdot 2SiO_2 \cdot 2H_2O$），如图 4-14 所示。当温度达 450 ～ 700℃时，温石棉将失去化合水而变成粉状物。电工中用的石棉纤维有长纤维（由手工加工而成）和短纤维（由机选而得）之分，它们的共同特点是有很高的耐热性，但是介电性能较差，一般用作耐高温的低压电动机、电器绝缘、密封和衬垫材料。

图 4-14 无机纤维

4.2.3 浸渍纤维材料

浸渍纤维制品是以纤维制品为底材，浸以绝缘漆而制成的。在绕组中广泛应用的有玻璃漆布、玻璃漆管和绑扎带。

玻璃漆布［见图 4-15（a）］和玻璃漆管［见图 4-15（b）］分别由无碱玻璃布和无碱玻璃管浸以绝缘漆经烘干而成。绝缘等级和特性取决于所用绝缘漆的品种。玻璃漆布主要用作槽绝缘和层间绝缘以及其他衬垫绝缘，一般都应进行浸渍处理，因此应注意漆布与浸渍漆的相容性；玻璃漆管则用于线圈或绕组引出线绝缘。

(a)

(b)

图 4-15 玻璃漆布和玻璃漆管

绑扎带是以硅烷处理过的长玻璃纤维，经过整纱并浸以热固性树脂制成的半固化带状材料，又称无纬带，如图 4-16 所示。绑扎带按所用树脂种类分为聚酯型、环氧型、聚芳烷基醚酚型和聚胺 - 酰亚胺型等几类。绑扎带主要用来代替金属丝（带）绑扎电动机转子绕组。

图 4-16 绑扎带

4.2.4 绝缘漆和绝缘胶

绝缘漆又叫绝缘涂料，是一种具有优良电绝缘性的涂料，如图 4-17 所示。它具有良好的电化性能、热性能、机械性能和化学性能。它多为清漆，也有色漆。绝缘漆是漆类中的一种特种漆。绝缘漆是以高分子聚合物为基础，能在一定的条件下固化成绝缘膜或绝缘整体的重要绝缘材料。绝缘漆由基料、阻燃剂、固化剂、颜填料和溶剂等组成。

绝缘胶是具有良好电绝缘性能的多组分复合胶。以沥青、天然树脂或合成树脂为主体材料，常温下具有很高黏度，使用时加热以提高流动性，使之便于灌注、浸渍、涂覆。冷却后可以固化，也可以不固化。其特点是不含挥发性溶剂，可用作电器表面保护。

绝缘胶可以分成热塑性胶和热固性胶，如图 4-18 所示。热塑性胶用于工作温度不高、机械强度较小的场合，如用于浇注电缆接头；热固性胶一般由树脂、固化剂、增韧剂、稀释剂、填料（或无填料）等配制而成。

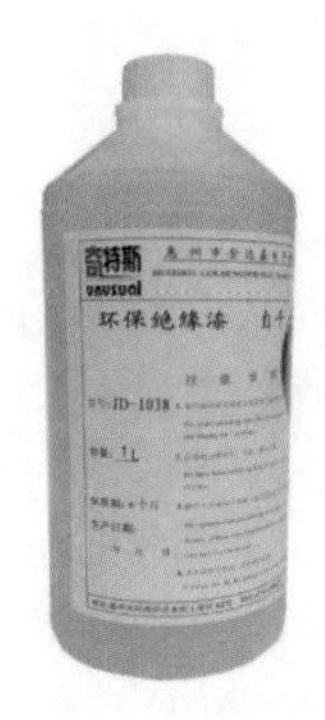

图 4-17　绝缘漆

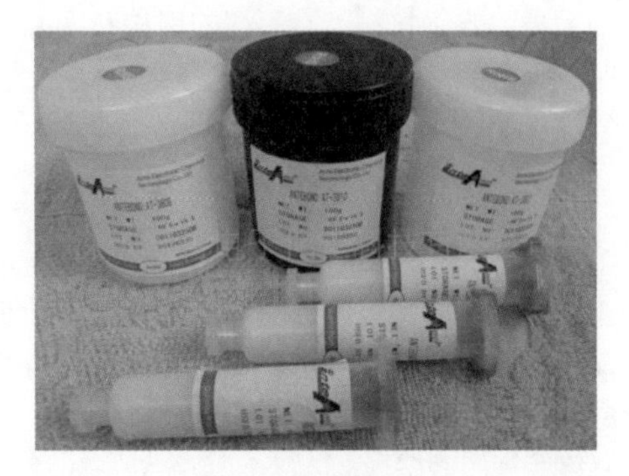

图 4-18　绝缘胶

4.2.5　六氟化硫气体

六氟化硫具有良好的电气绝缘性能及优异的灭弧性能。其耐电强度为同一压力下氮气的 2.5 倍，击穿电压是空气的 2.5 倍，灭弧能力是空气的 100 倍，是一种灭弧能力介于空气和油之间的新一代超高压绝缘介质材料。六氟化硫以其良好的绝缘性能和灭弧性能得到广泛应用，如断路器、高压变压器、气封闭组合电容器、高压传输线、互感器等。电子级高纯六氟化硫是一种理想的电子蚀刻剂，被大量应用于微电子技术领域。它在冷冻工业作为制冷剂，制冷范围为 -45℃ ~ 0℃。电气工业利用其很高的介电强度和良好的灭电弧性能，用作高压开关、大容量变压器、高压电缆和气体的绝缘材料。全球每年生产的六氟化硫（SF_6）气体中有一半以上用于电力工业，如图 4-19 所示。

图 4-19　六氟化硫

4.3　常用磁性材料和热电材料

4-2：磁性材料

1　磁性材料

磁性材料是生产、生活、国防科学技术中广泛使用的材料。如制造电力技术中的各种电动机、变压器，电子技术中的各种磁性元件和微波电子管，通信技术中的滤波器和增感器，国防技术中的磁性水雷、电磁炮，各种家用电器等。磁性材料的用途广泛，主要是利用其各种磁特性和特殊效应制成元件或器件，还可用于存储、传输和转换电磁能量与信息，或在特定空间产生一定强度和分布的磁场；有时也以材料的自然形态而直接利用（如磁性液体）。磁性材料在电子技术领域和其他科学技术领域中都有重要的作用。

磁性材料按性质分为金属磁性材料和非金属磁性材料两类，前者主要有电工钢、镍基合金和稀土合金等，后者主要是铁氧体材料。按使用又分为软磁材料、永磁材料和功能磁性材料。功能磁性材料主要有磁致伸缩材料、磁记录材料、磁电阻材料、磁泡材料、磁光材料、旋磁材料以及磁性薄膜材料等，反映磁性材料基本磁性能的有磁化曲线、磁滞回线和磁损耗等。

（1）永磁材料。

永磁材料经外磁场磁化以后，即使在相当大的反向磁场作用下，仍能保持大部分原磁化方向的磁性。相对于软磁材料而言，它亦称为硬磁材料。永磁材料有合金、铁氧体和金属间化合物三类。

永磁材料有多种用途。①基于电磁力作用原理的应用主要有：扬声器、话筒、电表、电动机、继电器、传感器、开关等。②基于磁电作用原理的应用主要有：磁控管和行波管等微波电子管、显像管、钛泵、微波铁氧体器件、磁阻器件、霍尔器件等。③基于磁力作用原理的应用主要有：磁轴承、选矿机、磁力分离器、磁性吸盘、磁密封、磁黑板、玩具、标牌等。④其他方面的应用还有：磁疗、磁化水、磁麻醉等。

根据使用的需要，永磁材料可有不同的结构和形态，如图4-20所示。有些材料还有各向同性和各向异性之别。

（2）软磁材料。

软磁材料易于磁化，也易于退磁，广泛用于电工设备和电子设备中。应用最多的软磁材料是铁硅合金（硅钢片）及各种软磁铁氧体等。它的功能主要是导磁、电磁能量的转换与传输。因此，对这类材料要求有较高的磁导率和磁感应强度，同时磁滞回线的面积或磁损耗要小。

软磁材料形状各异，如图4-21所示，大体上可分为四类。①合金薄带或薄片：FeNi（Mo）、FeSi、FeAl等。②非晶态合金薄带：Fe基、Co基、FeNi基或FeNiCo基等配以适当的Si、B、P和其他掺杂元素，又称磁性玻璃。③磁介质（铁粉芯）：FeNi（Mo）、FeSiAl、羰基铁和铁氧体等粉料，经电绝缘介质包覆和黏合后按要求压制成形。④铁氧体：包括尖晶石型$MO \cdot Fe_2O_3$（M代表NiZn、MnZn、MgZn、$Li_{1/2}Fe_{1/2}Zn$、CaZn等），磁铅石型$Ba_3Me_2Fe_{24}O_{41}$（Me代表Co、Ni、Mg、Zn、Cu及其复合组分）。

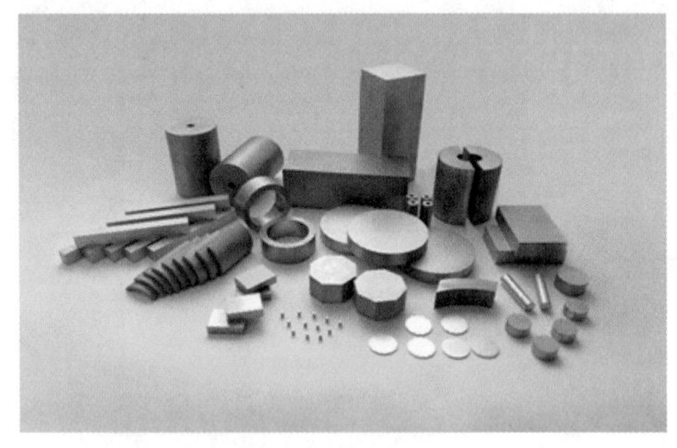

图4-20　永磁材料

图4-21　软磁材料

（3）旋磁材料。

旋磁材料具有独特的微波磁性，如导磁率的张量特性、法拉第旋转、共振吸收、场移、相移、双折射和自旋波等效应。据此设计的器件主要用作微波能量的传输和转换，常用的有隔离器、环行器、滤波器（固定式或电调式）、衰减器、相移器、调制器、开关、限幅器及延迟线等，还有尚在发展中的磁表面波和静磁波器件。

常用的旋磁材料已形成系列，有Ni系、Mg系、Li系、YlG系和BiCaV系等铁氧体材料，并可按器件的需要制成单晶、多晶、非晶或薄膜等不同的结构和形态。

（4）折叠压磁材料。

折叠压磁材料的特点是在外加磁场作用下会发生机械形变，故又称磁致伸缩材料，它的功能是进行磁声或磁力能量的转换，压磁传感器如图4-22所示。折叠压磁材料常用于超声波发生器的振动头、通信机的机械滤波器和电脉冲信号延迟线等，与微波技术结合则可制作微声（或旋声）

图4-22　压磁传感器

器件。由于合金材料的机械强度高，抗震而不炸裂，故振动头多用 Ni 系和 NiCo 系合金；在小信号下使用则多用 Ni 系和 NiCo 系铁氧体。非晶态合金中新出现的有较强压磁性的品种，适宜制作延迟线。压磁材料的生产和应用远不及前面四种材料。

2 热电材料

热电材料是一种能将热能和电能相互转换的功能材料，1823 年发现的塞贝克效应和 1834 年发现的帕尔帖效应为热电能量转换器和热电制冷的应用提供了理论依据。

利用帕尔帖效应制成的热电制冷机（见图 4-23）具有机械压缩制冷机难以媲美的优点：尺寸小、质量轻、无任何机械转动部分，工作无噪声，无液态或气态介质，因此不存在污染环境的问题，可实现精确控温，响应速度快，器件使用寿命长，还可为超导材料的使用提供低温环境。另外，利用热电材料制备的微型元件用于制备微型电源、微区冷却、光通信激光二极管和红外线传感器的调温系统，大大拓展了热电材料的应用领域。

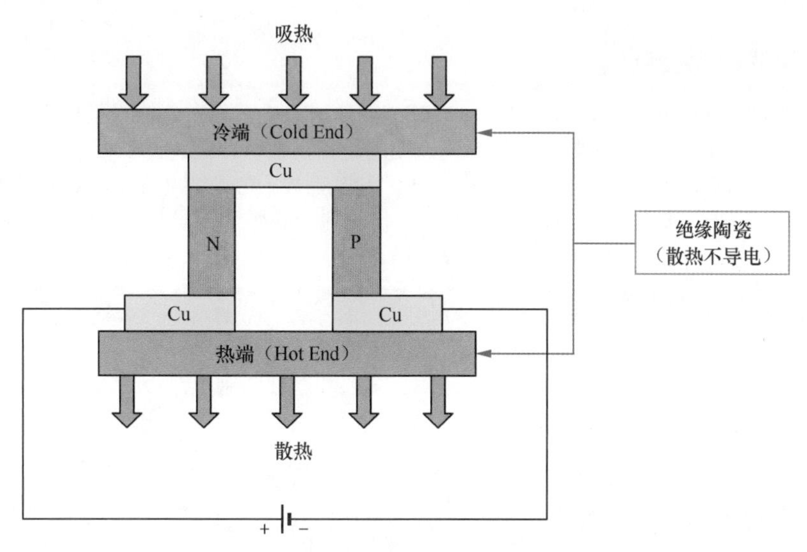

图 4-23 利用帕尔帖效应制成的热电制冷机

热电材料可依其运作温度分为三类，碲化铋及其合金、碲化铅及其合金和硅锗合金。其中，碲化铋及其合金被使用于热电制冷器，其最佳运作温度低于 450℃，如图 4-24（a）所示；碲化铅及其合金被广为使用于热电产生器，其最佳运作温度大约为 1000℃，如图 4-24（b）所示；硅锗合金常应用于热电产生器，其最佳运作温度大约为 1300℃，如图 4-24（c）所示。

（a） （b） （c）

图 4-24 帕尔帖效应的应用

热电材料是一种有着广泛应用前景的材料，在环境污染和能源危机日益严重的今天，进行新型热电材料的研究具有很强的现实意义。

第5章 印制电路板

电路板是重要的电子部件，是电子元器件的支撑体，是电子元器件电气连接的载体。现代科技的发展，可以说是用一块块电路板铺成的，而其在未来也将具有不可估量的作用。本章从电路板的分类、选用、组装方式到其整体设计与制作，对印制电路板的相关内容进行了详细的讲解，方便读者在阅读之余主动尝试印制电路板的设计、组装，体会电工与电路之美。

5.1 印制电路板概述

印制电路板又称印制线路板或PCB（Printed Circuit Board），它是指在绝缘基板上，有选择性地加工和制造出导电图形的组装板。印制电路板材料选用的是覆铜板，即在绝缘基板上覆以金属铜箔。

印制电路板的主要特点是，设计上可以标准化，利于互换；布线密度高、体积小、重量轻，利于电子设备的小型化；图形具有重复性和一致性，减少了布线和装配的差错，利于机械化和自动化生产，降低了成本。由于印制电路板具有上述优点，所以得到了广泛的应用。

5.1.1 印制电路板的分类

印制电路板的种类很多，划分标准也很多。常见的有以下几种分类。

（1）按印制电路分布的不同，分为单面、双面、多层和软性印制电路板。

①单面印制电路板是指仅一面上有导电图形的印制板，它的导电图形比较简单，如图5-1所示。

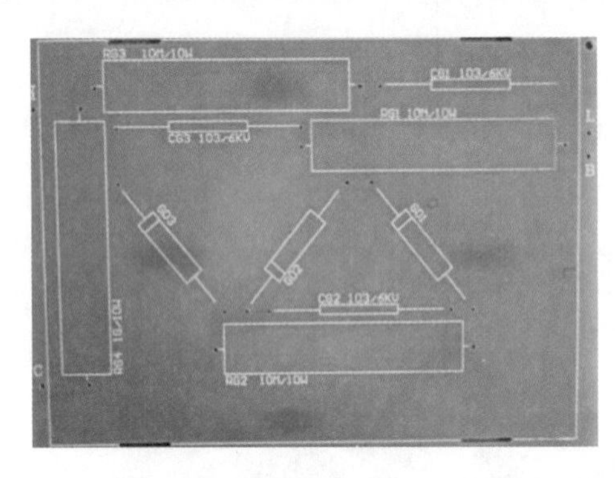

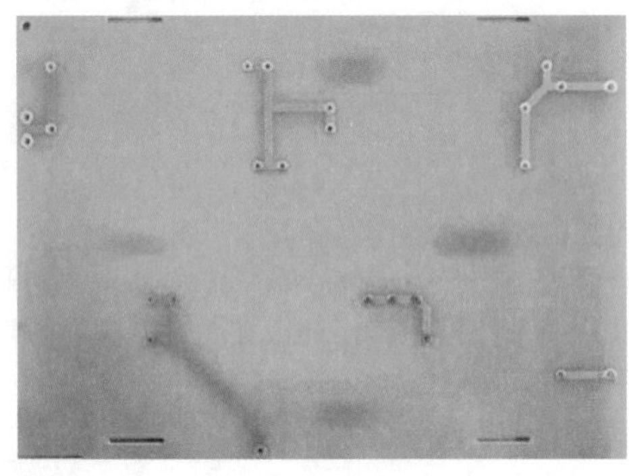

图5-1　单面印制电路板

②双面印制电路板是指两面都有导电图形的印制板，如图5-2所示。由于双面都有导电图形，所以一般采用金属化孔（即孔壁上镀覆金属层的孔）使两面的导电图形连接起来，因而双面印制电路板的布线密度比单面印制电路板更高，使用更为方便。

③多层印制电路板是指由三层或三层以上导电图形和绝缘材料层压合成的印制板，如图5-3所示。多层印制电路板的内层导电图形与绝缘黏结片间叠放置，外层为覆箔板，经压制成为一个整体。其相互绝缘的各层导电图形按设计要求通过金属化孔实现层间的电连接。多层印制电路板与集成电路相配合，可使整机小型化，减少整机重量。

④软性印制电路板是以软性材料为基材制成的印制板，也称挠性印制电路板或柔性印制电路板，如图5-4所示。其特点是重量轻、体积小，可折叠弯曲、卷绕，可利用三维空间做成立体排列，能连续化生产。

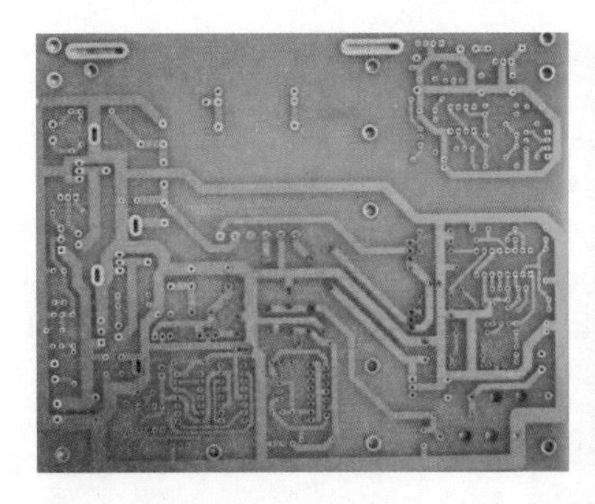
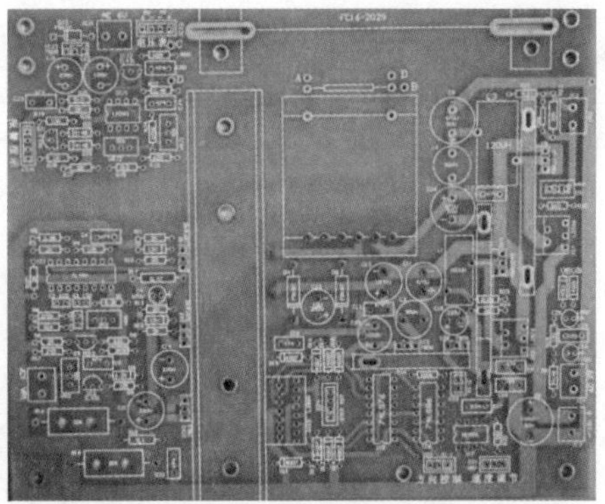

图 5-2 双面印制电路板

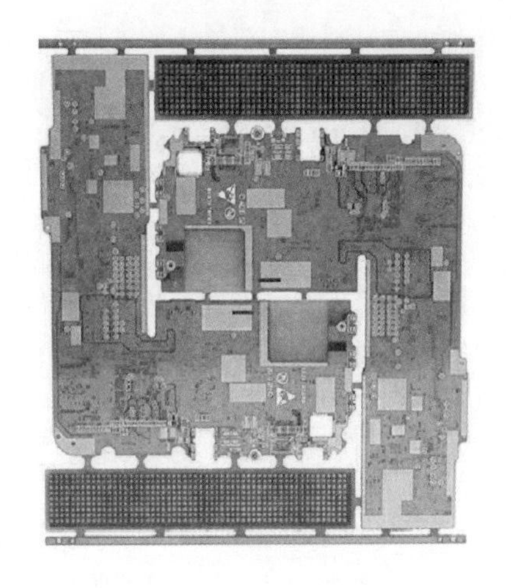

图 5-3 多层印制电路板

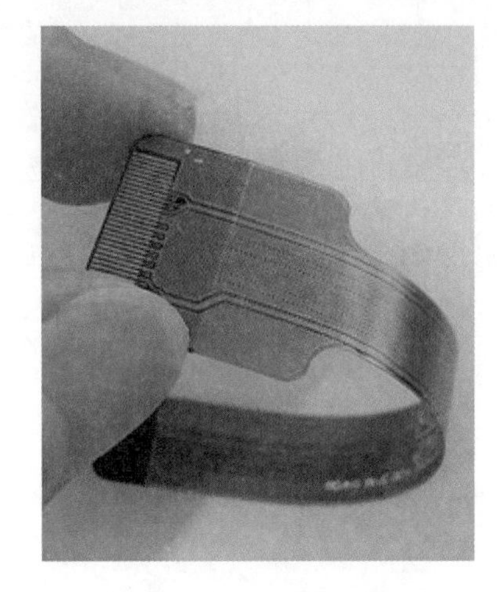

图 5-4 软性印制电路板

5-1：印制电路板

（2）按覆铜板增强材料的不同，分为纸基板、玻璃布基板和合成纤维板。

纸基板价格低廉，但性能较差，可用于低频和要求不高的场合。玻璃布基板和合成纤维板价格较高，但性能较好，可用于高频和高档电子产品中。当频率高于数百兆赫兹时，则必须用聚四氟乙烯等介电常数和介电损耗更小的材料作基板。

（3）按覆铜板黏接剂树脂的不同，分为酚醛、环氢、聚酯和聚四氟乙烯等。

常用覆铜板的规格和特性见表 5-1。

表 5-1 常用覆铜板的规格和特性

名称	标称厚度 /mm	铜箔厚度 /μm	特点	应用
酚醛纸覆铜板	1.0，1.5，2.0，2.5，3.0，3.2，6.4	50 ～ 70	价格低，阻燃强度低，易吸水，不耐高温	中低档民用品，如收音机、录音机等
环氧纸基覆铜板	1.0，1.5，2.0，2.5，3.0，3.2，6.4	35 ～ 70	价格高于酚醛纸板，机械强度好，耐高温，防潮性较好	工作环境好的仪器、仪表及中档以上民用电器
环氧玻璃覆铜板	0.2，0.3，0.5，1.0，1.5，2.0，2.5，3.0，5.0，6.4	35 ～ 50	价格较高，性能优于环氧酚醛纸板且基板透明	工业、军用设备、计算机等高档电器
聚四氟乙烯覆铜板	0.25，0.3，0.5，0.8，1.0，1.5，2.0	35 ～ 50	价格高，介电常数低、介质损耗低，耐高温、耐腐蚀	高频、高速电路、航空航天、导弹、雷达等
聚酰亚胺柔性覆铜板	0.5，0.8，1.2，1.6，2.0	12 ～ 35	具有可挠性，质量轻	各种需要使用挠性电路的产品

实际电子产品和装置中使用的印制电路板千差万别，最简单的电子产品可以只有几个焊点，一般简单的电子产品中印制电路板焊点数在数十到数百个，焊点数超过 600 个属于较为复杂的印制电路板，如计算机主板。

5.1.2 印制电路板的选用

1 印制电路板种类的选用

印制电路板种类经常选用单面印制板和双面印制板。单面印制板是指将所有元器件布设在一块印制板上，优点是结构简单、可靠性高、使用方便，但改动困难，功能扩展、工艺调试、维修性差。单面印制板常用于分立元件电路，因为分立元件引线少，排列位置便于灵活变换。

双面印制板是指将所有元器件布设在多块印制板上，优缺点与单面印制板结构正好相反。在电路较简单或整机电路功能唯一确定的情况下，可以采用单面印制板，而中等复杂程度以上电子产品应采用双层或多层板结构。双面印制板常用于集成电路较多的电路，特别是双列直插封装式器件。因为器件引线间距小，数目多（少则 8 脚，多则 40 脚或更多），单面布设印制线不交叉十分困难，较复杂电路几乎无法实现。

2 印制电路板板材、形状、尺寸和厚度的选择

对于设计者来说，自然希望选用各项指标都上乘的材料，但往往忽略材质在价格上的差异，容易造成产品质量没有明显提高而成本费用却大幅度增加的情况。因此，在选用板材时必须以性能价格比为标准。以袖珍晶体管收音机为例，由于机内线路板本身尺寸小，印制线条宽度较大，使用环境良好，整机售价低廉，所以在选材时应主要考虑价格因素，选用酚醛纸质覆铜板即可，没有必要选用高性能的环氧玻璃布覆铜板，否则成本太高，对产品的销售十分不利。

印制电路板的形状由整机结构和内部空间位置的大小决定。外形应该尽量简单。一般为长宽比例不太悬殊的长方形，避免采用异形板；因为印制板生产厂家的收费标准是根据制板的工艺难度和制板面积决定的，并按照整板是矩形来计算制板面积。异形版面不仅会增加制板难度和费用成本，而且被剪切掉的部分往往也需要照价收费。

印制电路板尺寸的确定要从整机的内部结构和板上元器件的数量、尺寸及安装、排列方式来决定，并要注意印制电路板尺寸应该接近标准系列值。元器件之间要留有一定间隔，特别是在高压电路中，更应该留有足够的间距；在考虑元器件所占用的面积时，要注意发热元器件安装散热片的尺寸；在确定了净面积以后，还应当向外扩出 5 ～ 10mm，以便于印制电路板在整机中的安装固定。如果印制板的面积较大、元器件较重或在振动环境下工作，应该采用边框、加强筋或多点支撑等形式加固；当整机内有多块印制板，且是通过导轨和插座固定时，应该使每块板的尺寸整齐一致，这样便于固定与加工。

按照电子行业的部颁标准，覆铜板材的标准厚度有 0.2mm、0.5mm、0.7mm、0.8mm、1.5mm、1.6mm、2.4mm、3.2mm 和 6.4mm 等多种。在确定板的厚度时，主要考虑对元器件的承重和振动冲击等因素。如果板的尺寸过大或板上的元器件过重（如大容量的电解电容器或大功率器件等），都应该适当增加板的厚度（如选用 2.0mm 或以上的覆铜板）或对电路板采取加固措施，否则电路板容易产生翘曲。另外，当线路板对外通过插座连线时，必须注意插座槽的间隙，板厚一般选 15mm。板材过厚插不进去，过薄则容易造成接触不良。

5.1.3 印制电路板的组装方式

印制电路板的组装是根据设计文件和工艺规程的要求，将电子元器件按一定的规律、秩序插装到印制电路板上，并用紧固件或锡焊等方式将其固定的装配过程。印制电路板的组装必须根据产品结构的特点、装配密度以及产品的使用方法、要求来决定组装的方法。印制电路板组装的基本要求主要包括元器件引线成型的要求和元器件安装的技术要求。

1 元器件引线成型的要求

元器件引线在成型前必须进行预加工处理，主要包括引线的校直、表面清洁及搪锡三个步骤。引线成型工艺就是根据焊点之间的距离，做成需要的形状，目的是使元器件能迅速而准确地插入孔内。注意不要将引线齐根弯折，要用工具保护好引线的根部，以免损坏元器件，如图 5-5 所示。

2 元器件安装的技术要求

元器件安装后能看清元件上的标志；安装元器件的极性不得装错，同一规格的元器件应尽量安装在同一高度上；安装顺序一般为先低后高、先轻后重、先易后难、先一般元器件后特殊元器件；元器

件在印制电路板上的分布应尽量均匀、疏密一致、排列整齐美观。不允许斜排、立体交叉和重叠排列。元器件外壳和引线不得相碰，要保证 1mm 左右的安全间隙，无法避免时应套绝缘套管；元器件的引线直径与焊盘孔径应有 0.2 ～ 0.4mm 的合理间隙。

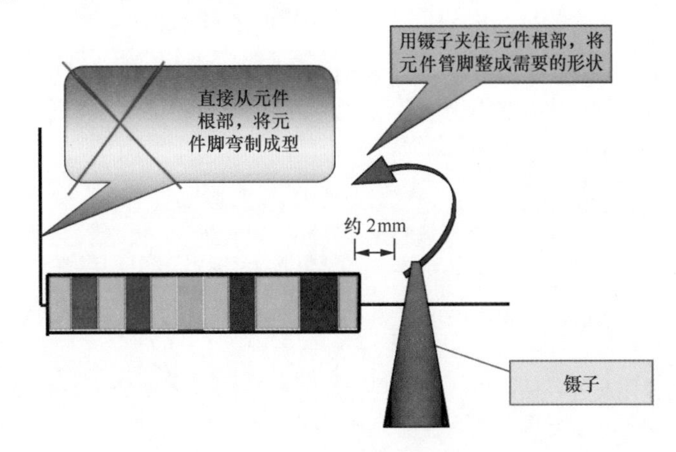

图 5-5 引脚弯折的操作

元器件组装主要有立式安装与卧式安装两种类型，如图 5-6 和图 5-7 所示。

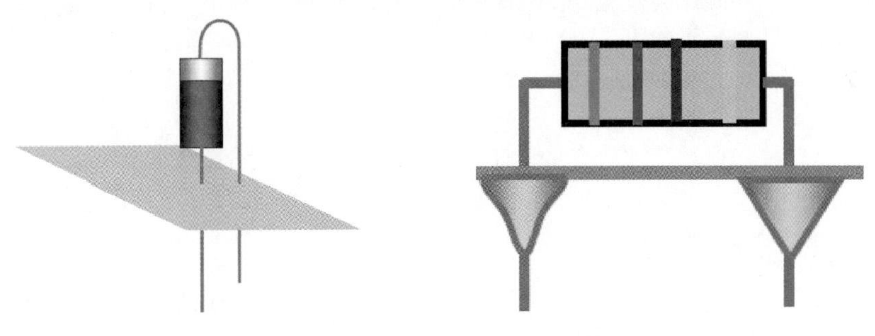

图 5-6 立式安装　　图 5-7 卧式安装

立式安装指的是组件主体垂直于电路板进行安装、焊接，其优点是节省空间。在电路组件数量较多，而且电路板尺寸不大的情况下，一般采用立式安装。卧式安装指的是组件主体平行并紧贴于电路板安装、焊接，其优点是组件的机械强度较好。在电路组件数量不多而且电路板尺寸较大的情况下，一般采用卧式安装。

3 印制电路板组装的工艺流程

手工装配方式流程：待装元件→引线整形→插件→调整位置→剪切引线→固定位置→焊接检验。手工装配方式的特点是：设备简单，操作方便，使用灵活；但装配效率低，差错率高，不适应现代化大批量生产的需要。

自动装配工艺流程：对于设计稳定，产量大和装配工作量大而元器件又无须选配的产品，宜采用自动装配方式。自动插装工艺流程框图如图 5-8 所示。

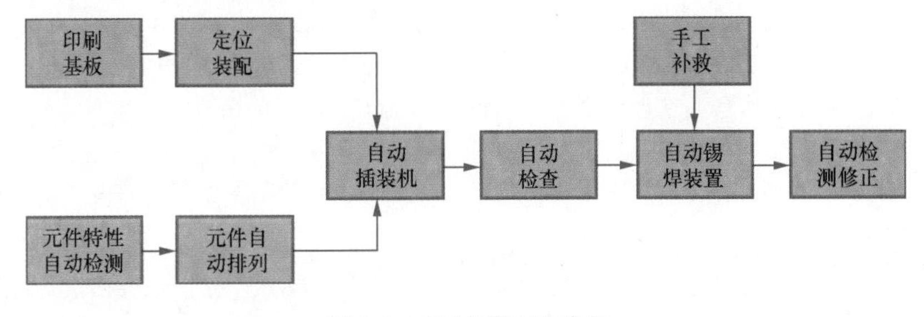

图 5-8 自动插装工艺流程

5.2 印制电路板的设计与制作

印制电路板设计也称印制板排版设计，它是整机工艺设计中的重要一环。其设计质量不仅关系到元件在焊接、装配、调试中是否方便，而且直接影响整机的技术性能。

5.2.1 印制电路板的设计方法

这里介绍的印制电路板设计方法不仅适用于简单印制电路板的设计，也适用于大部分复杂印制电路板设计，只是每一个流程的复杂程度不同而已。

1 印制电路板的准备工作

（1）认真校核原理图。

任何印制电路板的设计都离不开原理图。原理图的准确性是印制电路板正确与否的前提和依据。所以，在设计印制电路板之前，必须对原理图的信号完整性进行认真、反复的校核，保证器件相互间的连接正确。

需要对所选用元器件及各种插座的规格、尺寸和面积等特性参数有完全的了解；对各部件的位置安排做合理、仔细的考虑，主要从电磁兼容性、抗干扰能力、走线长度、交叉点的数量、电源与地线的通路及退耦等方面考虑。

（2）器件选型。

元器件的选型，对印制电路板的设计来说也是一个十分重要的环节。相同功能、参数的器件，封装方式可能有所不同。封装不一样，印制电路板上器件的焊孔就不同。所以，在着手设计印制电路板之前，一定要先确定各种元器件的封装形式。在选用元器件方面，不仅要注意元器件的特性参数应符合电路的需求，也要注意元器件的供应，避免元器件停产的问题。同时应意识到，目前很多国产器件，如片状电阻、电容、连接器及电位器等元件的质量已逐渐达到进口器件的水平，且具有货源充足、交货期短及价格便宜等优势。所以，在电路工作允许的条件下，应尽量考虑采用国产器件。

2 印制电路板的布局设计

一台性能优良的仪器、仪表，除选择高质量的元器件、合理的电路外，印制电路板的元器件布局是决定仪器能否可靠工作的一个关键因素。

印制电路板上元器件的布局应遵循“先大后小，先难后易”的布置原则，即重要的单元电路、核心元器件应当优先布局；布局过程中应参考原理图，根据单板的主信号流向规律安排主要元器件；布局应尽量满足总的连线尽可能短，关键信号线最短，高电压、大电流信号与小电流、低电压的弱信号完全分开；模拟信号与数字信号分开；高频信号与低频信号分开；高频元器件的间隔要充分。器件布局栅格的设置中，一般 IC 器件布局，如表面贴装元件布局时，栅格应为 50 ～ 100mil；小型表面安装器件栅格置应不少于 25mil。

3 印制电路板的布线

（1）导线布线。

导线布线包括导线宽度、导线间距和导线形状。对于低阻抗信号，需要使用宽导线，如果是高阻抗信号线，导线应尽可能地宽，以防在蚀刻时产生开路。对于没有电气连接的任何引脚之间的最小间距没有具体标准。但是，当电压超过 30V 时，一般设置导线间距的平均值为 2mm。印制电路板上的导线形状要考虑到是否会影响电路的电气性能。

（2）电源线和地线。

印制电路板的导线可分为电源线、地线和信号线三种，这三种导线的宽度各不相同，其关系为：地线宽度＞电源线宽度＞信号线宽度。通常信号线宽度为 0.2 ～ 0.3mm，电源线宽度为 1.2 ～ 2.5mm，地线宽度为 2.5mm 以上。电源线应与地线紧紧布设在一起，以减小电源线耦合引起的干扰。印制电路板上的公共地线应尽可能地布置在印制电路板的边缘，以便于印制电路板安装并能与地线相连。

4 文档资料

文档资料是印制电路板设计和制造过程中最重要的一部分。建立一份完整的文档文件，应包括封面、原理图、材料单、元器件清单、制造说明、钻孔表、印制电路板版面布局。

5.2.2　印制电路板的手工制作

印制电路板是电子电路的载体，任何电路设计都需要安装在一块电路板上，才可以实现其功能。正规生产印制电路板过程比较复杂，如果设计的电路比较简单或者只是在调试阶段可采用手工制作法。

1　雕刻法

首先将设计好的铜箔图形用复写纸复写到覆铜板的铜箔面上，如图 5-9 所示。注意，在描绘过程中一定要按照“横平竖直”的原则。

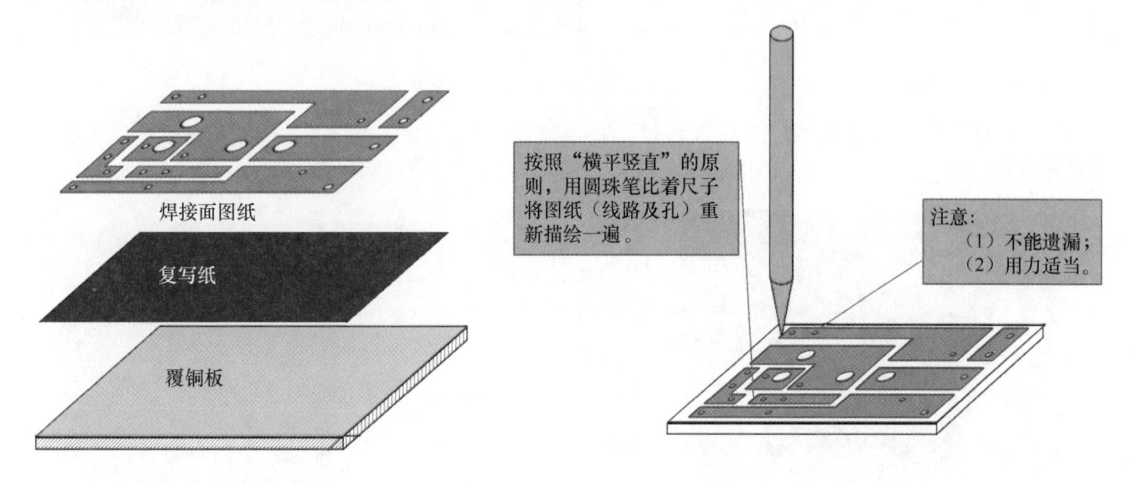

图 5-9　电路图印到覆铜板上并描绘

描绘完毕后，取下图纸和复写纸，并在覆铜板上粘贴一层透明胶带，可以保护覆铜板上需要保留的铜箔不被蚀刻液腐蚀掉。然后用刻刀沿图纸中的导线重新刻绘一遍，如图 5-10 所示。

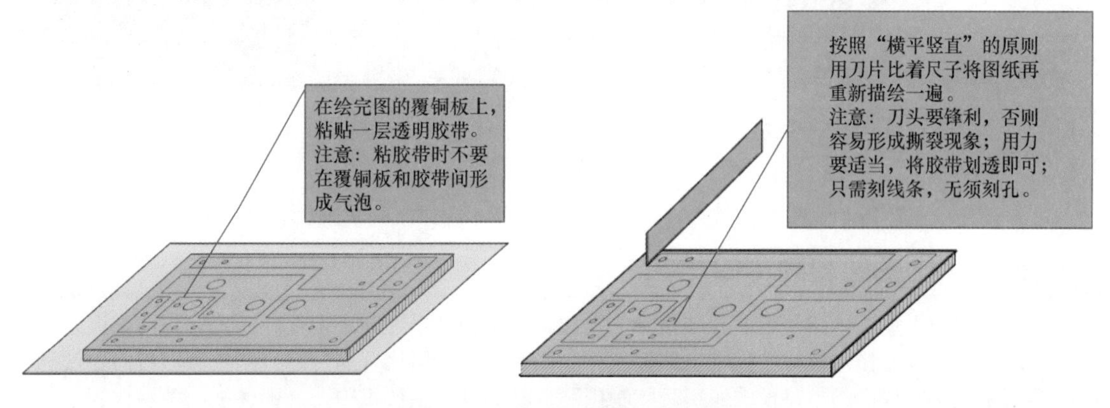

图 5-10　覆铜板上粘贴胶带并刻绘

刻完后，将非阴影部分（需要腐蚀去的）的透明胶带小心撕去，去胶带时要小心细致，避免出现撕裂和遗漏的现象，可借助镊子、刻刀等工具去除胶带。如果去除胶带的部分还有胶质残留，可借助橡皮将胶质残留去除，注意不可用力过大，避免将应保留部分的胶带损坏。最后将前面处理好的附着胶带的覆铜板放入盛有蚀刻液（$FeCl_3$ 腐蚀溶液）的容器中浸泡，并来回晃动。为了加快腐蚀速度，可提高蚀刻液的浓度并加温，但温度不应超过 50℃，否则会破坏覆盖膜，使其脱落。待未附着胶带部分的覆铜完全被置换，露出基板，立即将覆铜板取出，用清水冲洗干净，晾干。

5-2：印制电路板手工制作

2　热转印法

（1）将设计好的 PCB 打印到转印纸上，再将转印纸紧贴在覆铜板的铜箔面上，如图 5-11 所示。

图 5-11　将转印纸紧贴在覆铜板的铜箔面上

（2）借助于热转印机或是电熨斗，以适当的温度加热，转印纸原来打印上去的图形就会受热融化，并转移到铜箔面上，形成腐蚀保护层，冷却后揭去转印纸，如图 5-12 所示。

图 5-12　熨烫转印纸冷却后揭去

（3）再进行腐蚀，即可得到印制电路板，这种方法比常规制版印制的方法更简单，而且现在大多数的电路都使用计算机制电路板。激光打印机也十分普及，所以工艺实现比较容易。

5.3 印制电路板的发展趋势

近年来，由于集成电路和表面安装技术的发展，电子产品迅速向小型化、微型化方向发展。作为集成电路载体和互连技术核心的印制电路板也在向高密度、多层化、高可靠方向发展，目前还没有一种互连技术能够取代印制电路板的作用。印制电路板新的发展主要集中在高密度板、多层板和特殊印制板三个方面。

1 高密度板

电子产品微型化要求尽可能缩小印制电路板的面积，超大规模集成电路的发展则使芯片对外引线数的增加，而芯片面积不增加甚至减小，解决的办法只有增加印制板上布线密度。增加密度的关键有两个，一是减小线宽或间距，二是减小过孔的孔径。

2 多层板

多层板是在双面板的基础上发展的，除了双面板的制造工艺外，还有内层板的加工、层间定位、叠压、黏合等特殊工艺。目前，多层板生产多集中在 4 ～ 6 层，如计算机主板、工控机 CPU 板等。在巨型机等领域内则使用可达到几十层的多层板。

3 特殊印制板

在高频电路及高密度装配中用普通印制板往往不能满足要求，各种特殊印制板应运而生并在不断发展。

（1）微波印制板。

在高频（几百兆赫兹以上）条件下工作的印制电路板，对材料、布线和布局都有特殊要求，例如印制导线线间和层间分布参数的作用以及利用印制电路板制作出电感、电容等印制元件。微波电路板除采用聚四氟乙烯板以外，还有复合介质基片和陶瓷基片等，其对线宽、间距的要求比普通印制板高出一个数量级。

（2）金属芯印制板。

金属芯印制板可以看作一种含有金属层的多层板，主要用于提高高密度安装引起的散热性能，且金属层有屏蔽作用，有利于解决干扰问题。

（3）碳膜印制板。

碳膜印制板是在普通单面印制板上制成导线图形后，再印制一层碳膜形成跨接线或触点（电阻值符合设计要求）的印制板。它可使单面板实现高密度、低成本、良好的电性能及工艺性，适用于电视机、电话机等家用电器。

（4）印制电路与厚膜电路的结合。

将电阻材料和铜箔顺序黏合到绝缘板上，用印制电路板工艺制成需要的图形，在需要改变电阻的地方用电镀加厚的方法减小电阻，用腐蚀方法增加电阻，制造印制电路和厚膜电路结合的新的内含元器件的印制板，从而在提高安装密度、降低成本方面开辟新的途径。

第6章 焊接技术

焊接技术有工业裁缝之称，任何电子产品在制作过程中都离不开这一步。本章从理论上系统地讲解了常用焊接技术、锡焊机理、手工及其他焊接方法及其优缺点，对各类焊接技术进行了普及，有利于读者对电子工艺技术知识进一步深入了解。

6.1 常用焊接技术

在电子产品整机装配过程中，焊接是连接各电子元器件及导线的主要手段。焊接通常分为熔焊、压焊及钎焊三大类。

（1）熔焊是指在焊接过程中，焊件接头加热至熔化状态，不加压力完成焊接的方法，如电弧焊、气焊、激光焊、等离子焊等。

（2）压焊是指在焊接过程中，必须对焊件施加压力（加热或不加热）完成焊接的方法，如超声波焊、高频焊、电阻焊、脉冲焊、摩擦焊等。

（3）钎焊是在已加热的工件金属之间，熔入低于工件金属熔点的焊料，借助焊剂的作用，依靠毛细现象，使焊料浸润工件金属表面，并发生化学变化，生成合金层，从而使工件金属与焊料结合为一体。在电子装配中主要使用的是钎焊。

钎焊按照使用焊料的熔点的不同分为硬焊（焊料熔点高于450℃）和软焊（焊料熔点低于450℃）；按照焊接方法的不同分为锡焊（如手工烙铁焊、波峰焊、再流焊、浸焊等）、火焰钎焊（如铜焊、银焊等）、电阻钎焊、真空钎焊、高频感应钎焊等。

6.2 锡焊的机理

锡焊的机理可以从以下三个过程来表述。

1 润湿

熔融焊料在金属表面形成均匀、平滑、连续并附着牢固的焊料层的过程叫作浸润或润湿。润湿是发生在固体表面和液体之间的一种物理现象。如果某种液体能在某固体表面漫流开，我们就说这种液体能与该固体表面润湿。如水能在干净的玻璃表面漫流，而水银就不能，我们就说水能润湿玻璃，而水银不能润湿玻璃。

从力学的角度来讲，不同的液体和固体，它们之间相互作用的附着力和液体的内聚力是不同的。当附着力大于内聚力时，就形成漫流，即润湿；当内聚力大于附着力时，液体会成珠状在固体表面滚动，即不润湿。从液体与固体接触的形状，就可以区分二者是否润湿。我们可从液体与固体接触的边沿，沿液体表面作切线，这条切线在液体内部与固体表面之间形成一个夹角（叫接触角）。如图6-1所示，当θ>90°时，焊料不润湿焊件；当θ=90°时，焊料润湿性能不好；当θ<90°时，焊料润湿性能较好，且θ角越小，润湿性能越好。

2 扩散

将一个铅块和金块表面加工平整后，紧紧压在一起，经过一段时间后，二者会“粘”在一起，如果用力把它们分开，就会发现银灰色铅的表面有金光闪烁，而金块的表面上也有银灰色的铅的踪迹，这说明两块金属接近到一定距离时能相互“入侵”，这在金属学上称为扩散现象。从原子物理的观点出发，可以认为扩散是由于原子间的引力而形成的。这种发生在金属界面上扩散的结果，使两块金属结合成一体，从而实现了两块金属间的“焊接”，如图 6-2 所示。

两种金属间的相互扩散是一个复杂的物理化学过程。如用锡铅焊料焊接铜件时，焊接过程中既有表面扩散，也有晶界扩散和晶内扩散。锡铅焊料中的铅原子只参与表面扩散，不向内部扩散，而锡原子和铜原子则相互扩散，这是不同金属性质决定的选择扩散。正是由于扩散作用，形成了焊料和焊件之间的牢固结合。金属间的扩散不是在任何情况下都会发生的，而是有条件的。一是距离，两块金属必须接近到足够小的距离，两块金属的原子间引力的作用才会发生。二是温度，只有在一定温度下，金属分子才具有一定的动能，才可以挣脱自身其他金属分子对它的束缚力，而进入另一种金属层，扩散才得以进行。

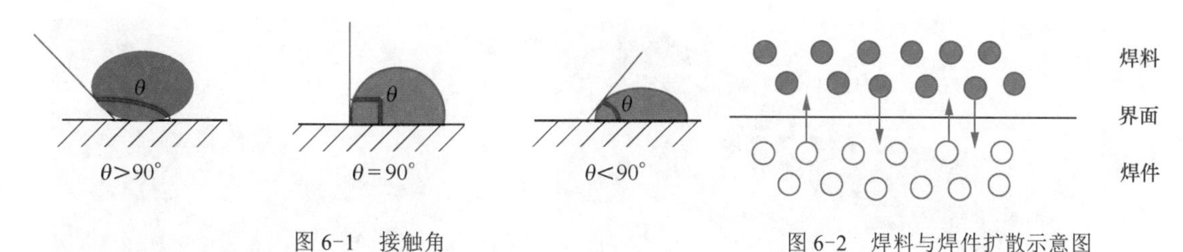

图 6-1 接触角 图 6-2 焊料与焊件扩散示意图

3 结合层

在润湿焊件的过程中，焊料和焊件界面上会产生扩散现象，这种扩散的结果，使得焊料和焊件的界面上形成一种新的金属层，我们称为结合层，如图 6-3 所示。结合层的成分既不同于焊料，又不同于焊件，而是一种既有化学作用（生成化合物，例如 Cu_6Sn_5，Cu_2Sn 等），又有冶金作用（形成合金固溶体）的特殊层。正是由于结合层的作用，将焊料与焊件结合成一个整体，实现了金属的连接即焊接。

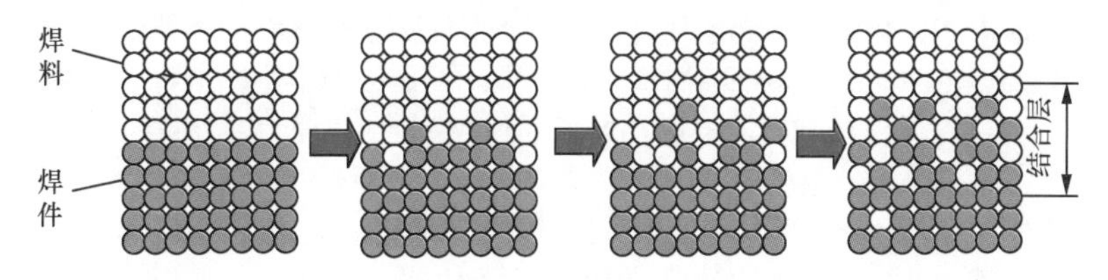

图 6-3 结合层

形成结合层是锡焊的关键。如果没有形成结合层，仅仅是焊料堆积在母材上，则称为虚焊。铅锡焊料和铜在锡焊过程中生成结合层，厚度可达 1.2 ～ 10μm，由于润湿扩散过程是一种复杂的金属组织变化和物理冶金过程，结合层的厚度过薄或过厚都不能达到最好的性能实践，1.2 ～ 3.5μm 的结合层，焊接强度最高，导电性能最好。

6.3 手工焊接技术

6-1：焊接技术

6.3.1 焊接工具和材料

1 焊接工具

（1）电烙铁。

电烙铁是焊接的基本工具，常用的电烙铁有外热式、内热式、恒温式和吸锡式等几种。

1）外热式电烙铁。

外热式电烙铁如图 6-4 所示，由烙铁头、烙铁芯、外壳、手柄、电源线和插头等各部分组成。由于烙铁头安装在烙铁芯外面，故称为外热式电烙铁。外热式电烙铁的规格很多，常用的有 25W、45W、75W、100W 等。功率越大烙铁头的温度也就越高。

烙铁芯的功率规格不同，其内阻也不同。25W 电烙铁的阻值约为 2kΩ，45W 电烙铁的阻值约为 1kΩ，75W 电烙铁的阻值约为 0.6kΩ，100W 电烙铁的阻值约为 0.5kΩ。当我们不知所用的电烙铁为多大功率时，便可测量其内阻值，按已给的参考阻值加以判断。

外热式电烙铁结构简单，价格较低，使用寿命长，但其体积较大，升温较慢，热效率低。

2）内热式电烙铁。

内热式电烙铁如图 6-5 所示。由于烙铁芯装在烙铁头里面，故称为内热式电烙铁。内热式电烙铁的烙铁芯是采用极细的镍铬电阻丝绕在瓷管上制成的，外面再套上耐热绝缘瓷管。烙铁头的一端是空心的，它套在烙铁芯外面，用弹簧夹紧。由于烙铁芯装在烙铁头内部，热量完全传到烙铁头上，升温快，热效率达 85% ~ 90%，烙铁头部温度可达 350℃。20W 内热式电烙铁的实用功率相当于 25 ~ 40W 的外热式电烙铁。内热式电烙铁具有体积小、重量轻、升温快和热效率高等优点，因而在电子装配工艺中得到了广泛的应用。

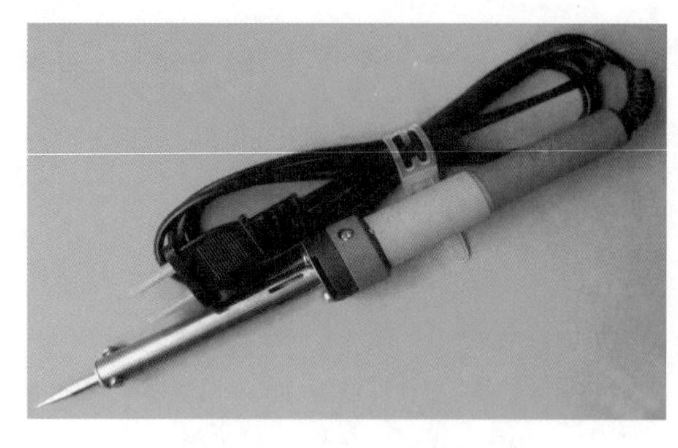

图 6-4　外热式电烙铁

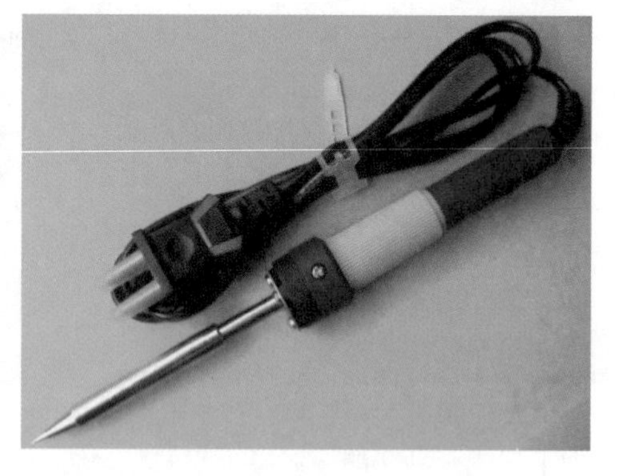

图 6-5　内热式电烙铁

3）恒温电烙铁。

由于在焊接集成电路、晶体管等元器件时，温度不能太高，焊接时间不能过长，否则就会因温度过高造成元器件的损坏，因而对电烙铁的温度要进行限制。而恒温电烙铁就可以达到这一要求，这是由于恒温电烙铁头内装有温度控制器，温度控制器通过控制通电时间实现温控，即给电烙铁通电时，烙铁的温度上升，当达到预定的温度时，因强磁体传感器达到了居里点而磁性消失，从而使磁芯触点断开，这时便停止向电烙铁供电；当温度低于强磁体传感器的居里点时，强磁体便恢复磁性，并吸动磁芯开关中的永久磁铁，使控制开关的触点接通，继续向电烙铁供电。如此循环往复，便达到了控制温度的目的，电控恒温电烙铁如图 6-6 所示。

4）吸锡电烙铁。

吸锡电烙铁是将活塞式吸锡器与电烙铁融为一体的拆焊工具，如图 6-7 所示。它具有使用方便、灵活、适用范围宽等待点。这种吸锡电烙铁的不足之处是每次只能对一个焊点进行拆焊。

图 6-6　电控恒温电烙铁

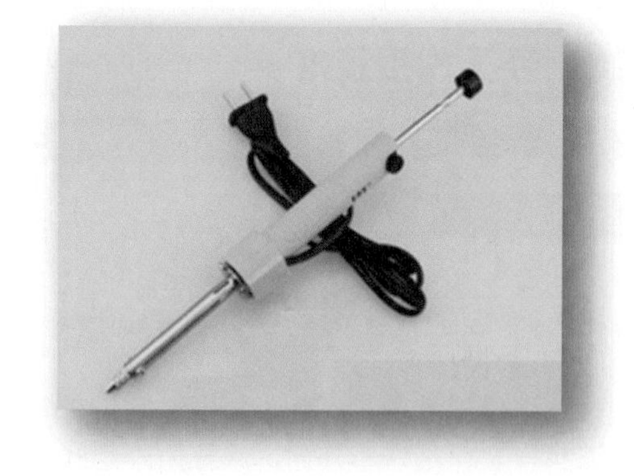

图 6-7　吸锡电烙铁

可以看出，电烙铁的种类及规格有很多种，而且被焊工件的大小又有所不同，因而合理选用电烙铁的功率及种类，直接影响焊接质量和效率。如果被焊件较大，使用的电烙铁功率较小，则焊接温度过低，焊料熔化较慢，焊剂不能挥发，焊点不光滑、不牢固，这样势必造成焊接强度以及质量的下降，甚至焊料不能熔化，使焊接无法进行。如果电烙铁的功率太大，则使过多的热量传递到被焊工件上面，使元器件的焊点过热，造成元器件的损坏，致使印刷电路板的铜箔脱落，焊料在焊接面上流动过快，并无法控制。

选用电烙铁时，可以从以下几个方面进行考虑。

①焊接集成电路、晶体管及受热易损元器件时，应选用 20W 内热式或 25W 的外热式电烙铁。

②焊接导线及同轴电缆时，应选用 45 ～ 75W 外热式电烙铁，或 50W 内热式电烙铁。

③焊接较大的元器件时，如输出变压器的引线脚、大电解电容器的引线脚、金属底盘接地焊片等，应选用 100W 以上的电烙铁。

（2）电烙铁的使用方法。

为了能使被焊件焊接牢靠，又不烫伤被焊件周围的元器件及导线，根据被焊件的位置、大小及电烙铁的规格大小，合理地选择电烙铁的握法是很重要的。

电烙铁的握法可分为三种，如图 6-8 所示。

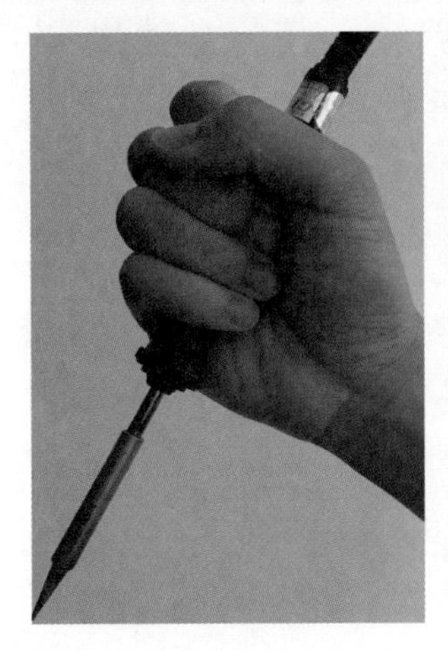

(a) 反握法

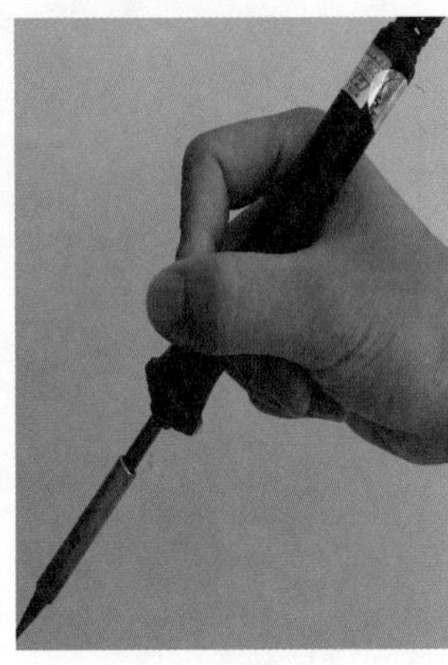

(b) 握笔法

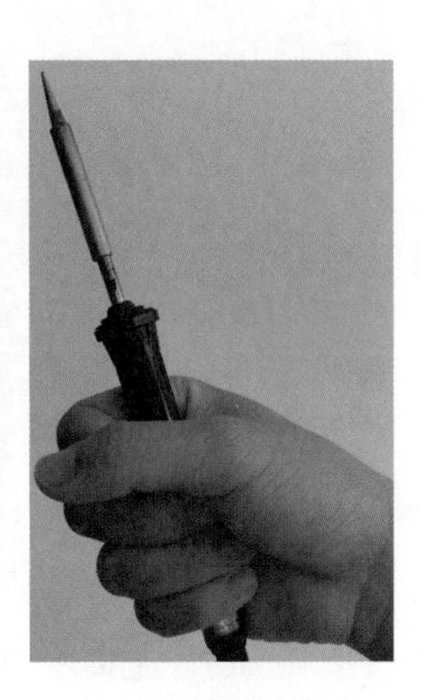

(c) 正握法

图 6-8　电烙铁的握法

图 6-8（a）所示为反握法，此法适用于大功率电烙铁，焊接散热量较大的被焊件。图 6-8（b）所示为握笔法，此法适用于小功率的电烙铁，焊接散热量小的被焊件，如焊接收音机、电视机的印刷电路板及其维修等。图 6-8（c）所示为正握法，此法适用的电烙铁也比较大，且多为弯形烙铁头。

（3）电烙铁的常见故障及其维护。

电烙铁在使用过程中常见故障有：电烙铁通电后不热，烙铁头带电，烙铁头不“吃锡”等故障。下面以 20W 内热式电烙铁为例加以说明。

1）电烙铁通电后不热。

遇到电烙铁通电后不热故障时，可以用万用表的欧姆挡测量插头的两端，如果表针不动，说明有断路故障。当插头本身没有断路故障时，即可卸下胶木柄，再用万用表测量烙铁芯的两根引线，如果表针仍不动，说明烙铁芯损坏，应更换新的烙铁芯。如果测量烙铁芯两根引线电阻值为 2.5kΩ 左右，说明烙铁芯是好的，故障出现在电源引线及插头上，多数故障为引线断路或插头中的接点断开。可进一步用万用表的 R×1 挡测量引线的电阻值，查找问题。

更换烙铁芯的方法是：将固定烙铁芯引线的螺钉松开，将引线卸下，把烙铁芯从连接杆中取出，然后将新的同规格烙铁芯插入连接杆，将引线固定在螺钉上，并将烙铁芯多余引线头剪掉，以防止两根引线短路。

当测量插头的两端时，如果万用表的表针指示接近零欧姆，说明有短路故障，故障点多为插头内短路，或者是防止电源引线转动的压线螺钉脱落，致使接在烙铁芯引线柱上的电源线断开而发生短路。当发现短路故障时，应及时处理，不能再次通电，以免烧坏保险丝。

2）烙铁头带电。

烙铁头带电，除前边所述的电源线错接在接地线的接线柱上的原因外，还包括当电源线从烙铁芯接线螺钉上脱落后，又碰到了接地线的螺钉上，从而造成烙铁头带电。这种故障最容易造成触电事故，并损坏元器件，因此，要随时检查压线螺钉是否松动、丢失。如有丢失、损坏应及时配好。

3）烙铁头不“吃锡”。

烙铁头经长时间使用后，就会因氧化而不沾锡，这就是“烧死”现象，也称作不“吃锡”。当出现不“吃锡”的情况时，可用粗砂纸或锉将烙铁头重新打磨或锉出新茬，然后重新镀上焊锡就可继续使用。

4）烙铁头出现凹坑。

当电烙铁使用一段时间后，烙铁头就会出现凹坑或氧化腐蚀层，使烙铁头的刃面形状发生了变化。遇到此种情况时，可用锉刀将氧化层及凹坑锉掉，恢复成原来的形状，然后镀上锡，就可以重新使用了。

为延长烙铁头的使用寿命，必须注意以下几点。

① 常用湿布、浸水海绵擦拭烙铁头，以保持烙铁头能良好地挂锡，并可防止残留助焊剂对烙铁头的腐蚀。

②进行焊接时，应采用松香或弱酸性助焊剂。

③焊接完毕时，烙铁头上的残留焊锡应该继续保留，以防止再次加热时出现氧化层。

（4）其他常用工具。

焊接时除了电烙铁以外，还需要一些其他的工具，例如，尖嘴钳、平嘴钳、斜嘴钳、剥线钳、镊子、螺丝刀等，如图 6-9 所示。

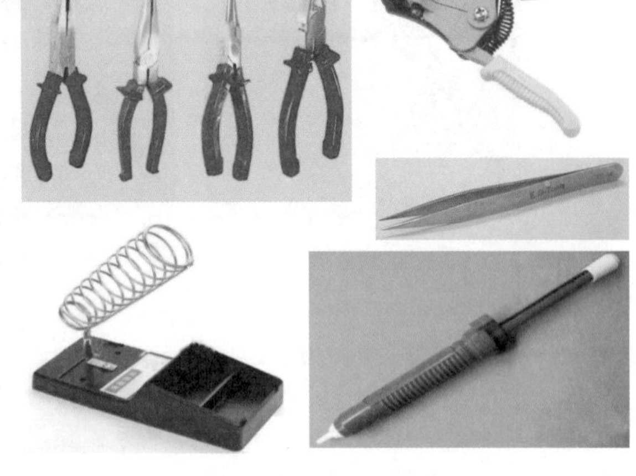

图 6-9　其他常用工具

2 焊接材料

（1）焊料的种类。

焊料是指易熔的金属及其合金。它的作用是将被焊物连接在一起。焊料的熔点比被焊物的熔点低，而且要易于与被焊物连为一体。焊料按其组成成分，可分为锡铅焊料、银焊料、铜焊料。在电子产品装配中，一般都选用锡铅系列焊料，也称焊锡。焊锡丝和焊锡膏如图 6-10 所示。焊锡有如下的优点。

1）熔点低。它在 180℃时便可熔化，使用 25W 外热式或 20W 内热式电烙铁便可进行焊接。

2）具有一定的机械强度。因锡铅合金的强度比纯锡、纯铅的强度要高。本身重量较轻，对焊点强度要求不是很高，故能满足其焊点的强度要求。

3）具有良好的导电性。因锡、铅焊料为良导体，故它的电阻很小。

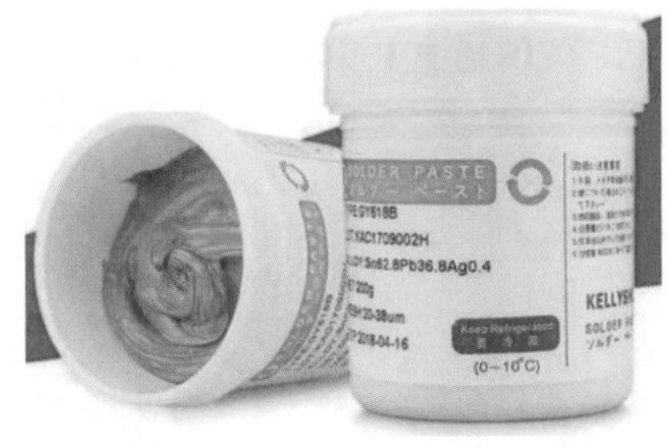

图 6-10　焊锡丝和焊锡膏

4）抗腐蚀性能好。焊接好的印刷电路板不必涂抹任何保护层就能抵抗大气的腐蚀，从而减少了工艺流程，降低了成本。

5）对元器件引线和其他导线的附着力强，不易脱落。

（2）助焊剂。

在进行焊接时，为能使被焊物与焊料焊接牢靠，就必须要求金属表面无氧化物和杂质。除去氧化物与杂质，通常有两种方法，即机械方法和化学方法。机械方法是用砂纸和刀子将氧化物和杂质除掉；化学方法则是用焊剂清除，用焊剂清除的方法具有不损坏被焊物及效率高等特点，一般焊接时均采用此方法。

助焊剂除上述所述的去氧化物的功能外，还具有加热时防止氧化的作用。常用的助焊剂有松香、松香水等，如图 6-11 所示。

图 6-11　松香和松香水

6.3.2　焊接步骤

手工焊接步骤通常采用五步法，如图 6-12 所示。

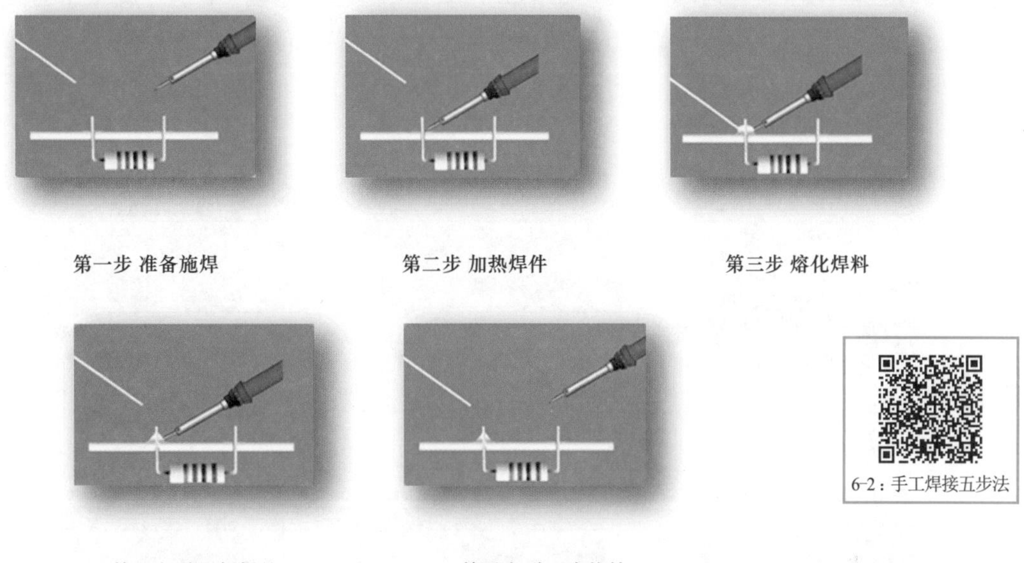

图 6-12　焊接五步法

（1）准备施焊。一手拿焊锡丝，一手握电烙铁，烙铁头部保持干净，并“吃”上锡，看准焊点，随时待焊。

（2）加热焊件。电烙铁头先送到焊接处，注意电烙铁头应同时接触焊盘和元件引线，把热量传送到焊接对象上。

（3）熔化焊料。当焊件加热到能熔化焊料的温度后将焊锡丝置于焊点处，焊盘和引线被熔化了的助焊剂所浸湿，除掉表面的氧化层，焊料在焊盘和引线连接处呈锥状，形成理想的无缺陷焊点。

（4）移开焊锡丝。当焊锡丝熔化一定量之后，迅速移开焊锡丝。

（5）移开电烙铁。当焊料完全浸润焊点后迅速移开电烙铁，移开时，不能振动。

6.3.3　焊接质量的检查

（1）合格的焊点明亮、平滑、焊料量充足并呈裙状拉开，焊料与焊盘结合处轮廓隐约可见，无裂纹、针孔、拉尖等现象，如图 6-13 所示。

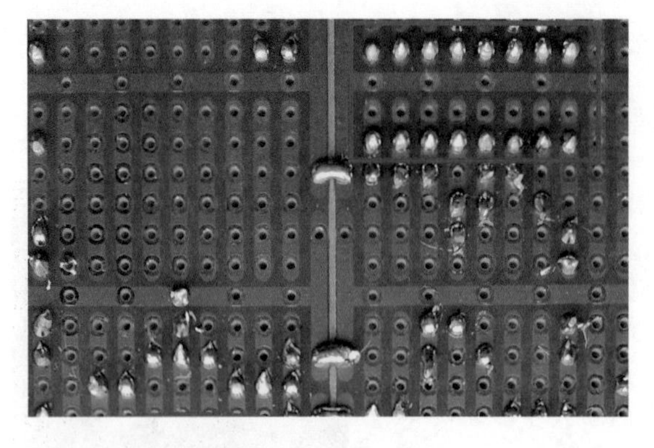

图 6-13　合格的焊点

（2）有缺陷的焊点，应在焊接中注意避免，如图 6-14 所示。

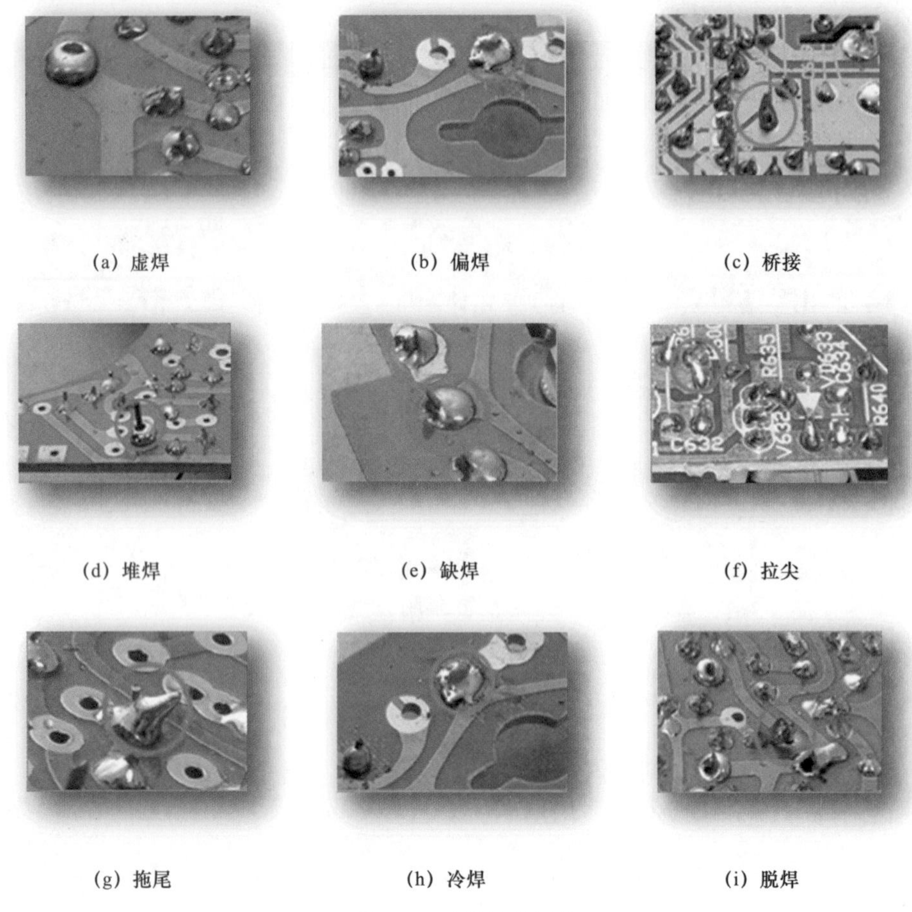

(a) 虚焊　(b) 偏焊　(c) 桥接

(d) 堆焊　(e) 缺焊　(f) 拉尖

(g) 拖尾　(h) 冷焊　(i) 脱焊

图 6-14　有缺陷的焊点

①虚焊。焊件表面清理不干净，加热不足或焊料浸润不良，造成虚焊。

②偏焊。焊料四周不均或出现空洞。

③桥接。焊料将两个相邻的铜箔连在一起，造成短路。

④堆焊。焊锡过多，堆积在一起。

⑤缺焊。焊锡过少，焊接不牢。

⑥拉尖。焊点表面出现尖端，如同钟乳石。

⑦拖尾。焊接动作拖泥带水，造成拖尾。

⑧冷焊。焊料未凝固时抖动，造成表面呈豆腐渣颗粒状。

⑨脱焊。焊接温度过高，焊接时间过长，使焊盘铜箔翘起甚至脱落。

6.3.4　拆焊

（1）通孔插装元器件。因某种原因已损坏的通孔插装元器件，需从印制电路板上拆下来，通常使用普通电烙铁，在板的焊接面上找到相应的焊点，用电烙铁熔化焊料，用吸锡器吸走焊料或直接用镊子把元器件引线从焊盘里拉出来（见图6-15）。不过动作要谨慎，加热时间过长、拉动过于猛烈，都会导致印制电路板焊盘脱落。

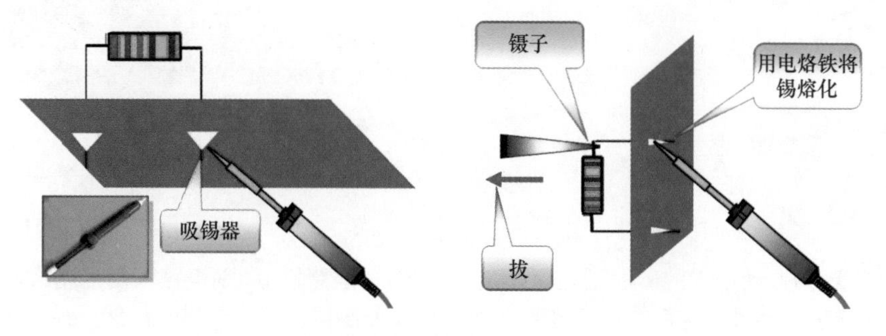

图6-15　通孔插装元器件拆焊

（2）贴片元器件。贴片元器件体积小、焊点密集，在制造工厂和专业维修拆焊部门一般应用专门工具设备进行拆焊，例如热风枪工作台、专用电烙铁等。

热风枪工作台是一种用热风作为加热源的半自动拆焊设备，如图6-16所示。热风枪工作台的热风枪内装有电热丝，由软管连接热风枪和热风台内置的吹风电动机。按下热风台的电源开关，电热丝被加热，吹风电动机压缩空气通过软管从热风枪前端吹出热风，在3～5s内达到200～480℃范围内设定的温度。热风枪还可以根据拆焊器件的形状选取焊嘴，使吹出的热风集中在某拆焊器件上，当达到足够的温度后，就可以用叉子将已熔化焊料的元器件拆焊，十分方便，但对操作技能和经验要求较高，而且还会影响相邻元器件。

热风枪工作台中通常配有拆焊专用电烙铁，一把电烙铁可以配置多种不同规格拆焊头，以适应不同元器件。

图6-16　热风枪工作台

6.4　其他焊接技术

6.4.1　浸焊

浸焊是将插装好元器件的印制板放入熔化的锡槽内浸锡，一次完成印制电路板（PCB）众多焊接点的焊接方法，它不仅比手工焊接大大提高了生产效率，而且可消除漏焊现象。浸焊可以分为手工浸锡（图6-17所示为手工浸焊机）与机器自动浸锡（图6-18所示为自动浸焊机）。

手工浸焊是由人手持夹具夹住插装好的印制电路板，人工完成浸锡的方法。其设备简单、投入少，但效率低，焊接质量与操作人员熟练程度有关，易出现漏焊，焊接有贴片的印制电路板较难取得良好的效果。

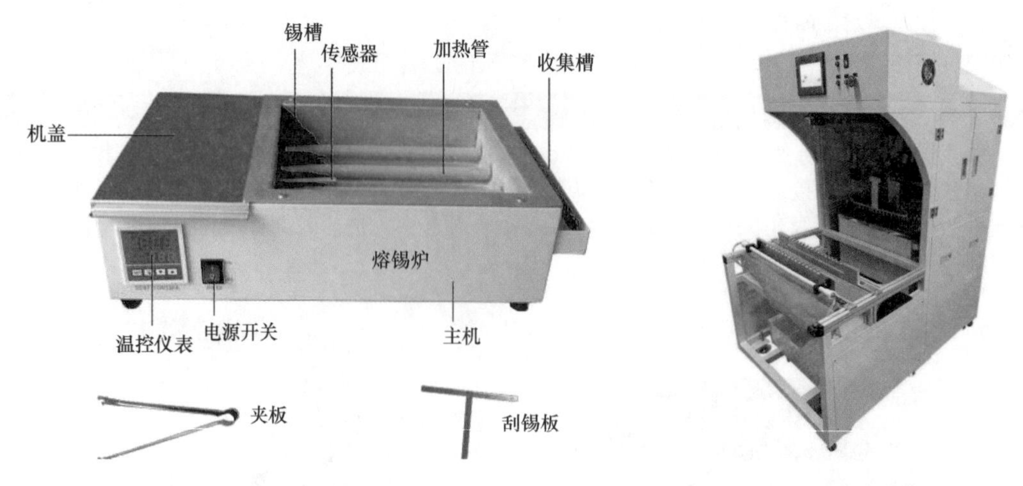

图 6-17　手工浸焊机　　　　图 6-18　自动浸焊机

图 6-19 所示为自动浸焊的一般工艺流程。将插装好元器件的印制电路板用专用夹具安置在传送带上。印制电路板先经过泡沫助焊剂槽被喷上助焊剂，加热器将助焊剂烘干，然后经过熔化的锡槽进行浸焊，待锡冷却凝固后再送到切头机剪去过长的引脚。

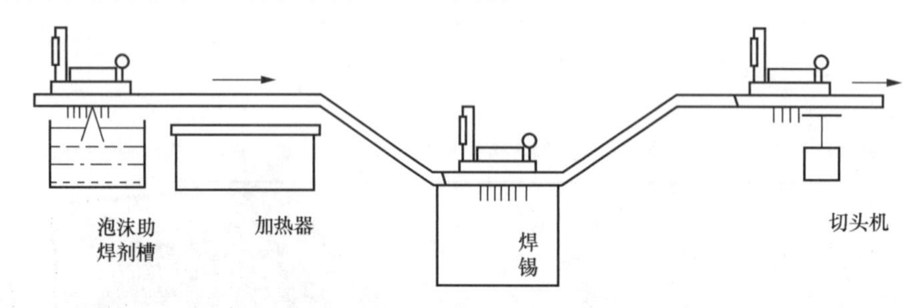

图 6-19　自动浸焊的一般工艺流程

6.4.2　波峰焊

波峰焊是目前应用最广泛的自动化焊接工艺。与自动浸焊相比，其最大的特点是锡槽内的锡不是静止的，熔化的焊锡在机械泵（或电磁泵）的作用下由喷嘴源源不断流出而形成波峰，波峰焊的名称由此而来。

一台波峰焊机（见图 6-20），主要由传送带、加热器、锡槽、泵、助焊剂发泡（或喷雾）装置等组成。其主要分为助焊剂添加区、预热区、焊接区、冷却区。

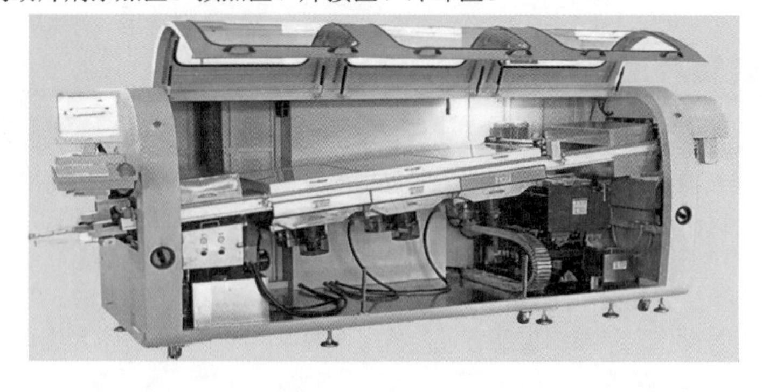

图 6-20　波峰焊机

波峰焊是一种借助泵压作用，使熔融的液态焊料表面形成特定形状的焊料波，当插装了元器件的装联组件以一定角度通过焊料波峰时，在引脚焊区形成焊点的工艺技术。在由链式传送带传送的过程中，组件先在焊机预热区进行预热（组件预热及其所要达到的温度由预定的温度曲线控制）。实际焊接中，通常还要控制组件面的预热温度，因此许多设备都增加了相应的温度检测装置（如红外探测器）。预热后，组件进入锡槽进行焊接，锡槽盛有熔融的液态焊料，钢槽底部喷嘴将熔融焊料喷出成一定形状的波，这样，在组件焊接面通过波峰时被焊料波加热，同时焊料波也就润湿焊接区并进行扩展填充，最终实现焊接过程。

采用波峰焊技术将元器件焊到印制电路板上的工艺流程如图 6-21 所示。

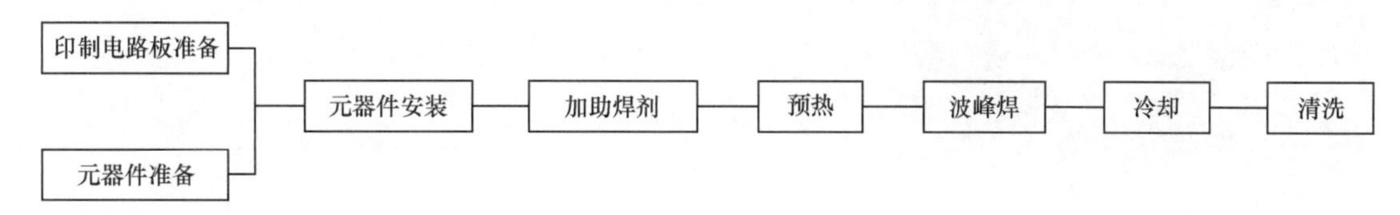

图 6-21 波峰焊的工艺流程

波峰焊是采用对流传热原理对焊接区进行加热的。熔融的焊料波作为热源，一方面流动以冲刷引脚焊区，另一方面也起到了热传导作用，引脚焊接区就是这样被加热的。为了保证焊接区升温，焊料波通常具有一定的宽度，这样，当组件焊接面通过波时就有充分的加热、润湿时间。传统的波峰焊一般采用单波，而且波比较平坦。随着铅焊料的使用，目前多采取双波形式，如图 6-22 所示。

图 6-22 波峰焊的双波形式

6.4.3 再流焊

再流焊也叫回流焊，是伴随微型化电子产品的出现而发展起来的焊接技术，主要应用于各类表面组装元器件的焊接。这种焊接技术的焊料是焊锡膏。

（1）焊接时，需预先在印制电路板的焊盘上涂上适量和适当形式的焊锡膏，如图 6-23 所示。

（2）把 SMT 元器件贴放到相应的位置，焊锡膏具有一定的黏性，使元器件固定，如图 6-24 所示。

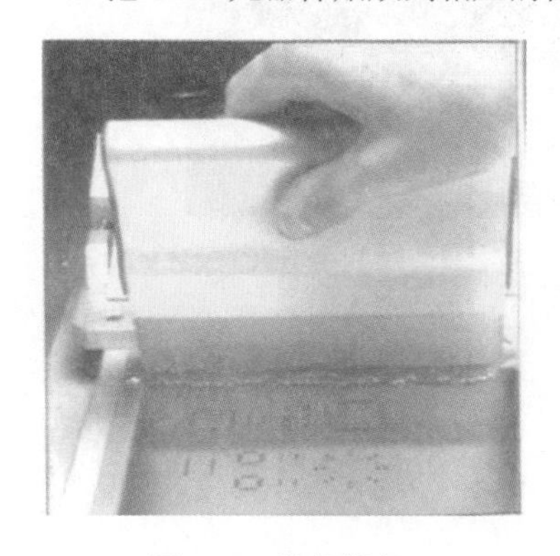

图 6-23 涂焊锡膏

图 6-24 贴元器件

（3）让贴装好元器件的电路板进入再流焊设备，如图 6-25 所示。

印制电路板通过再流焊炉里各个的温度区域，温度变化如图 6-26 所示。

图 6-25　进入再流焊设备

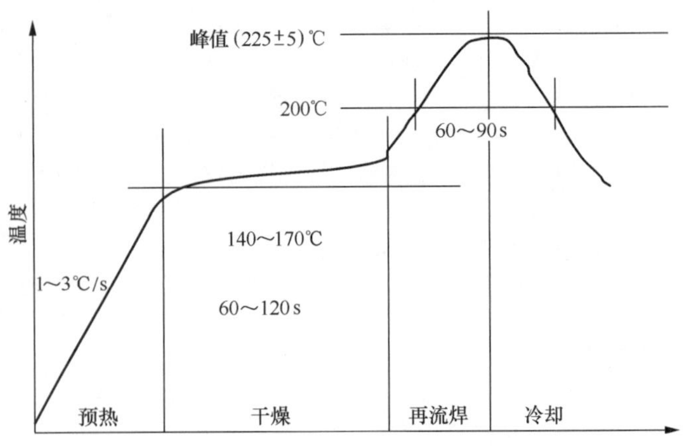

图 6-26　再流焊炉温度变化

当印制电路板进入升温区时，焊锡膏中的溶剂、气体蒸发掉，同时，焊锡膏中的助焊剂润湿焊盘、元器件端头和引脚，焊锡膏软化、塌落、覆盖了焊盘，将焊盘、元器件引脚与氧气隔离。进入保温区时，使印制电路板和元器件得到充分的预热，以防印制电路板突然进入焊接高温区而损坏印制电路板和元器件。当进入焊接区时，温度迅速上升使焊锡膏达到熔化状态，液态焊锡对印制电路板的焊盘、元器件端头和引脚润湿、扩散、漫流或回流混合形成焊点。进入冷却区，使焊点凝固，此时完成了回流焊。

(4)焊锡膏经过干燥、预热、熔化、润湿、冷却，将元器件焊接到印制电路板上，如图 6-27 所示。

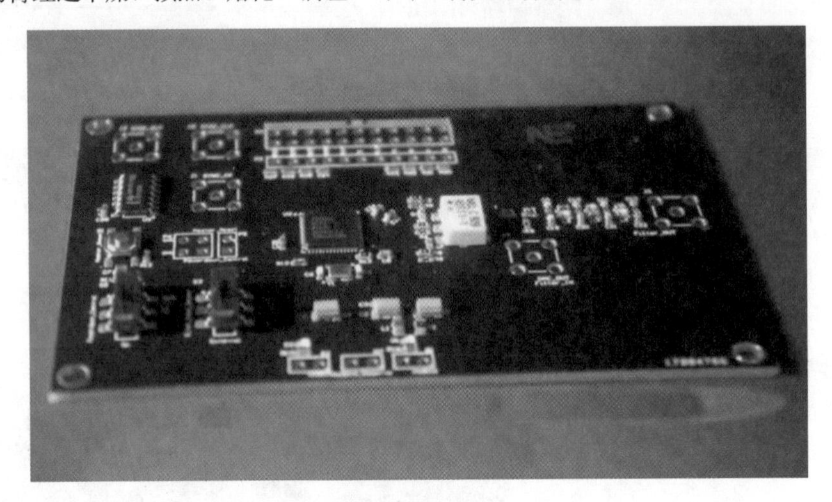

图 6-27　将元器件焊接到印制电路板上

▶▶第2篇

低压电器与电工识图

本篇主要介绍低压电器及其识图相关知识，包括常用电子元器件、常用低压电器元件、电工电路识图、电气故障检测与处理等内容。

第7章 常用电子元器件

电子元器件是组成电子产品的基础，电子产品是由各种各样的电子元器件组成的，正确地选择和使用电子元器件是保证电子产品的质量和可靠性的关键。了解电子元器件的分类和用途，以及规格型号、性能参数，对从事电子技术工作的人员都是十分重要的。本章主要介绍电阻器、电容器、电感器、二极管、三极管、晶闸管和场效应管的分类、命名规则及检测方法等内容。

7.1 电阻器

物体对电流的阻碍作用称为该物体的电阻，利用这种阻碍作用做成的元件称为电阻器。

电阻器是电子电路中最基本、最常用的电子元件。在电路中，电阻器的主要作用是稳定和调节电路中的电流和电压，即起降压、分压、限流、分流、隔离、滤波等功能。

在电路分析中，为了表述方便，通常将电阻器简称为电阻。

7.1.1 电阻器的分类及符号

电阻器的种类繁多，根据电阻器在电路中工作时电阻值的变化规律，可分为固定电阻器、可变电阻器（电位器）和特殊电阻器（敏感电阻器）三大类。

1 固定电阻器

在电阻器中，阻值的大小固定不变的电阻器称为固定电阻器，也称为普通型电阻器。固定电阻器在电路图中用字母 R 表示。

依据制造工艺和功能的不同，常见的固定电阻器有线绕电阻器、碳膜电阻器、金属膜电阻器、水泥电阻器等。

固定电阻器中功率比较大的电阻器常采用线绕形式，该类电阻器通常采用镍铬合金、锰铜合金等电阻丝绕在绝缘支架上，其外部会涂有耐热的铀绝缘层。常见固定电阻器的实物外形及符号如图 7-1 所示。

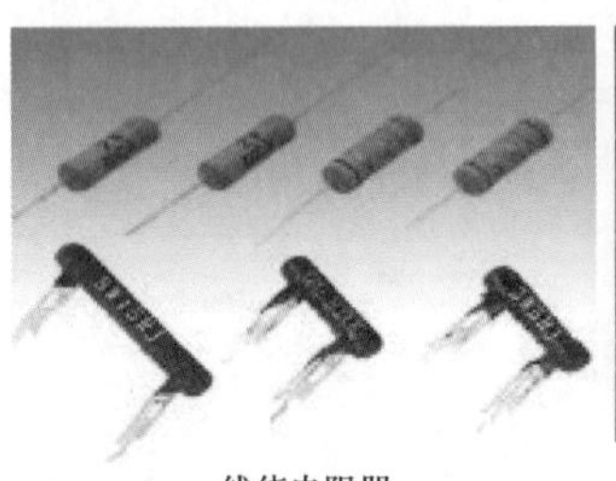

线绕电阻器

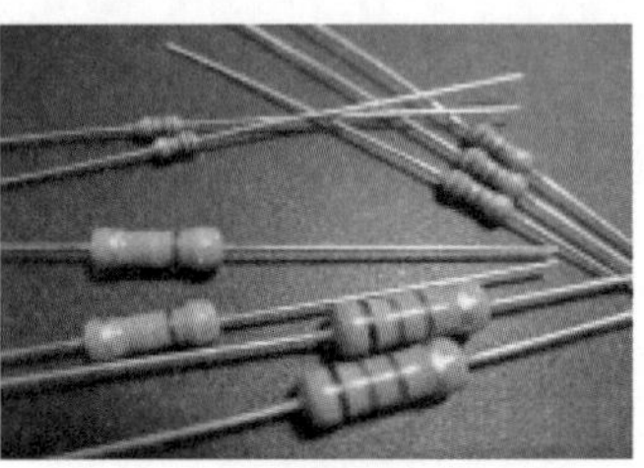

碳膜电阻器

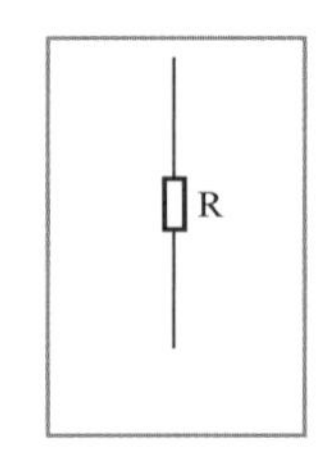

固定电阻器符号

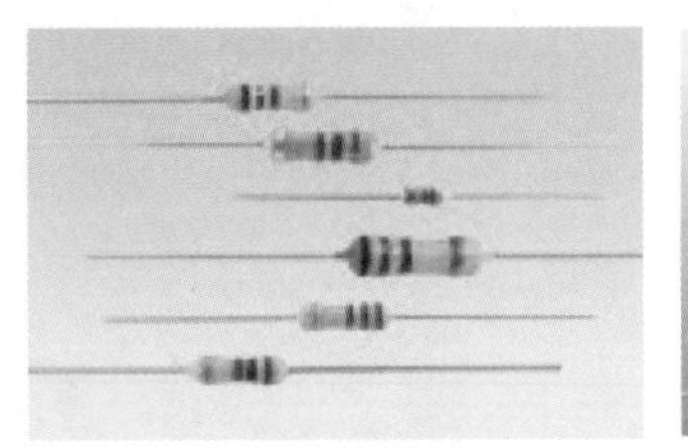

金属膜电阻器

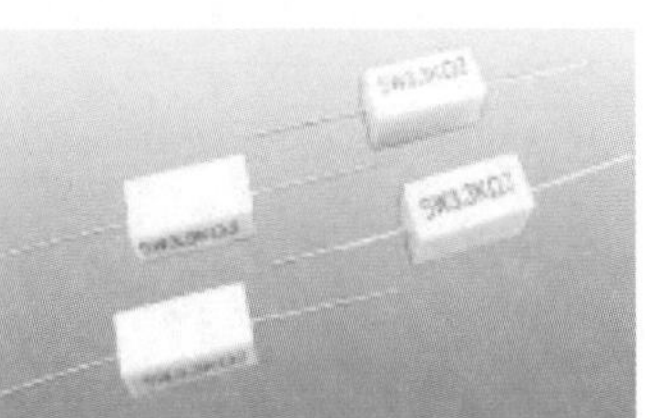

水泥电阻器

图 7-1 固定电阻器的实物外形及符号

2 可变电阻器

可变电阻器是指其阻值可调的电阻器，通常其阻值可在一定的范围内进行调整。

可变电阻器通常有三个端子，其中两个端子之间的电阻值固定不变，第三个端子与两个固定值端子之间的电阻值是可变的，其常见的实物外形及符号如图 7-2 所示。

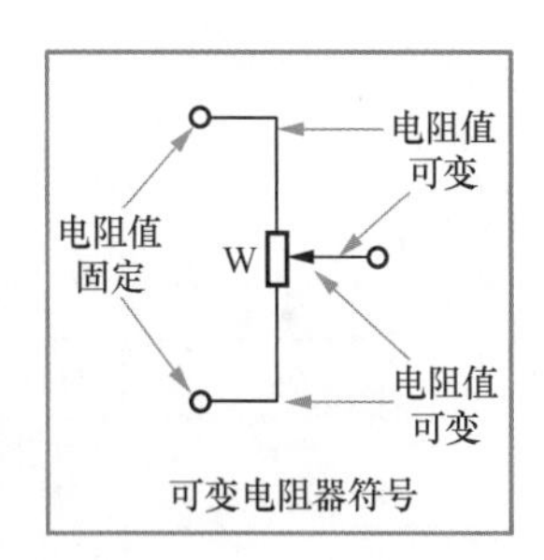

图 7-2 可变电阻器的实物外形及符号

3 特殊电阻器

特殊电阻器是指具有特殊功能的电阻器，例如能根据温度的高低、光线的强弱、压力的大小改变电阻的阻值，这种电阻通常用于传感器中。

特殊电阻器根据材料的不同，其阻值变化的条件也不同。常见的特殊电阻器（也可称作敏感电阻器）主要有压敏电阻器、光敏电阻器、热敏电阻器等，如图 7-3 所示。光敏电阻器的电阻值随入射光线的强弱发生变化，即当入射光线增强时，它的阻值会明显减小；当入射光线减弱时，它的阻值会显著增大。热敏电阻器的阻值随环境温度的变化而变化。

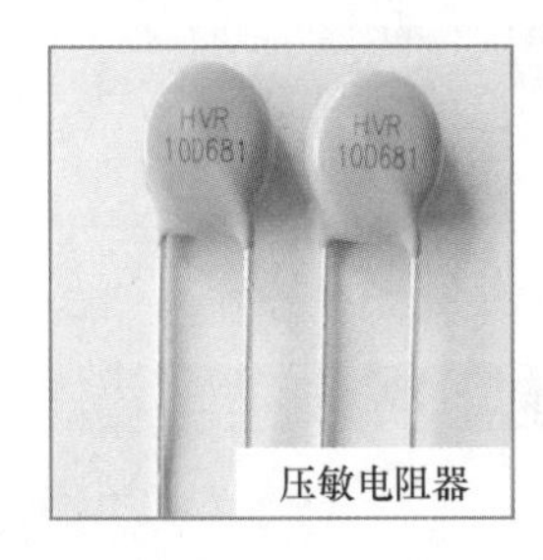

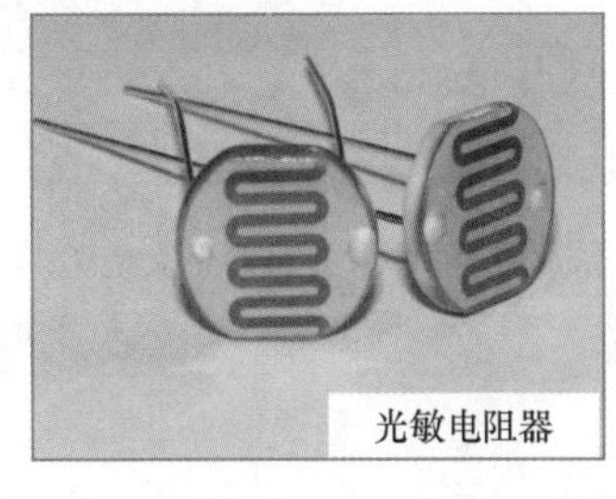

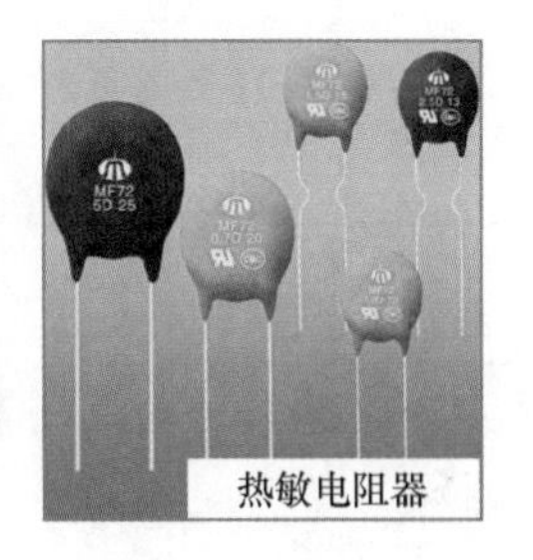

图 7-3 常见特殊电阻器的实物外形

7.1.2 电阻器的型号命名及标注

1 电阻器的主要参数

（1）标称阻值。电阻器上所标示的阻值即为标称阻值。电阻值的基本单位为欧姆，用符号 Ω 表示，辅助单位有 kΩ、MΩ 和 GΩ 等，进率为 10^3。

表 7-1 列出了我国普通电阻器的标称系列阻值。

表 7-1 普通电阻器的标称系列阻值

系列	允许偏差	电阻器的标称系列阻值
E24	±5%（Ⅰ级）	1.0，1.1，1.2，1.3，1.5，1.6，1.8，2.0，2.2，2.4，2.7，3.0，3.3，3.6，3.9，4.3，4.7，5.1，5.6，6.2，6.8，7.5，8.2，9.1
E12	±10%（Ⅱ级）	1.0，1.2，1.5，1.8，2.2，2.7，3.3，3.9，4.7，5.6，6.8，8.2
E6	±20%（Ⅲ级）	1.0，1.5，2.2，3.3，4.7，6.8

（2）允许偏差。标称阻值与实际阻值的差值与标称阻值之比的百分数称为允许偏差，它表示电阻器的精度。

（3）额定功率。电阻器的额定功率是指在一定的环境温度下，电阻器能够长期负荷而不改变其性能所允许的功率。功率用 P 表示，单位为瓦特（W）。

2 电阻器命名规则

虽然电阻器的种类很多，但其型号的命名规则相同，都是由名称、材料、类型、序号、阻值及允许偏差等六部分构成的，如图 7-4 所示，型号中的各个数字或字母均代表不同的含义。其中名称、材料、类型及允许偏差中字母所代表的含义见表 7-2~ 表 7-5。

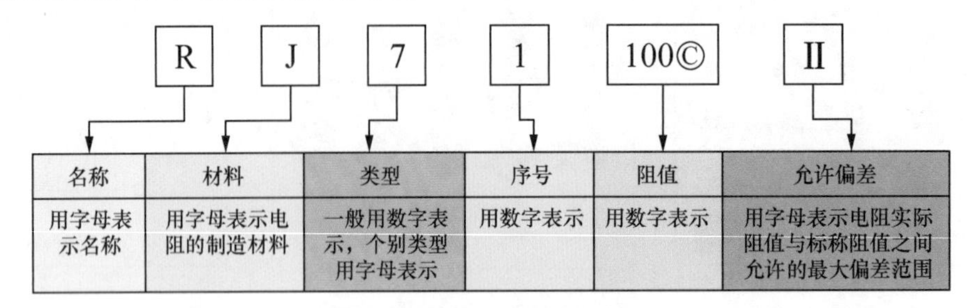

图 7-4　固定电阻器型号的识读

表 7-2　电阻器名称部分的含义对照

符号	意义	符号	意义	符号	意义	符号	意义
R	普通电阻器	MY	压敏电阻	MZ	正温度系数热敏电阻	MQ	气敏电阻
W	电位器	ML	力敏电阻	MF	负温度系数热敏电阻	MC	磁敏电阻
		MG	光敏电阻	MS	湿敏电阻		

表 7-3　电阻器材料部分的含义对照

符号	意义	符号	意义	符号	意义	符号	意义
T	碳膜	J	金属膜	S	有机实芯	I	玻璃釉膜
H	合成膜	Y	氧化膜	N	无机实芯	X	线绕

表 7-4　电阻器类型部分的含义对照

符号	意义	符号	意义	符号	意义	符号	意义
1	普通	5	高温	G	高功率	B	不燃性
2	普通或阻燃	6	精密	T	可调	Y	被釉
3	超高频	7	高压	X	小型	L	测量
4	高阻	8	特殊	C	防潮		

表 7-5　电阻器允许偏差部分的含义对照

符号	意义	符号	意义	符号	意义	符号	意义
Y	±0.001%	P	±0.02%	D	±0.5%	K	±10%
X	±0.002%	W	±0.05%	F	±1%	M	±20%
E	±0.05%	B	±0.1%	G	±2%	N	±30%
L	±0.01%	C	±0.25%	J	±5%		

3 电阻器的标注方法

电阻器的阻值和允许偏差的标注方法有三种：直标法、数码法和色标法。

（1）直标法。

在电阻器的表面直接标出电阻值大小和允许误差。图 7-5 所示的电阻是一个标称阻值为 5Ω，额定功率为 30W 的线绕电阻器。直标法中可以用单位符号代替小数点，例如：0.22Ω 可标为 Ω22，8.2Ω 可标为 8Ω2，4.7kΩ 可标为 4K7。

直标法一目了然，但只适用于体积较大的电阻器。

（2）数码法。

当电阻值大于等于 10Ω 时，用三位数字表示电阻器标称值，如图 7-6 所示。从左至右，前两位表示有效数字，第三位为零的个数，即前两位数乘以 10^n（n=0 ～ 9），单位为 Ω；若阻值小于 10Ω，数值中的小数点用 R 表示，如 1Ω 可标为 1R0。图 7-6 中的示例表示电阻值为 $22\times10^3\Omega$，即 22kΩ。

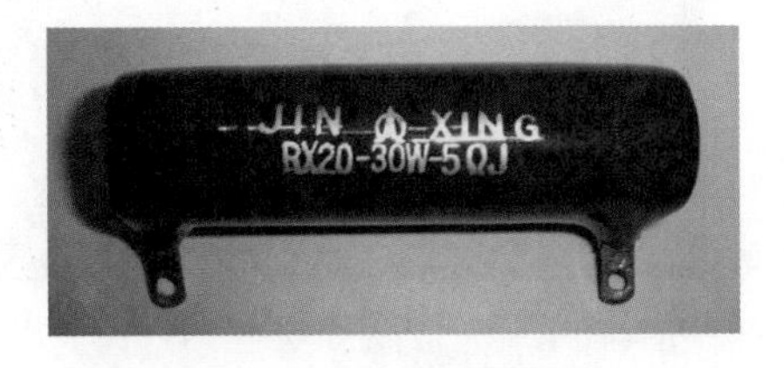

图 7-5 直标法示例

图 7-6 数码法示例

（3）色标法。

色标法也称为色环表示法，在电阻体上用不同颜色的色环来表示电阻器的阻值和允许偏差。表 7-6 列出了各种色环颜色所代表的含义。色标法表示的电阻值单位统一为欧姆。

表 7-6 各种色环颜色所代表的数值

颜色 / 含义	黑	棕	红	橙	黄	绿	蓝	紫	灰	白	金	银	无色
有效数字	0	1	2	3	4	5	6	7	8	9			
倍率（10^n）	0	1	2	3	4	5	6	7	8	9	-1	-2	
允许偏差（±%）		1	2			0.5	0.25	0.1			5	10	20
字母代号		F	G			D	C	B			J	K	M

用色标法表示的电阻主要有四环电阻（一般电阻）和五环电阻（精密电阻）两种。图 7-7 说明了色标法的标注规则。

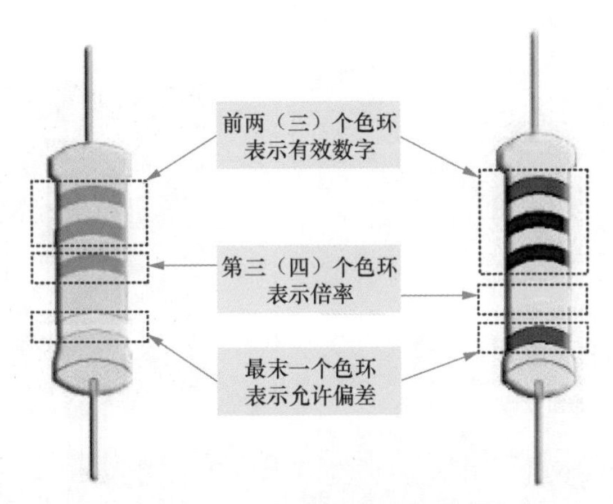

图 7-7 色标法的标注规则

7.1.3 电阻器的检测

1 普通电阻器的检测

7-1：指针式万用表测量电阻器

普通电阻器的好坏主要是通过万用表测其阻值来判断的。正常情况下，万用表的读数应与标称阻值大体符合；如果万用表的读数与标称阻值相差很大，则说明该电阻器已经损坏。

（1）用指针式万用表检测普通电阻器。

图 7-8 所示为指针式万用表检测普通电阻器的方法及步骤。

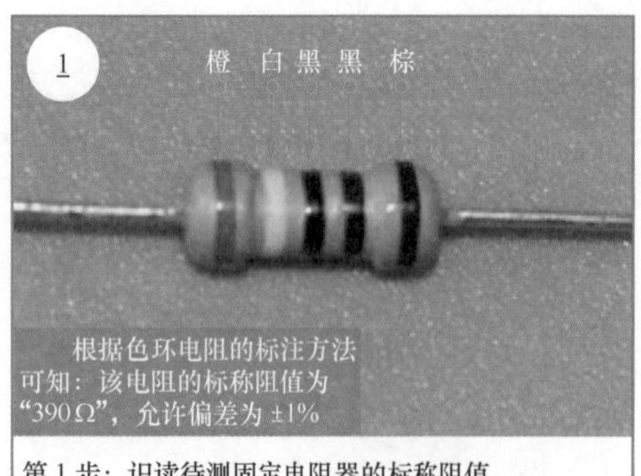

第 1 步：识读待测固定电阻器的标称阻值

第 2 步：选择万用表倍率挡（与识读数值相近），并进行欧姆调零

第 3 步：将红、黑表笔分别搭在待测电阻器的两个引脚上

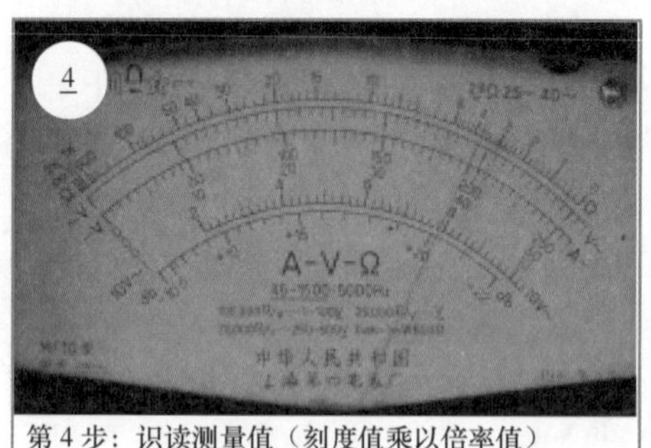

第 4 步：识读测量值（刻度值乘以倍率值）
3.9×100Ω=390Ω

图 7-8 指针式万用表检测电阻器的方法及步骤

（2）用数字式万用表检测普通电阻器。

图 7-9 所示为数字式万用表检测普通电阻器的方法及步骤。

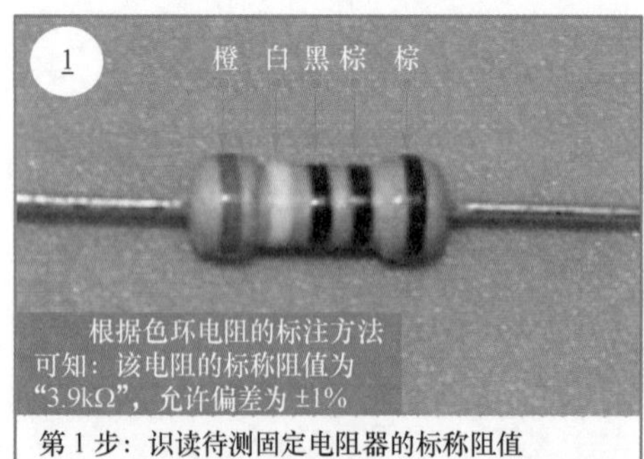

第 1 步：识读待测固定电阻器的标称阻值

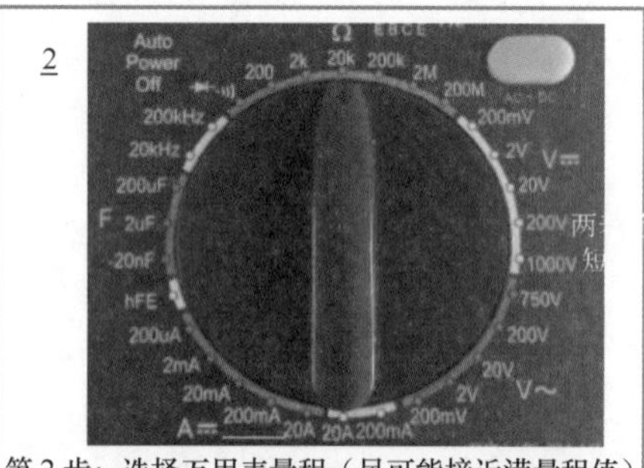

第 2 步：选择万用表量程（尽可能接近满量程值）

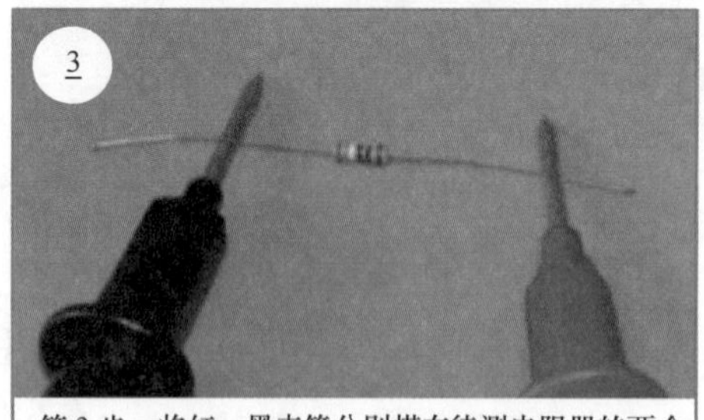

第 3 步：将红、黑表笔分别搭在待测电阻器的两个引脚上

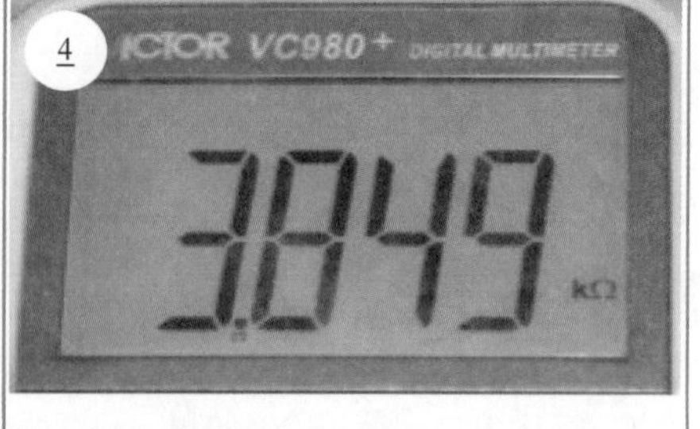

第 4 步：识读测量值（直接读数：3.849kΩ）

图 7-9 数字式万用表检测普通电阻器的方法及步骤

（3）测量时应注意的问题。

①合理选择万用表的电阻挡：使用指针式万用表时，要尽可能使表针指在刻度线中央附近，从而

使阻值可以接近其欧姆中心值 R_0（欧姆挡倍率与刻度线中心值的乘积）。使用数字式万用表应尽可能使读数接近满量程。这样可保证测量的精确度较高。

②使用指针式万用表测电阻时，每换一次量程，都要重新调零，需要精确测量时更要注意这一点。

③被测电阻应从电路上拆下或断开一端再进行测量，以消除其他电路的串、并联效应的影响。在路电阻需要断电测量，否则不但不准确，而且容易使欧姆表发生电流倒灌，烧坏欧姆表。

④测试时应单手操作，不能让人体同时接触电阻器的两端，防止因人体电阻的并联效应影响测量的准确性。在测量高阻值电阻时尤其要注意这一点。

⑤测量电阻器时，不仅要测其阻值范围而且还要测试其阻值随滑动端位置的变化而变化的情况。

2　敏感电阻器的检测

（1）热敏电阻器的检测方法。

检测热敏电阻器时，可以使用万用表检测不同温度下的热敏电阻器的阻值，根据检测结果判断热敏电阻器是否工作正常。

（2）光敏电阻器的检测方法。

检测光敏电阻器时，可以使用万用表检测待测光敏电阻器在不同光线下的阻值来判断光敏电阻器是否损坏。

（3）湿敏电阻器的检测方法。

检测湿敏电阻器时，可通过改变湿度条件，使用万用表检测湿敏电阻器的阻值变化情况来判断湿敏电阻器的好坏。

（4）压敏电阻器的检测方法。

检测压敏电阻器时，可以使用万用表对开路状态下的压敏电阻器的阻值进行检测，根据检测结果判断压敏电阻器是否正常。

7.2　电容器

电容器是具有储存一定电荷能力的元件，简称电容。它是由两个相互靠近的导体，中间为一层绝缘物质构成的，是电子产品中必不可少的元件。电容器具有通交流、隔直流的性能，常用于信号耦合、平滑滤波或谐振选频电路。

电路原理图中电容用字母“C”表示。电容量大小的基本单位是法拉（F），简称法。常用单位还有毫法（mF）、微法（μF）、纳法（nF）、皮法（pF）。它们之间的换算关系是：$1F=10^3mF=10^6\mu F=10^9nF=10^{12}pF$。

7.2.1　电容器的分类及符号

常见的电容器有无极性电容器、有极性电容器以及可变电容器三类。

1　无极性电容器

无极性电容器的两个金属电极没有正负极性之分，使用时两极可以进行交换连接。无极性电容器种类很多，常见的有瓷介电容器、涤纶电容器、聚苯乙烯电容器、独石电容器等，常见无极性电容器的实物外形及符号如图 7-10 所示。

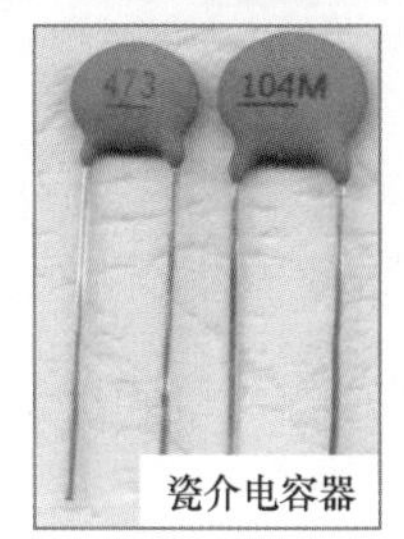

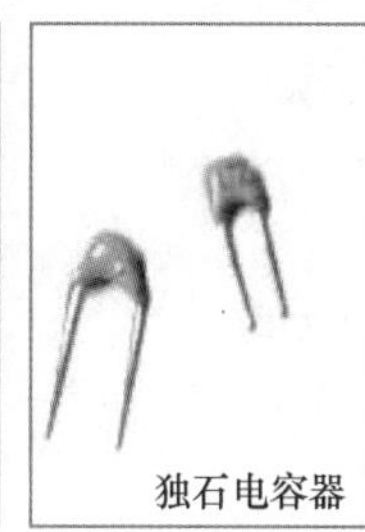

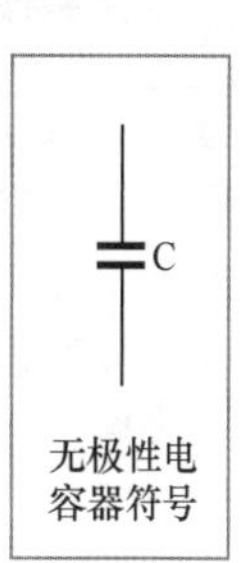

图 7-10　常见无极性电容器的实物外形及符号

2 有极性电容器

有极性电容器也称电解电容器，其两个金属电极有正负极性之分，使用时要使正极端连接电路的高电位，负极端连接电路的低电位，否则有可能引起电容器的损坏。

常见的有极性电容器包括铝电解电容器和钽电解电容器，如图 7-11 所示，其中铝电解电容器具有体积小、容量大等特点，适用于低频、低压电路中；钽电解电容器具有体积小、容量大、寿命长、误差小等特点，但成本较高。

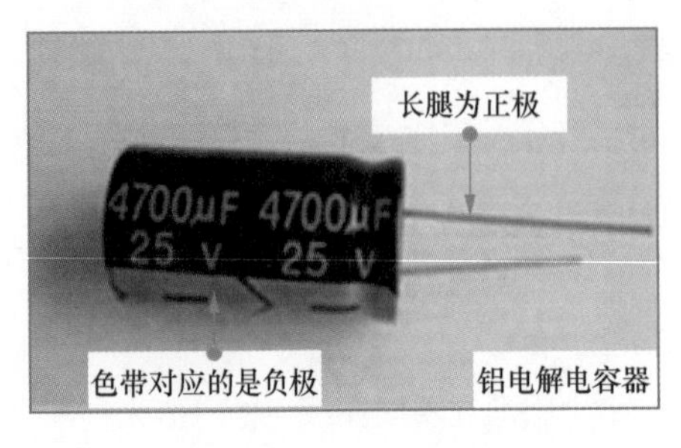

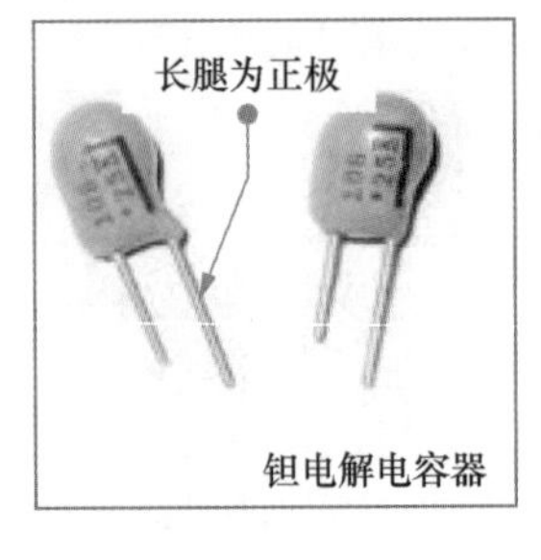

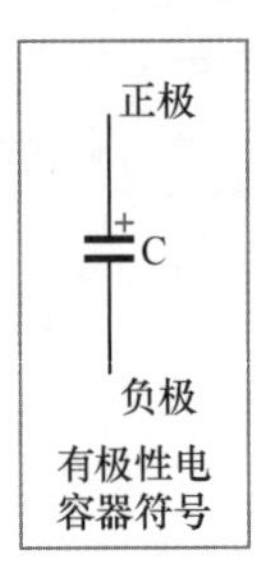

图 7-11 常见有极性电容器的实物外形及符号

3 可变电容器

在电容器中，其电容量可以调整的电容器被称为可变电容器。可变电容器可以根据需要调节其电容量，主要应用在接收电路中，在选择信号（调谐）时使用。

常见的可变电容器主要有单联可变电容器、双联可变电容器以及微调可变电容器，如图 7-12 所示。

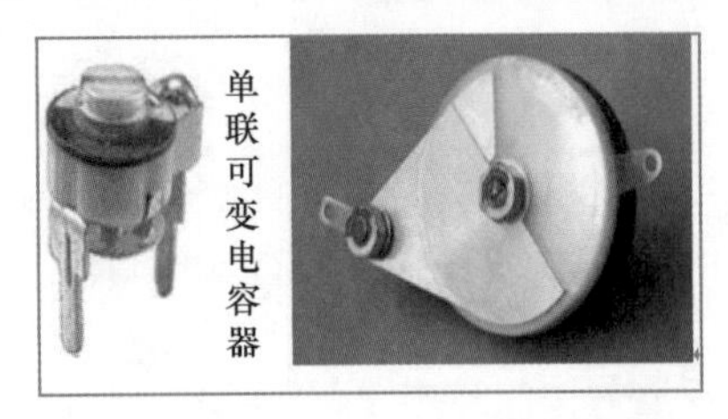

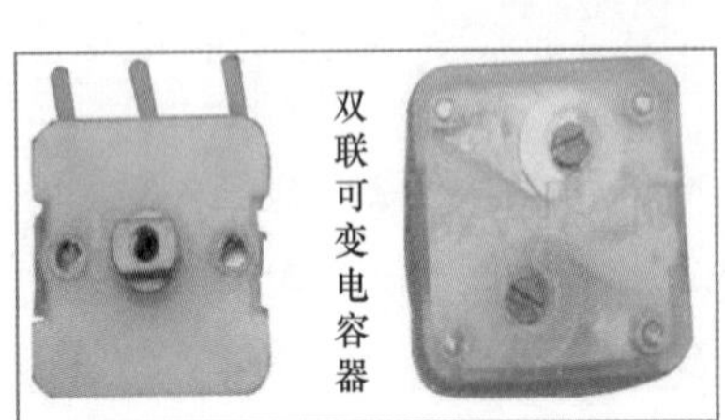

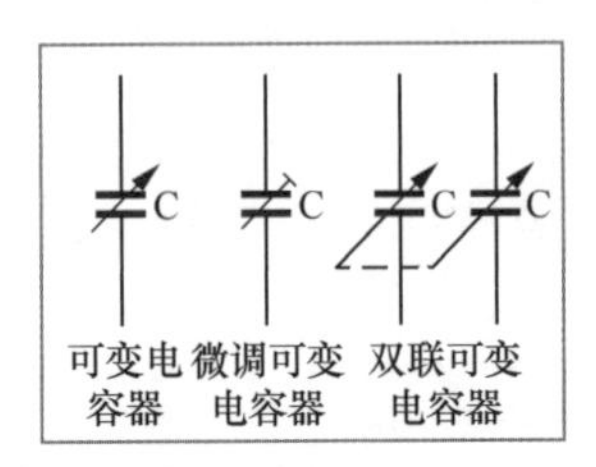

图 7-12 常见可变电容器的实物外形及符号

7.2.2 电容器的型号命名及标注

1 电容器的参数

（1）耐压。电容的耐压指在允许环境温度范围内，电容长期安全工作所能承受的最大电压有效值。常用固定式电容的直流工作电压系列为：6.3V、10V、16V、25V、35V、63V、100V、160V、250V、400V、500V、630V、1000V。

（2）允许偏差。电容的允许偏差是电容的标称容量与实际电容量的最大允许偏差范围。

（3）标称容量。电容的标称容量是指标示在电容表面的电容量。

2 电容器的型号命名方法

虽然电容器的种类很多，但其型号的命名规则相同，都是由名称、材料、类型、耐压值、标称容量及允许偏差等六部分构成的，如图 7-13 所示。型号中的各个数字或字母均代表不同的含义，其中材料、类型、允许偏差中字母所代表的含义见表 7-7、表 7-8 和表 7-9。

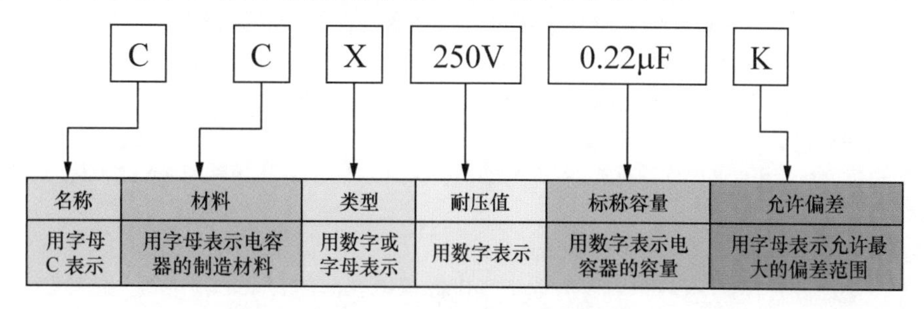

图 7-13　电容器型号的识读

表 7-7　电容器型号中材料部分字母表示的含义

字母	材料	字母	材料	字母	材料	字母	材料
A	钽电解	N	铌电解	G	合金电解	V	云母纸
B	聚苯乙烯等非极性有机薄膜	L	聚酯等极性有机薄膜	H	纸膜复合	Y	云母
C	高频瓷介	O	玻璃膜	I	玻璃釉	Z	纸介
D	铝电解	Q	漆膜	J	金属化纸介		
E	其他材料电解	T	低频陶瓷				

表 7-8　电容器型号中类型部分数字及字母所表示的含义

数字代号	类别				字母	含义
	瓷介电容器	云母电容器	有机电容器	电解电容器		
1	圆形	非密封	非密封	箔式	G	高功率
2	管形	非密封	非密封	箔式	J	金属化型
3	叠片	密封	密封	烧结粉非固体	Y	高压型
4	独石	密封	密封	烧结粉固体	W	微调型
5	穿心		穿心		T	叠片式
6	支柱等					
7				无极性		
8	高压	高压	高压			
9			特殊	特殊		

表 7-9　标识电容量允许偏差的文字符号及其含义

字母	允许偏差	字母	允许偏差	字母	允许偏差
Y	±0.01%	D	±0.5%	H	+100% ~ 0
X	±0.002%	F	±1%	R	+100% ~ -10%
E	±0.005%	G	±2%	T	+50% ~ -10%
L	±0.01%	J	±5%	Q	+30% ~ -10%
P	±0.02%	K	±10%	S	+50% ~ -20%
W	±0.05%	M	±20%	Z	+80% ~ -20%
B	±0.1%	N	±30%	C	±0.25%

3 电容器的标识方法

电容器的品种、类型很多，为了使用方便，应统一标识各种类型电容器的容量、允许偏差、工作电压、等级等参数。电容器常用的规格标识方法有直标法、数码法和色标法。

（1）直标法。

直标法是指在电容器表面直接标出其主要参数和技术指标的一种标识方法．可以用阿拉伯数字、字母和文字符号标出。直标法示例如图 7-14 所示。

①直接用数字和字母结合标识，例如：100nF 用 100n 标识；33μF 用 33μ 标识；10mF 用 10m 标识；3300pF 用 3300p 标识等。

②用有规律的、组合的文字及数字符号作为标识，例如：3.3pF 用 3p3 标识；4.7μF 用 4μ7 标识等。

（2）数码法

数码法示例如图 7-15 所示。即用 3 位数字直接标识电容器的容量，其中第一、第二位数为容量的有效数值，第三位表示有效数字后边零的个数。当第 3 位数字为 9 时，表示的倍数为 10^{-1}，电容量的单位为 pF。例如：333 表示 33×10^{3}pF，即 0.033μF；101 表示 100pF；339 表示 33×10^{-1}pF 等。

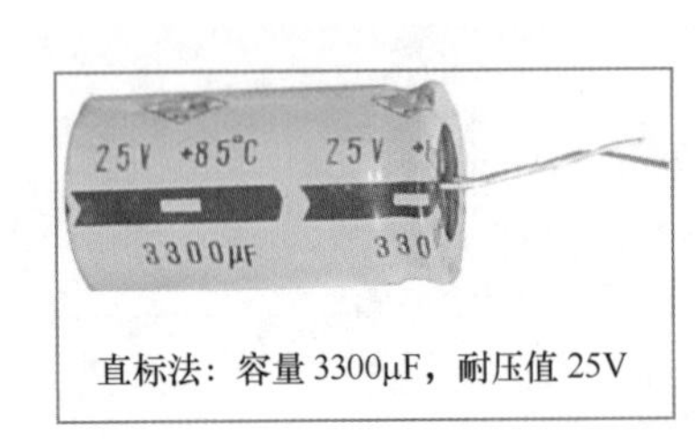

图 7-14　直标法示例

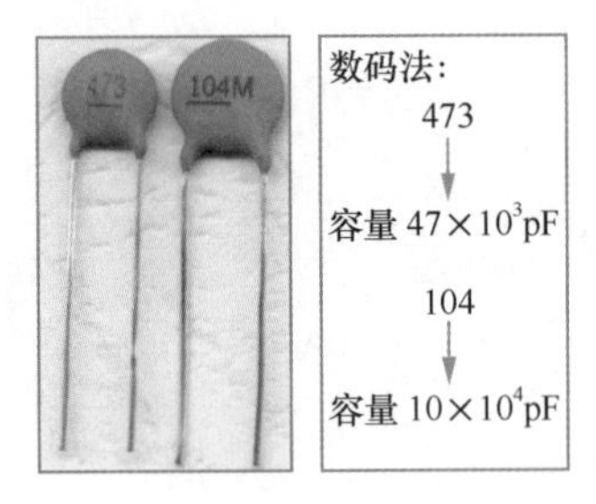

图 7-15　数码法示例

（3）色标法。

色标法是指用不同颜色的色带和色点在电容器表面上标出其主要参数的标识方法。电容器的标称值、允许偏差及工作电压均可用颜色标识，各种颜色代表的数字含义与色环电阻标识的方法相同，其单位为 pF。此外，颜色还可以用来表示电容器的耐压值，不同颜色所表示的耐压值见表 7-10。

表 7-10　各种颜色所表示的电容器耐压值

颜色	黑	棕	红	橙	黄	绿	蓝	紫	灰
耐压值	4 V	6.3V	10V	16V	25V	32V	40V	50V	63V

7.2.3　电容器的检测

1　用指针式万用表检测电容器

使用指针式万用表检测电容器的基本原理是通过测量观察电容器的充、放电现象或测量电容器的绝缘电阻来判断电容器的好坏。

测量之前必须对电容器短路放电，然后再用万用表 R×1k 或 R×10k 挡测量电容器两端，表头指针应向低电阻值一侧摆动一定角度后返回无穷大（由于万用表精度所限，测量该类电容时指针最后都应指向无穷大）。若万用表指针没有任何变动，则说明电容器已开路；若指针最后不能返回无穷大，则说明电容漏电较严重；若为 0Ω，则说明电容器已击穿。指针式万用表检测电容器的方法如表 7-11 所示。

表 7-11　指针式万用表检测电容器的方法

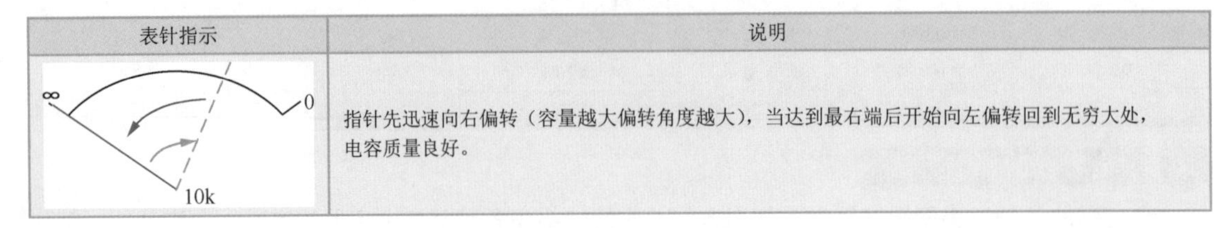

表针指示	说明
∞　0　10k	指针先迅速向右偏转（容量越大偏转角度越大），当达到最右端后开始向左偏转回到无穷大处，电容质量良好。

续表

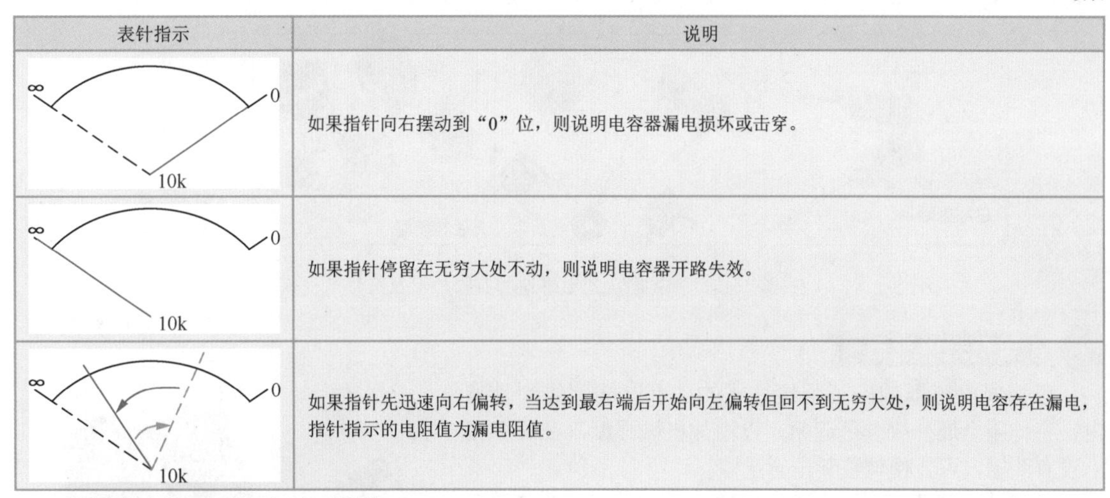

表针指示	说明
∞ 0 10k	如果指针向右摆动到“0”位，则说明电容器漏电损坏或击穿。
∞ 0 10k	如果指针停留在无穷大处不动，则说明电容器开路失效。
∞ 0 10k	如果指针先迅速向右偏转，当达到最右端后开始向左偏转但回不到无穷大处，则说明电容存在漏电，指针指示的电阻值为漏电阻值。

测量电容器时要注意以下几点。

①每次测量电容器前都必须先放电再测量。

②测量电解电容器时，一般选用 R×1k 或 R×10k 挡，但 47μF 以上的电容器一般不选用 R×10k 挡。

③选用电阻挡时，要注意万用表内电池的电压（一般最高电阻挡使用 9 ～ 22.5V 的电池，其余挡位使用 1.5V 或 3V 电池）不应高于电容器额定直流工作电压，否则，测量出来的结果是不准确的。

2　用数字式万用表检测电容器

检测普通电容器，通常可以使用数字式万用表粗略测量电容器的容量，然后将实测结果与电容器的标称容量进行比较，即可判断待测电容器的性能状态，测量过程如图 7-16 所示。

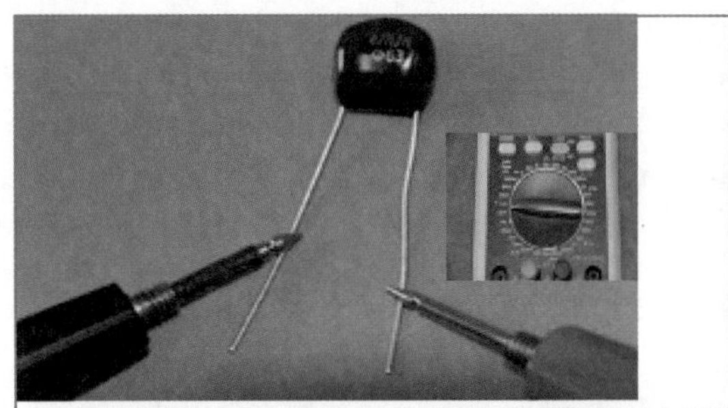

选择合适的电容测试量程，将万用表表笔接在待测电容器两端（测试电解电容时，红表笔接电容器的正极，黑表笔接电容器的负极），最后在显示屏上直接读出待测电容器的容量

图 7-16　数字式万用表测量电容器的容量

7.3　电感器

电感器是一种储能元件，它可以把电能转换成磁场能并储存起来，当电流通过导体时，会产生电磁场，电磁场的大小与电流成正比。电感器就是将导线绕制成线圈的形状而制成的。常见的电感器主要有固定式电感器以及可调式电感器。

7.3.1　电感器的分类及符号

1　固定式电感器

固定式电感器的电感量是固定的，该类电感器适用于滤波、振荡以及延迟等电路中。固定式电感器是一种常用的电感器，为了减小体积，往往根据电感量和最大直流工作时电流的大小，选用相应直径的导线在磁芯上进行绕制，然后再装入塑料外壳中，用环氧树脂进行封装而成，如图 7-17 所示。

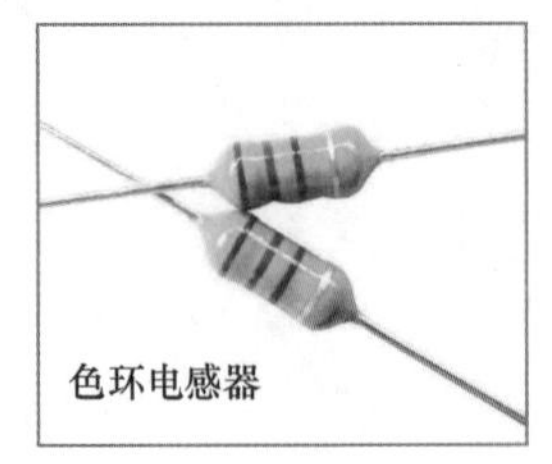

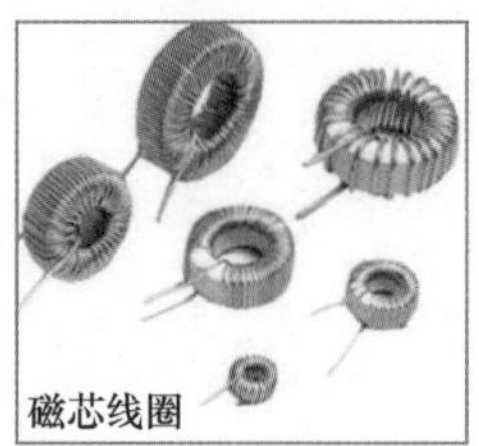

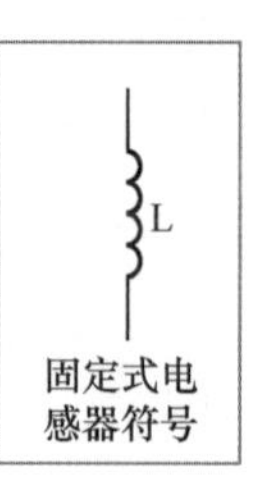

图 7-17　常见固定式电感器的实物外形及符号

2 可调式电感器

可调式电感器的磁芯是螺纹式的，可以旋到线圈骨架内，整体用金属外壳屏蔽起来，以增加机械强度，在磁芯帽上设有凹槽，可方便调整其电感量。

可调式电感器都有一个可插入的磁芯，用工具调节即可改变磁芯在线圈中的位置，从而实现调整电感量的大小，如图 7-18 所示。值得注意的是，在调整电感器的磁芯时要使用无感螺丝刀，即由非铁磁性金属材料如塑料或竹片等制成的螺丝刀。

图 7-18　可调式电感器的实物外形

7.3.2 电感器的型号命名及标注

1 电感器的主要参数

（1）电感量。

穿过线圈中导磁介质的磁通量和线圈中的电流成正比，其比例常数简称电感。电感的电路符号为 L，基本单位是 H（亨利），实际常用单位有 mH（毫亨，即 10^{-3}H）、μH（微亨，即 10^{-6}H）、nH（纳亨，即 10^{-9}H）和 pH（皮亨，10^{-12}H）。

（2）电感量的允许偏差。

与电阻器、电容器一样，电感器的标称电感量也有一定的误差。常用电感器的误差为 I 级、II 级和 III 级，分别表示误差为 ±5%、±10% 以及 ±20%。精度要求较高的振荡线圈，其误差为 ±0.2% ～ ±0.5%。

2 电感器的型号命名方法

固定式电感器型号的命名由于生产厂家不同而有所区别，但大多数电感器是由产品名称、电感量和允许偏差三部分构成的，如图 7-19 所示。

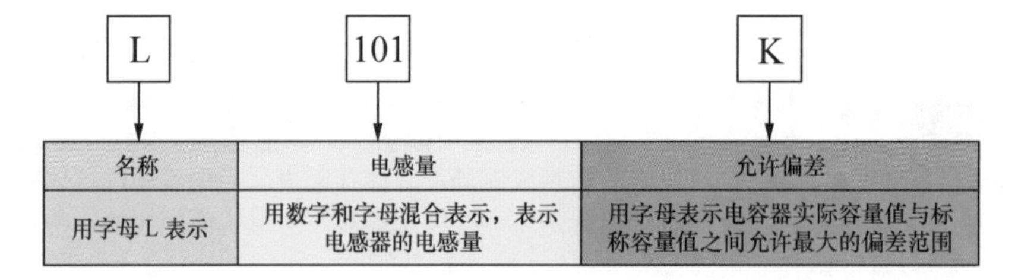

图 7-19　电感器型号的识读

3 电感器的标识方法

为了便于生产和使用，常将小型固定电感器的主要参数标识在其外壳上，标识方法有直标法、数码法、文字符号法和色标法 4 种。

（1）直标法。

在小型固定电感线圈外壳上直接用文字标出电感线圈的电感量、偏差和最大直流工作电流等主要参数。

（2）数码法。

数码法一般用于标识电感器的容量，标识由三位数字组成，前两位数字表示电感量的有效数字，第三位数字表示有效数字后零的个数，单位为 μH。

（3）文字符号法。

文字符号法是将电感的标称值和偏差值用数字和文字符号按一定的规律进行组合标示在电感体上。采用文字符号法表示的电感通常是一些小功率电感，单位通常为 nH 或 μH。用 μH 做单位时，“R”表示小数点；用“nH”做单位时，“N”表示小数点。

（4）色标法。

色标法是用电感线圈的外壳上各种不同颜色的色环来表示其主要参数。第一条色环表示电感量的第一位有效数字；第二条色环表示电感量的第二位有效数字；第三条色环表示乘以 10 的次数；第四条色环表示允许的误差。数字与颜色的对应关系与色环电阻器标识法相同，可参阅电阻器部分的色标法，其单位为 μH。

电感器的实物标注方法如图 7-20 所示。

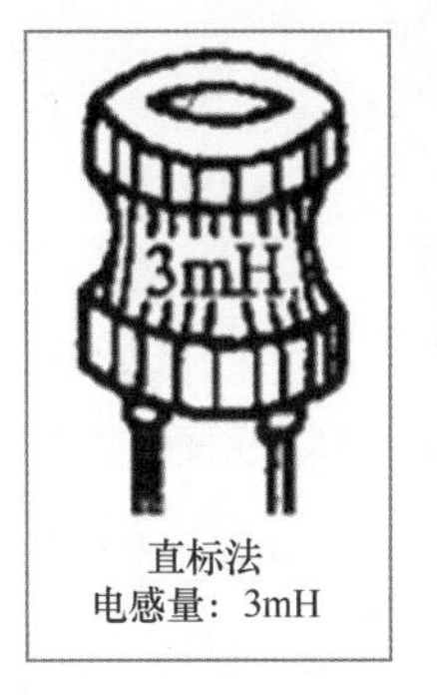

直标法
电感量：3mH

数码法
电感量：$33\times10^{0}\mu H$

文字符号法
电感量：2.2μH

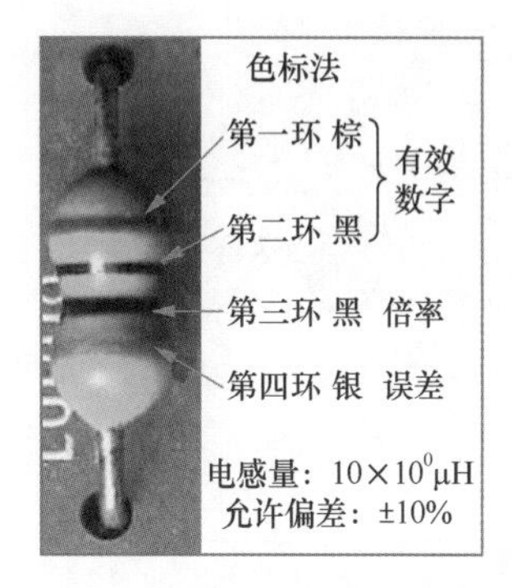

图 7-20　电感器的实物标注方法

7.3.3　电感器的检测

在电感器常见故障中，如线圈和铁芯松脱或铁芯断裂，一般细心观察就能判断出来。

若电感器开路，即两端电阻为无穷大，则用万用表就很容易测量出来，因为所有电感器都有一定的阻值。一般电感线圈的直流电阻值很小（为零点几欧至几欧），即使匝数较多也在几百欧以下，低频扼流圈的直流电阻也只有几百至几千欧，特殊的也不超过 10kΩ。若电感器出现匝间短路，则只能使用数字式万用表准确测量其阻值，并与相同型号的好电感器进行比较，才能做出准确判断。若出现严重短路，阻值变化较大，凭经验也能判断其好坏。也可以用 Q 表测量其 Q 值，若有匝间短路，Q 值会变得很小。

注意，在测量时，线圈应与外电路断开，以避免外电路对线圈的并联作用造成错误的判断。

7.4　二极管

二极管又称为晶体二极管，是一种常见的半导体器件。它是由一个 P 型半导体和 N 型半导体形成的 PN 结，并在 PN 结两端引出相应的电极引线，再加上管壳密封制成的。由 P 区引出的电极称为正极或阳极，N 区引出的电极称为负极或阴极。二极管具有单向导电的特点。常见的二极管主要有整流二极管、发光二极管、稳压二极管、开关二极管等。

7.4.1　二极管的分类及符号

二极管按材料可以分为锗管和硅管两大类。两者性能的区别在于：锗管正向压降比硅管小；锗管的反向漏电流比硅管大；锗管的 PN 结可以承受的温度比硅管低。

二极管按用途可以分为普通二极管和特殊二极管。普通二极管包括检波二极管、整流二极管、开关二极管和稳压二极管；特殊二极管包括变容二极管、光电二极管和发光二极管。

下面介绍几种常见的二极管，主要有整流二极管、发光二极管、稳压二极管、开关二极管等。

1 整流二极管

整流二极管是一种将交流电流转换成直流电流的半导体器件，通常包含一个 PN 结，有正负两个端子。

整流二极管的外壳常采用金属外壳封装、塑料封装和玻璃封装等几种封装形式，如图 7-21 所示。由于整流二极管的正向电流较大，所以整流二极管多为面接触型晶体二极管，其具有结面积大、结电容大等特点，但工作频率低，主要用于整流电路中。

2 稳压二极管

稳压二极管是一种特殊的面接触型硅二极管，具有反向击穿时两端电压基本不随电流大小变化的特性，因此一般工作于反向击穿状态，应用于稳压、限幅等场合。

稳压二极管与普通小功率二极管相似，主要有塑料封装、金属封装和玻璃封装等，图 7-22 所示为稳压二极管的实物外形及电路符号。

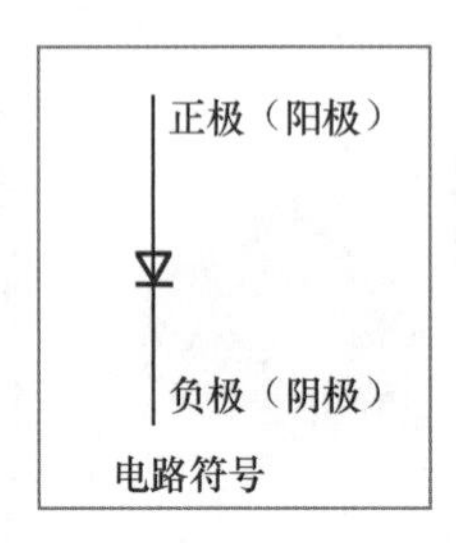

图 7-21　整流二极管的实物外形及电路符号

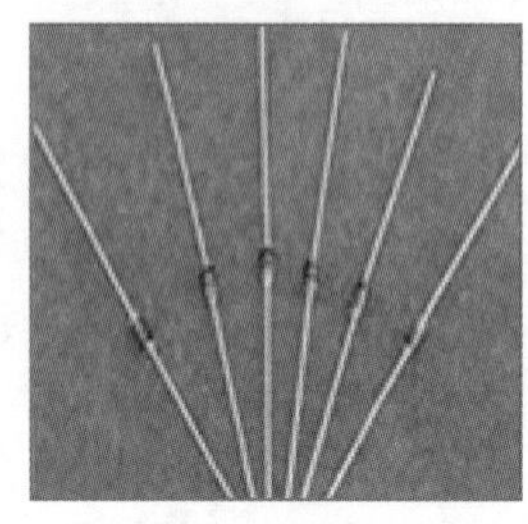

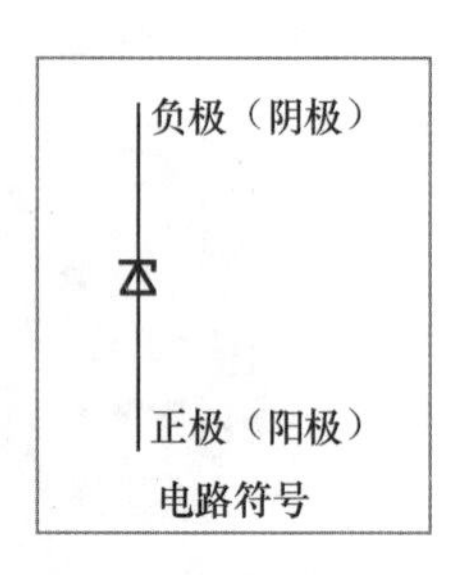

图 7-22　稳压二极管的实物外形及电路符号

3 开关二极管

开关二极管与普通二极管的性能相同，只是这种二极管导通、截止速度非常快，能满足高频和超高频电路的需要。

开关二极管一般采用玻璃或陶瓷外壳进行封装，从而减小管壳的电容，其实物外形及电路如图 7-23 所示。开关二极管的开关时间很短，是一种非常理想的无触点电子开关，具有开关速度快、体积小、寿命长、可靠性高等特点，主要应用于脉冲和开关电路中。

4 发光二极管

发光二极管（LED）是一种将电能转换为光能的器件，是用磷化镓、磷砷化镓、砷化镓等材料制成的。当正向电压高于开启电压，PN 结有一定强度正向电流通过时，发光二极管能发出可见光或不可见光(红外光)。发光二极管发出的光线颜色主要取决于制造材料及其所掺杂质，常见发光颜色有红、黄、绿、蓝等，常见外形及电路符号如图 7-24 所示。

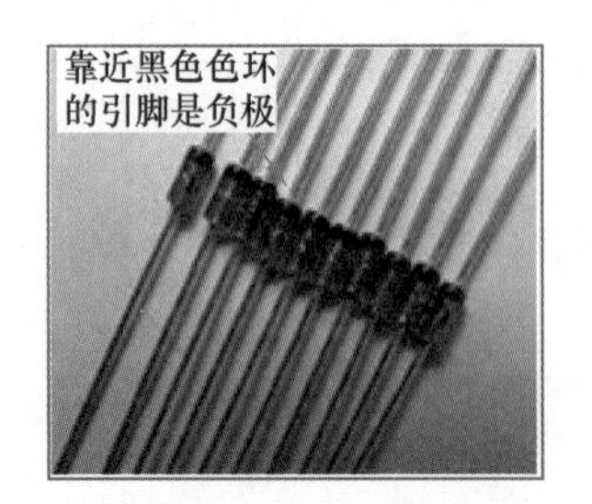

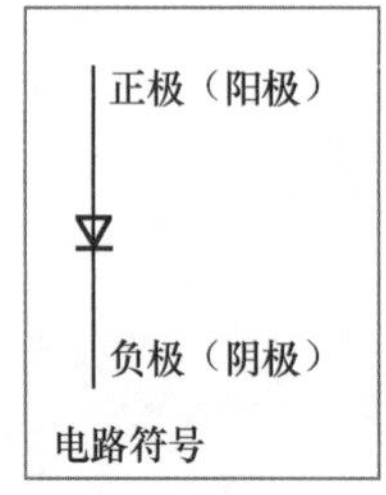

图 7-23　开关二极管的实物外形及电路符号

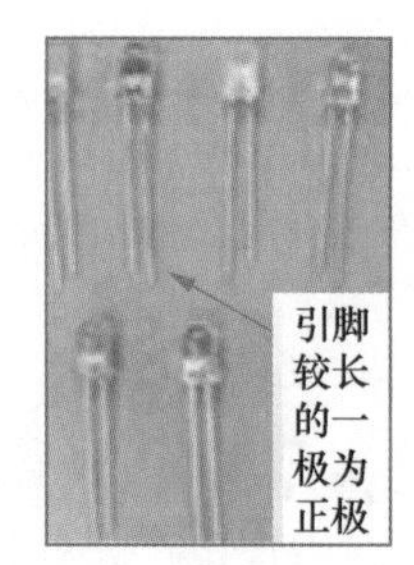

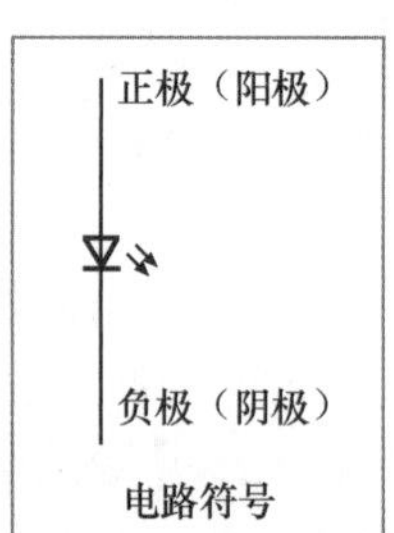

图 7-24　几种发光二极管的常见外形及电路符号

发光二极管的种类很多，可分为普通单色发光二极管、高亮度发光二极管、超高亮度发光二极管、变色发光二极管、闪烁发光二极管、电压控制型发光二极管、红外发光二极管和负阻发光二极管等。

7.4.2 二极管的型号命名及标注

不同国家或地区生产的二极管型号命名与标注方法有所不同，国产二极管在对其型号进行命名时通常包括五部分，即名称、材料、类型、序号以及规格，如图7-25所示。不同的数字和字母代表的含义也有所不相同，见表7-12和表7-13。

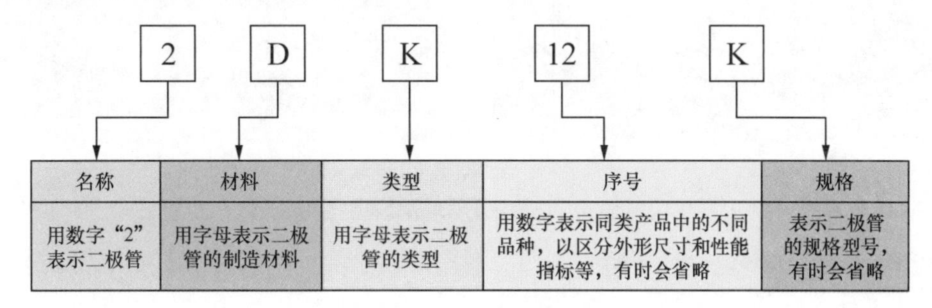

图7-25 二极管型号的识读

表7-12 国产二极管类型标识对照

符号	意义	符号	意义	符号	意义	符号	意义
P	普通管	Z	整流管	U	光电管	H	恒流管
V	微波管	L	整流堆	K	开关管	B	变容管
W	稳压管	S	隧道管	JD	激光管	BF	发光二极管
C	参量管	N	阻尼管	CM	磁敏管		

表7-13 国产二极管材料标识对照

符号	意义	符号	意义	符号	意义
A	N型锗材料	C	N型硅材料	E	化合物材料
B	P型锗材料	D	P型硅材料		

7.4.3 二极管的检测

1 用指针式万用表检测二极管

二极管由一个PN结构成，具有单向导电特性。当正负电极之间加正向电压时，正向电阻较小，二极管导通；加反向电压时，反向电阻较大，二极管截止。利用这一特性，采用指针式万用表测试二极管的正反向电阻可以快速判断二极管的正、负极性和好坏。

将指针式万用表置于R×100或R×1k挡，检测二极管的正、反向电阻，两次测量的电阻值相差较大（一次表针偏转幅度大，一次基本不动）说明二极管功能正常，查看电阻值小的那一次表笔的位置，黑表笔所接的电极为二极管的正极，红表笔所接的电极为负极。测试过程如图7-26所示。

正常情况下，普通二极管的正向电阻值为5kΩ左右（R×1k挡），反向电阻值为无穷大。

若正向测试和反向测试，二极管的电阻值均为0，则说明二极管已击穿。

若正向测试和反向测试，二极管的电阻值均为无穷大，则说明二极管已开路。

若正向电阻和反向电阻比较接近，则说明二极管失效。

用万用表R×1挡进行测试时，发光二极管也应具备普通二极管的特点，但其正向电阻比普通二极管的正向电阻大一些。另外，在正向测量时，许多发光二极管会发出微弱的光。但也有一些发光二极管看不到发光现象。我们可以用两节 1.5V 电池串联起来，经过 1kΩ 电阻向发光二极管供电，发光二极管便会发光。因此可以通过观察发光二极管是否发光来判断其好坏。

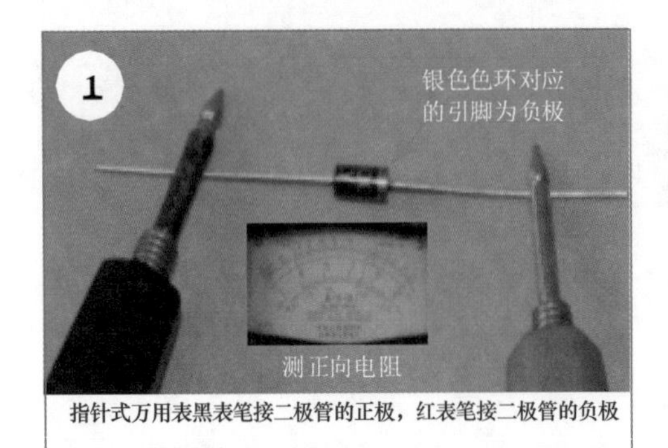

2
测反向电阻
指针式万用表黑表笔接二极管的正极，红表笔接二极管的负极

图 7-26　用指针式万用表检测二极管

2　用数字式万用表检测二极管

普通二极管正向导通时有一定的导通压降，根据这一特点可以用数字式万用表测试二极管的正、负极性，材料及好坏。测试过程如图 7-27 所示。

7-2：数字式万用表检测二极管

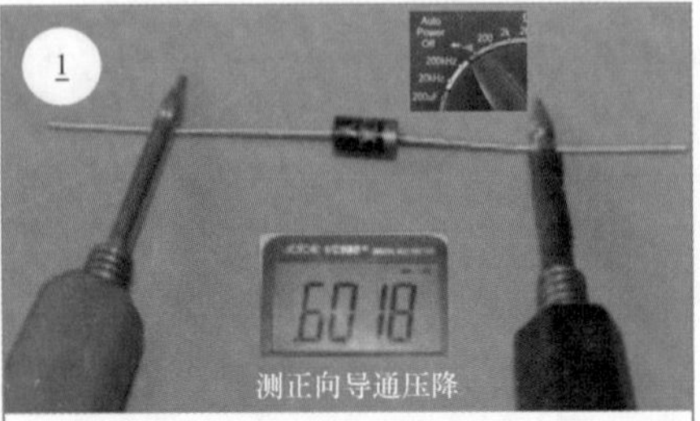

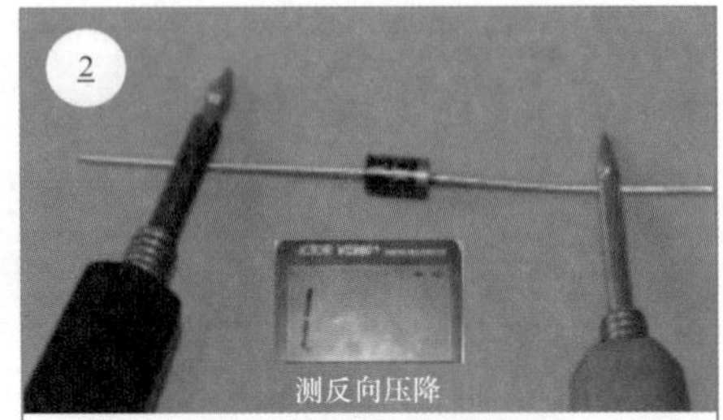

图 7-27　用数字式万用表检测二极管

将数字式万用表的量程开关置于二极管挡，红表笔固定连接某个引脚，用黑表笔接另一个引脚，然后再交换表笔测试，两次测试值一次小于 1V，另一次则超过量程，则说明二极管功能正常，且测试值小于 1V 时，红表笔所接引脚为二极管的正极，黑表笔所接的引脚是负极。

若测得二极管的正向导通压降为 0.2 ～ 0.3V，则该二极管为锗材料制作；如果正向导通压降为 0.6 ～ 0.7V，则该二极管为硅材料制作。

7.5　晶体三极管

晶体三极管又称三极管或双极型晶体管，是在一块半导体基片上制作两个 PN 结，这两个 PN 结把整块半导体分成三个部分，中间部分称为基极，两侧部分分别是发射极和集电极。

7.5.1　三极管的分类及符号

三极管的种类很多，根据结构不同可分为 NPN 型和 PNP 型三极管；根据半导体材料不同可分为锗管、硅管和化合物材料管；根据功率可分为大功率管和小功率管；根据截止频率可分为高频管和低频管；根据用途可分为普通管、复合管（包括达林顿管）和特殊用途三极管等。

1　NPN 型三极管

NPN 型三极管是由两块 N 型半导体中间夹着一块 P 型半导体所组成的三极管。

NPN 型三极管将两个 PN 结的 P 结相连作为基极，另两个 N 结分别为发射极和集电极。NPN 型三极管的实物外形及符号如图 7-28 所示。

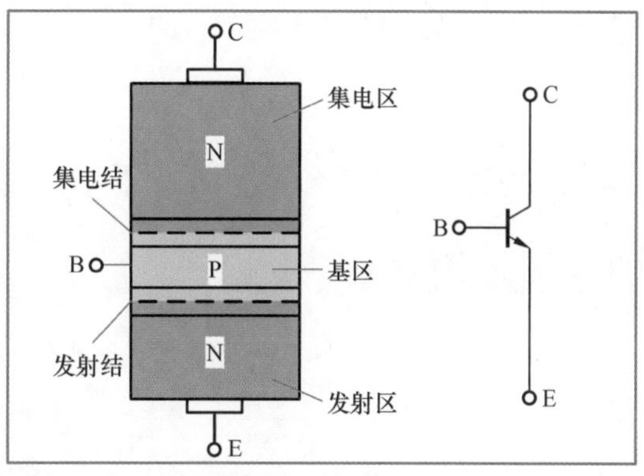

图 7-28　NPN 型三极管的实物外形及符号

2　PNP 型三极管

PNP 型三极管是由两块 P 型半导体中间夹着一块 N 型半导体所组成的三极管。

PNP 型三极管将两个 PN 结的 N 结相连作为基极，另两个 P 结分别为发射极和集电极。PNP 型三极管的实物外形及符号如图 7-29 所示。

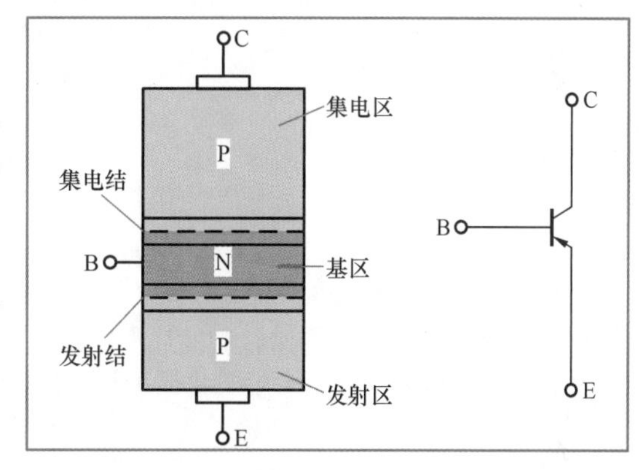

图 7-29　PNP 型三极管的实物外形及符号

7.5.2　三极管的型号命名规则

国产三极管的型号命名通常包括五部分，即名称、材料、类型、序号以及规格，如图 7-30 所示。不同的数字和字母代表的含义也有所不相同，见表 7-14 和表 7-15。

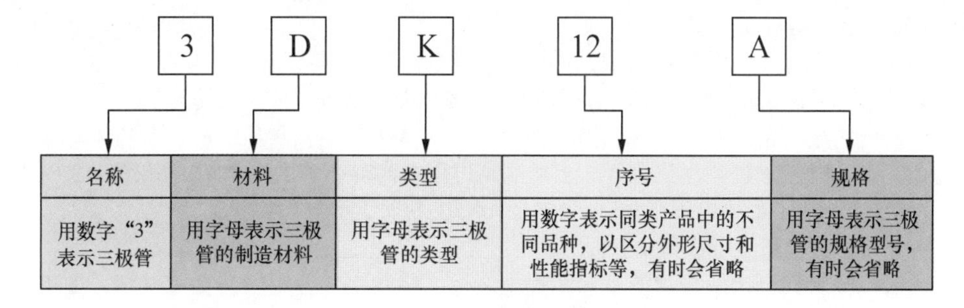

图 7-30　三极管型号的识读

表 7-14 国产三极管类型含义对照

类型符号	意义	(SCR)符号	意义
G	高频小功率管	V	微波管
X	低频小功率管	B	雪崩管
A	高频大功率管	J	阶跃恢复管
D	低频大功率管	U	光敏管
T	闸流管	J	结型场效应管
K	开关管		

表 7-15 国产三极管材料含义对照

符号	意义	符号	意义
A	锗材料，PNP 型	D	硅材料，NPN 型
B	锗材料，NPN 型	E	化合物材料
C	硅材料，PNP 型		

7.5.3 三极管的检测

1 用指针式万用表检测三极管

（1）判断基极、材料和类型。

将万用表置于 R×100 或 R×1k 挡，将黑表笔接在任一电极上，红表笔分别接另外两个电极，若测得三组电阻值中仅有一组的电阻值都较小，则此时黑表笔所接的引脚就是基极，被测管为 NPN 型管。

如果黑表笔依次接三个引脚后均无上述现象，则可把红表笔接在被测管的某一电极上，黑表笔分别接另外两个电极，若测得三组阻值中仅有一组的电阻值都较小，则此时红表笔所接的引脚就是基极，被测管为 PNP 型管。

（2）判断发射极和集电极。

判断集电极和发射极的基本原理是把三极管接成单管放大电路，利用测试三极管的电流放大系数 β 值的大小来判定集电极和发射极。利用万用表内部电池提供偏置电压，人体电阻作为基极的限流电阻，万用表表针的偏转幅度反映了三极管的放大能力。具体的测试步骤为：将万用表置于 R×100 或 R×1k 挡，假设一个电极为集电极，用手将该极与基极捏在一起（注意不要让电极直接相碰）；对于 NPN 型三极管，将黑表笔接假设的电极，红表笔接另一未知电极（对于 PNP 型三极管，将红表笔接假设的电极，黑表笔接另一未知电极）。注意观察万用表指针向右摆动的幅度。然后假设另外一只未知电极为集电极，重复上述步骤。两次测试中表针摆动的幅度大的一次假设正确。

用指针式万用表检测三极管的检测过程如图 7-31 所示。

2 用数字式万用表检测三极管

利用数字式万用表不仅能判定晶体三极管电极、测量三极管的电流放电倍数 hFE，还可判断三极管的材料。

（1）判断基极、材料及类型。

将数字式万用表的量程开关置于二极管挡，红表笔固定连接某个引脚，用黑表笔依次接另外两个引脚，如果万用表两次显示均小于 1V，则红表笔所接引脚为基极，该三极管为 NPN 型三极管；黑表笔固定连接某个引脚，用红表笔依次接另外两个引脚，如果万用表两次显示均小于 1V，则黑表笔所接引脚为基极，该三极管为 PNP 型三极管。上述测试过程中测得小于 1V 的电压如果为 0.2 ～ 0.3V，则该三极管为锗材料制作；如果电压在 0.6 ～ 0.7V，则该三极管为硅材料制作。

（2）测量 hFE 值判断集电极和发射极

用万用表二极管挡测出三极管的基极和类型之后，将数字式万用表拨至 hFE 档，如果被测管是 NPN 型，使用 NPN 插孔，把基极插入 B 孔，剩下两个引脚分别插入 C、E 孔。若测出的 hFE 值为几十至几百，则说明三极管属于正常接法，放大能力较强，此时 C 孔插的是集电极，E 孔插的是发射极。若测出 hFE 值为几至十几，则表明被测管的集电极和发射极插反了。

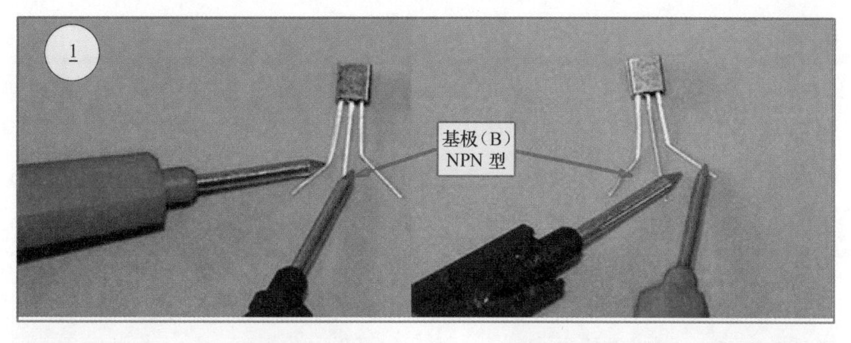

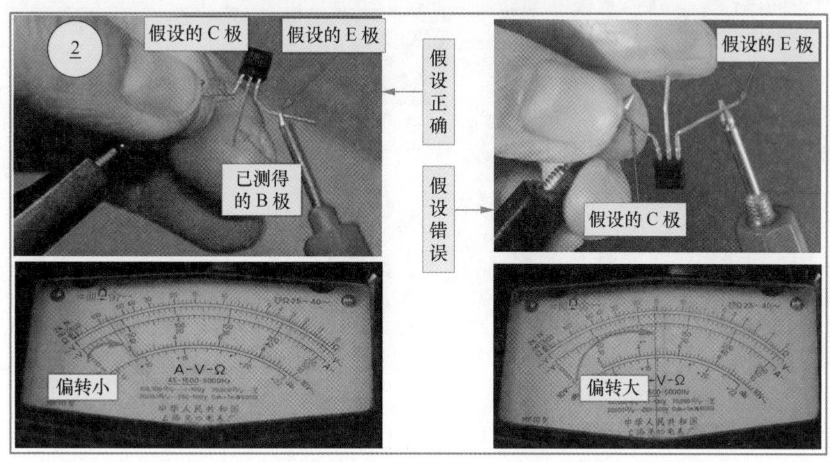

图 7-31　用指针式万用表检测二极管的检测过程

用数字式万用表测试三极管的检测过程如图 7-32 所示。

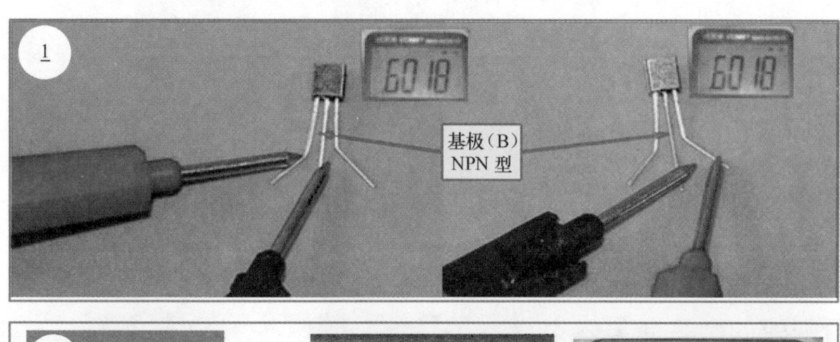

图 7-32　用数字式万用表检测三极管的检测过程

7.6 晶闸管

晶闸管的全称为晶体闸流管，又称可控硅整流器，是一种半导体器件。晶闸管最主要的特点是能用微小的功率控制较大的功率。因此，其常用于电机驱动电路以及在电源中做过载保护器件等。

7.6.1 晶闸管的分类及符号

常见的晶闸管主要有单向晶闸管、双向晶闸管等。

1 单向晶闸管

单向晶闸管（SCR）又称可控硅，是一种可控整流电子元器件，触发后只能单向导通，其阳极A与阴极K之间加有正向电压，同时控制极G与阴极间加上所需的正向触发电压时，方可被触发导通，该管导通后即使去掉触发电压，仍能保持导通状态。

单向晶闸管内有3个PN结，由P-N-P-N共4层组成，其实物外形及电路符号如图7-33所示。单向晶闸管被广泛应用于可控整流、交流调压、逆变器和开关电源电路中。

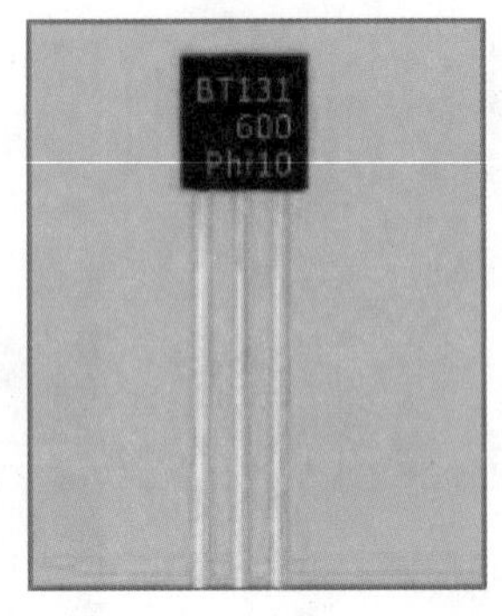

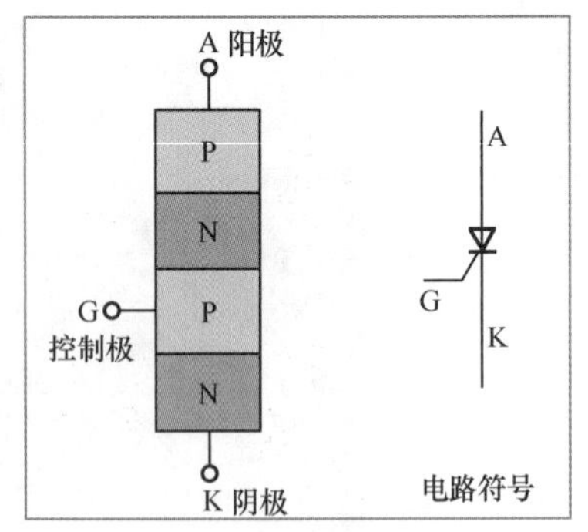

图7-33 单向晶闸管的实物外形及电路符号

2 双向晶闸管

双向晶闸管又称双向可控硅，与单向晶闸管相同，也具有触发控制特性。不过它的触发控制特性与单向晶闸管有很大的不同，它具有双向导通的特性，即无论在阳极和阴极间接入何种极性的电压，只要在它的控制极加上一个任意极性的触发脉冲，都可以使双向晶闸管导通。

双向晶闸管是由N-P-N-P-N共5层半导体组成的器件，有第一电极（T1）、第二电极（T2）、控制电极（G）3个电极，在结构上相当于两个单向晶闸管反极性并联。其实物外形及等效电路如图7-34所示。该类晶闸管在电路中一般用于调节电压、电流或用作交流无触点开关。

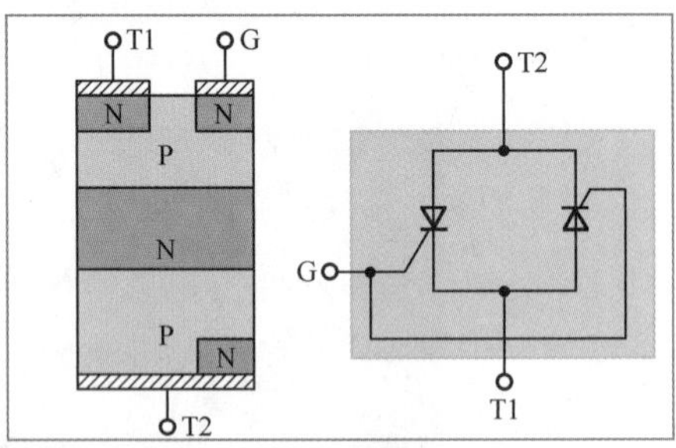

图7-34 双向晶闸管的实物外形及等效电路

7.6.2 晶闸管的型号命名规则

国产晶闸管在对其型号进行命名时通常包括四部分，即名称、类型、额定通态电流以及重复峰值电压，如图7-35所示。国产晶闸管型号类型对照表，见表7-16。

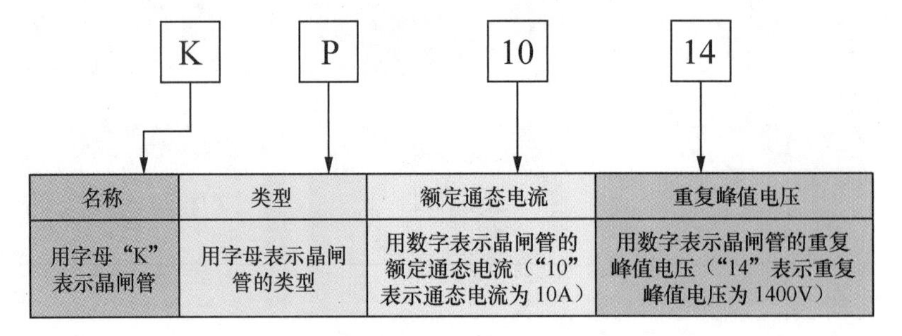

图7-35 国产晶闸管的命名规则

表 7-16 国产晶闸管型号类型对照表

符号	意义
P	普通反向阻断型
K	快速反向阻断型
S	双向型

7.6.3 晶闸管的检测

1 单向晶闸管的检测

（1）判别电极。

将指针式万用表置于 R×100 或 R×1k 挡，分别测量单向晶闸管任意两个引脚间的电阻值。调换表笔共进行 6 次测量，其中 5 次所测阻值为无穷大，只有一次阻值较小。对于阻值较小的那次测量，黑表笔所接的引脚为控制极 G，红表笔所接引脚为阴极 K，剩下的引脚便为阳极 A。若在测量中不符合以上规律，则说明单向晶闸管损坏或者性能不良。

（2）检测触发能力。

对于中、大功率单向晶闸管，因其通态压降、维持电流及控制极触发电压均相对较高，指针式万用表 R×1 挡所提供的电流偏低，晶闸管不能完全导通，故不能用指针式万用表检测。而对于小功率单向晶闸管，可用万用表R×1 挡测量。测量时，黑表笔接阳极 A，红表笔接阴极 K，阻值应为无穷大。再用黑表笔将阳极 A 与控制极 G 短路（即给 G 极加正向触发电压），此时若阻值为几欧姆至几十欧姆（具体阻值根据晶闸管的型号不同会有所差异），则说明单向晶闸管能正向触发导通。再将黑表笔与控制极 G 脱离，阻值若维持较小值不变，则说明单向晶闸管能维持导通。若单向晶闸管既能正向触发导通又能维持导通，则说明单向晶闸管的触发性能良好，否则说明此晶闸管已损坏。

2 双向晶闸管的检测

由于大功率晶闸管的正向导通压降和触发电流都较大，指针式万用表的电阻挡所提供的电压和电流不足以使其导通，所以不能采用指针式万用表判断其电极及检测其好坏，以下仅说明检测小功率双向晶闸管的电极及好坏的方法。

将指针式万用表置于 R×1 挡，分别测量双向晶闸管任意两个引脚间的正、反向电阻。若所测 6 组正、反向电阻值中只有一组所测得的正、反向电阻值都较小，并且基本相同，此时，没有与表笔相连的引脚为主电极 T2。如果没有符合上述条件的一组测量值，则说明双向晶闸管已损坏。确定主电极 T2 后，假设另外两个引脚中的某一引脚为控制极 G，另一引脚为主电极 T1，黑表笔接主电极 T2，红表笔接主电极 T1，电阻应为无穷大。用黑表笔把主电极 T2 和假设的控制极 G 短路(即给控制极 G 加正触发信号，管子应导通)，阻值应变小，将黑表笔与假设的控制极 G 脱离后，阻值若维持较小值不变，说明假设正确（即控制极 G 能正向触发并维持导通）；若黑表笔与控制极 G 脱离后，阻值也随之变为无穷大，说明假设错误，原先假设的主电极 T1 实为控制极 G，假设的控制极 G 实为 T1。也可将红表笔接主电极 T2，黑表笔接假设的 T1，电阻也应为无穷大。用红表笔把主电极 T2 和假设的控制极 G 短路（即给控制极 G 加负触发信号，管子也应导通），阻值也应变小，将红表笔与假设的控制极 G 脱离后，阻值若维持较小值不变，说明假设正确（即控制极 G 能反向触发并维持导通）；若红表笔与控制极 G 脱离后，阻值也随之变为无穷大，说明假设错误，原先假设的主电极 T1 实为控制极 G，假设的控制极 G 实为主电极 T1。同时，根据控制极 G 能否正、反向触发并维持导通，也可判断出双向晶闸管的好坏。

7.7 场效应晶体管

场效应晶体管（Field-Effect Transistor，FET）也是一种具有 PN 结结构的半导体器件，它的外形与三极管相似，但与三极管的控制特性截然不同。三极管是电流控制型器件，通过控制基极电流达到控制集电极电流或发射极电流的目的，即需要信号源提供一定的电流才能工作，所以它的输入阻抗较低；而场效应晶体管则是电压控制型器件，它的输出电流取决于输入电压的大小，基本上不需要信号源提供电流，所以它的输入阻抗较高。此外，场效应晶体管具有噪声小、功耗低、动态范围大、易于集成、没有二次击穿现象、安全工作区域宽等优点，特别适用于大规模集成电路，在高频、中频、低频、直流、开关及阻抗变换电路中应用广泛。

7.7.1 场效应晶体管的分类及符号

场效应晶体管的种类很多，按其结构可分为结型场效应晶体管（JFET）和绝缘栅型场效应晶体管（IGFET，其中以MOS管应用最为广泛）两大类。结型场效应晶体管是利用沟道两边的耗尽层宽窄来改变沟道的导电特性，并用以控制漏极电流的。绝缘栅型场效应晶体管（MOSFET，简称MOS场效应晶体管）是利用感应电荷的多少改变沟道导电特性来控制漏极电流的，其外形与结型场效应晶体管相似。场效应晶体管的实物外形如图7-36所示。

图7-36 场效应晶体管的实物外形

场效应晶体管按其沟道所采用的半导体材料可分为N沟道型和P沟道型两类；按零栅压条件下源－漏通断状态又可分为增强型和耗尽型两类，其中结型场效应晶体管均为耗尽型。场效应晶体管一般都有3个极，即栅极G、漏极D和源极S，为方便理解，可以把它们分别对应于三极管的基极B、集电极C和发射极E。场效应管的源极S和漏极D结构是对称的，在使用中可以互换。电路符号如图7-37所示，其外形与三极管相似。

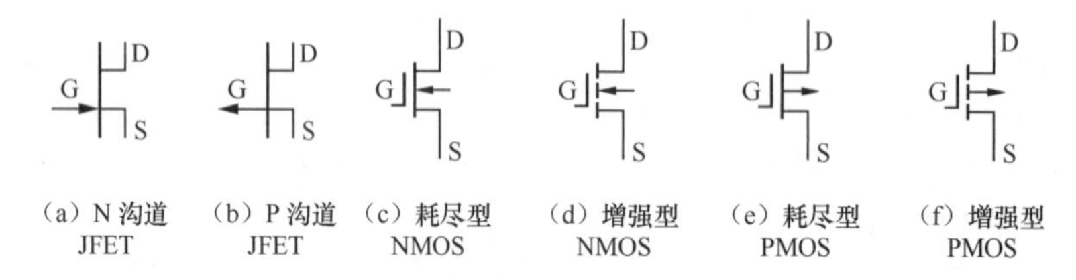

图7-37 场效应晶体管的电路符号

7.7.2 场效应晶体管的检测

由于MOS场效应管的输入电阻很高，而栅、源极间电容又非常小，极易受外界电磁场或静电的感应而带电，而少量电荷就可在极间电容上形成相当高的电压，将管子损坏。所以一般不使用指针式万用表对其进行简易检测，这里仅介绍结型场效应晶体管的检测方法。

1 判别电极及好坏

由于结型场效应晶体管的源极和漏极在结构上具有对称性，所以一般可以互换使用，无须进行区分，只要判别出栅极即可。结型场效应晶体管栅极的判别方法与三极管基极的判别方法相似，具体判别方法如下。

将指针式万用表置于R×1k挡，先假设未知结型场效应晶体管的一个引脚为栅极，并与任一表笔相连接，测量该引脚与另外两个引脚之间的电阻值，如果两个电阻值相近，都比较大或比较小，则将另一表笔与此引脚相连接，再测与另外两个引脚之间的电阻值，若两个电阻值仍相近，且与前面所测相反，都比较小或比较大，则此假设引脚为栅极。如果所测电阻值的变化规律与上述情况不符，则假设错误，再对另外两个引脚进行假设，重复上述测量过程直至找到栅极。如果栅极可判定，进一步测量源极和漏极间的电阻，若所测正、反向电阻相同且均为数千欧姆，则管子是好的；若所测正、反向电阻过大或过小，则管子是坏的。如果栅极无法判定，则管子也是坏的。

2 判别沟道

在判定栅极的同时，还可确定结型场效应晶体管沟道类型。若测量栅极引脚与另外两个引脚之间的电阻值都小时，固定在栅极引脚上的表笔为黑表笔的是N沟道型，为红表笔的是P沟道型；若电阻值都大时，沟道与上述结论相反。

第8章 常用低压电器元件

电器是一种能根据外界信号（机械力、电动力和其他物理量）的要求，手动或自动地接通、断开电路以实现对电路或非电路对象的切换、控制、保护、检测、变换和调节的元件或设备。低压电器元件通常是指工作在交流电压小于 1200V、直流电压小于 1500V 的电路中起通、断、保护、控制或调节作用的各种电器元件。本章主要介绍熔断器、开关器件、接触器、继电器、主令电器等常用的低压电器元件。

8.1 熔断器

熔断器是一种在配电系统中用于线路和设备的短路及过载保护的器件，只允许安全限制内的电流通过，当系统正常工作时，熔断器相当于一根导线，起通路作用；当通过熔断器的电流大于规定值时，熔断器会使自身的熔体熔断而自动断开电路，从而对线路上的其他电气设备起保护作用。图 8-1 为常见熔断器的实物外形及符号。

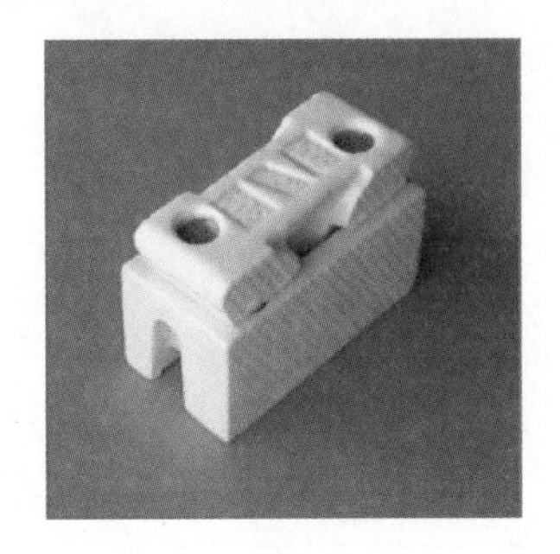

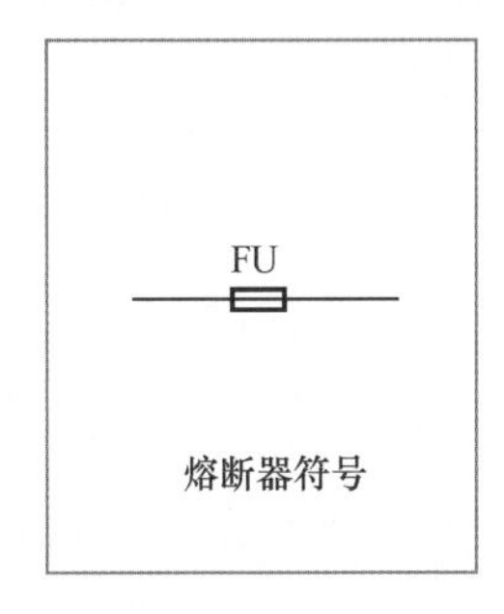

图 8-1 熔断器的实物外形及符号

熔断器的型号含义如图 8-2 所示。

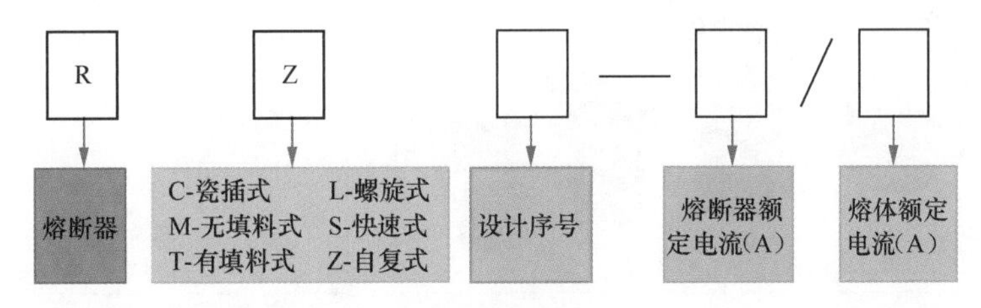

图 8-2 熔断器的型号含义

熔断器的检测：检测低压熔断器，可用万用表检测其电阻值来判断熔体（丝）的好坏。

将万用表红、黑表笔分别接熔断器的两端，若测得低压熔断器的阻值趋近于 0 欧姆，则表明该熔断器正常；若测得的阻值为无穷大，则表明该熔断器已熔断。

8.2 开关器件

8.2.1 刀开关

刀开关又称闸刀开关，是一种手动配电电器，常用作电源的引入开关或隔离开关，也可用于小容量的三相异步电动机不频繁地启动或停止的控制。刀开关按刀数的不同有单极、双极、三极等几种。刀开关的实物外形及符号如图 8-3 所示。

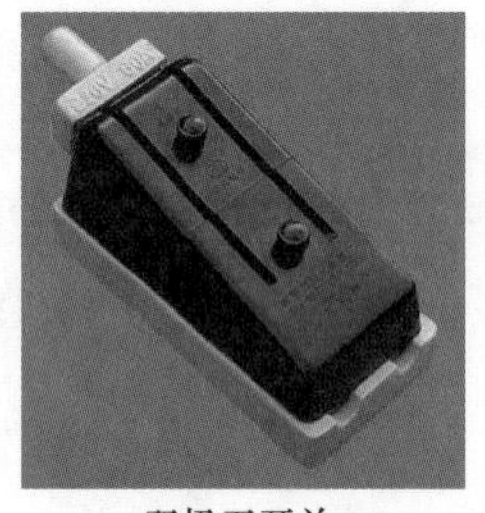

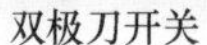

双极刀开关

三极刀开关

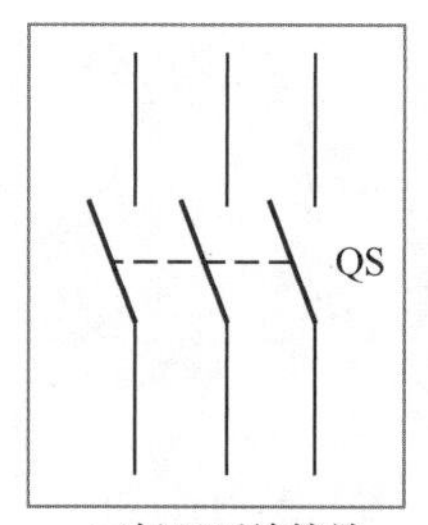

三极刀开关符号

图 8-3　刀开关的实物外形及符号

1 刀开关的选择

刀开关的额定电压应大于或等于线路的工作电压。刀开关的极数应与控制支路相同；用于照明、电热电路时，额定电流应略大于线路工作电流；用于控制电动机时，额定电流应等于线路工作电流的 3 倍。

2 刀开关的安装

（1）刀开关应垂直安装在控制屏或开关板上，不得倒装，即“手柄向上为合闸，向下为断闸”，否则在分断状态下，若出现刀开关松动脱落，会造成误接通，引起安全事故。

（2）对刀开关接线时，电源进线和出线不能接反。开启式刀开关的上接线端应接电源进线，负载则接在下接线端，以便于安全地更换熔丝。

（3）封闭式刀开关的外壳应可靠接地，防止意外漏电使操作者发生触电事故。

（4）刀开关距地面的高度为 1.3 ～ 1.5m，在有行人通过的地方应加装防护罩。同时，刀开关在接线、拆线和更换熔丝时应首先断开电路。

8.2.2　组合开关

组合开关又称转换开关，实质上也是一种刀开关，主要用作电源的引入开关。与普通刀开关不同的是，组合开关的刀片是旋转式的，比刀开关轻巧，是一种多触点、多位置，可控制多个回路的电器。组合开关的实物外形图及符号如图 8-4 所示。

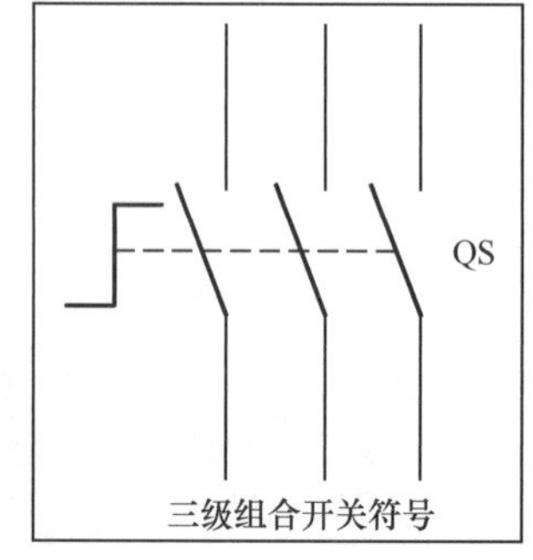

三级组合开关符号

图 8-4　组合开关的实物外形及符号

8.2.3　低压断路器

低压断路器俗称自动空气开关，是低压配电网中的主要电器开关之一。它不但能用于正常工作时不频繁地接通和断开的电路，而且当电路发生过载、短路或失压等故障时，能自动切断电路，起到保护作用，应用十分广泛。

低压断路器按照灭弧方式可分为空气式和真空式；按照结构可分为框架式和塑料外壳式；按照用途可分为导线保护用断路器、配电用断路器、电动机保护用断路器和漏电保护器。常见低压断路器的实物外形及符号如图 8-5 所示。

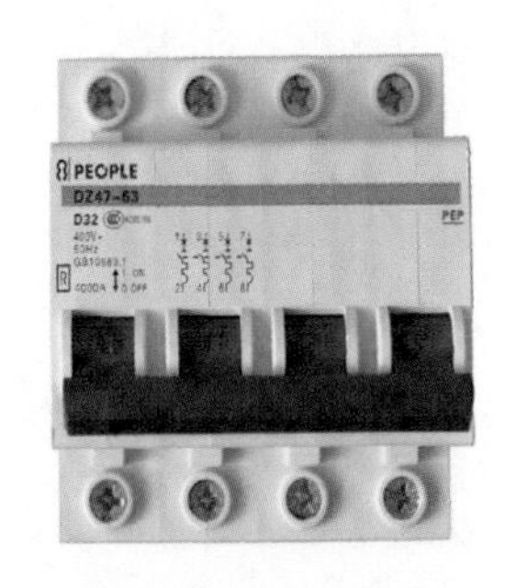

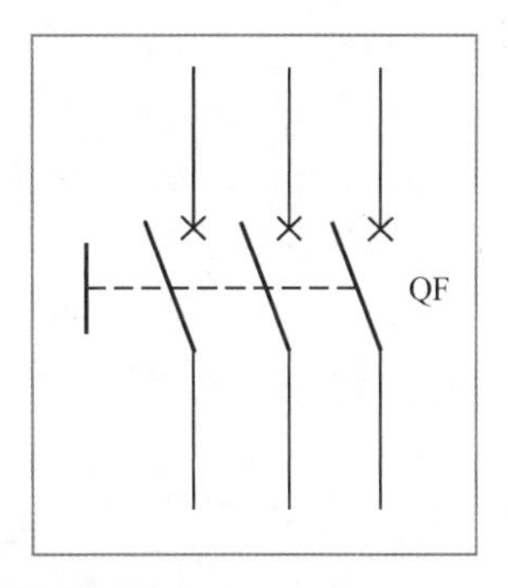

图 8-5　常见低压断路器的实物外形及符号

漏电保护器又称漏电保护开关，具有漏电、触电、过载、短路等保护功能，对于防止触电伤亡事故及避免因漏电电流而引起的火灾事故具有明显的效果。漏电保护器主要由试验按钮、操作手柄、漏电指示和接线端子等组成，如图 8-6 所示。

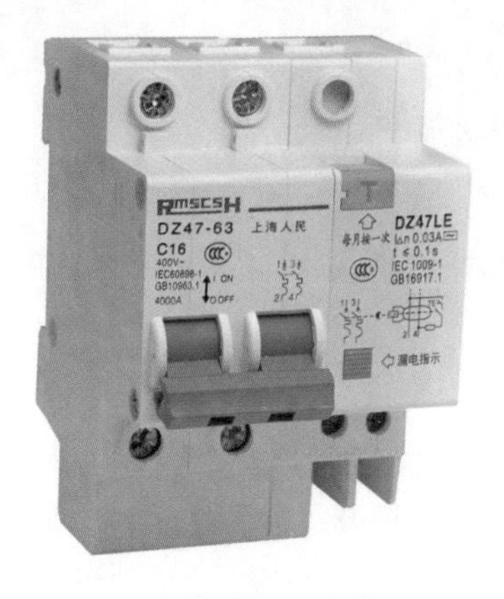

图 8-6　漏电保护器的实物外形

漏电保护器接入线路中时，电路中的电源线穿过漏电保护器内的检测元件（环形铁芯，也称零序电流互感器），环形铁芯的输出端与漏电脱扣器相连，如图 8-7 所示。

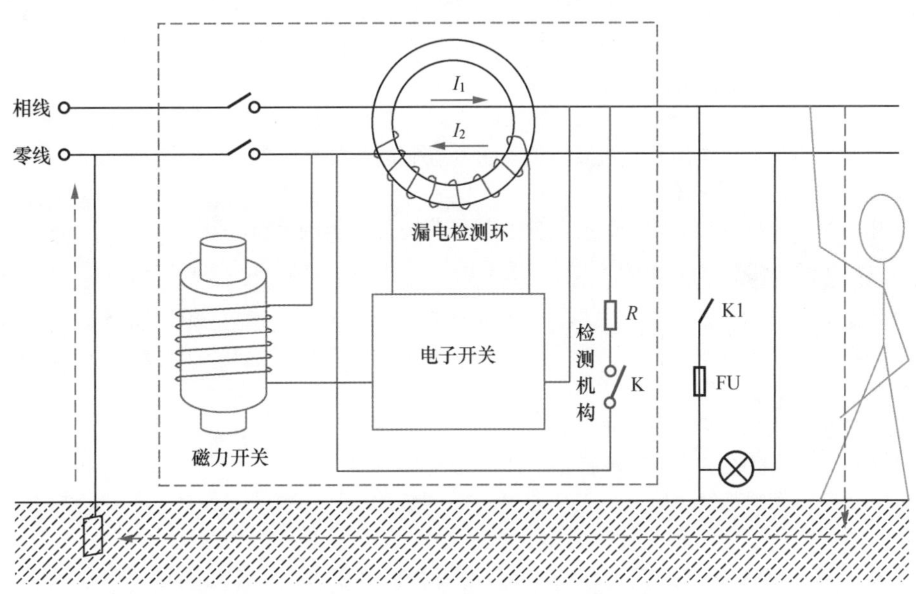

图 8-7　漏电保护器的工作原理

当被保护电路工作正常时，没有发生漏电或触电的情况下，通过漏电检测环的电流向量和为零，这样漏电检测环铁芯的输出端无输出，漏电保护器不动作，系统保持正常供电。

当被保护电路发生漏电或有人触电时，由于漏电电流的存在，使供电电流大于返回电流，通过环形铁芯的两路电流向量和不再等于零，在铁芯中出现了交变磁通。在交变磁通的作用下，检测元件的输出端就有感应电流产生，当达到额定值时，脱扣器驱动断路器自动跳闸，切断故障电路，从而实现保护。

8.2.4 开关器件的检测

检测开关时，可通过外观直接判断其性能是否正常，还可以借助万用表进行检测。下面以常见的低压断路器为例介绍检测的基本方法。

检测低压断路器时，可以用万用表测量各组开关的电阻值来判断低压断路器是否正常，如图 8-8 所示。

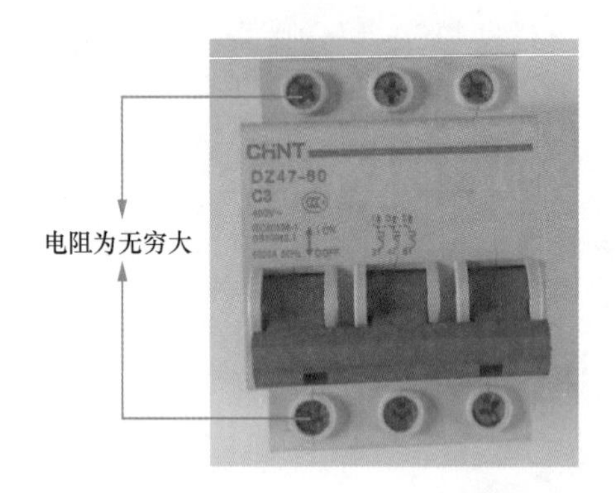

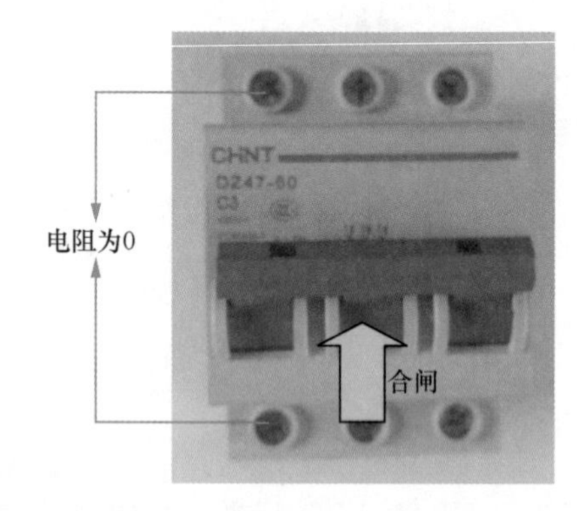

图 8-8　检测低压断路器

若测得低压断路器的各组开关在断开状态下阻值均为无穷大，在闭合状态下均为 0，则表明低压断路器正常；若测得低压断路器的开关在断开状态下阻值为 0，则表明低压断路器内部触点粘连损坏；若测得低压断路器的开关在闭合状态下，阻值为无穷大，则表明低压断路器内部触点断路损坏；若测得低压断路器内部的各组开关有任一组损坏，均说明低压断路器已损坏。

8.3 接触器

所谓接触器是指电气线路中利用线圈流过电流产生磁场，使触点闭合，达到控制负载电器的目的。接触器作为执行元件，是一种依赖频繁接通和切断电动机或其他负载电路的自动电磁开关。

接触器是一种由电压控制的开关装置，适用于远距离频繁地接通和切断交直流电路及大容量控制电路的一种自动控制电器。接触器的一端接控制信号，另一端接被控制的负载线路，是实现小电流、低电压电信号对大电流、高电压负载进行接通、分断控制的最常用器件。电力拖动和自动控制系统中，接触器是运用最广泛的控制电器之一。

按控制电流性质不同，接触器分为交流接触器和直流接触器两大类。

8.3.1 交流接触器

交流接触器是主要用于远距离接通或分断交流供电电路的器件，通过线圈得电来控制常开触点闭合、常闭触点断开。当线圈失电时，控制常开触点复位断开，常闭触点复位闭合。交流接触器的实物图及符号如图 8-9 所示。

交流接触器主要由以下四部分组成。

（1）电磁系统：包括吸引线圈、铁芯和衔铁三部分。

（2）触头系统：包括三组主触头和若干常开、常闭辅助触头。触头系统和衔铁是连接在一起互相联动的。

（3）灭弧装置：一般容量较大的交流接触器都设有灭弧装置，以便迅速切断电弧，避免烧坏主触头。

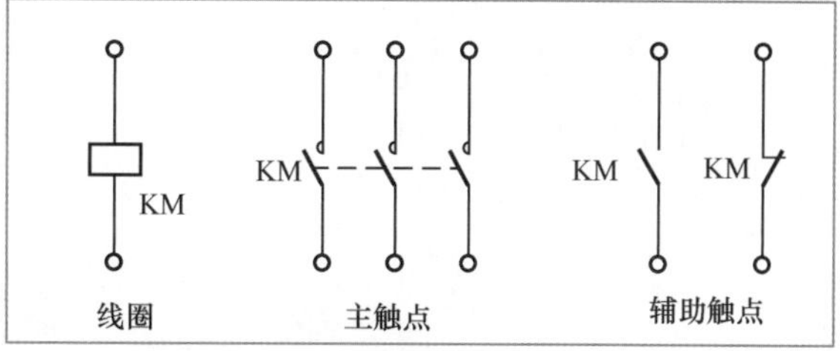

图 8-9　交流接触器的实物图及符号

（4）绝缘外壳及附件：包括各种弹簧、传动机构、短路环和接线柱等。

交流接触器的内部结构示意图如图 8-10 所示。

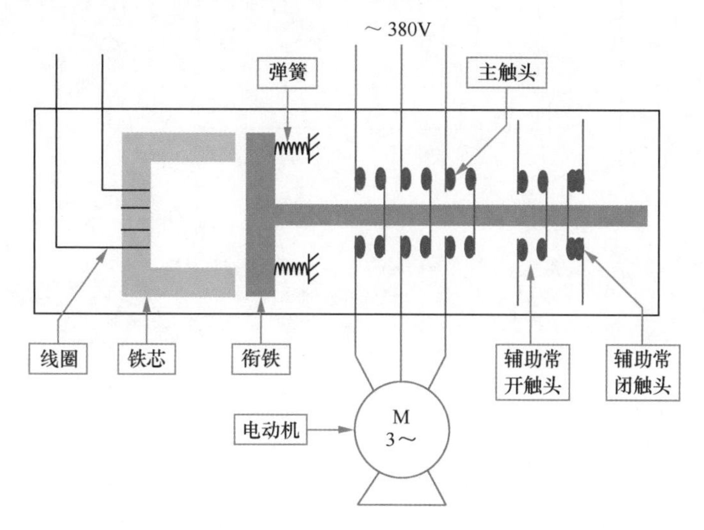

图 8-10　交流接触器的内部结构示意图

交流接触器电磁线圈得电，主触头闭合，辅助常开触点闭合，辅助常闭触点断开，如图 8-11 所示；交流接触器电磁线圈一旦失电，主触头断开，辅助常开触点复位断开，辅助常闭触点复位闭合。

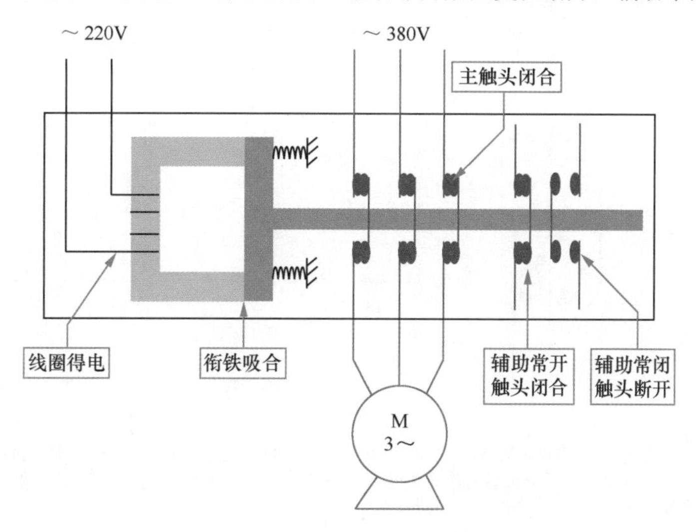

图 8-11　交流接触器线圈得电示意图

图 8-12 给出了交流接触器控制电动机启停的控制关系图。

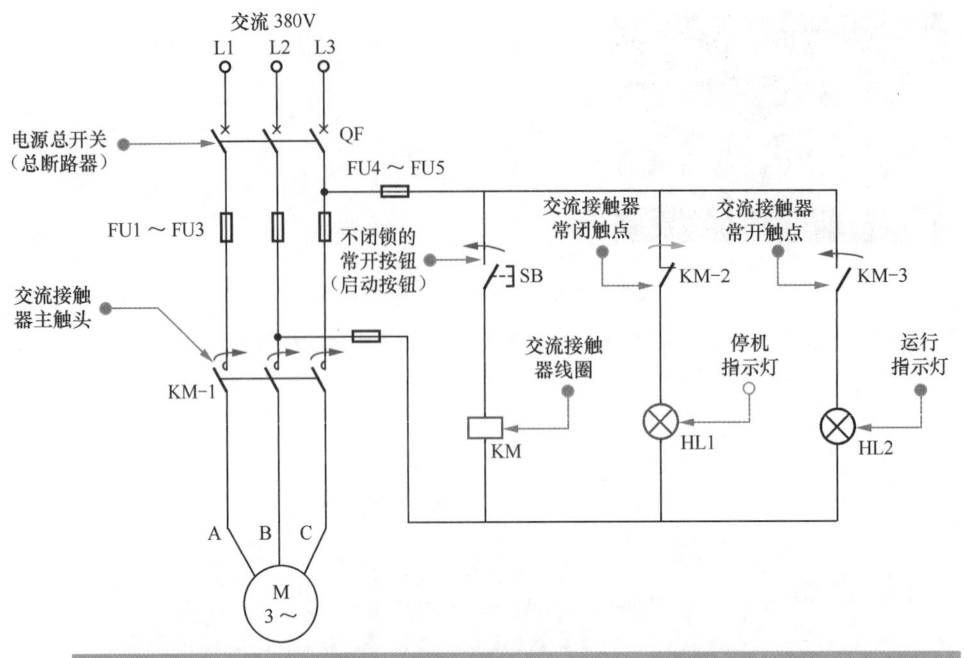

1 接通电源总开关，按下按钮 SB，交流接触器线圈 KM 得电，交流接触器主触点 KM-1 闭合，三相交流电源为电动机供电，电动机启动运转；交流接触器辅助常闭辅助触点 KM-2 断开，停机指示灯 HL1熄灭，常开触点 KM-3 闭合，运行指示灯 HL2 点亮。

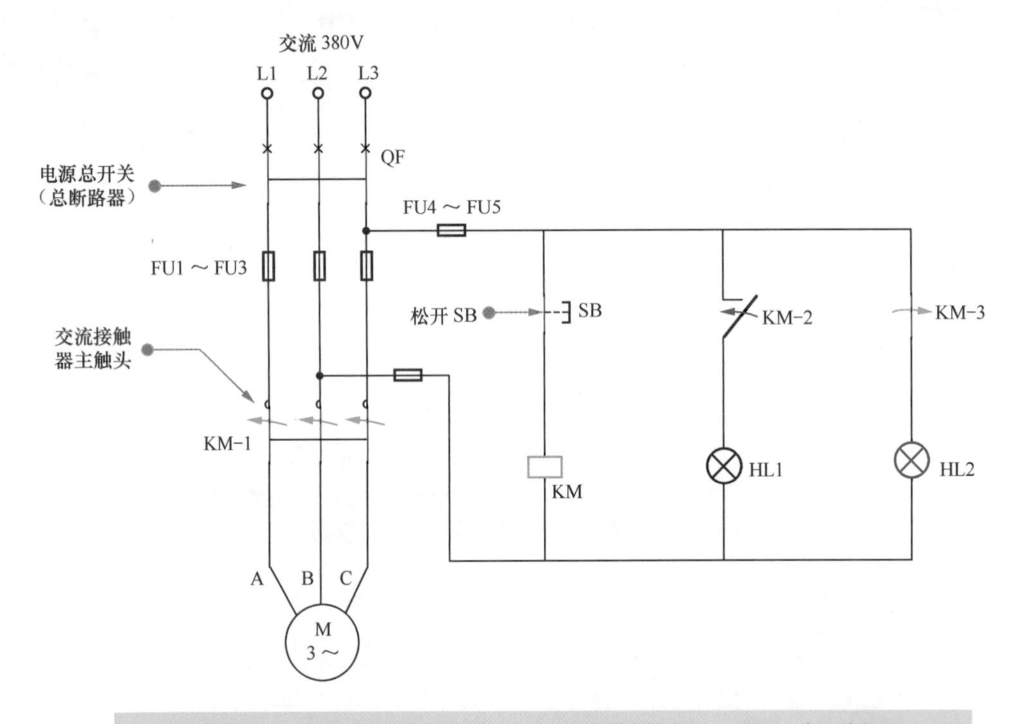

2 松开按钮 SB，交流接触器线圈 KM 失电，交流接触器主触点 KM-1 断开，主回路断开，电动机停止运转；交流接触器辅助常闭触点 KM-2 复位闭合，停机指示灯 HL1 点亮，常开触点 KM-3 复位断开，运行指示灯 HL2 熄灭。

图 8-12　交流接触器控制电动机启停的关系

8.3.2　直流接触器

直流接触器是主要用于远距离接通或分断直流供电电路的器件。在控制电路中，直流接触器是由直流电源为其线圈提供工作条件，通过线圈得电来控制常开触点闭合、常闭触点断开；而线圈失电时，控制常开触点复位断开、常闭触点复位闭合。常见的直流接触器实物图如图 8-13 所示。

图 8-13　直流接触器实物图

交流接触器与直流接触器的区别如下。

铁芯不同：交流接触器的铁芯由彼此绝缘的硅钢片叠压而成，并做成双 E 形；直流接触器的铁芯多由整块软铁制成，多为 U 形。

灭弧系统不同：交流接触器采用栅片灭弧，而直流接触器采用磁吹灭弧装置。

线圈匝数不同：交流接触器匝数少，通入的是交流电；而直流接触器的线圈匝数多，通入的是直流电。交流接触器分断的是交流电路，直流接触器分断的是直流电路。交流接触器操作频率最高为 600 次 /h，使用成本低，而直流接触器操作频率可达 2000 次 /h，使用成本高。

8.3.3　接触器的检测

用万用表的电阻挡进行接触器的检测，交流和直流接触器的检测方法基本相同，下面以交流接触器为例进行说明。

①检测之前，根据接触器外壳上的标识对接触器的接线端子进行识别。交流接触器端子的对应关系如图 8-14 所示，接线端子 1—L1、2—T1 为相线 L1 的接线端，3—L2、4—T2 为相线 L2 的接线端，5—L3、6—T3 为相线 L3 的接线端。13、14 为辅助触点的接线端，A1、A2 为线圈的接线端。

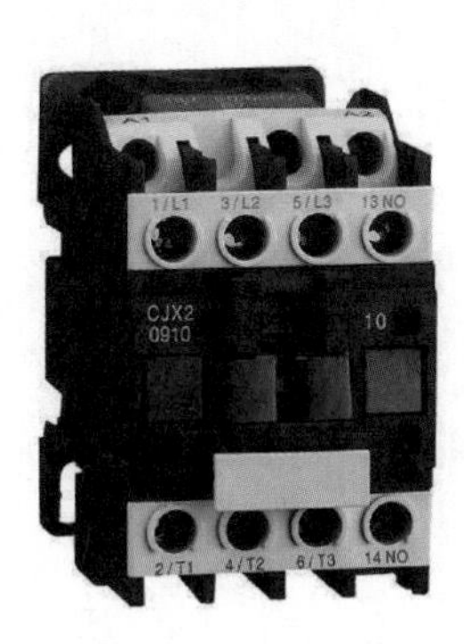

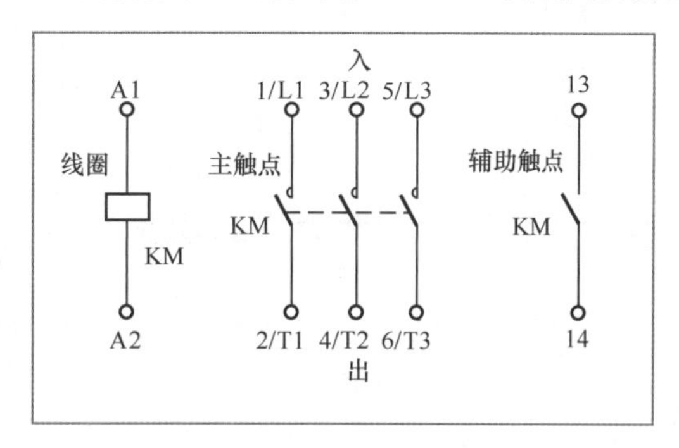

图 8-14　交流接触器端子的对应关系

②常态下检测常开触点和常闭触点的电阻。常开触点在常态下处于开路，故正常电阻应为无穷大，用数字式万用表检测时会显示超出量程符号“1”或“OL”。在常态下检测常闭触点的电阻时，正常测得的电阻值应接近 0。对于带有联动架的交流接触器，按下联动架，内部的常开触点会闭合，常闭触点会断开，可以用万用表检测阻值是否正常。

③检测控制线圈的电阻。控制线圈的电阻值正常应在几百欧姆。一般来说，交流接触器功率越大，要求线圈对触点的吸合力越大（即要求线圈流过的电流大），线圈电阻更小。若线圈的电阻为无穷大，则线圈开路；若线圈的电阻为 0，则为线圈短路。

④给控制线圈通电来检测常开、常闭触点的电阻。当控制线圈通电时，若交流接触器正常，会发出“咔嗒”声，同时常开触点闭合、常闭触点断开，因此测得常开触点电阻应接近于 0、常闭触点电阻应为无穷大（数字式万用表检测时会显示超出量程符号“1”或“OL”）。如果控制线圈通电前后被测触点电阻无变化，则可能是控制线圈损坏或传动机构卡住等。

8.4　继电器

继电器是一种根据输入信号（电量或非电量）的变化，接通或断开小电流电路，实现自动控制和保护电力拖动装置的电器。一般情况下，它不直接控制电流较大的主电路，而是通过接触器或其他电器对主电路进行控制。

继电器是一种可控开关，但与一般开关不同，继电器并非以机械方式控制，而是一种以电流转换成电磁力来控制切换方向的开关。当继电器的线圈通电后，会使衔铁吸合从而接通触点或断开触点。

继电器的种类多种多样，通常分为通用继电器、控制继电器和保护继电器。控制继电器通常通过控制各种电子电路或器件，来实现线路的接通或切断功能。常用的控制继电器有中间继电器、时间继电器、速度继电器和压力继电器等。

三类继电器控制关系大致相同，根据电路的需要，都可分为常开、常闭、转换触点三种形式。下面以通用继电器为例，分别介绍三种形式的控制关系。

1 继电器的常开触点

继电器的常开触点是指继电器内部的动触点和静触点通常处于断开状态，当线圈得电时，其动触点和静触点立即闭合，接通电路；当线圈失电时，其动触点和静触点立即复位，切断电路，图 8-15 所示为继电器常开触点的连接关系。

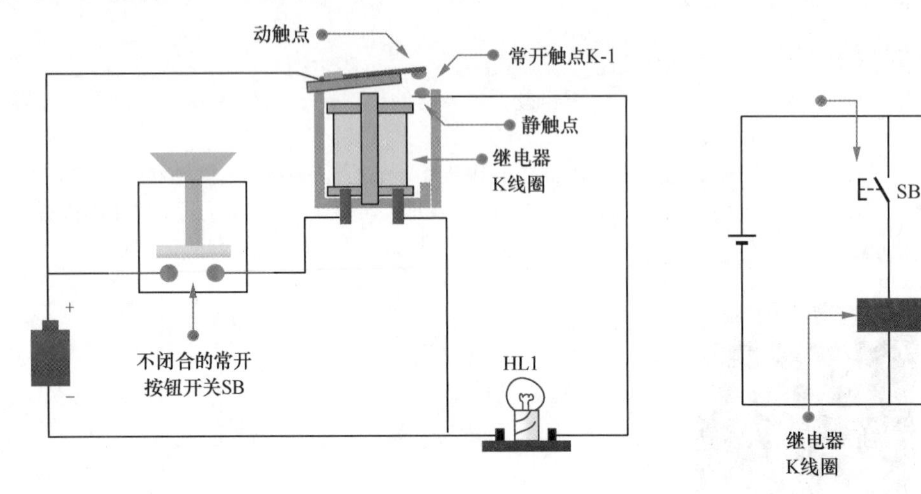

图 8-15　继电器常开触点的连接关系

图 8-16 所示为继电器常开触点的控制关系。

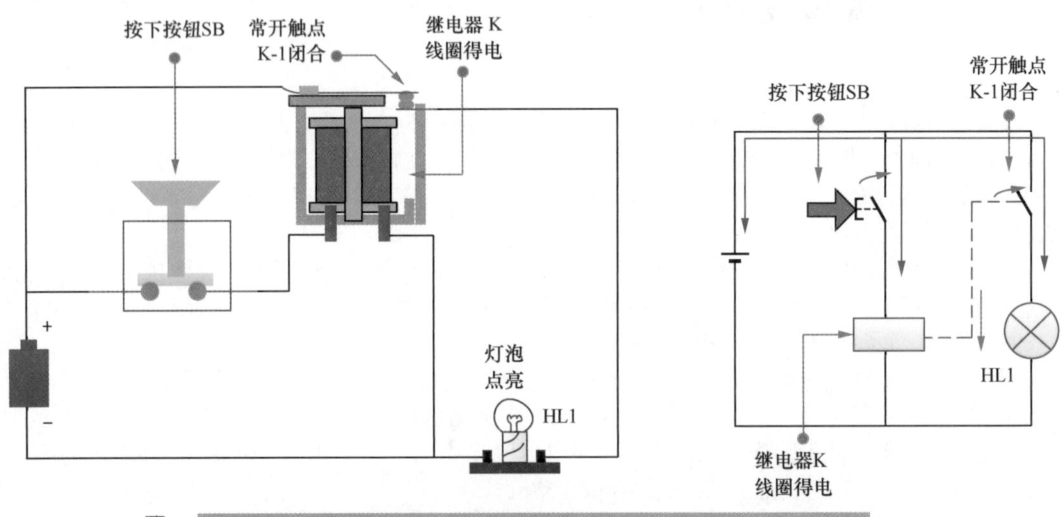

图 8-16　继电器常开触点的控制关系

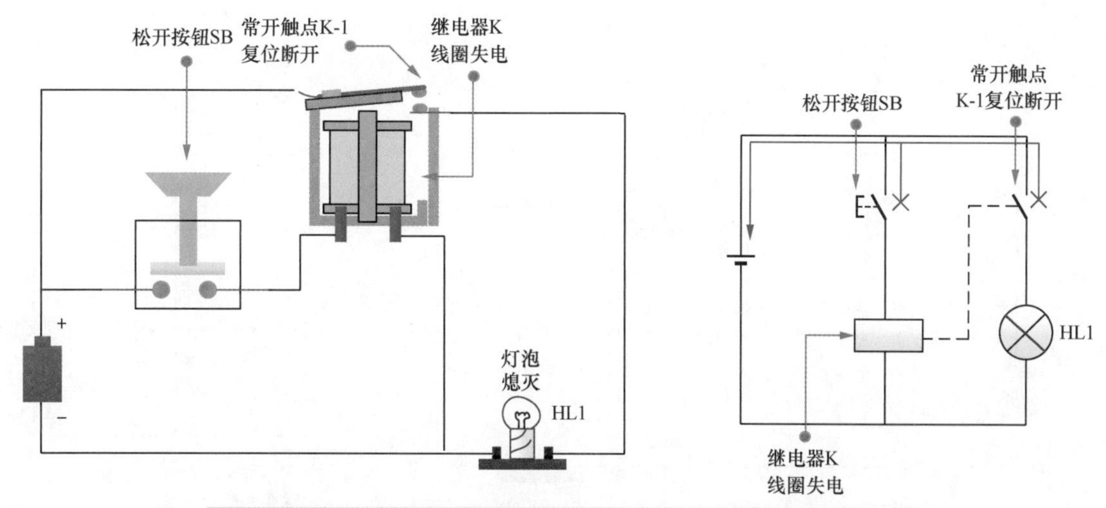

图 8-16　继电器常开触点的控制关系（续）

2　继电器的常闭触点

继电器常闭触点是指继电器内部的动触点和静触点通常处于闭合状态，当线圈得电时，其动触点和静触点立即断开，切断电路；当线圈失电时，其动触点和静触点立即复位，接通电路，图 8-17 所示为继电器常闭触点的控制关系。

3　继电器的转换触点

继电器转换触点是指继电器内部设有一个动触点和两个静触点，其中动触点与静触点 1 处于闭合状态，称为常闭触点；动触点与静触点 2 处于断开状态，称为常开触点。当线圈得电时，动触点与静触点 1 立即断开，并与静触点 2 闭合，切断静触点 1 的控制电路，接通静触点 2 的控制电路，图 8-18 所示为继电器转换触点的控制关系。

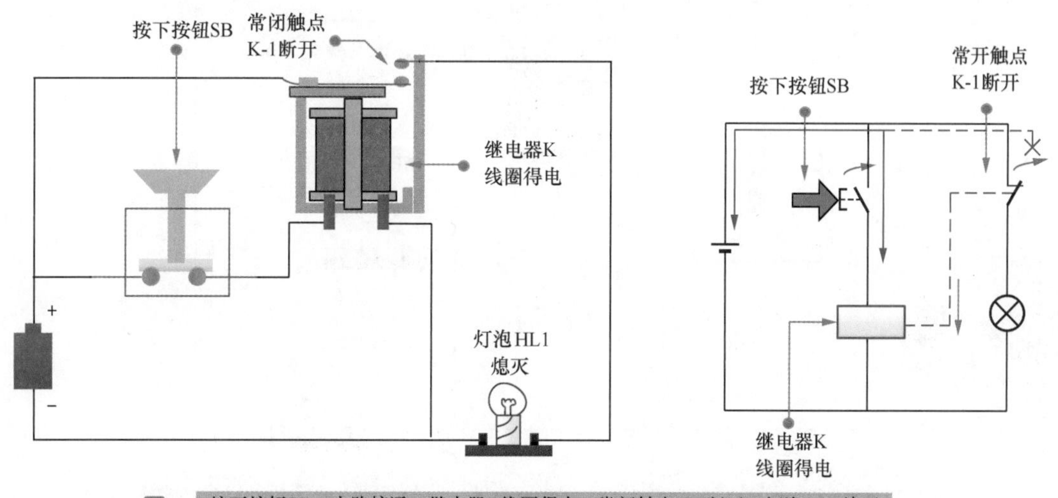

图 8-17　继电器常闭触点的控制关系

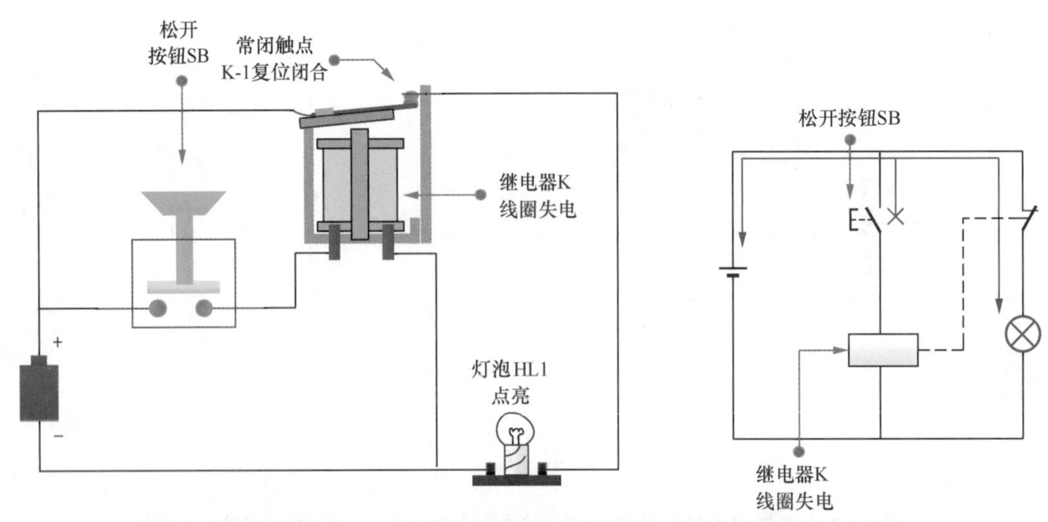

图 8-17　继电器常闭触点的控制关系（续）

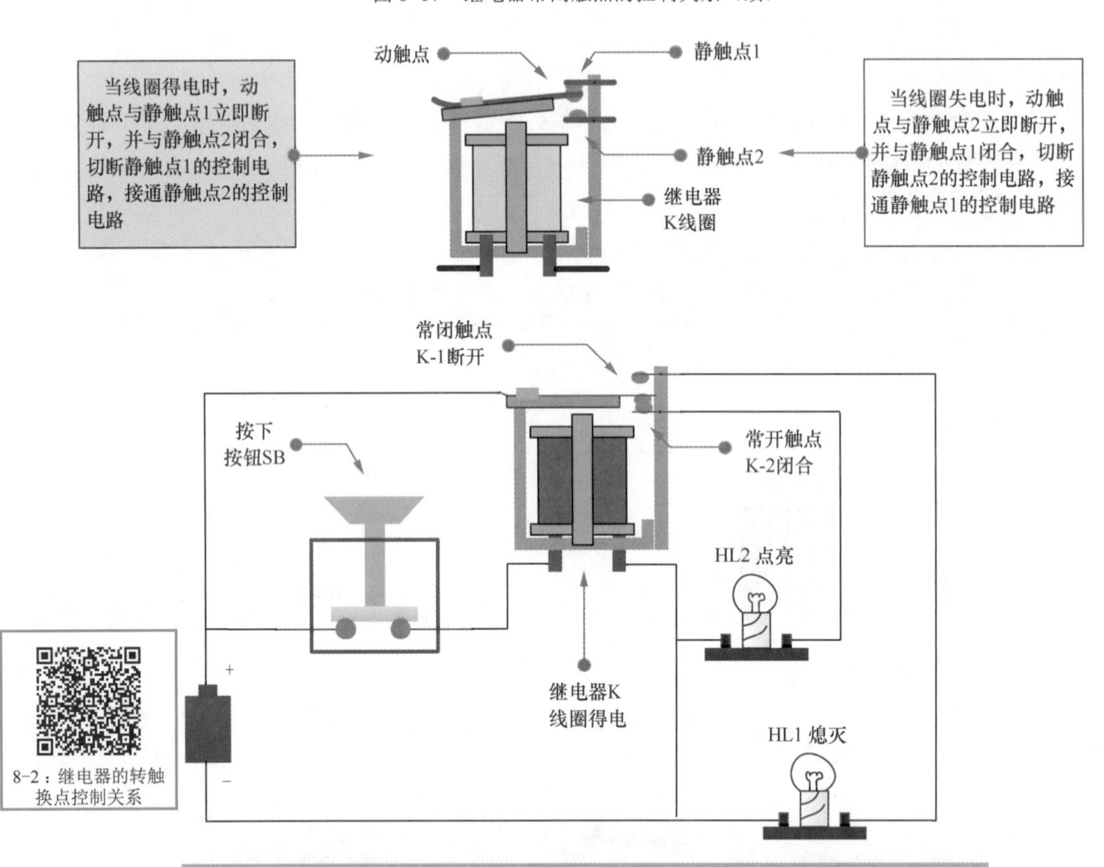

图 8-18　继电器转换触点的控制关系

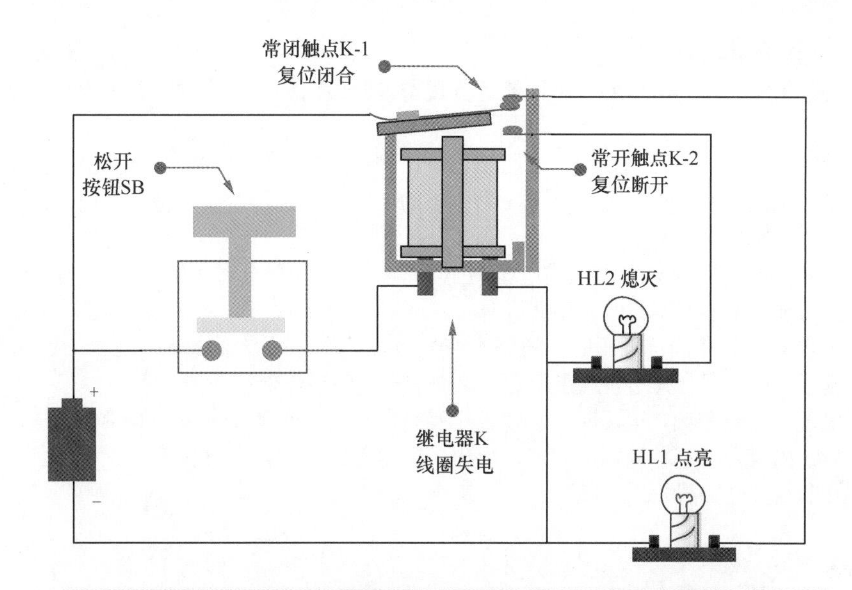

2 松开按钮SB，电路断开，继电器K线圈失电，常闭触点K-1复位闭合，接通灯泡HL1的供电电源，灯泡HL1点亮；同时常开触点K-2复位断开，灯泡 HL2熄灭

图 8-18 继电器转换触点的控制关系（续）

8.4.1 中间继电器

中间继电器的原理是将一个输入信号变成多个输出信号或将信号放大（即增大继电器触头容量）的继电器，其实质是电压继电器，但它的触头较多(可多达 8 对)、触头容量可达 5 ～ 10A、动作灵敏，当其他电器的触头对数不够时，可借助中间继电器来扩展它们的触头对数，也可通过中间继电器实现触点通电容量的扩展。

中间继电器有通用继电器、电子式小型通用继电器、接触器电磁式中间继电器、采用集成电路构成的无触点静态中间继电器等。图 8-19 所示为中间继电器的实物外形及符号。

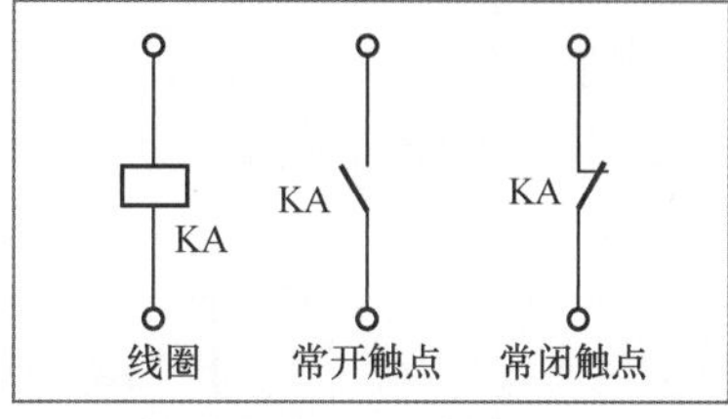

图 8-19 中间继电器的实物外形及符号

中间继电器的结构和原理与交流接触器基本相同，与交流接触器的主要区别在于，交流接触器的主触点可以通过大电流，而中间继电器的触点只能通过小电流。所以，它只能用于控制电路中。因为过载能力比较小，所以它用的全部都是辅助触点，数量比较多，一般没有主触点。

中间继电器的型号含义如图 8-20 所示，一般没有主触点。

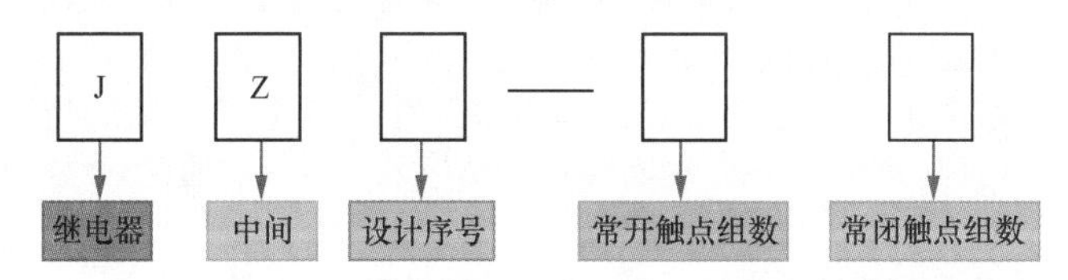

图 8-20 中间继电器的型号含义

选用中间继电器时，主要根据被控制电路的电压等级、所需触点数量、种类、容量等进行选择。

8.4.2 电压继电器

电压继电器是指输入量为电压并当电压值达到规定值时做出相应动作的一种继电器，即反映电压变化的控制器件。

电压继电器的线圈匝数多且线较细，使用时将电压继电器的电磁线圈并联于所监控的电路中。与负载并联时，将动作触点串联在控制电路中。当电路的电压值变化超过设定值时，电压继电器便会动作，触点状态产生切换，发出信号。

电压继电器按照结构类型分为电磁式电压继电器、静态电压继电器（集成电路电压继电器）；按照动作类型可分为过电压继电器和欠电压继电器。

过电压继电器的线圈在额定电压时，衔铁不产生吸合动作。只有当线圈电压高于其额定电压时，衔铁才会产生吸合动作，同时其动断触点断开，从而实现电路过压保护功能。

欠电压继电器的线圈在额定电压时，衔铁处于吸合状态。一旦所接电气控制中的电压降低至线圈释放电压时，衔铁由吸合状态转为释放状态，欠电压继电器常开触点断开需要保护电器的电源。电压继电器的实物外形及符号如图 8-21 所示。

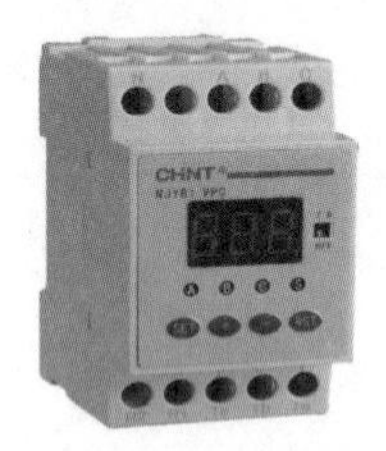

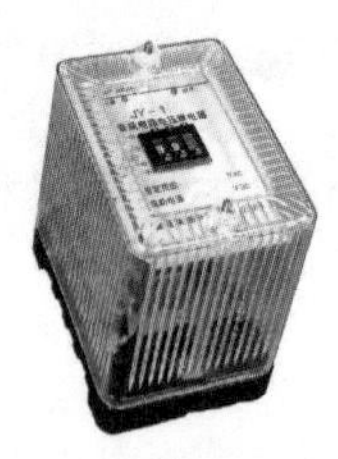

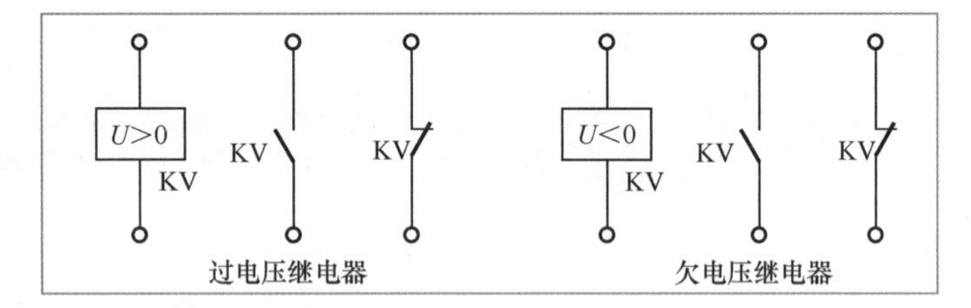

图 8-21 电压继电器的实物外形及符号

电压继电器的型号含义如图 8-22 所示。

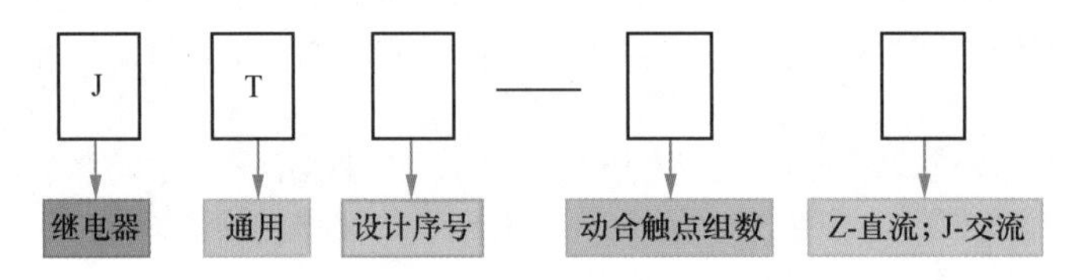

图 8-22 电压继电器的型号含义

8.4.3 电流继电器

电流继电器是反映电流变化的控制电器，主要用于监控电气线路中的电流变化。

电流继电器一般由铁芯、线圈、衔铁、触点簧片等组成。只要在线圈两端加上一定的电压，线圈中就会流过电流，从而产生电磁效应，衔铁就会在电磁力吸引的作用下克服返回弹簧的拉力吸向铁芯，从而带动衔铁的动触点与静触点（动合触点）吸合；当线圈断电后，电磁的吸力也随之消失，衔铁就会在弹簧的反作用下返回原来的位置，使动触点与原来的静触点（动断触点）释放，这样进行吸合、释放，从而达到了电路导通、切断的目的。

电流继电器的线圈匝数少且导线粗，使用时将电磁线圈串联于所监控的电路中。与负载串联时，将动作触点串联在辅助电路中。当电路的电流值变化超过设定值时，电流继电器便会动作，触点状态产生切换，发出信号。

电流继电器按照结构类型分为电磁式电压继电器、静态电压继电器（集成电路电流继电器）；按照动作类型可分为过电流继电器和欠电流继电器。

过电流继电器在正常工作时，线圈虽然有负载电流，但衔铁不产生吸合动作，只有超过整定电流时，衔铁才会产生吸合动作，同时利用其动断触点断开接触器线圈的通电回路，从而切断电气控制线路中电气设备的电源。

欠电流继电器在正常工作时，衔铁处于吸合状态。当电路中负载电流降低至释放电流时，衔铁由吸合状态转为释放状态，从而起到保护作用。电流继电器的实物外形及符号如图 8-23 所示。

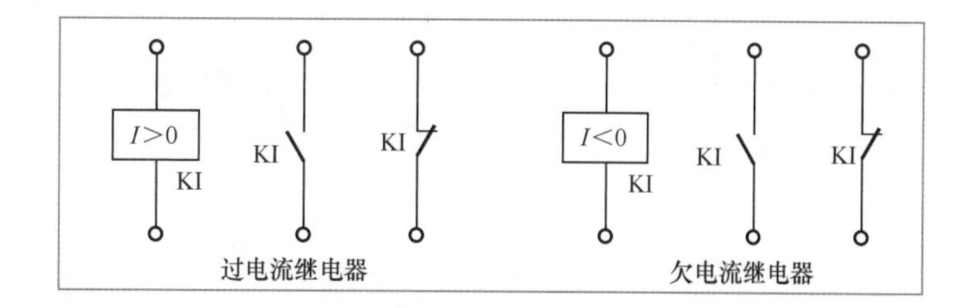

图 8-23 电流继电器的实物外形及符号

电流继电器的型号含义如图 8-24 所示。

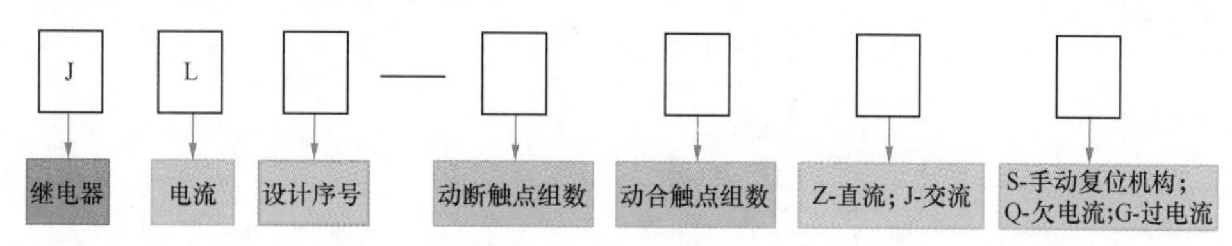

图 8-24 电流继电器的型号含义

8.4.4 热继电器

热继电器也称为过热保护器或热保护继电器，是利用电流的热效应来推动动作机构使其内部触点闭合或断开的，用于电动机的过载保护、断相保护、电流不平衡保护和热保护。

热继电器主要构件为发热元件和触头，三个发热元件串联于主电路，当主电路电流过载时，发热元件中的双金属片变形弯曲，推动常闭触头断开，而常闭触头串联于控制电路中，切断了控制电路后，接触器的线圈断电，从而断开电动机的主电路，电动机得到保护。热继电器结构还包括整定电流调节凸轮及复位按钮。主电路过载，热继电器动作后，一段时间后双金属片冷却，由于具有热惯性，热继电器不能用作短路保护。要让热继电器重新工作时，须按触头复位按钮。整定电流的调节可控制触头动作的时间。热继电器热的实物外形及符号如图 8-25 所示，文字符号为 FR。图 8-26 所示为热继电器的控制关系。

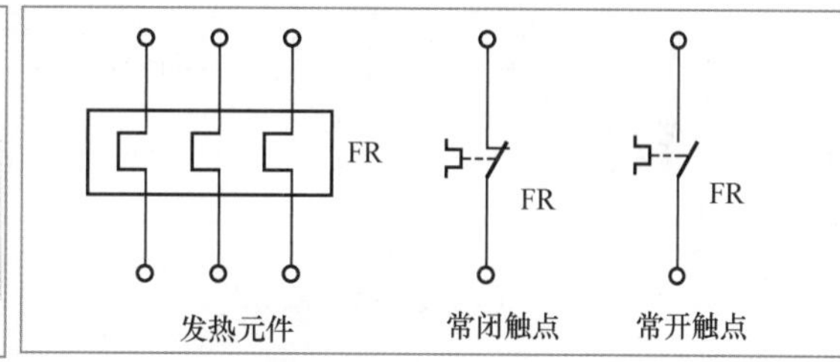

图 8-25 热继电器的实物外形及符号

8.4.5 时间继电器

时间继电器实质上是一个定时器，在定时信号发出之后，时间继电器按预先设定好的时间、时序延时接通和分断被控制电路。

时间继电器按工作方式可分为通电延时时间继电器和断电延时时间继电器两种，前者较为常用。图 8-27 所示为时间继电器的实物外形及符号。

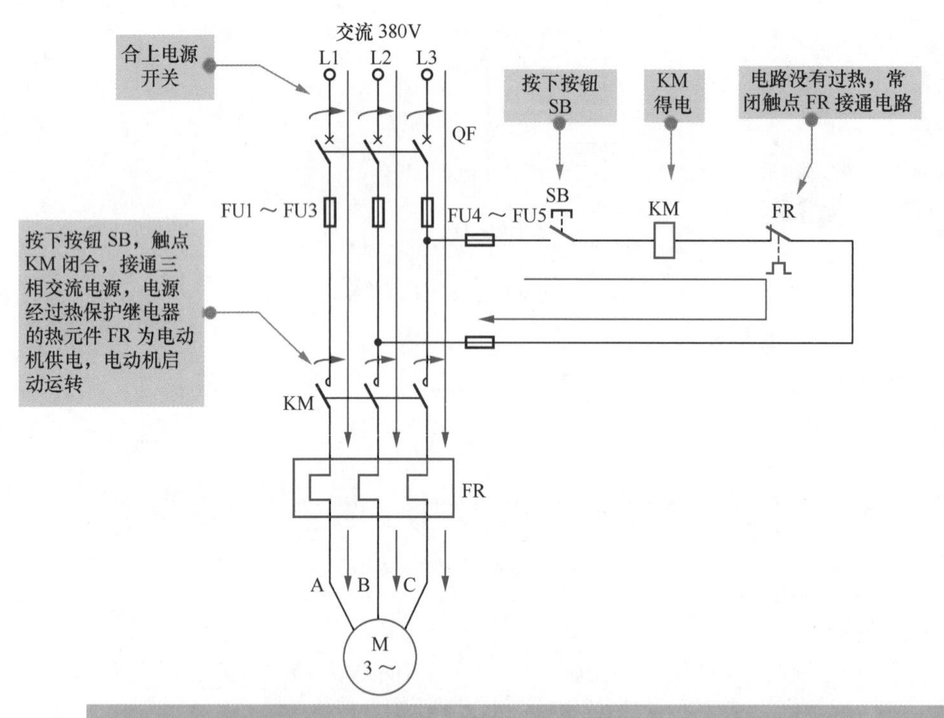

1 按下按钮 SB，电路没有过热，热继电器常闭触点 FR 接通电路，继电器线圈得电，触点 KM 闭合，三相交流电源经过热保护继电器的元件 FR 为电动机供电，电机机启动运转。

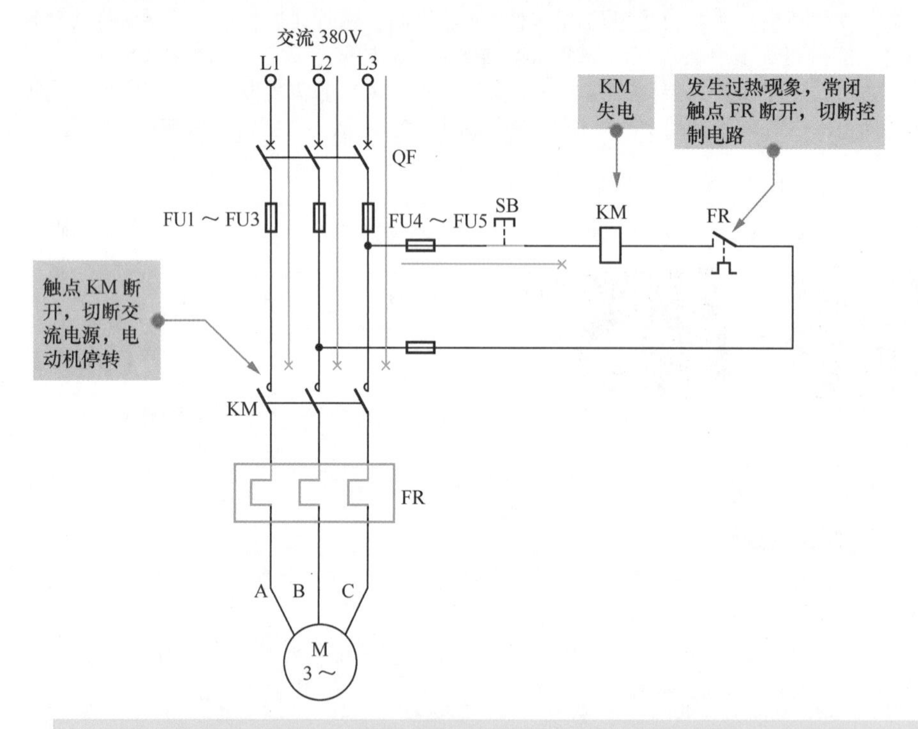

2 当电路中出现过载、断相、电流不平衡或三相电动机过热等现象时，过热继电器的热元件 FR 产生的热效应推动动作机构使得常闭触点断开，继电器线圈失电，交流接触器主触头断开，切断电源。

图 8-26 热继电器的控制关系

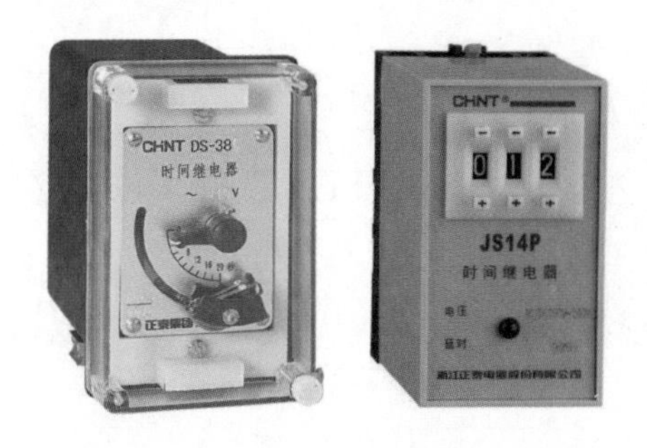

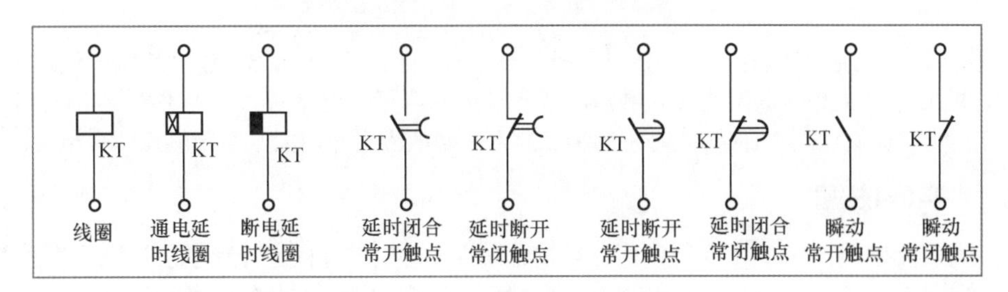

图 8-27　时间继电器的实物外形及符号

时间继电器的型号含义如图 8-28 所示。

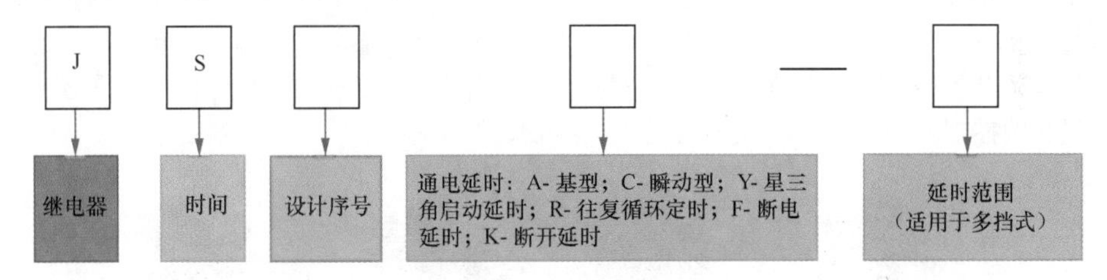

图 8-28　时间继电器的型号含义

8.4.6　继电器的检测

一般可借助万用表检测继电器引脚间（包括线圈引脚间、触点引脚间）的阻值判断继电器是否正常。下面以典型的电磁继电器和热继电器为例，借助万用表检测各引脚间的阻值来判断继电器性能的好坏。

1　电磁继电器的检测

（1）检测继电器线圈：可用万用表测量继电器线圈的阻值来判断继电器线圈的好坏。将万用表红、黑表笔接继电器线圈的两个引脚，测试电阻值应与该继电器的线圈电阻基本相符，如果阻值明显偏小，则说明线圈局部短路；如果阻值为 0，说明两线圈引脚间短路；如阻值为无穷大，说明该线圈已断路，以上三种情况都说明该继电器已经损坏。

（2）检测触点：未加上工作电压时，常开接点应不通，常闭接点应导通，此时用万用表测试常开触点间的电阻应为无穷大，而常闭触点间的电阻应为 0；当加上工作电压时，应听到继电器吸合声，此时常开触点应导通，常闭触点应不通，此时再用万用表测试常开触点间的电阻应为 0，而常闭触点间的电阻应为无穷大。

2　热继电器的检测

（1）检测之前，根据接触器外壳上的标识对热继电器的接线端子进行识别。热继电器的端子对应关系如图 8-29 所示。

（2）检测发热元件。分别测量 L1 与 T1、L2 与 T2、L3 与 T3 之间的电阻值，阻值接近于零表明相应的发热元件正常；若电阻值无穷大表明被测发热元件断路，热继电器损坏，应更换。

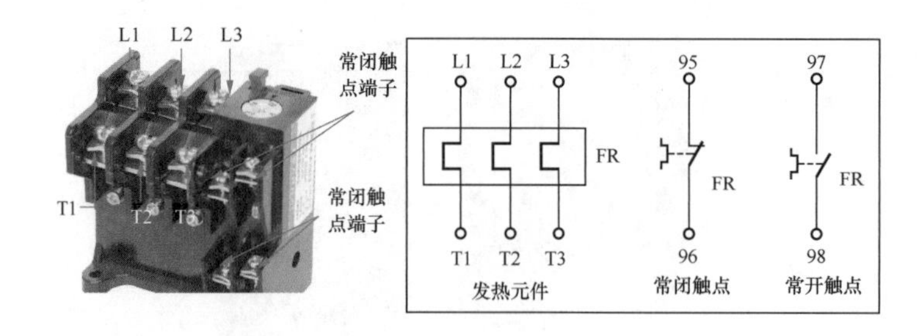

图 8-29 热继电器的端子对应关系

（3）检测触点。将万用表红、黑表笔搭在过热继电器的常闭触点端子上，测得常闭触点的阻值应为 0。同样的方法测试热继电器的常开触点，常开触点的电阻应为无穷大。用手拨动测试杆，模拟过载环境，重新测试触点的电阻值，此时常闭触点断开电阻值应为无穷大，常开触点闭合电阻值为 0。

8.5 主令电器

主令电器是用来频繁操纵多个控制回路以发布命令或对生产过程进行程序控制的开关电器。主令电器具有接通和断开电路的功能。利用这种功能，可以实现对生产机械的自动控制。

主令电器按功能可分为控制按钮、接近开关、行程开关、万能转换开关和主令控制器等。

8.5.1 控制按钮

控制按钮也称按钮开关，通常简称为按钮。它是一种手动操作的电气开关，用来控制线路中发出远距离控制信号或指令，控制继电器、接触器或其他负载设备，实现控制电路的接通与断开，从而实现对负载设备的控制。图 8-30 所示为按钮开关的实物外形及符号。

图 8-30 按钮开关的实物外形及符号

按钮开关根据其内部结构的不同可分为不闭锁的按钮开关和可闭锁的按钮开关。不闭锁的按钮开关是指按下按钮开关时内部触点动作，松开按钮开关时其内部触点自动复位；而可闭锁的按钮开关是指按下按钮开关时内部触点动作，松开按钮开关时其内部触点不能自动复位，需要再次按下按钮开关，其内部触点才可复位。

按钮开关是电路中的关键控制部件，无论是不闭锁的按钮开关还是闭锁按钮开关，根据电路需要都可以分为常开、常闭和复合三种形式，下面以不闭锁按钮开关为例，分别介绍一下这三种形式按钮开关的控制功能。

1 不闭锁的常开按钮开关

如图 8-31 所示，不闭锁的常开按钮开关连接在电池和灯泡（负载）之间，用于控制灯泡的点亮和熄灭，在未对其进行操作时，灯泡处于熄灭状态。

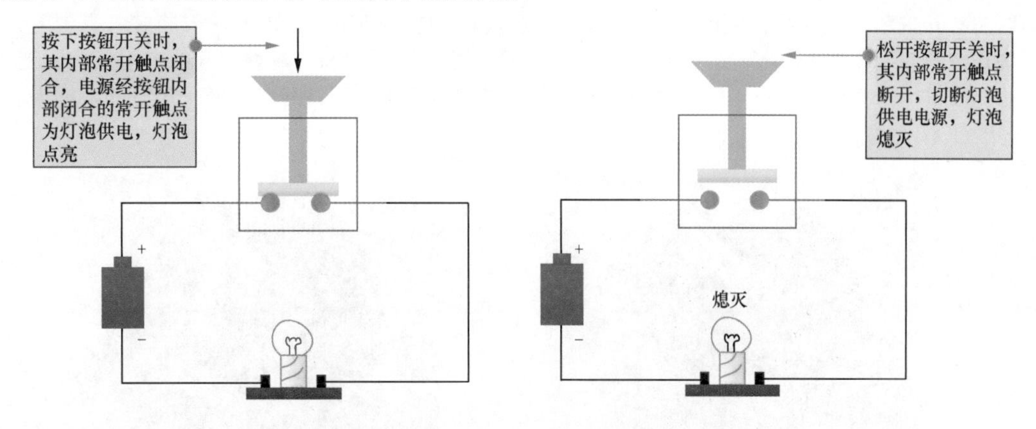

图 8-31　不闭锁常开按钮开关的控制关系

2 不闭锁的常闭按钮开关

不闭锁的常闭按钮开关操作前，内部常闭触点处于闭合状态，按下按钮开关后，内部常闭触点断开，松开按钮开关后按钮自动复位闭合。图 8-32 所示为不闭锁的常闭按钮的控制关系。

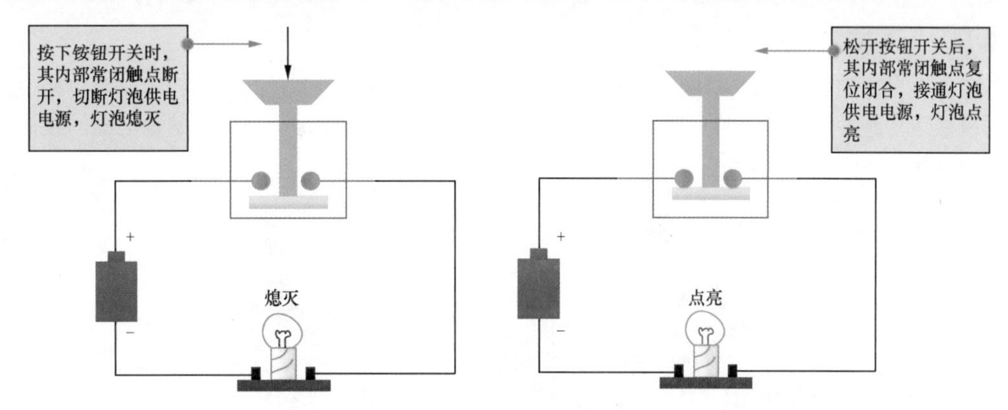

图 8-32　不闭锁的常闭按钮开关的控制关系

3 不闭锁的复合按钮开关

如图 8-33 所示，不闭锁的复合按钮开关内部有两组触点，分别为常开触点和常闭触点。操作前，常闭触点闭合，常开触点断开；按下按钮开关后，常闭触点断开，常开触点闭合；松开按钮开关后，常闭触点自动复位闭合，常开触点自动复位断开。

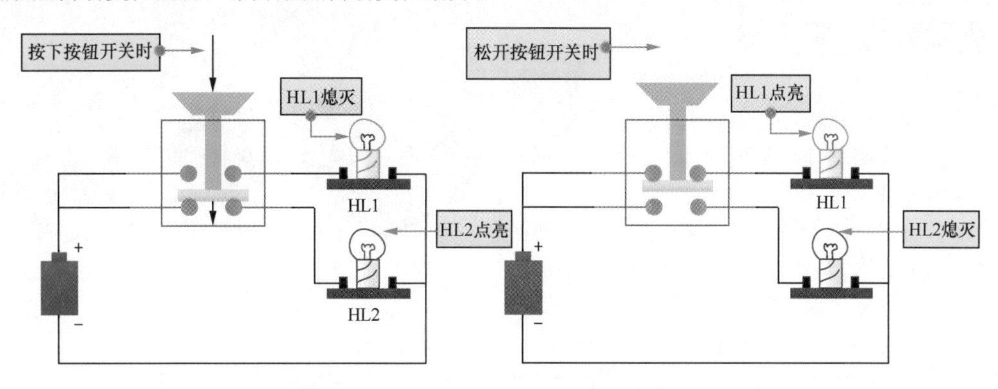

图 8-33　不闭锁的复合按钮开关的控制关系

检测控制按钮时，可通过外观直接判断其性能是否正常，还可以借助万用表直接进行检测。下面以常见的常开按钮为例介绍检测的基本方法，检测过程如图 8-34 所示。将万用表的红、黑表笔分别接在常开按钮的两个接线端子上，正常情况下按钮触点处于断开状态时，触点间的电阻值为无穷大；按下常开按钮，再次检测触点间的电阻值，如果测试结果为零则说明常开按钮开关是好的，如果测试结果仍然是无穷大则说明常开按钮损坏。

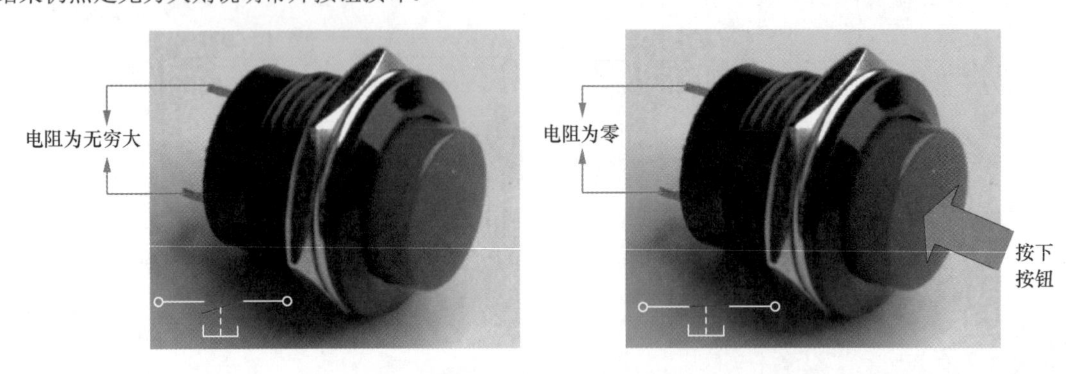

图 8-34　常开按钮的检测

8.5.2　其他主令电器

1　行程开关

行程开关又称限位开关，其工作原理与按钮类似，不同的是行程开关触点动作不靠手工操作，而是利用机械运动部件的碰撞使触点动作，从而将机械信号转换为电信号，再通过其他电器间接控制运动部件的行程、运动方向或进行限位保护等。行程开关的实物外形如图 8-35 所示。

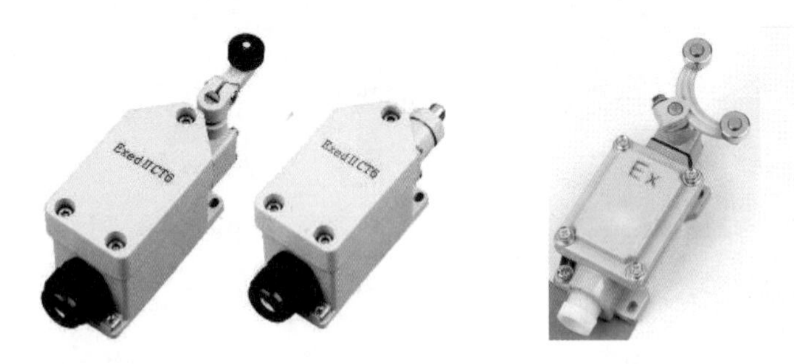

图 8-35　行程开关的实物外形

行程开关广泛用于各类机床和起重机械，用以控制电器行程，进行终端限位保护。在电梯的控制电路中，还利用行程开关来控制开关轿门的速度或进行轿厢的上、下限位保护。

2　主令控制器

主令控制器主要用于电气传动装置中，按照预定程序换接控制电路接线的主令电器，达到发布命令或其他控制线路联锁、转换的目的。主令控制器的实物外形如图 8-36 所示。

图 8-36　主令控制器的实物外形

主令控制器适用于频繁对电路进行接通和切断的场合，常配合磁力启动器对绕线式异步电动机的启动、制动、调速及换向实行远距离控制，广泛应用于各类起重机械的拖动电动机的控制系统中。

第9章 电工电路识图

电工电路包含电力传输电路、变换电路和分配电路，以及电气设备的供电电路和控制电路，线路图将线路的连接分配及电路器件的连接和控制关系用文字符号、图形符号、电路标记等表示出来。线路图及电路图是电气系统中的各种电气设备、装置及元器件的名称、关系和状态的工程语言，它是描述一个电气功能和基本构成的技术文件，是指导各种电工电路的安装、调试、维修必不可少的技术资料。学习电工电路识图是电工应掌握的一项基本技能。本章首先介绍电工电路的识图方法和步骤，然后以典型电路为例，分别介绍高压、低压供配电电路，照明控制电路及电动机控制电路的识图分析过程。

9.1 电工电路识图方法和识图步骤

初学识图要本着从易到难、从简单到复杂的原则。一般来讲，照明电路比电气控制电路简单，单项控制电路比系列控制电路简单。复杂的电路都是简单电路的组合，从识读简单的电路图开始，搞清每一个符号的含义，明确每一个元件的作用，理解电路的工作原理，为识读复杂的电工电路图打下基础。

9.1.1 电工电路识图方法

1 结合文字符号、图形符号等识图

电工电路图主要利用各种电气图形符号来表示其结构和工作原理。因此，结合电气图形符号进行识图，可快速对电路中包含的物理部件进行了解和确定。例如，图 9-1 所示为某车间的供配电线路电气图。当我们知道变压器符号和隔离开关的符号时，对该电气图进行识读就很容易了。

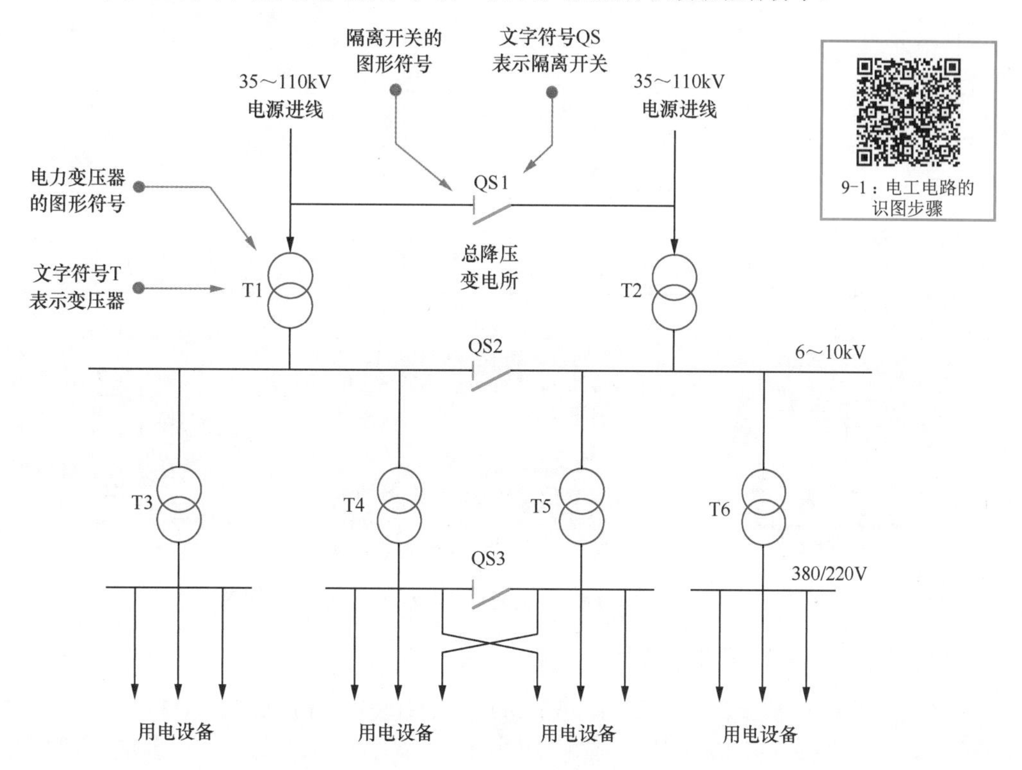

图 9-1　某车间的供配电线路电气图

电路分析：电源进线为35～110kV，经总降压变电所输出6～10kV高压；6～10kV高压再由车间变电所降压为380/220V后为各用电设备供电。图中隔离开关QS1、QS2、QS3分别起到接通电路的作用。若电源进线中左侧电路出现故障时，可将QS1闭合，由右侧电源进线为后级的电力变压器T1等设备和线路供电，保证线路安全。

图 9-1　某车间的供配电线路电气图（续）

图形符号和文字符号很多，做到熟记、会用，可从个人专业出发，先熟读、背会各专业共用的和本专业的图形符号，然后逐步扩大，掌握更多的符号，识读更多不同专业的电气图。

2　结合电气或电子元件的结构和工作原理识图

各种电工电路图都是由各种电气元件或电子元件和配线等组成的，只有了解了各种元器件的结构、工作原理、性能及相互之间的控制关系，才能帮助电工技术人员尽快读懂电路图。

例如，图 9-2 所示为典型电工电路中核心器件的结构、工作原理，了解电路中按钮开关、继电器的内部结构和不同的工作状态后，识读电路十分简单。

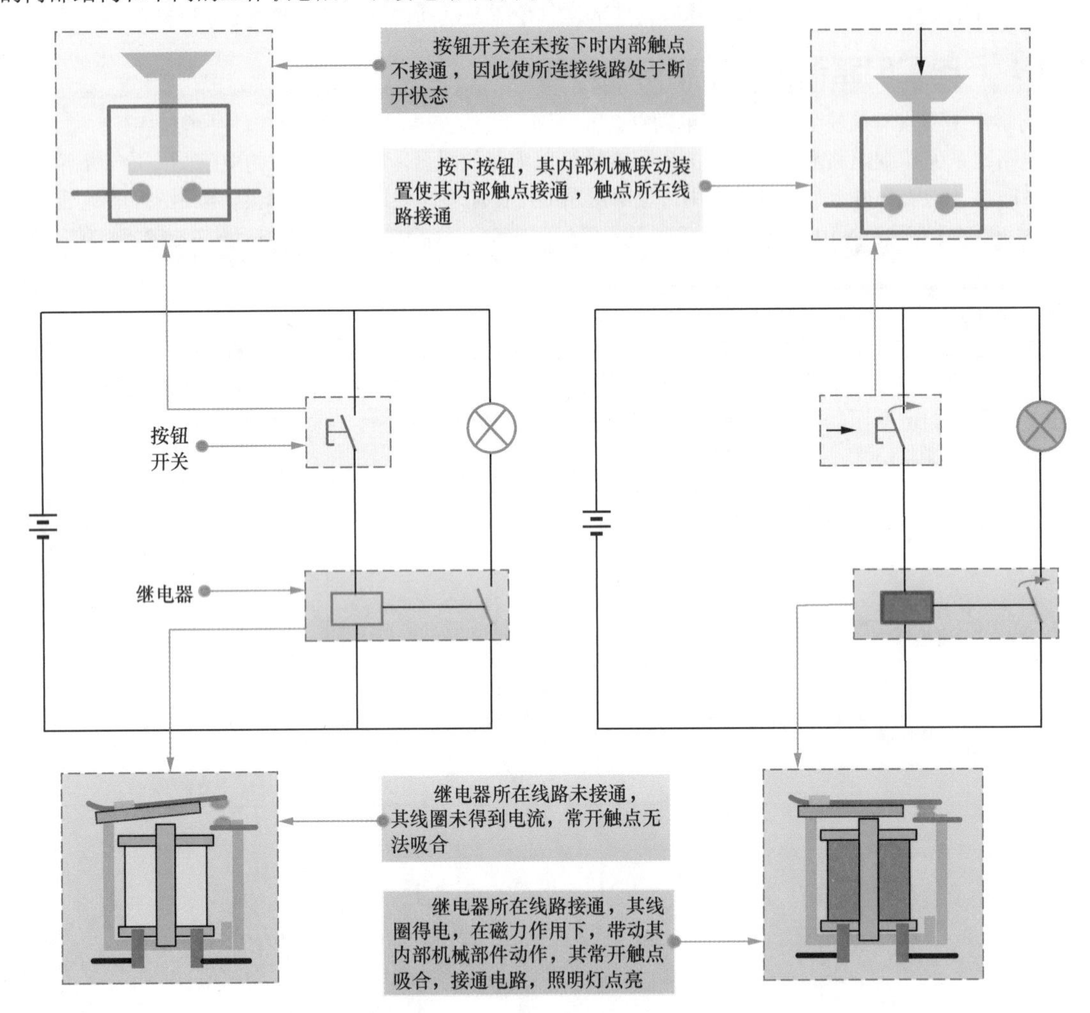

图 9-2　典型电工电路中核心器件的结构和工作原理

3　结合电工、电子技术的基础知识识图

在电工领域中，如输变配电、照明、电子电路、仪器仪表和家电产品等，以及电路方面的知识都是建立在电工、电子技术基础之上的，所以要想看懂电气图，必须具备一定的电工、电子技术方面的基础知识。

例如，图 9-3 所示为一种典型的照明灯触摸延时控制电路，该电路中触摸控制功能由 NE555 定时器电路、电阻器、电容器、稳压二极管、晶闸管、整流二极管等电子元件构成的电路实现；电路中线路的通断、照明功能则由断路器、触摸开关、照明灯实现。只有了解了上述各电子元件和电工器件的功能特点，才能根据线路关系理清电路中信号的处理过程和供电关系，从而完成电路的识读。

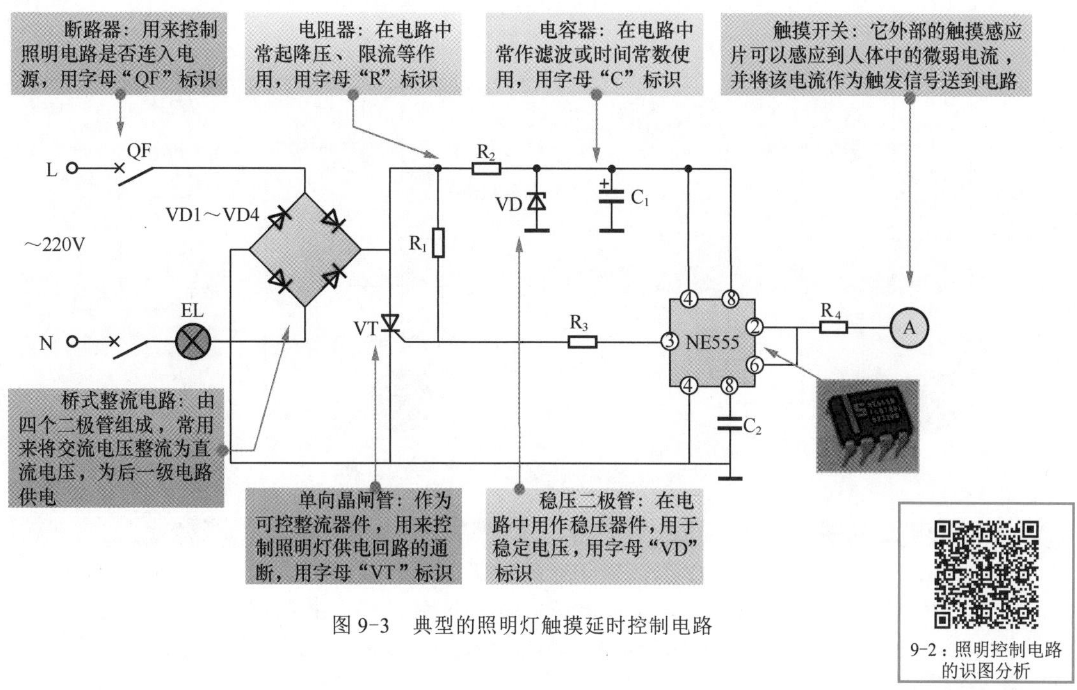

图 9-3　典型的照明灯触摸延时控制电路

电路分析：用手触摸开关 A，手的感应信号经电阻 R_4 加到 NE555 定时器芯片的 2 脚和 6 脚，定时器电路得到感应信号后，内部触发器翻转，其 3 脚输出高电平，单向晶闸管的控制极有高电平输入，触发晶闸管 VT 导通，照明灯供电回路被接通，照明灯 EL 被点亮。需要熄灭照明灯时，用手再次触碰触摸开关 A，手的感应信号送到定时器芯片的 2 脚和 6 脚，定时器内部的触发器再次翻转，其 3 脚输出低电平，单向晶闸管 VT 控制极为低电平而截止，照明灯供电回路被切断，照明灯 EL 熄灭。

4　总结和掌握各种电工电路，并在此基础上灵活扩展

电工电路是电气图中最基本也是最常见的电路，这种电路的特点是既可以单独应用，也可以在其他电路中作为关键点扩展后使用。许多电气图都是由多个基础电路组合而成的。例如，电动机的启动、制动、正反转、过载保护等均为基础电路。在识图过程中，应抓准基础电路，注意总结并完全掌握这些基础电路的机理。

如图 9-4 所示，左图为一种简单的电动机启、停控制电路，右图为一种典型的电动机点动、连续控制电路，可以看出，右图的功能是在左图的基础上添加了点动控制按钮来实现的。

5　对照学习识图

作为初学者，很难对一张没有任何文字解说的电路图进行识图，因此可以先参照一些技术资料或图书、杂志等，找到一些与我们所要识读的电路图相近的图纸，先跟随带有详细说明的图纸一步步地分析和理解该电路图中元器件的含义和原理，再对照我们手中的图纸进行分析、比较，找到不同点和相同点，把相同点的地方弄清楚，再有针对性地突破不同点，或再参照其他与该不同点相似的图纸，最后把遗留问题一一解决，便完成了对该图的识读。

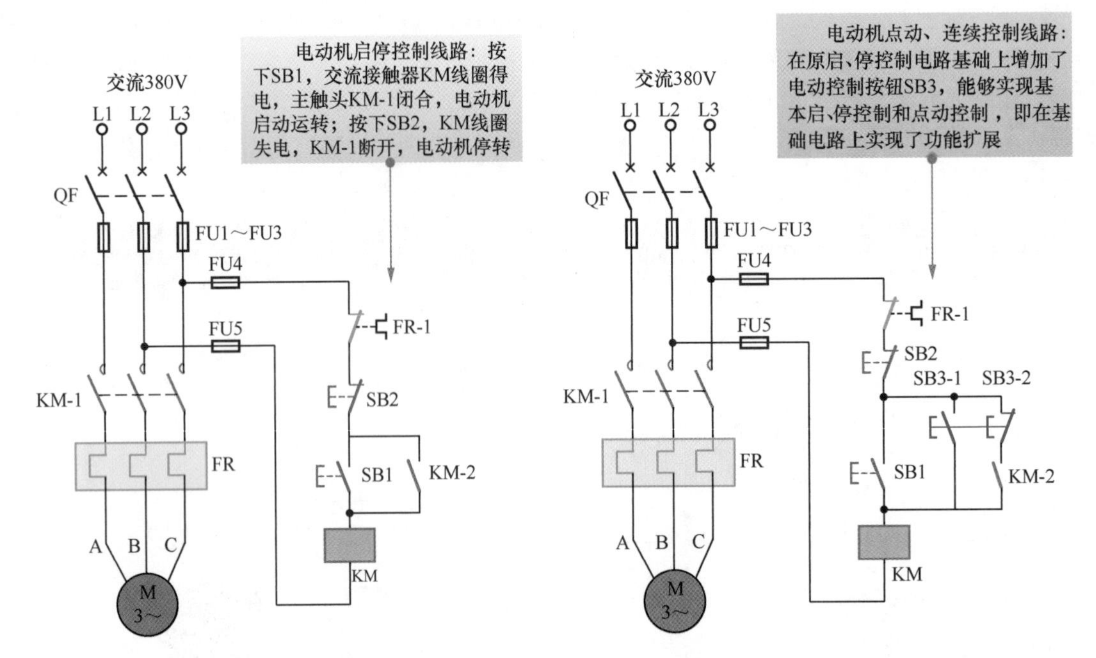

图 9-4 电动机控制基础电路及扩展应用

9.1.2 电工电路识图的步骤

识读电路图，首先需要区分电路类型及用途或功能，整体认识后，再通过熟悉各种电器元件的图形符号建立对应关系，然后根据电路特点寻找该电路中的工作条件、控制部件等，按照相应电工、电子电路中电子元器件、电器元件的功能和原理知识，理清信号流程，最终掌握电路控制机理或电路功能，完成识图过程。

识读电工电路可分为 7 个步骤，即：区分电路类型→明确用途→建立对应关系及划分电路→寻找工作条件→寻找控制部件→明确控制关系→理清供电及控制信号流程，最终掌握控制机理和电路功能。

1 区分电路类型

电工电路的类型根据其所表达的内容、包含的消息及组成元素的不同，一般可分为电工接线图和电工原理图。不同类型电路的识读原则和重点不相同，因此当遇到电路图时，首先要看它属于哪种电路。

图 9-5 所示为一张简单的电工接线图。从图中可以看出，该电路图中用中文符号和图形符号标识出了系统中所使用的基本物理部件，用连接线和连接端子标识出了物理部件之间的实际连接关系和接线位置。

2 明确用途

明确电路的用途是指导识图的总纲领，即先从整体上把握电路的用途，明确电路最终实现的结果，并以此作为指导识读总体思路。例如，在电动机的点动控制电路中，抓住其中的"点动""控制""电动机"等关键信息，作为识图时的主要信息。

3 建立对应关系及划分电路

根据电路中的文字符号和图形符号标识，将这些简单的符号信息与实际物理部件建立起一一对应关系，进一步明确电路所表达的含义，对读懂电路关系十分重要。

图 9-6 为简单的电工电路符号与实物的对应关系。

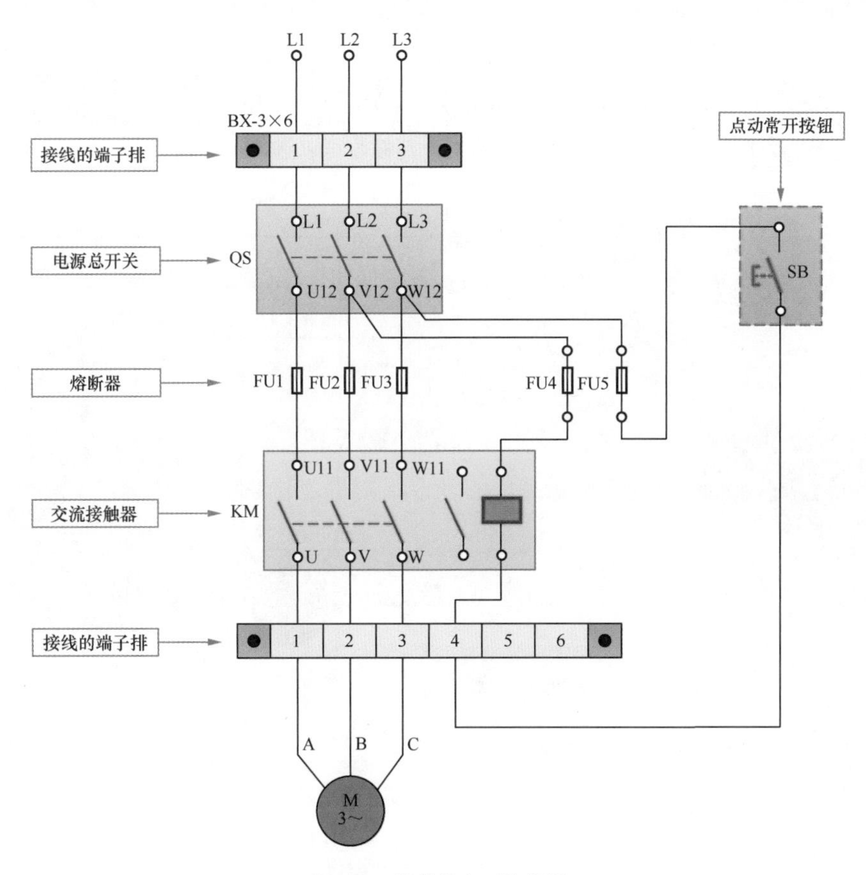

图 9-5　简单的电工接线图

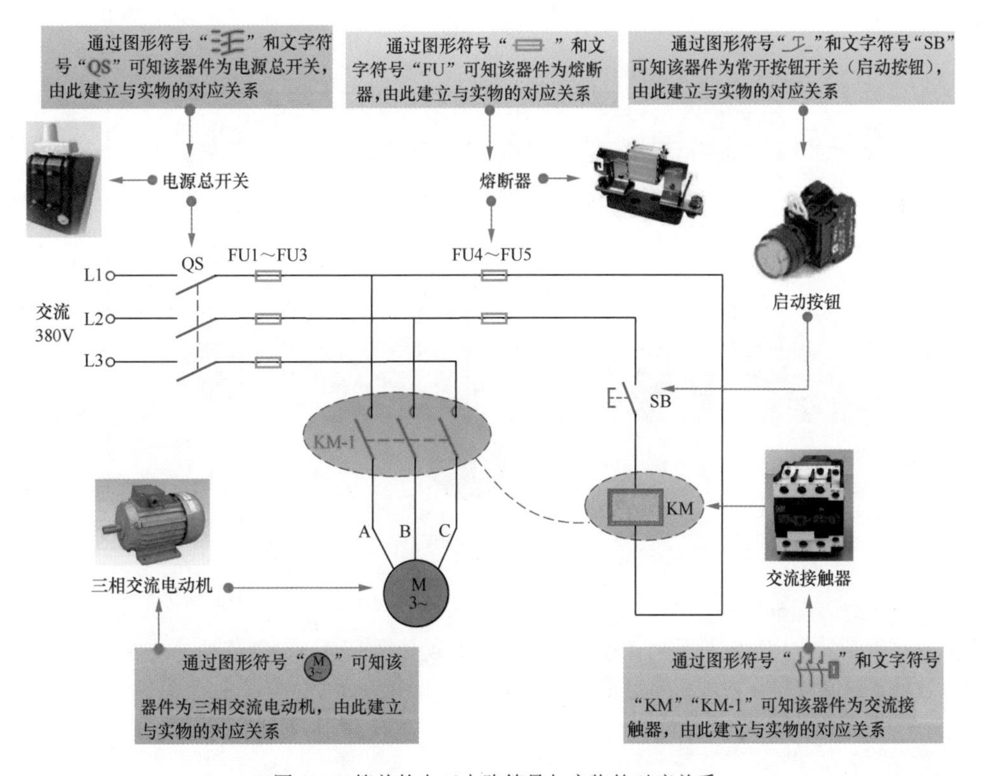

图 9-6　简单的电工电路符号与实物的对应关系

4 寻找工作条件

如图 9-7 所示，当建立好电路中各种符号实物的对应关系后，接下来可通过了解器件的功能寻找电路中的工作条件，工作条件具备时，电路中的物理部件才可以进入工作状态。

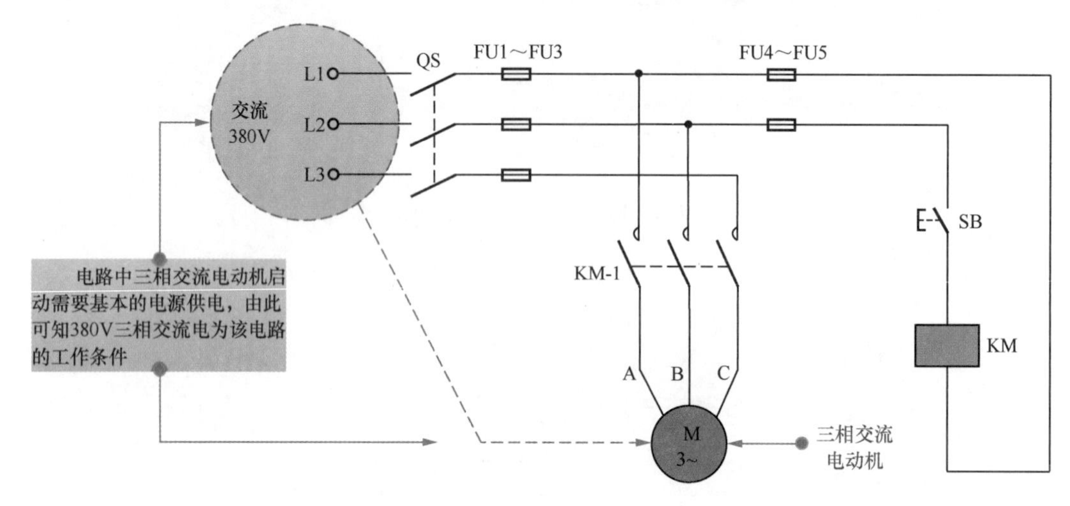

图 9-7　寻找电路中的工作条件

5 寻找控制部件

如图 9-8 所示，控制部件通常称为操作部件，电工电路中就是通过操作该类部件对电路进行控制的。它是电路中的关键部件，也是控制电路中是否将工作条件接入电路或控制电路中的被控制部件执行所需要动作的核心部件。识图时，准确找到控制部件是识读过程的关键。

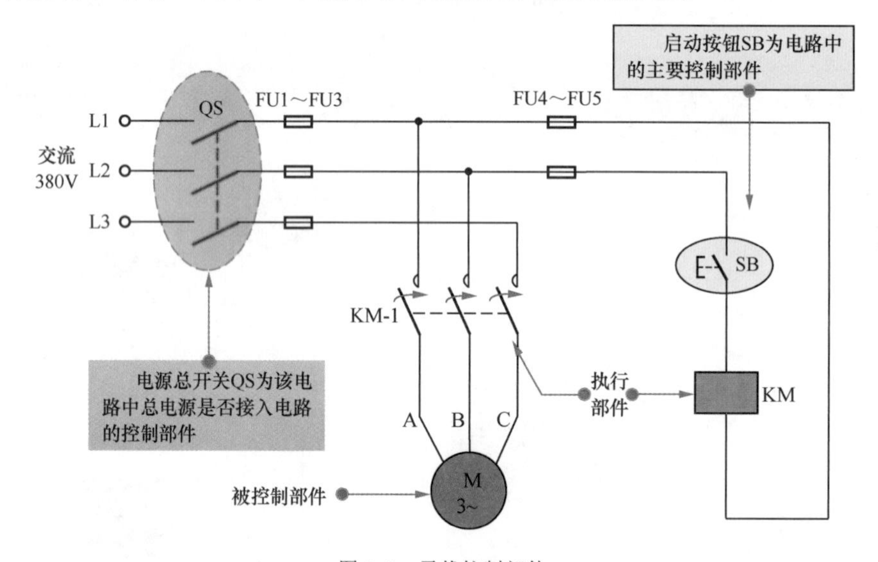

图 9-8　寻找控制部件

6 明确控制关系

如图 9-9 所示，找到控制部件后，接下来根据线路连接情况确立控制部件与被控制部件之间的控制关系，并将该控制关系作为理清该电路信号流程的主线。

7 理清供电及控制信号流程

如图 9-10 所示，确立控制关系后，通过可操作控制部件来实现其控制功能，同时清楚每操作一个控制部件后，被控制部件所执行的动作和结果，从而理清整个电路的信号流程，最终掌握其控制机理和电路功能。

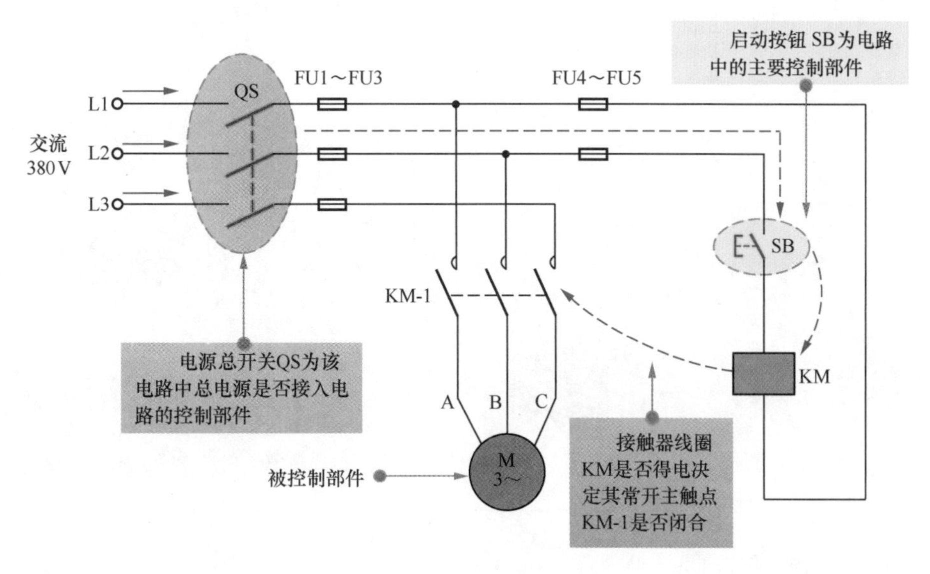

图 9-9　明确控制关系

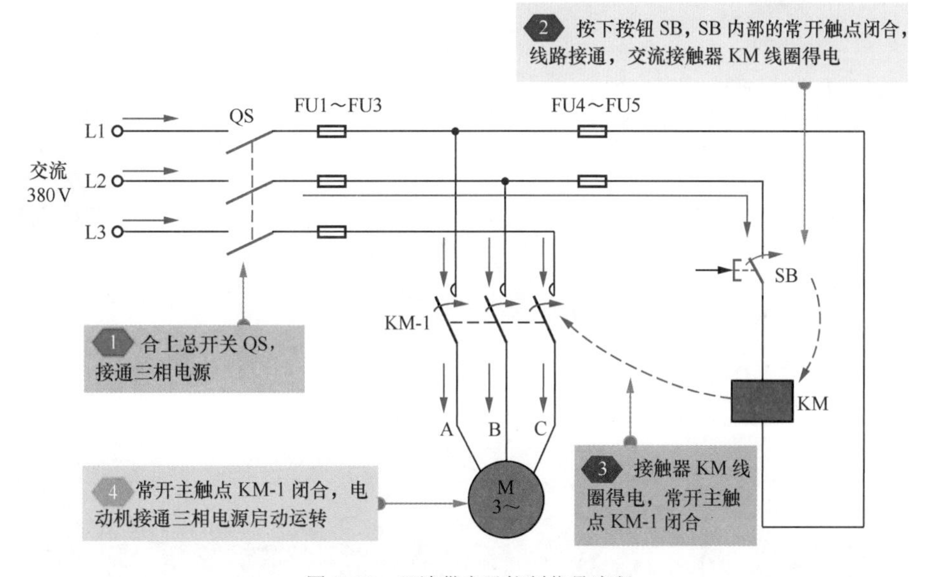

图 9-10　理清供电及控制信号流程

9.2 电工电路识图分析

9.2.1 高压供配电电路的识图分析

图 9-11 所示为典型高压供配电电路。该电路主要由高压隔离开关 QS1 ～ QS12、高压断路器 QF1 ～ QF6、电力变压器 T1 和 T2、避雷器 F1 ～ F4、高压熔断器 FU1 和 FU2、电压互感器 TV1 和 TV2 构成。

为了便于对供配电电路进行识读分析，根据供配电电路的连接特点，我们可以将上述的高压供配电电路划分成供电电路和配电电路两部分。其中，供电电路承担输送电能的任务，直接连接高压电源，通常以一条或两条通路为主线。图 9-12 所示为高压供电电路的识读分析过程。

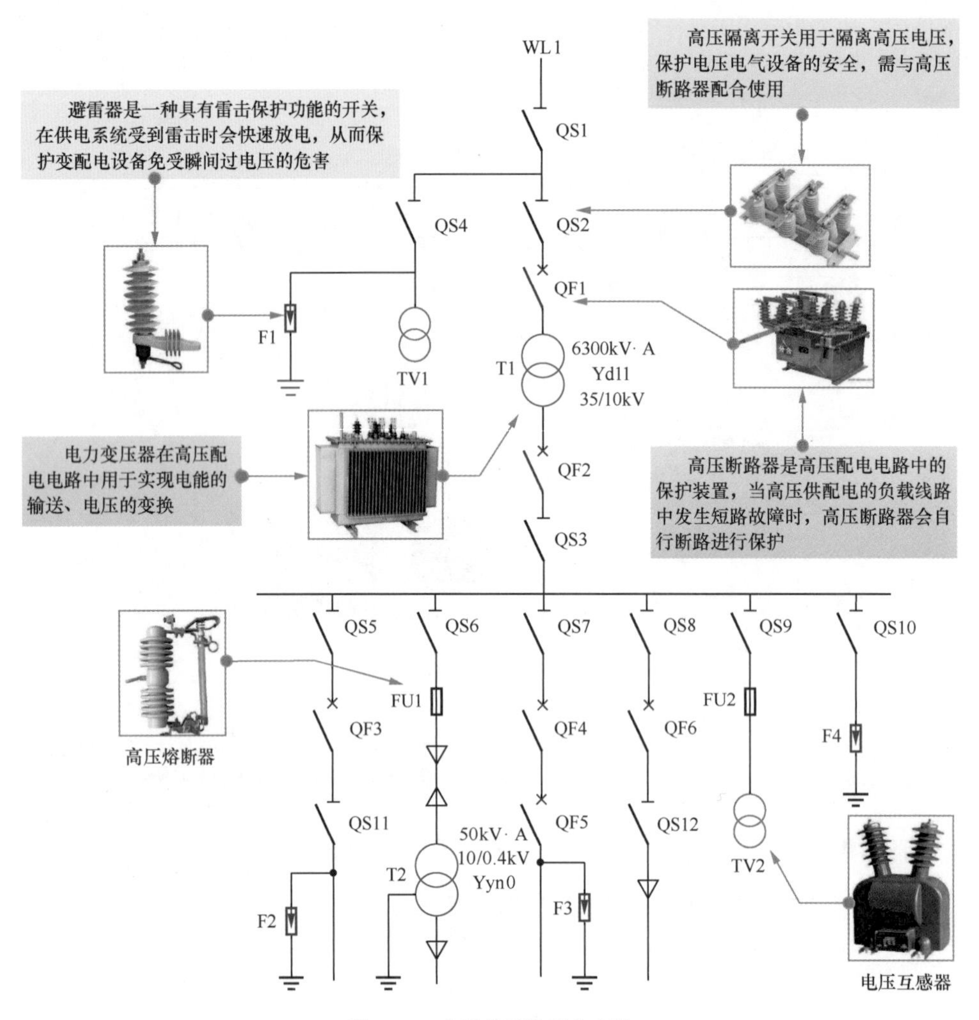

图 9-11　典型高压供配电电路

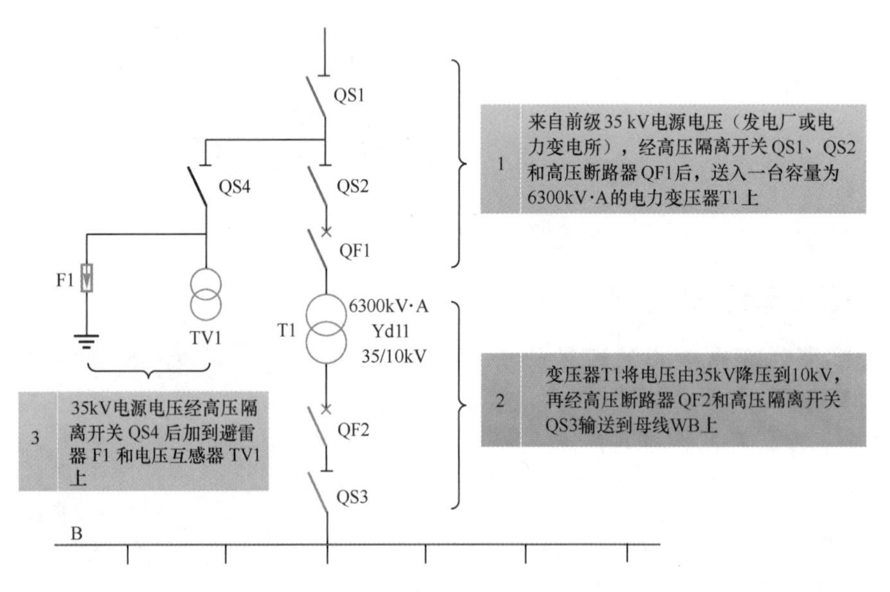

图 9-12　高压供电电路的识读分析过程

高压配电电路承担分配电能的任务，一般指高压供配电电路中母线另一侧的电路，通常有多个分支，分配给多个用电电路或设备。高压配电电路的识读分析过程如图 9-13 所示。

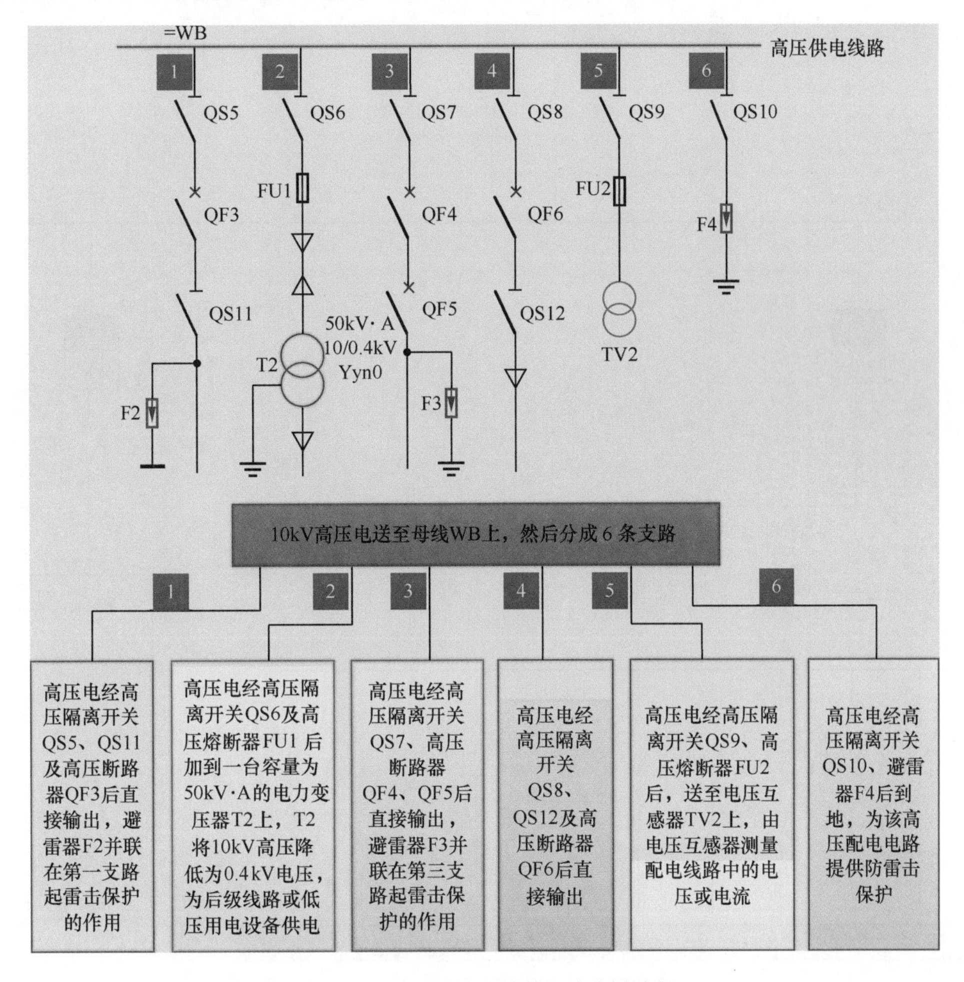

图 9-13　高压配电电路的识读分析过程

9.2.2　低压供配电电路的识图分析

不同的低压供配电电路所采用的低压供配电的设备和数量也不尽相同，熟悉和掌握低压供配电电路中主要部件的图形符号和文字符号的含义，了解各部件的功能特点，对电路进行分析识读非常有帮助。

图 9-14 所示为典型低压供配电电路的结构。该电路主要由低压电源进线、带漏电保护的断路器 QF1、电能表、总断路器 QF2、配电盘（包括用户总断路器 QF3、支路断路器 QF4 ～ QF11）等构成。

根据低压供配电线路的连接特点，为了便于对低压供配电电路进行识读分析，我们可以将图 9-14 中所示的低压供配电电路划分成两个部分，即楼层住户配电箱和室内配电盘。其中，楼层住户配电箱属于低压供电部分，室内配电盘属于配电部分，用于分配给室内各用电设备。

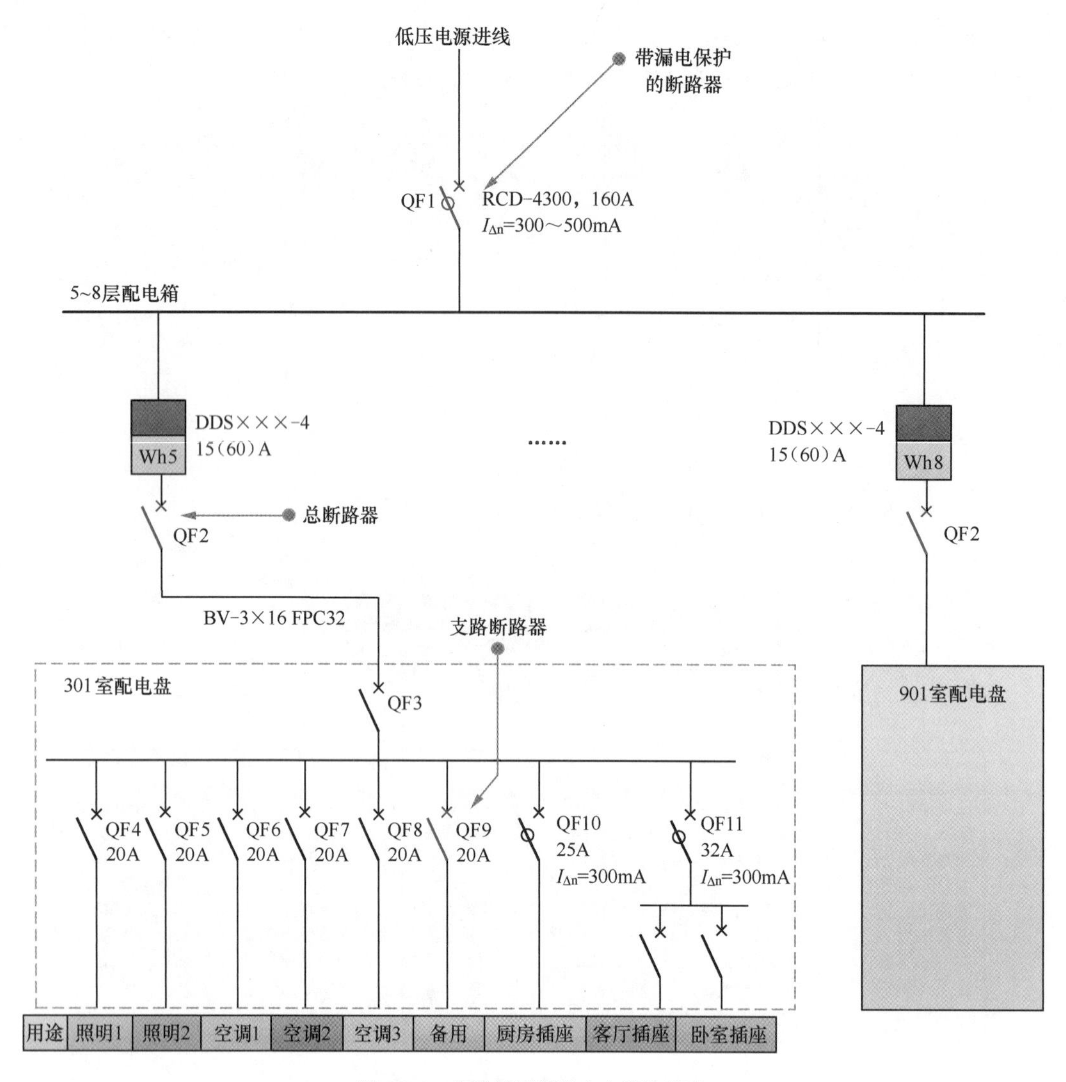

图 9-14　典型低压供配电电路的结构

图 9-15 为典型低压供配电电路的识读分析过程。

9.2.3　照明控制电路的识图分析

图 9-16 所示为典型室内照明控制电路。该电路主要由断路器 QF、双控开关 SA1 和 SA2，双控联动开关 SA3 及照明灯 EL 组成。

上述室内照明控制电路通过两只双控开关和一只双控联动开关的闭合和断开，可实现三地控制一盏照明灯，在家居卧室中，一般可在床头两边各安装一只开关，在房间进门处安装一只，实现三处都可对卧室照明灯进行控制。

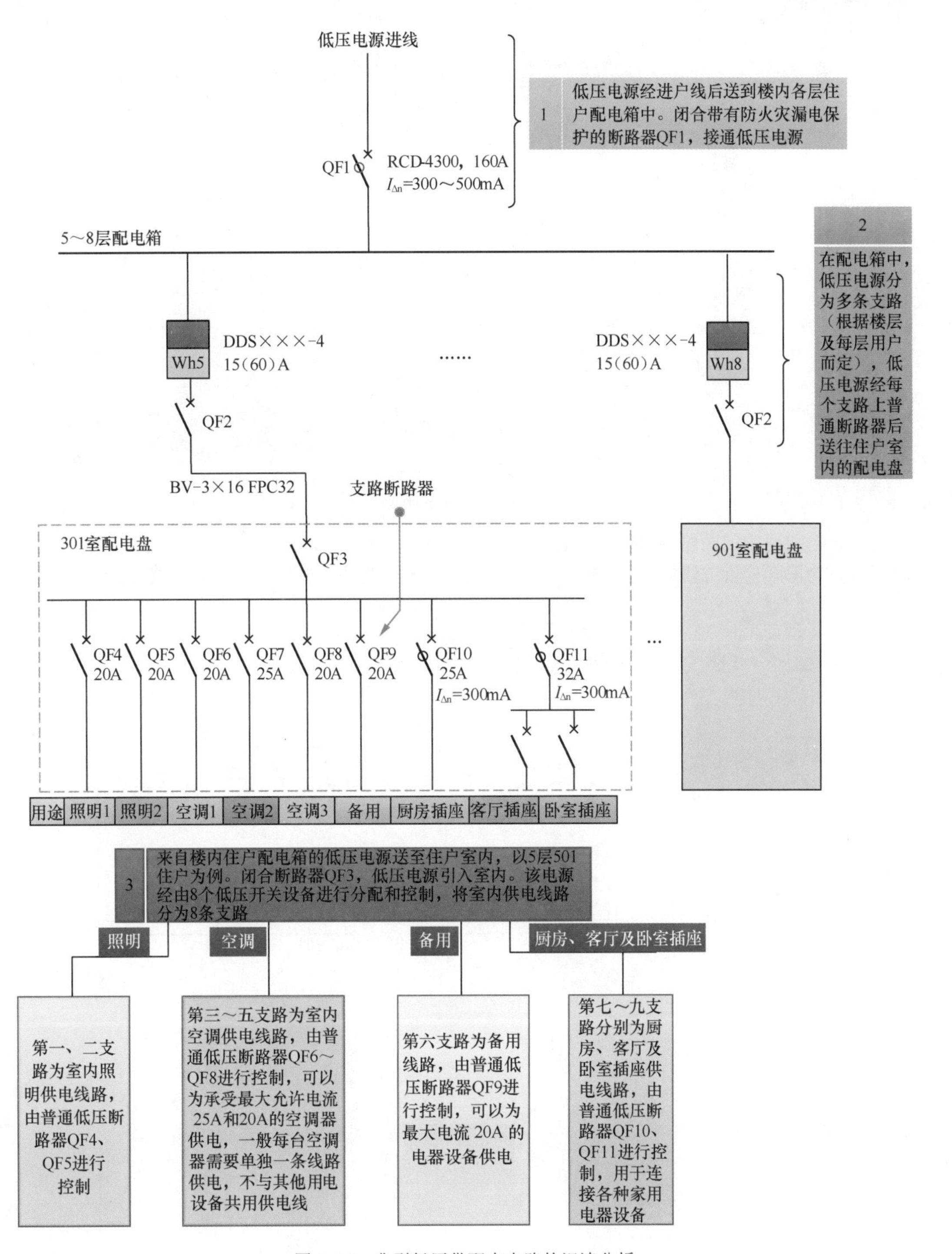

图 9-15　典型低压供配电电路的识读分析

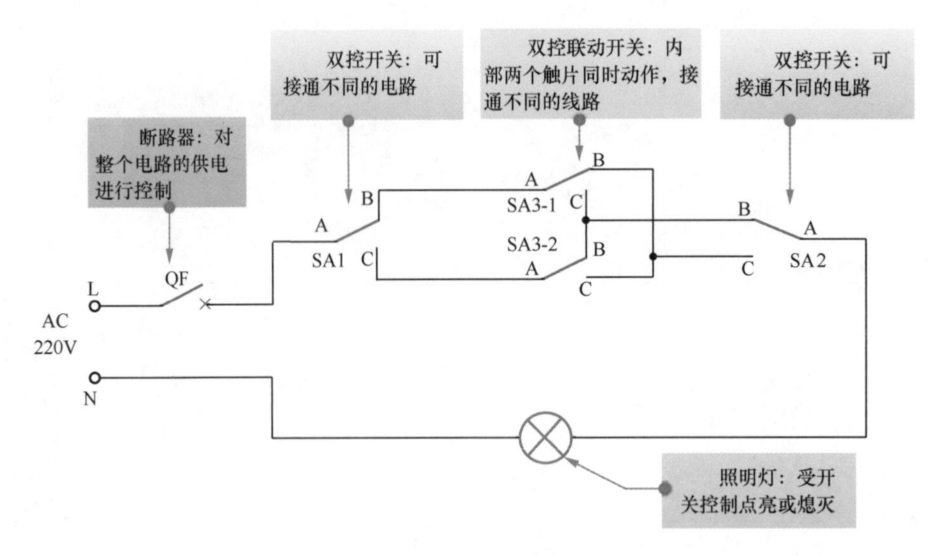

图 9-16　典型室内照明控制电路

合上供电线路中的断路器QF，接通220V电源，照明灯未点亮时，按下任一开关都可点亮照明灯。照明灯点亮的识读分析过程如图 9-17 所示，分别在图 9-16 的基础上按下对应开关进行操作。

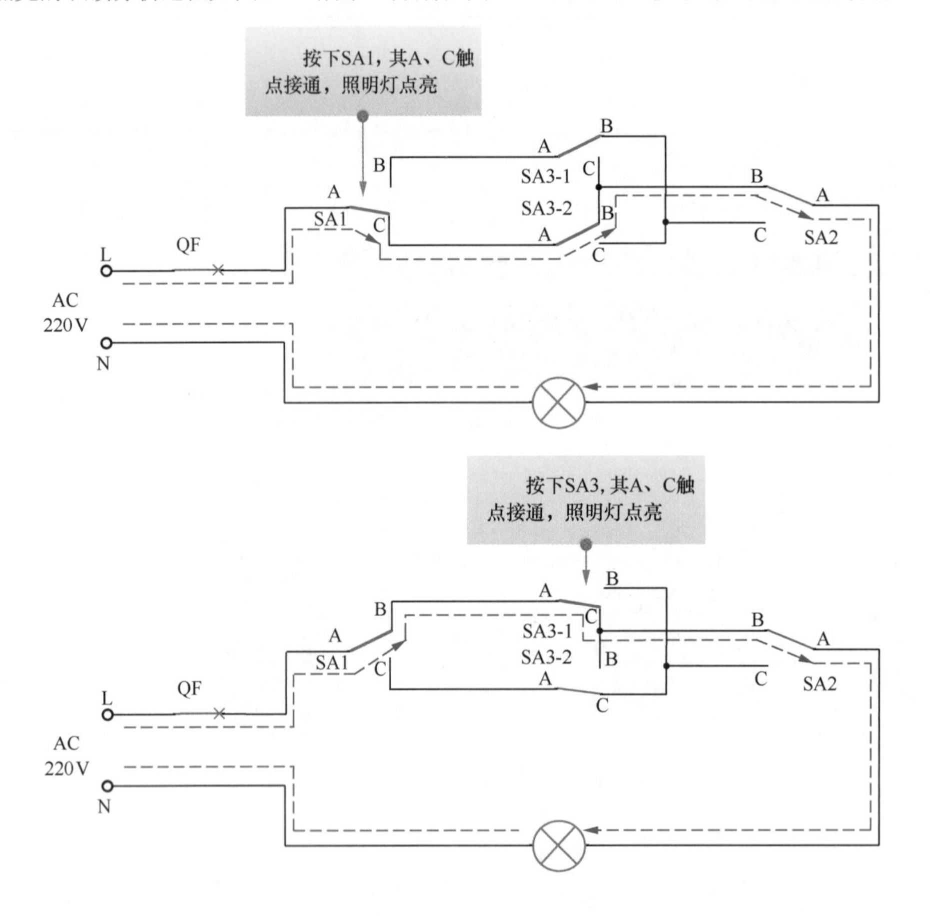

图 9-17　照明灯点亮的识读分析过程

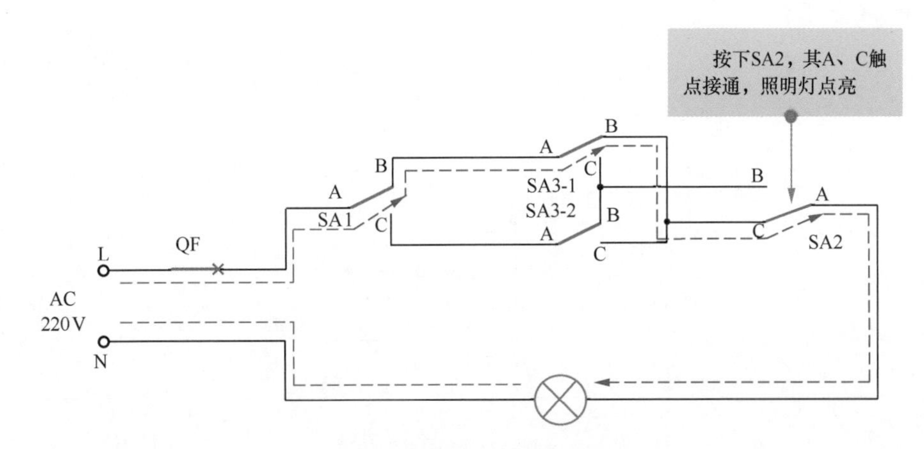

图 9-17 照明灯点亮的识读分析过程（续）

照明灯点亮时，按下任一开关都可熄灭照明灯。图 9-18 给出了按下 SA1 使得照明灯点亮情况下，再次按下任一开关使照明灯熄灭的识读分析过程。

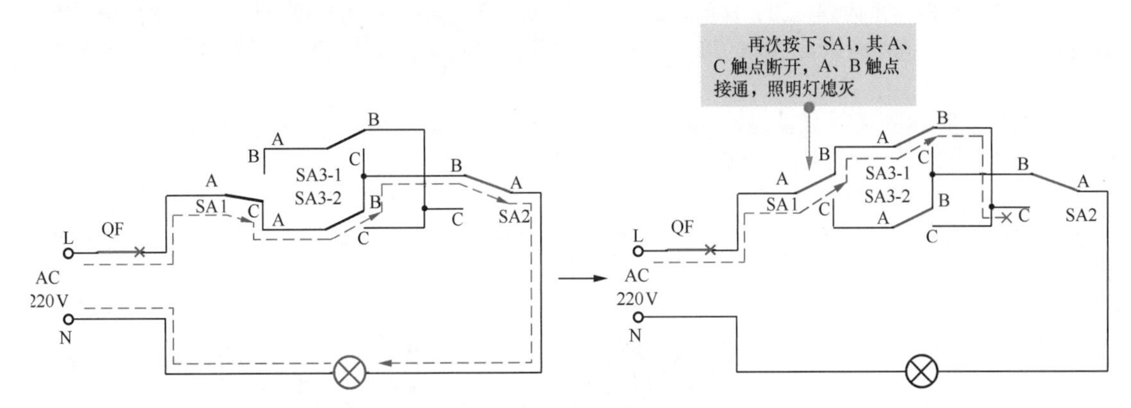

（a）操作SA1照明灯熄灭的过程图

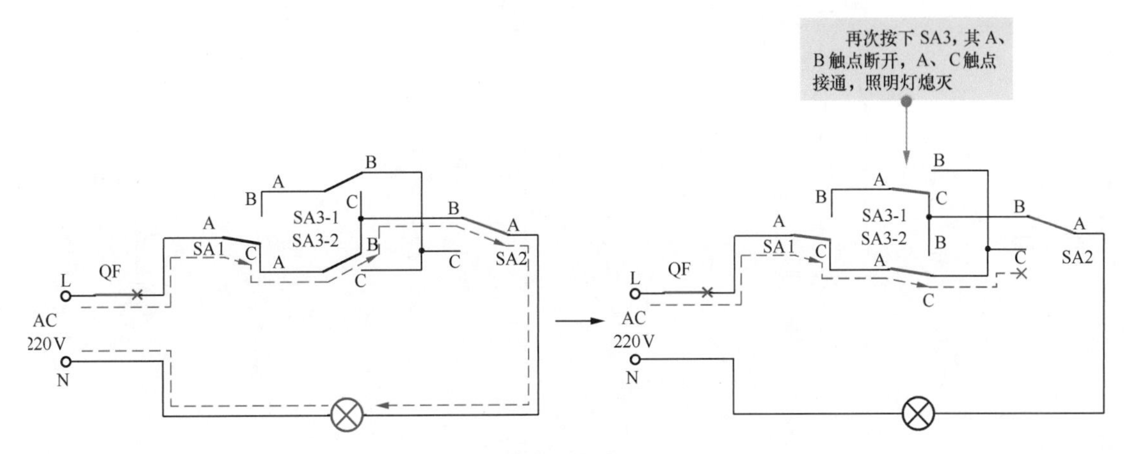

（b）操作SA3照明灯熄灭的过程图

图 9-18 照明灯熄灭的识读分析过程

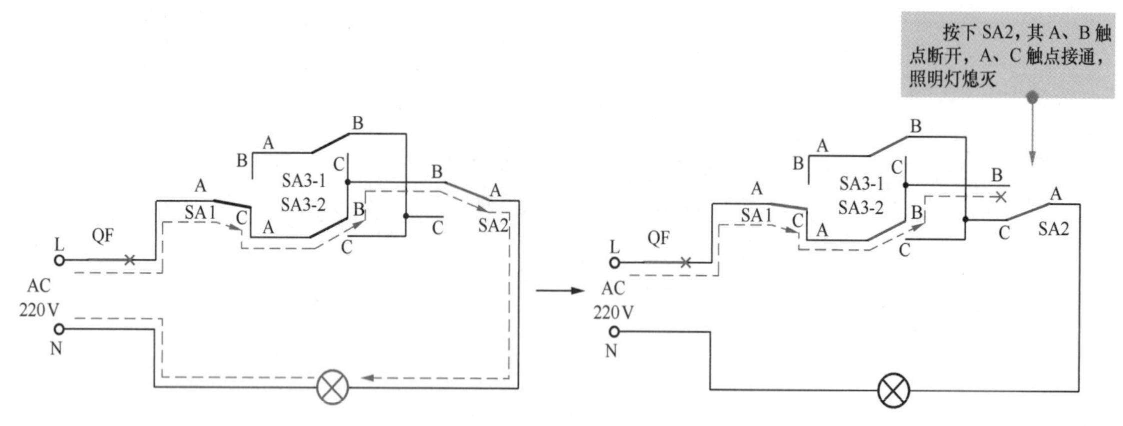

（c）操作SA2照明灯熄灭的过程图

图 9-18　照明灯熄灭的识读分析过程（续）

9.2.4　电动机控制电路的识图分析

电动机控制电路是依靠按钮、接触器、继电器等部件来对电动机的启停、运转进行控制的电路。通过控制部件的不同组合以及不同的接线方式，可对电动机的运转时间、转速、方向等进行控制，从而满足一定的需求。

识读电动机控制电路，需要对该电路的特点有所了解，在了解电动机控制电路的功能、结构、电气部件作用的基础上，才能对电动机控制电路进行快速识读。

图 9-19 为典型电动机启动和停止的识读分析。电动机控制电路主要由电源总开关 QS、熔断器 FU1 ～ FU5、热继电器 FR、启动按钮 SB1、停止按钮 SB2、交流接触器 KM、运行指示灯 HL1 和停机指示灯 HL2 构成。

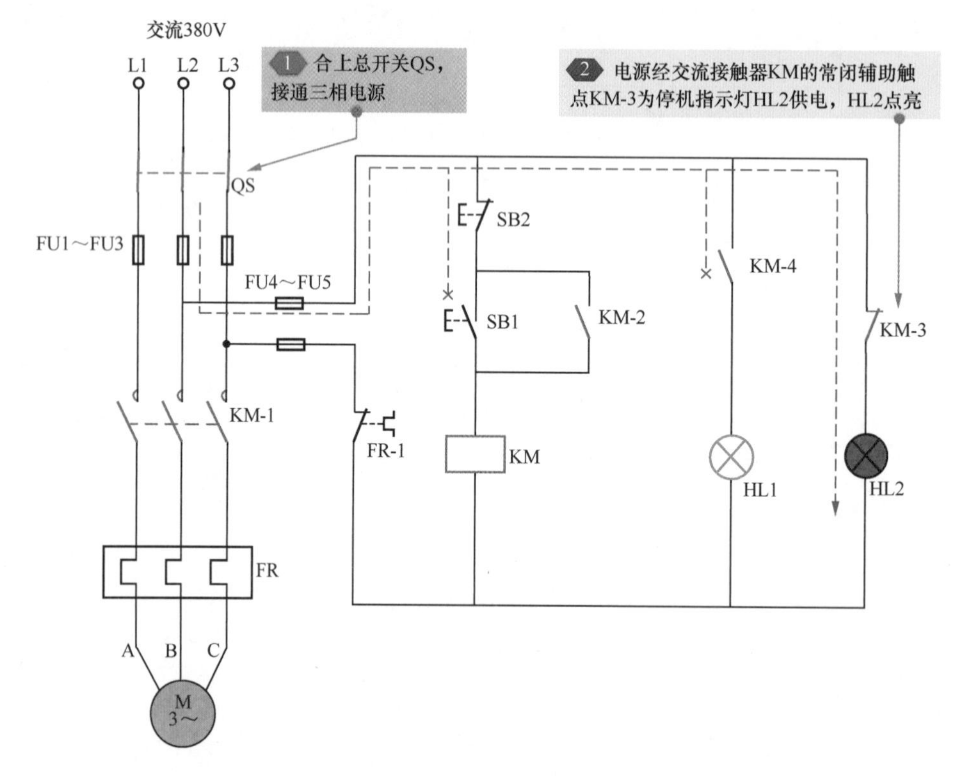

图 9-19　典型电动机启动和停止的识读分析

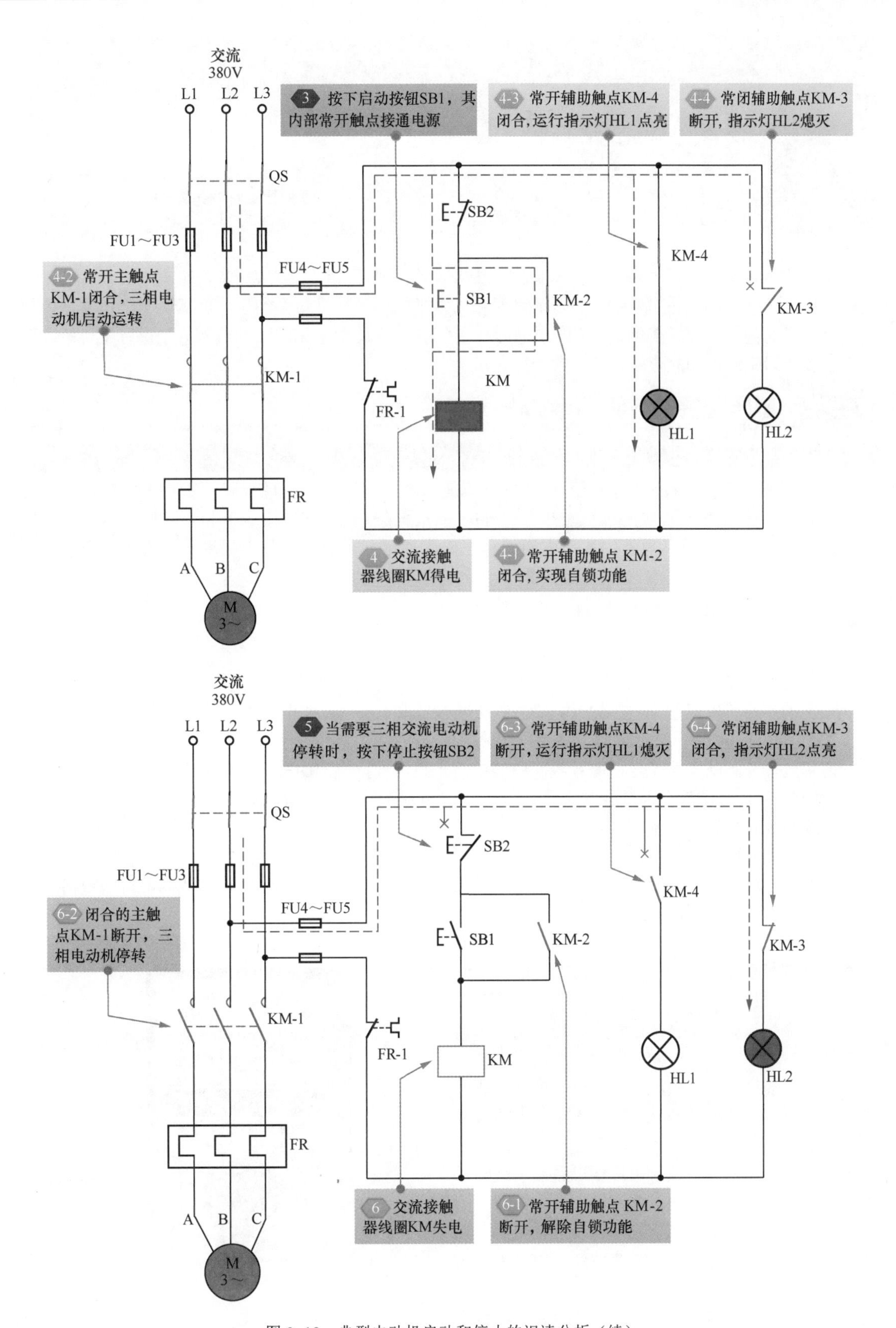

图 9-19 典型电动机启动和停止的识读分析（续）

第10章 电气故障检测与处理

电气设备在长期使用过程中，由于自然磨损或使用维护不当，会出现故障，影响电气设备的正常工作，因此了解常用低压电器的常见故障和维修方法非常重要。本章介绍了接触器、热继电器、中间继电器以及时间继电器常见的故障和维修方法，并对控制回路中常见故障的检测方法进行了讲解，对电气设备的日常维护和故障处理具有指导意义。

10.1 低压电器的故障与维修

10.1.1 接触器的常见故障与维修

接触器在长期使用过程中，由于自然磨损或使用维护不当，会出现故障，影响电气设备的正常工作，因此了解接触器的常见故障并掌握处理的方法非常重要。交流接触器和直流接触器除了在电磁机构、工作电压有所不同外，其基本构成和工作原理相同，因此本节主要讲解交流接触器的常见故障。

1 电磁系统的故障及维修

电磁系统常见故障有线圈故障、铁芯噪声大、衔铁吸不上或者不释放等。

（1）线圈故障。

线圈的主要故障现象是过热甚至烧毁，线圈烧毁是由于所通过的电流过大导致，常见原因如下。

①电源电压过低或过高。如果电源的电压偏低，导致线圈接线端子上的控制电压偏低。当电压低到一定程度，铁芯就不能吸合，此时线圈中的电流是正常维持电流的几倍（电流大小取决于电压的大小），时间一长，线圈就会因过度发热而烧坏。如果线圈接线端子上的控制电压偏高（$> 1.1\times U_s$），也会导致线圈过度发热而烧坏。

②操作频率过高。

③线圈匝间短路。线圈制造不良或由于机械损伤、绝缘损坏等形成匝间短路或局部对地短路，在线圈中会产生很大的短路电流，产生大量的热量将线圈烧毁。

④使用环境条件原因。如果空气潮湿、含有腐蚀性气体或环境温度过高，就可能导致绝缘损坏，使线圈烧毁。

⑤线圈接头焊接不良，以致因接触电阻过大而烧断。

⑥运动部分卡住或者交流铁芯端面不平或气隙过大，造成接触器线圈磁路不闭合，线圈发热烧毁。

⑦双线圈结构因自锁触头焊住以致启动绕组长期通电，而使线圈过热。

可利用万用表的欧姆挡来测量线圈的电阻，判断线圈是否烧毁。这里以MF47系列万用表为例说明详细步骤。

①万用表调至R×100挡，进行调零。将两表

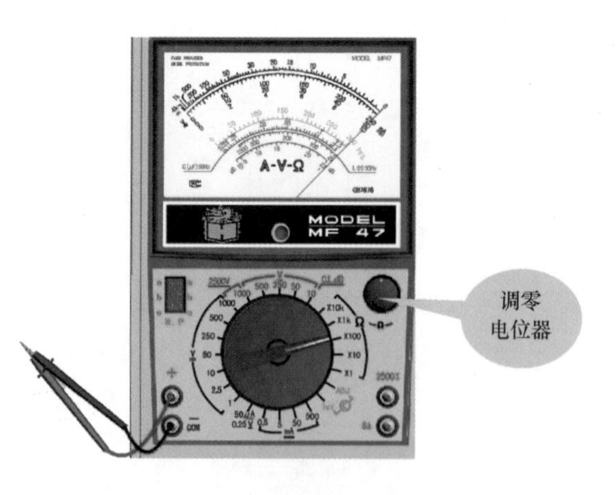

图10-1 万用表调零

笔短接，调节万用表的调零电位器，使万用表的指针指向欧姆挡的零位，如图 10-1 所示。

②将表笔连接到接触器线圈的螺钉 A1、A2 处，测量电磁线圈的电阻，如果电阻值为 0，说明线圈短路；如果电阻值为无穷大，说明开路；如果电阻值为几百欧姆，说明线圈正常。万用表测量接触器线圈如图 10-2 所示。

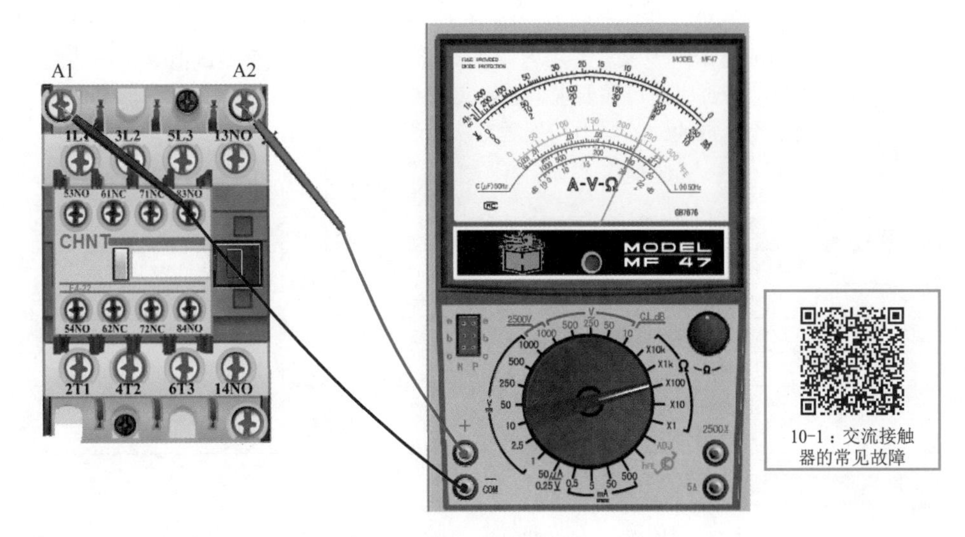

图 10-2　万用表测量接触器线圈

如果判定线圈烧毁应及时查找线圈烧毁的原因，是否存在电压异常或运动部位卡阻现象，排除故障后及时更换线圈。

（2）铁芯噪声大。

接触器的电磁系统在运行中会发出轻微的嗡嗡声，如果声音过大或出现尖叫声等异常情况，说明存在故障。接触器的电磁系统如图 10-3 所示，常见故障原因如下。

①衔铁与铁芯的接触不良或衔铁歪斜。衔铁与铁芯的接触经多次碰撞后，使接触面磨损或变形，或接触面上有锈垢、油污、灰尘等，都会造成接触面接触不良，导致吸合时产生振动和噪声，加速铁芯损坏，同时会使线圈过热。

②短路环损坏。交流接触器在运行过程中，铁芯经多次碰撞后，嵌装在铁芯端面内的短路环有可能断裂或脱落，此时铁芯产生强烈的振动，发出较大噪声。短路环断裂多发生在槽外的转角和槽口部分，维修时可将断裂处焊牢或按照原样更换一个，并用环氧树脂加固。

③机械方面的原因。如果触头压力过大或因为活动部分受到卡阻，使衔铁和铁芯不能完全吸合，也会产生较强的振动和噪声。

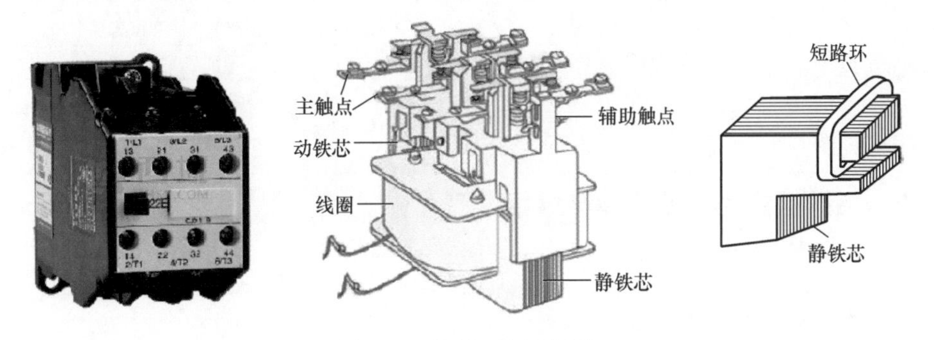

图 10-3　接触器的电磁系统

（3）衔铁吸不上或不释放。

当交流接触器的线圈接通电流后，衔铁不能被铁芯吸合，或当线圈断电后衔铁不释放，应立即断开电源，以免线圈被烧毁或发生意外事故。

衔铁吸不上的主要原因有以下几个。

①线圈引出线的连接处脱落，线圈断线或烧毁。

②电源电压过低或活动部分卡阻。

③触点弹簧压力与超程过大。

若线圈通电后衔铁没有振动和发出噪声，一般是线圈出现故障；若衔铁有振动和发出噪声，可能是电源电压问题或有卡阻现象。可用万用表测量电源电压，检查测试值是否与线圈额定电压相符；若触点弹簧压力与超程过大，可按要求调整触点参数。

接触器衔铁不释放的故障原因和处理方法如表 10-1 所示。

表 10-1　接触器衔铁不释放的故障原因及处理方法

序号	故障原因	处理方法
1	触头熔焊	排除熔焊故障，修理或更换触点
2	触点弹簧压力过小	调整触点参数
3	机械部分卡阻，转轴生锈或歪斜	排除卡阻值现象，修理受损零件
4	反作用弹簧损坏	更换弹簧
5	铁芯端面有油垢	清理铁芯端面
6	E 形铁芯的防剩磁间隙过小导致剩磁增大	更换铁芯

2　触头的故障及维修

交流接触器在运行中流过的电流通常都比较大，很容易导致交流接触器主触头的相关部件出现损坏的现象。交流接触器触头常见的故障有触头过热或灼伤、磨损和熔焊等现象。接触器触头故障现象、原因及处理方法如表 10-2 所示。

表 10-2　接触器触头的故障现象、原因及处理方法

序号	故障现象	故障原因	处理方法
1	触点过热或灼伤	触点弹簧压力过小	调高触点弹簧压力
2		触点上有油污，或表面高低不平，有凸起	清理触点表面
3		环境温度过高或使用在密闭的控制箱中	接触器降容使用
4		铜质触头表面氧化	处理氧化表面或更换
5		环境温度过高，或工作电流过大，触点的断开容量不够	调换容量较大的接触器
6		触点的超程量太小	调整触点超程量或更换触点
7	触头磨损	三相触点动作不同步，产生电火花磨损	调整至同步
8		触头位移、撞击、摩擦产生机械磨损	调整或更换触点
9	触头熔焊	操作频率过高或接触器容量选择不当	更换合适的接触器
10		线路过载使触头闭合时通过的电流过大	选用容量较大的接触器
11		触点弹簧压力过小	调整触点弹簧压力
12		触点表面有金属颗粒凸起或异物	清理触点表面
13		操作回路电压过低	提高操作电源电压
14		机械卡住，使吸合过程中有停滞现象，触点停顿在刚接触的位置上	排除机械卡住故障，使接触器可靠吸合

10.1.2　热继电器的常见故障与维修

热继电器是用于电动机或其他电气设备、电气线路的过载保护的保护电器。比如，在出现电动机不能承受的过载电流时快速切断电动机电路，避免电动机损坏，所以热继电器的正常运行非常重要。热继电器常见的故障现象和维修方法如下。

1　用电设备正常，由于热继电器误动作或电气设备烧毁，热继电器不动作

（1）热继电器整定电流与被保护设备额定电流值不符，整定值偏小易发生误动作，整定值偏大易不动作。维修方法是：合理调整整定值，一般热继电器的整定电流值为电动机额定电流的 1.05 ～ 1.2 倍，

如果电动机不是全负荷运行，整定值可以设定适当小些。图 10-4 红色虚线框内为热继电器的电流整定盘，调整到对应位置即可。

10-2：热继电器的常见故障

图 10-4　热继电器的电流整定盘

（2）热继电器可调整部件固定螺钉松动，不在原整定点上，或者可调整部件损坏或未对准刻度。维修方法是：修好损坏部件，并对准刻度，重新调整固定。

（3）热元件变形、烧断或脱焊。更换部件或热继电器后重新进行调整试验。

（4）热继电器久未校验，出现灰尘聚积，生锈，动作机构卡住、磨损，胶木零件变形等情况。清除灰尘污垢后，重新进行校验，如果机构不能恢复正常，应进行更换。一般一年进行一次校验。

（5）热继电器外接线螺钉未拧紧或连接线不符合规定。维修方法是：将螺钉拧紧或换上合适的连接线。

（6）热继电器盖子未盖上或未盖好，或安装方式不符合规定，或安装环境温度与被保护的电气设备的环境温度相差太大。维修方法是：盖好热继电器的盖子，将热继电器按规定方向安装并按两地温度相差的情况配置适当的热继电器。

2　热继电器动作时快时慢

热继电器动作时快时慢的故障原因及维修方法见表 10-3。

表 10-3　热继电器动作时快时慢的故障原因及维修方法

序号	故障原因	维修方法
1	内部机构有某些部件松动	将机构部件加固拧紧
2	双金属片弯曲异常	用高倍电流试验几次或将双金属片拆下进行热处理，以去除热应力
3	外接螺钉未拧紧	拧紧外接螺钉

3　热继电器接入正常，但电路不通

热继电器电路不通的故障现象、原因及维修方法如表 10-4 所示。

表 10-4　热继电器电路不通的故障现象、原因及维修方法

序号	故障现象	故障原因	维修方法
1	主回路不通	热元件烧毁	更换热元件或热继电器
2		外接线螺钉未拧紧	拧紧外接螺钉
3	控制回路不通	触头烧毁或动片弹性消失，动静触头不能接触	修理触头和触片
4		刻度盘或调整螺钉未转到合适位置将触头顶开	调整刻度盘或调整螺钉

4　热元件烧断

热元件烧断，热继电器不能正常工作。热元件烧断的故障原因及维修方法如表 10-5 所示。

表 10-5　热元件烧断的故障原因及维修方法

序号	故障原因	维修方法
1	电流过大	检查电路，排除故障或更换元件
2	反复短时工作或操作次数过高	合理选用热继电器
3	机构故障	进行维修或更换

热元件由电热丝或电热片组成，其电阻很小（接近于 0）。热元件好坏的测试方法如图 10-5 所示，三组发热元件的正常电阻应接近于 0，如果电阻无穷大，则为发热元件开路。

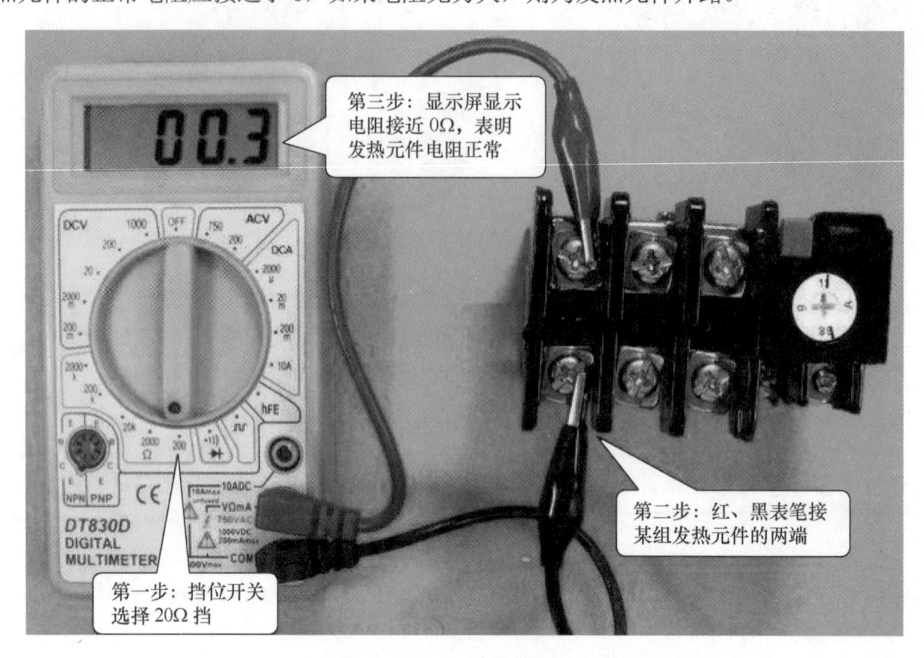

图 10-5　热元件好坏的测试方法

10.1.3　中间继电器的常见故障与维修

中间继电器是控制电器的一种，一般作为辅助用途，可增加接点数量和接点容量，转换接点类型，还可以用作开关，消除干扰等。

中间继电器的结构和接触器基本相同，其触头部分和电磁系统的常见故障也与接触器类似。中间继电器常见故障现象、原因及维修方法如表 10-6 所示。

表 10-6　中间继电器常见的故障现象、原因及维修方法

序号	故障现象	故障原因	维修方法
1	触点松动或开裂	簧片与触点的配合部分出现问题或生产时铆装压力调节不当	更换部件或继电器
2	触头虚接	控制回路的接触电阻变化，使得电磁式继电器线圈两端电压低于额定电压	采用并联型触头，避免采用 12V 及以下的低电压作为控制电压
3	线圈故障	电磁系统铆装时，压力太大会造成线圈断线或线圈架开裂、变形、绕组击穿	更换线圈
4	继电器参数混乱	零部件铆装处松动或结合强度差	调整，视情况进行更换
5	动作机构卡阻	缺少保养，操动时动作不灵，有卡阻的地方，不能正常跳闸	调整机构，视情况进行更换

10.1.4　时间继电器的常见故障与维修

时间继电器按其工作原理的不同可分为空气阻尼式时间继电器、电子式时间继电器、电磁式时间继电器等。

空气阻尼式时间继电器如图 10-6 所示，它是利用空气通过小孔时产生阻尼的原理获得延时。其

结构由电磁系统、延时机构和触头三部分组成。电磁机构为双口直动式，触头系统为微动开关，延时机构采用气囊式阻尼器。

空气阻尼式时间继电器常见故障现象、原因及维修方法如表 10-7 所示。

电子式时间继电器如图 10-7 所示。电子式时间继电器是利用 RC 电路中电容电压不能跃变，只能按指数规律逐渐变化的原理即电阻尼特性，获得延时的。电子式时间继电器常见的故障现象、原因及维修方法如表 10-8 所示。

图 10-6　空气阻尼式时间继电器

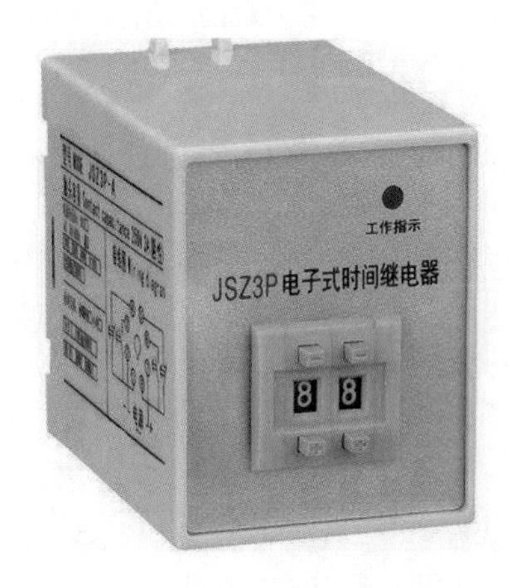

图 10-7　电子式时间继电器

表 10-7　空气阻尼式时间继电器常见的故障、原因及维修方法

序号	故障现象	故障原因	维修方法
1	线圈损坏或烧毁	线圈内部断线	更换线圈
		线圈匝间短路	更换线圈
		因环境等原因导致绝缘损坏	涂覆绝缘漆或更换线圈
		线圈的额定电压与电源电压不匹配	更换线圈
		线圈超压和欠压运行致电流过大	检查并调整线圈电源电压
2	衔铁噪声大	衔铁与铁芯接触面有油污等接触不良	清理接触面
		衔铁歪斜	调整衔铁接触面
		弹簧压力过大	调整弹簧，消除机械卡阻
		短路环损坏	更换短路环
3	延时时间错误	空气密封不严	密封处理或重新装配
4	动作时间延长	进气通道堵塞	清理进气通道

表 10-8　电子式时间继电器常见的故障现象、原因及维修方法

序号	故障现象	故障原因	维修方法
1	继电器不动作	继电器开关触点接触不良	检查触点，视情况更换
		继电器内部线圈接触不良	重新焊接或更换
		继电器插脚接触不良	更换底座
2	继电器动作后不能复位	调节电位器接触不良	检查是否虚焊，视情况更换
3	数字显示不正常	内部元件损坏	更换元器件

10.2 排除控制回路电气故障的常用方法

电气设备在长期使用过程中不可避免地会产生电气故障，掌握基本故障的排除方法，恢复电气设备的正常使用，是从事电气工作人员的基本技能。电气故障有电源故障、电路连接故障、设备和元件故障等，相应的故障排除方法有很多，每一次故障的排除可能采用一种方法，也可能是多种方法的结合使用，需根据故障的具体情况采取合理的诊断方法。

常用排除故障的方法有以下几种。

10.2.1 观察法

观察法就是产生电气故障后，通过目测观察故障部位的外部表现来判断故障的方法。

检查故障区域有无异常气体、有无漏水、是否有热源靠近故障部位等，然后检查连线有无断路、松动，有无烧焦，元件有无虚焊现象，螺旋熔断器的熔断指示器是否跳出，电器有无进水、油垢，开关位置是否正确等。

根据观察故障部位的外部表现确认出故障原因后，进行处理，确认不会使故障进一步扩大和造成人身、设备事故后，可进一步试车检查，试车时要注意有无严重跳火、异常气味、异常声音等现象，一经发现应立即停车，切断电源。

观察法是故障产生后方便采用的方法，但是一般必须配合其他检测方法，才能准确地定位故障部位，从而排除故障。

10.2.2 电阻测试法

电阻测试法是一种常用的测量方法，通常利用万用表的电阻挡判断电路的通断以及测量电动机、线路、触头、元件等是否符合标称阻值。电阻测试法对确定开关、线圈的断路、接插件、导线、印制板导电性以及电阻器的好坏非常有效而且快捷，可将检测风险降到最低。故障排除时，一般首先选用电阻测试法。

1 指针式万用表

使用指针式万用表测量电路的通断时，通常选用低挡位，并严禁带电测量。测量之前进行调零，具体步骤参考第 3 章第 2 节的相关内容。测量电动机、线路、触头、元件等的电阻值时，注意选择所使用的量程与被测量的阻值的匹配度，一般使指针停留在刻度线的中部或右部，这样读数比较清楚准确。

2 数字式万用表

使用数字式万用表测量电路的通断时，通常选用蜂鸣挡，如图 10-8 所示。

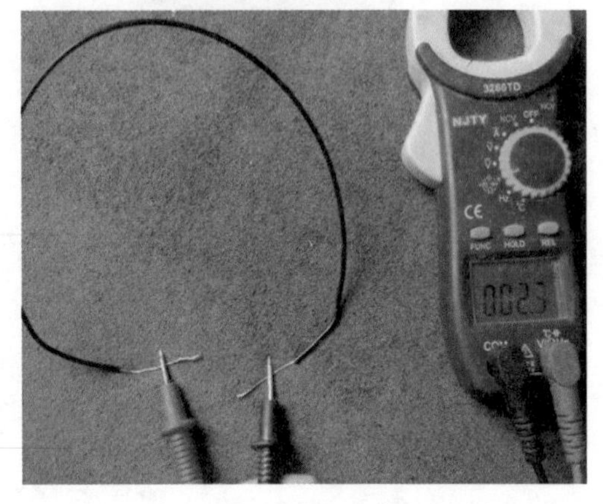

图 10-8　用数字式万用表测量线路的通断

如果数字式万用表发出蜂鸣声，说明电路是通的；如果没有蜂鸣声，说明电路是断路的。严禁在带电的情况下使用蜂鸣挡进行测量。

测量线圈、元件电阻值时，要选择合适的量程。根据阻值选择合适的量程进行测量时如仍显示“1”，说明线圈、电阻等形成断路。

10.2.3 电压测试法

电路正常工作时，电路中各点都有一个确定的工作电压，通过测量电压来判断故障的方法称为电压测试法。电压测试法是通电检测手段中最基本、最常用的方法。测量时，应注意万用表的挡位并选择合适的量程，测量直流时要注意正负极性。

电压测试法排除故障的步骤如下。

（1）根据电路原理图和实际接线确定电压的种类（直流还是交流，幅值的大小和频率）。

（2）根据电压的种类选择合适的测量仪表。

（3）合理安排测试电路的关键点，判断电压是否正常。

（4）根据电压的异常值找出故障部位。

（5）处理故障，更换损坏的器件，然后进行电压测量，正常后方可送电运行。

10.2.4 电流测试法

电路正常工作时，各部分工作电流是稳定的，偏离正常值较大的部位往往是故障所在。电流测试法是测量线路中的电流是否符合正常值，以判断故障部位及原因的一种方法。对弱电回路，通常采用将电流表或万用表串联接在电路中进行测量；对强电回路，通常采用钳形电流表进行检测。

1 万用表测电流

万用表测电流需要把电流表串联接在被测电路中。首先根据被测量电流是交流还是直流以及大小来选择合适的挡位及量程，然后将万用表串联接在被测电路中，再通电进行测量。如果测量直流电流，一定要注意极性，红表笔接正极，黑表笔接负极。

2 钳形表测电流

钳形表测电流的步骤如下。

（1）正确选择钳形表的挡位，测量交流电流选择交流（AC）电流挡，如图 10-9 所示。如果测量直流电流，按下 AC/DC 切换按钮，如图 10-10 所示的红色圆圈位置。

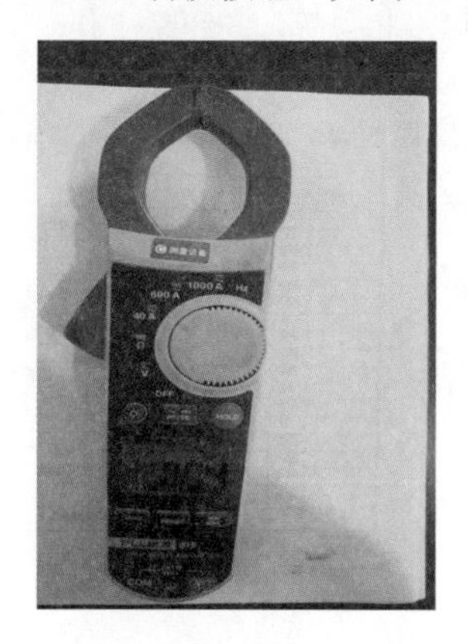

图 10-9 钳形表量程选择

图 10-10 钳形表中 AC/DC 切换按钮

（2）打开钳形表钳口，将钳形表连接到被测电路中，如图 10-11 所示。

（3）为方便观察电流的值，可按下 HOLD 键，钳形表脱离被测量电路时数值依然显示。如图 10-12 所示的红色圆圈位置。

图 10-11 钳形表连接到被测电路

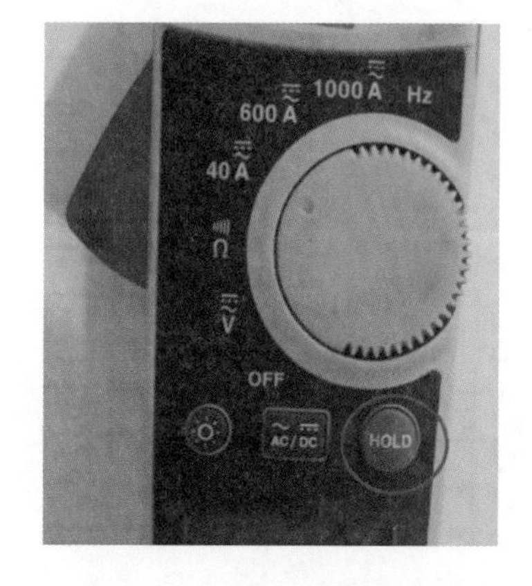

图 10-12 钳形表中 HOLD 键

如果没有电流或者电流超过正常的运行值，说明电路存在故障。用钳形电流表检测电流时，一定要夹住一根被测导线（电线），夹住两根（平行线）则不能正确检测电流。

10.2.5 波形测试法

波形测试法是采用示波器观察信号回路中各点的波形来判断故障的方法。对交变信号产生和处理电路来说，采用波形测试法是最直观、最有效的故障检测方法。波形测试法对应以下三种情况。

1 波形的有无和形状

在电路中，电路各点的波形有无和形状一般是确定的。如果测得该点波形没有或形状相差较大，则故障发生于该电路可能性较大。比如，三相桥式整流电路可采用波形测试法检测输出波形来判断电路的故障。

2 波形失真

当电路的参数失配或元器件出现损坏时，会产生波形失真现象。比如，在放大电路和缓冲电路中，可通过观测波形和分析电路找出故障原因。

3 波形参数

利用示波器测量波形的各种参数，如幅值、周期、前后沿相位等，与正常工作时的波形参数对照，找出故障原因。

用示波器测量波形时，首先要注意电路高电压和大幅度脉冲不能超过示波器的允许范围，必要时可采用高压探头或者对电路观测点采取分压或取样等措施；其次可合理地运用探头（如探头的衰减比10：1），起到补偿和衰减的作用。

▶▶第3篇

电气系统及其控制

本篇主要介绍与电气系统及其控制相关的知识，包括电力系统基础、电力变压器、供配电线路基础、继电保护和二次回路、倒闸操作、电动机、电气控制设计、电动机控制系统设计、可编程逻辑控制器（PLC）系统等内容。

第11章 电力系统基础

电力系统的发展使资源得到更充分的开发，电能的应用不仅深刻地影响着社会物质生产的各个方面，也越来越广地渗透到人类日常生活的各个方面，电力系统的发展程度和技术水准已成为各国经济发展水平的标志之一。由于电力系统涉及种类复杂繁多，本章主要对电力系统的基本知识、电力网的基本知识及电力系统中性点运行方式进行介绍，以使读者对电力系统有一个宏观的认识。

11.1 电力系统的基本知识

11.1.1 电力系统的组成

电力系统是由发电设备、升压/降压变电设备、输电设备（电力网）和用电设备组成的系统，如图11-1所示。

图11-1 电力系统的组成

发电设备(电厂)是指将某种形式的原始能转化为电能。通常把发电企业的动力设施、设备和发电、输电、变电、配电、用电设备及相应的辅助系统组成的电能生产、输送、分配、使用的统一整体称为动力系统。

电力网的作用是用来输送、控制和分配电能，由变电所和电力线路组成。通常把由发电、输电、变电、配电、用电设备及相应的辅助系统组成的电能生产、输送、分配、使用的统一整体称为电力系统；把由输电、变电、配电设备及相应的辅助系统组成的联系发电与用电的统一整体称为电力网。

用电设备是消耗电能的设备。

11.1.2 电力系统的运行特点和要求

1 电力系统的运行特点

11-1：电力系统的基本知识

（1）电能不能大量储存。一般电能的生产、输送、分配和使用是同时完成的。

（2）电能生产、输送、消费工况的改变十分迅速，电能的暂态过程非常迅速。电能以电磁波的形式传播，传播速度约为300km/ms。

（3）电能与国民经济各部门联系密切。

（4）生产、输送、消费电能各环节所组成的统一整体不可分割。

（5）对电能质量的要求颇为严格。

2 电力系统的基本要求

（1）保证供电可靠性。

现代社会，无论生产和生活都离不开电，供电的中断将使生产停顿、生活混乱，甚至危及人身和设备安全，形成十分严重的后果。停电给国民经济造成的损失远远超过电力系统本身的损失，因此，电力系统运行首先要满足可靠、持续供电的要求。虽然保证可靠供电是对电力系统运行的首要要求，但并非所有负荷都绝对不能停电。一般可根据经验，按照对供电可靠性的要求将负荷分为三级。

①一级负荷：指由于中断供电会造成人身事故、设备损坏或在政治、经济上给国家造成重大损失的用户。一类用户要求有很高的供电可靠性。对一类用户通常应设置两路以上相互独立的电源供电，其中每一路电源的容量均应保证在此电源单独供电的情况下也能满足用户的用电要求。确保当任一路电源发生故障或检修时，都不会中断对用户的供电。

②二级负荷：指由于中断供电会在政治、经济上造成较大损失的用户。对二类用户应设专用供电线路，条件许可时也可采用双回路供电，并在电力供应出现不足时优先保证其电力供应。

③三级负荷。所有不属于第一、二级的负荷，一般指短时停电不会造成严重后果的用户，如小城镇、小加工厂及农村用电等。当系统发生事故，出现供电不足的情况时，应当首先切除三类用户的用电负荷，以保证一、二类用户的用电。

（2）保证良好的电能质量。

电能质量的好坏，直接影响着用电设备的安全和经济运行，电压过低不仅使电动机的输出功率和效率降低、照明电灯暗淡，而且常常造成电动机过热烧毁。

我国规定电力系统的额定频率为 50Hz，大容量系统允许频率偏差为 ±0.2Hz，中小容量系统允许频率偏差为 ±0.5Hz。35kV 及以上的线路额定电压允许偏差为 ±5%；10kV 线路额定电压允许偏差为 ±7%，电压波形总畸变率不大于 4%；380V/220V 线路额定电压允许偏差为 ±7%，电压波形总畸变率不大于 5%。

（3）保证电力系统运行的经济性。

电能成本的降低不仅会使各用电部门的成本降低，更重要的是节省了能量资源，因此会带来巨大的经济效益和长远的社会效益。为了实现电力系统的经济运行，除了进行合理的规划设计外，还须对整个系统实施最佳经济调度，实现火电厂、水电厂及核电厂负荷的合理分配，同时还要提高整个系统的管理技术水平。

11.1.3 衡量电能质量的指标

1 电压偏差

当供配电系统改变运行方式或负荷缓慢发生变化时，供配电系统各点的电压也随之改变，各点的实际电压与系统额定电压之差就是电压偏差，通常用与系统额定电压的百分比值数来表示。用式 11-1 表示为：

$$U\% = \frac{U - U_{\mathrm{N}}}{U_{\mathrm{N}}} \times 100\% \tag{11-1}$$

式中，U_{N} 为用电设备的额定电压，单位 kV；U 为用电设备的实际端电压，单位 kV。

2 电压波动

电压波动是指一系列的电压变动或电压包络线的周期性变动，以电压的最大值和最小值之差与系统额定电压的百分数表示，其变化速度等于或大于每秒 0.2% 时称为电压波动。波动的幅值如下

$$\Delta U\% = \frac{U_{\max} - U_{\min}}{U_{\mathrm{N}}} \times 100\% \tag{11-2}$$

式中，$U_{\max}$ 是用电设备端电压的最大波动值，单位 kV；$U_{\min}$ 是用电设备端电压的最小波动值，单位 kV。

3 电压闪变

负荷的急剧波动会造成供配电系统瞬时电压升高，照度随之急剧变化，使人眼对灯闪感到不适，这种现象称为电压闪变。

4 不对称度

不对称度是衡量多相负荷平衡状态的指标。多相系统的电压负序分量与电压正序分量之比称为电压的不对称度；电流负序分量与电流正序分量之比称为电流的不对称度，两者均以百分数表示。

5 正弦波形畸变率

当网络电压波形中出现谐波（有时为非谐波）时，网络电压波形就要发生畸变。谐波干扰是由于非线性系统引起的，它产生出不同于网络频率的电压波，或者具有非正弦形的电流波。

（1）n 次谐波电压、电流含有率

$$HRU_n = \frac{U_n}{U_1} \times 100\% \tag{11-3}$$

$$HRI_n = \frac{I_n}{I_1} \times 100\% \tag{11-4}$$

（2）电压、电流总谐波畸变率

$$THD_{\mathrm{u}} = \sqrt{\sum_{n=2}^{\infty}\left(\frac{U_n}{U_1}\right)^2} \times 100\% \tag{11-5}$$

$$THD_{\mathrm{i}} = \sqrt{\sum_{n=2}^{\infty}\left(\frac{I_n}{I_1}\right)^2} \times 100\% \tag{11-6}$$

式中 U_n、I_n——n次谐波电压、电流的均方根值，单位kV、A；

U_1、I_1——基波电压（50Hz）、电流的均方根值，单位 kV、A；

6 频率偏差

频率偏差是指供电的实际频率与电网的额定频率的差值。我国电网的标准频率为 50Hz，又称为工频。频率偏差一般不超过 ±0.25Hz，当电网容量大于 3000MW 时，频率偏差不超过 ±0.2Hz。调整频率的办法是增大或减小电力系统发电机的有功功率。

7 供电可靠性

供电可靠性指标是根据用电负荷的等级要求制定的。衡量供电可靠性可用全年平均供电时间占全年时间百分数表示。

11.2 电力网的基本知识

11.2.1 电力网的构成

电力网主要由输电网和配电网两大功能模块组成。

输电网包括输电设备和变电设备。输电设备主要有输电线、杆塔、绝缘子串、架空线路等；变电设备有变压器、电抗器（用于 330kV 以上）、电容器、断路器、接地开关，隔离开关、避雷器、电压互感器、电流互感器、母线等一次设备，确保安全、可靠输电的继电保护、监视、控制和电力通信系统等二次设备。输电网的作用是将各种大型发电厂的电能安全、可靠、经济地输送到负荷中心，这就要求输电网供电可靠性要高，符合电力系统运行稳定性的要求，同时具有灵活的运行方式，便于系统实现经济调度。

配电网是指从输电网或地区发电厂接受电能，通过配电设施就地分配或按电压逐级分配给各类用户的电力网。配电装置主要由母线、高压断路器、电抗器线圈、互感器、电力电容器、避雷器、高压熔断器、二次设备及必要的其他辅助设备所组成。配电网的作用是将本地区小型发电厂或输电网送来的电能通过合适的电压等级配送到每个用户，这就要求配电网接线简单明了，结构合理，便于运行及维护检修；供电可靠性和安全性要求高，符合配电自动化发展的要求。

11.2.2 电力网的分类

1 按电压等级划分

根据电力网的电压等级分为五级：

（1）低压网：1 kV 以下；

（2）中压网：1 ～ 10 kV ；

（3）高压网：10 ～ 330 kV ；

（4）超高压网：330 ～ 1000 kV ；

（5）特高压网：1000 kV 以上。

我国常用的远距离输电采用的电压有 110 kV、220 kV、330 kV，输电干线一般采用 500 kV 的超高压，西北电网新建的输电干线采用 750 kV 的超高压。

2 按供电范围划分

按供电范围的不同，电力网可分为地方网、区域网和远距离网三类。

主要供电给地方变电所的电网称为地方网，电压通常为 110kV 及 110kV 以下，其电压较低，输送功率小，线路距离短。

一般供电给大型区域性变电所的电网称为区域网，电压通常为 110kV 以上、330kV 以下，其传输距离和传输功率都比较大。

供电距离 300km 以上，电压在 330kV 及 330kV 以上的电力网称为远距离网。

3 按电网结构划分

按电网结构分为开式电网和闭式电网。

（1）开式电网：用户只能从单方向得到电能的电网，称为开式电网。

（2）闭式电网：用户可从两个以上的方向得到电能的电网，称闭式电网。环形和两端供电的电网均属闭式电网。为了保证供电的可靠性，电网往往采用环形供电方式，任一段网络发生故障，还可以继续保证供电。

4 根据输配电的特性划分

根据输配电的特性可分为交流配电网和直流配电网。

随着科技的发展，光伏发电、风力发电、燃料电池和燃气轮机等分布式清洁能源开始接入电网，直流配电网得到了研究和发展。直流配电网是相对于交流配电网而言的，其提供电能的是直流母线，直流负荷可以直接由直流母线供电，而交流负荷经过逆变设备后供电，直流配电网的构成如图 11-2 所示。

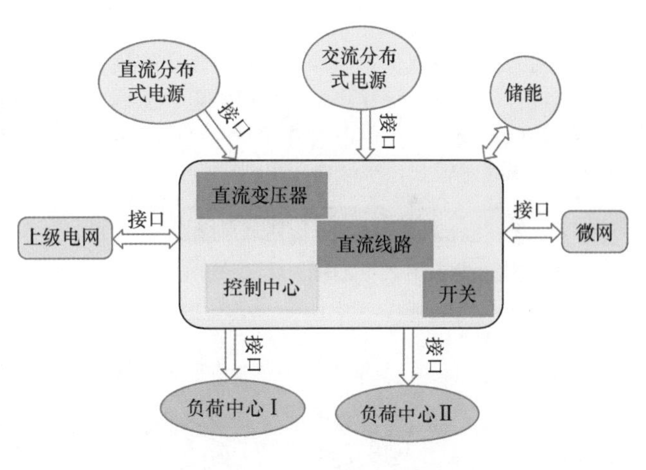

图 11-2　直流配电网的构成

直流配电网具有以下优势。

（1）直流配电网的线路损耗小，可靠性高。当直流系统线电压为交流系统线电压的 2 倍时，直流配电网的线损仅为交流网络的 15% ～ 50%。交流配电一般采用三相四线或五线制，而直流配电只有正负两极，两根输电线路即可，线路的可靠性比相同电压等级的交流线路要高。当直流配电系统发生一级故障时，另一级可与大地构成回路，不会影响整个系统的功率传输。当发生常见的单相或单极瞬时接地故障时，直流系统比交流系统响应更快、恢复时间更短，且可通过多次启动或降压运行来消除故障，确保系统的正常运行。对于低压直流配电系统，可以采用多母线冗余结构来保证更高的供电可靠性。由于接入了电力电子变换器，使得直流配电系统内可以形成独立的保护区域，其故障不会波及外部系统。此外，直流配网更便于超级电容、蓄电池等储能装置的接入，从而提高其供电可靠性与故障穿越能力。

（2）无须相位、频率控制。交流系统运行时需要控制电压幅值、频率和相位，而直流系统则只需要控制电压幅值，不用涉及频率稳定性问题，没有因无功功率引起的网络损耗，也没有因集肤效应产生的损耗等问题。

（3）接纳分布式电源能力强。直流配电网便于分布式电源、储能装置等接入，直流配电网实现分布式电源并网发电及储能等接口设备与控制技术要相对简单。

（4）具有环保优势。直流线路的“空间电荷效应”使电晕损耗和无线电干扰都比交流线路小，产生的电磁辐射也小，具有环保优势。直流输电的两条极性相反的架空线通常相邻排布，两条电缆电流的大小相同，方向相反，且相距很近，所以，其对外界产生的磁场可以等效为0，相互抵消。而交流输电系统采用三相制，所以，其产生的磁场强度和磁场范围比直流输电线路大很多，且对人体和其他动植物产生的危害更大。

11.2.3 电力网的接线方式

电力系统的接线方式分为两大类：有备用电源接线和无备用电源接线，具体表现形式包括放射式、树干式、混合式、环网式。

1 无备用接线（开式电力网）方式

无备用接线(开式电力网)方式是指负荷只能从一条路径获得电能的接线方式。这种方式简单方便，投资少；但是可靠性低，任何一段故障或检修都会影响对用户的供电。

无备用接线(开式电力网)方式根据形状分为放射式、干线式、链式网络几种形式，如图11-3所示。

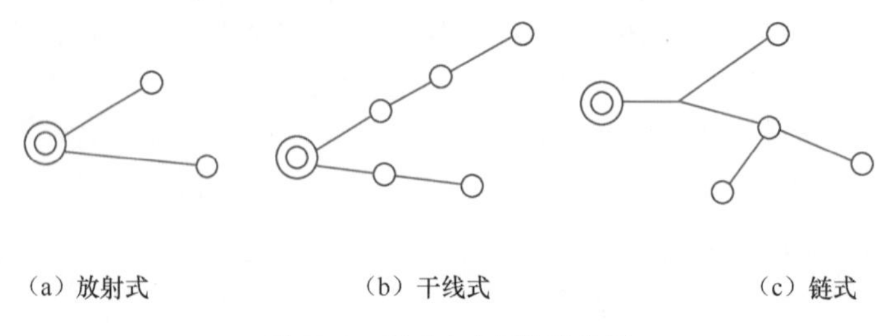

（a）放射式　（b）干线式　（c）链式

图11-3　开式电力网的结构图

放射式接线方式简单，操作方便，便于实现自动化，但是高压开关设备多，投资高，当线路出现故障和进行检修时，该线路全部负荷停电。干线式接线方式从配电所引出的线路少，高压开关设备相应较少，成本低，但是供电可靠性差。链式接线方式从配电所引出的线路少，可缓解负荷增长过快的问题，如果线路较长，末端电压可能偏低。

2 有备用接线（闭式电力网）方式

有备用接线（闭式电力网）方式是指用户可从两个或以上方向获得电能的方式。闭式电力网根据结构可分为双回放射式、树干式、链式、环式、两端供电网络几种方式，如图11-4所示。

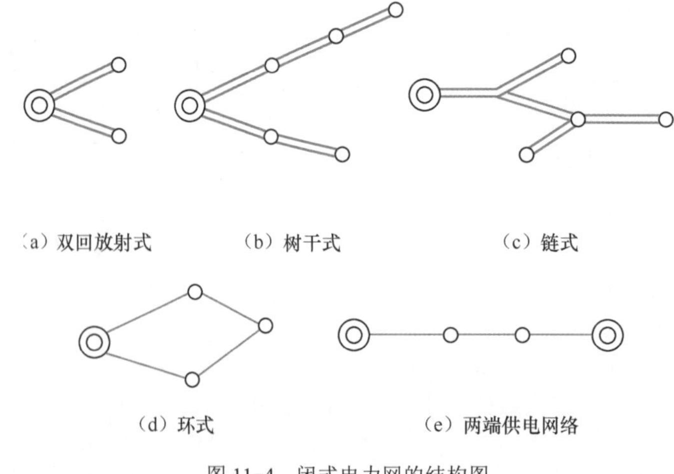

（a）双回放射式　（b）树干式　（c）链式

（d）环式　（e）两端供电网络

图11-4　闭式电力网的结构图

11-2：电力网的接线方式

有备用接线的双回放射式、树干式、链式用于一、二级负荷。环式接线运行灵活，供电经济、可靠性高，但运行调度复杂，线路发生故障切除后，由于功率重新分配，可能导致线路过载或电压质量降低。两端供电方式必须有两个独立的电源。

3 中压配电网的接线方式

常用的中压配电网的接线方式有以下几种。

（1）单电源双回路干线式网络。

单电源双回路干线式网络供电方式如图 11-5 所示。

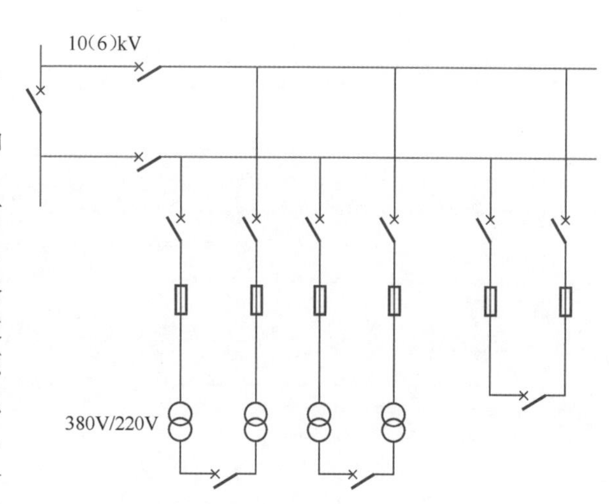

图 11-5 单电源双回路干线式网络

该供电方式可靠性高，检修一段母线时可不中断供电；检修任一回路的母线隔离开关时，只需断开该回路和与此相连的母线，其他回路均可通过另一组母线继续运行；若一组母线发生故障，只会引起接至故障母线上的部分电源和引出线停电，经倒闸操作后可迅速地将停电部分转移到另一组母线上，便可以恢复工作。其次，该方式中的各个电源和引出线可任意分配到某一条母线上，可灵活地适应系统中各种运行方式的调度；而且方便向双母线左右任何方向扩建，均不影响两组母线的电源和负荷的自由分配，也不会造成原有回路停电。

（2）具有公共备用干线的放射式网络。

具有公共备用干线的放射式网络如图 11-6 所示，该网络供电可靠性高，接线简单，运行方便，缺点是电缆发生故障时，难找到故障点，修复时间长。

（3）环网供电网络。

环网供电网络如图 11-7 所示，该方式可以将用电负荷进行合理分配，缩短供电半径，全面提升用户端电压质量。当线路的某一部分出现故障时，可以及时隔离故障部位，设法从两侧开关向负荷正常供电，避免电网发生大面积停电事故，缩短故障抢修时间。但是继电保护设置的要求高，整定较复杂。

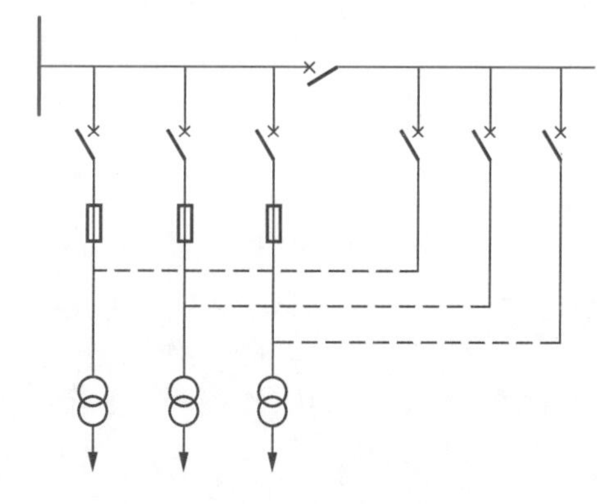

图 11-6 具有公共备用干线的放射式网络

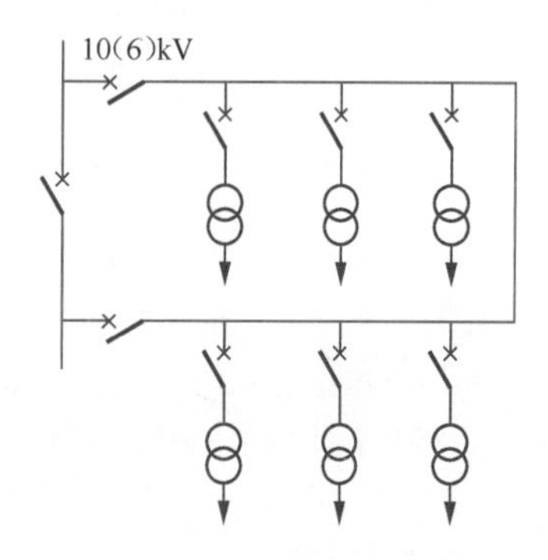

图 11-7 环网供电网络

11.3 电力系统中性点运行方式

11.3.1 中性点的定义

中性点是指三相交流系统中星形接线的公共点。该公共点是三相线圈的首端（或尾端）连接在一起的共同接点，简称中点，如图 11-8 中的蓝色圆点处所示。

如果中性点与接地装置直接连接而取得大地的参考零电位，则该中性点称为零点，从零点引出的导线称为零线。

11.3.2 中性点的接地方式

三相交流电力系统中性点与大地之间的电气连接方式，称为电网中性点接地方式。中性点接地方式有直接接地系统和非直接接地系统，如表 11-1 所示。直接接地系统有中性点直接接地或经过低阻抗接地，又称为大电流接地系统。非直接接地系统有中性点不接地，或经过消弧线圈或高阻抗接地，又称为小电流接地系统。

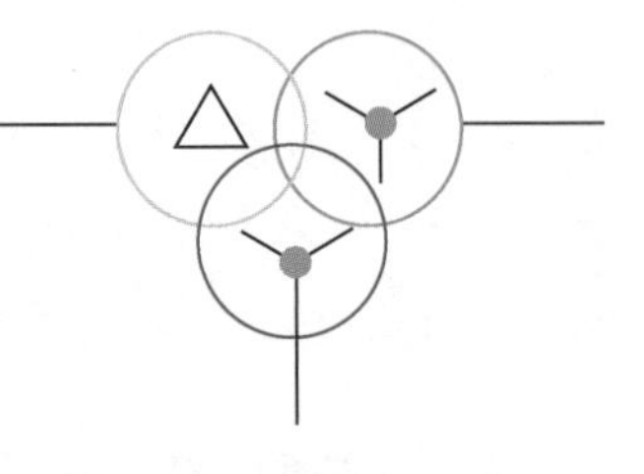

图 11-8 中性点的图示

表 11-1 中性点接地方式分类

序号	分类	
1	直接接地系统（大电流接地系统）	中性点直线接地
2		经低阻抗接地
3	非直接接地系统（小电流接地系统）	中性点不接地
4		经消弧线圈接地
5		经高阻抗接地

1 中性点直接接地

中性点直接接地方式即将中性点直接接入大地。如图 11-9 所示。该系统运行中若发生一相接地，就形成单相短路，其接地电流很大，使断路器跳闸，迅速切断电源，因而供电可靠性低，易发生停电事故，且线路单相接地对通信线路的干扰比较大。但是如果发生单相接地故障时，该方式的中性点的电压为零，非故障相电压不升高，设备和线路对地电压可以按照相电压设计，绝缘方面减少了投资，降低了造价。

2 中性点经阻抗接地

在系统中性点与大地之间用一阻抗相连的接地方式称为中性点经阻抗接地，如图 11-10 所示。根据系统中接地电阻器电阻值的大小，接地系统分为低电阻接地和高电阻接地。

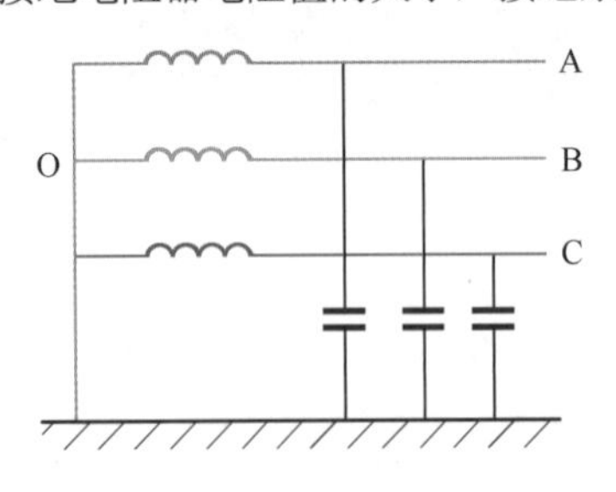

图 11-9 中性点直接接地

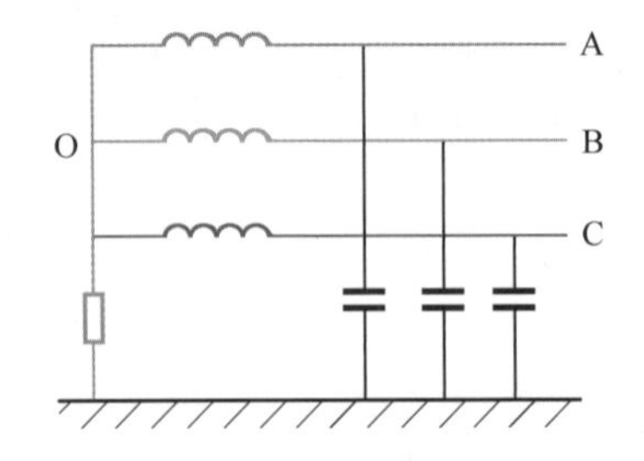

图 11-10 中性点经阻抗接地

（1）低电阻接地：增大接地短路电流，使保护迅速动作，切除故障线路。电阻值的大小，必须使系统具有足够的最小接地故障电流（大约 400A 以上），保证接地继电器准确动作。

（2）高电阻接地：此种方式接地电流较小，通常为 5 ～ 10A，但至少应等于系统对地的总电容电流。保护方式需要配合接地指示器或警报器，保证有故障时线路立即跳脱。

3 中性点不接地

中性点不接地系统如图 11-11 所示。

在中性点不接地的三相系统中，当一相发生接地时，未接地两相的对地电压升高，等于线电压，所以在这种系统中，相线对地的绝缘水平应根据线电压来设计。但是各相间的电压大小和相位仍然不变，三相系统的平衡没有遭到破坏，因此可继续运行一段时间，这是这种系统的最大优点。但是为了防止故障扩大，造成相间短路，或者单相弧光接地时，使系统产生谐振而引起过电压，导致系统瘫痪，规定带故障点运行时间不得超过 2h。我国大部分 6 ～ 10kV 和部分 35kV 高压电网采用中性点不接地运行方式。

4 中性点经消弧线圈接地

该方式是中性点经过消弧线圈接地的系统，如图 11-12 所示。消弧线圈是一个具有铁芯的电感线圈，线圈的电阻很小，电抗很大。消弧线圈的铁芯留有间隙，填充绝缘纸板，以避免饱和。它的线圈有分接头可调整匝数，以改变其电抗的大小。

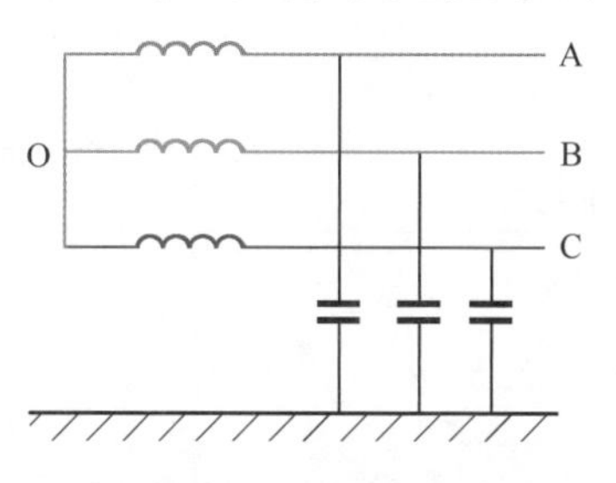

图 11-11　中性点不接地系统

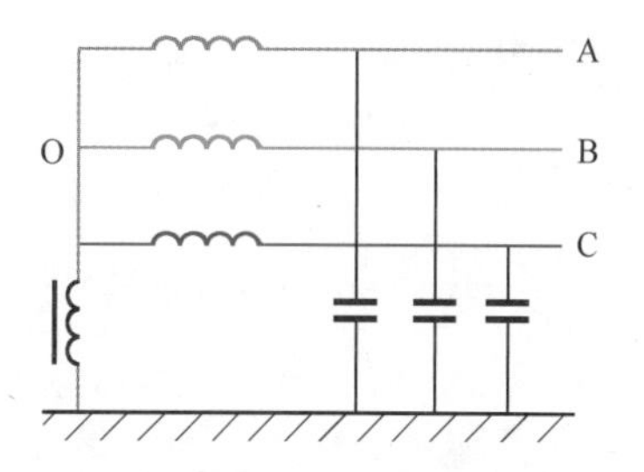

图 11-12　中性点经消弧线圈接地

中性点经消弧线圈接地的系统正常工作时，中性点的电位为零，消弧线圈两端没有电压，所以没有电流通过消弧线圈。当某一相发生接地时，消弧线圈中就会有电感电流流过，补偿了单相接地电流，如果适当选择消弧线圈的匝数，就使消弧线圈的电感电流和接地的对地电容电流大致相等，流过接地故障电流变得很小，从而减轻了电弧的危害。

根据消弧线圈产生的电感电流对容性接地故障电流补偿的程度，可分为完全补偿、欠补偿和过补偿三种补偿方式。完全补偿就是消弧线圈产生的电感电流刚好等于容性接地故障电流，在接地故障处的电流等于零，不会产生电弧。欠补偿就是由消弧线圈产生的电感电流略小于接地故障处流过的容性接地故障电流，在接地处仍有未补偿完的容性接地故障电流流过。产生电弧的情况由电流的大小决定，电流较小就不会产生稳定电弧，一般要求补偿到不会产生电弧为止。过补偿就是由消弧线圈产生的电感电流略大于接地故障处流过的容性接地故障电流，在发生完全接地故障时，接地处有大小为 I_L-I_C 的感性电流流过，过补偿时，流过接地故障处的电流也不大，一般也要求补偿到不会产生电弧为止。

11.3.3 低压配电网的运行方式

在低压配电网中，配电线路三条火线分别代表 A、B、C 三相，另一条中性线 N（也称为零线）是从变压器中性点接地后引出的主干线，有电流流过，而零线上一般都有一定的电压，主要应用于工作回路。保护地线 PE（protecting earthing）也是从变压器中性点接地后引出的主干线，每间隔 20 ～ 30m 重复接地，不用于工作回路，只作为保护线。在保护接零的供电系统中，三相四线制表示全系统内 N 线和 PE 线合为一根线（PEN 线）。在三相四线制供电系统中，把零干线的两个作用分开，即一根线为工作零线（N），另外用一根线为保护零线（PE），这样的供电接线方式称为三相五线制供电。

低压配电系统根据接地方式的不同，分为 TN、TT、IT 三种，其文字代号的意义如下。

第一个字母表示低压系统的对地关系，T 表示电源中性点直接接地；I 表示电源中性点不接地，或经高阻抗接地。

第二个字母表示电气装置的外露可导电部分的对地关系，T 表示电气装置的外露可导电部分直接接地，与电源侧的接地相互独立。N 表示电气装置的外露可导电部分与电源侧的接地直接做电气连接，即接在系统中性线上。

1 TN 系统

电源变压器中性点接地，设备外露导电部分与中性线相连。根据电气设备外露导电部分与系统连接的不同方式又可分三类，即 TN-C 系统、TN-S 系统、TN-C-S 系统。

（1）TN-C 系统是电源变压器中性点接地，保护零线（PE）与工作零线（N）共用。

T：电源的一点（通常是中性线上的一点）与大地直接连接（T 是“大地”一词法语 Terre 的第一个字母）。

N：外露导电部分通过与接地的电源中性点的连接而接地（N 是“中性点”一词法语 Neutre 的第一个字母）。

C：把 PE 和 N 合起来（C 是“合并”一词英文 Combine 的首字母）。

TN-C 系统内的 PEN 兼起 PE 和 N 的作用，可节省一根导线，比较经济。

（2）TN-S 系统。

整个系统的中性线（N）与保护线（PE）是分开的。当电气设备相线漏电碰触外壳直接短路，可采用过电流保护器切断电源；TN-S 系统 PE 首末端应做重复接地，以减少 PE 断线造成的危险。TN-S 系统适用于工业企业、大型民用建筑。

（3）TN-C-S 系统。

它由两个接地系统组成，第一部分是 TN-C 系统，第二部分是 TN-S 系统，其分界面在 N 与 PE 的连接点，如图 11-13 所示。

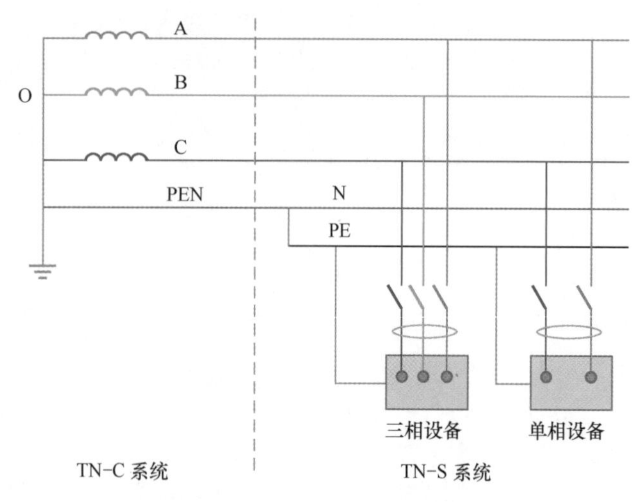

图 11-13　TN-C-S 系统接线图

当电气设备发生单相碰壳时，故障同 TN-S 系统；当 N 线断开时，故障同 TN-S 系统；TN-C-S 系统中 PEN 应重复接地，而 N 线不宜重复接地。PE 连接的设备外壳在正常运行时始终不会带电，所以 TN-C-S 系统提高了操作人员及设备的安全性。

2 TT 系统

TT 方式供电系统是指将电气设备的金属外壳直接接地的保护系统，也称为保护接地系统，还称为 TT 系统。电源变压器中性点接地，电气设备外壳采用保护接地。电气设备的外露导电部分用 PE 接到接地极（此接地极与中性点接地没有电气联系），如图 11-14 所示。

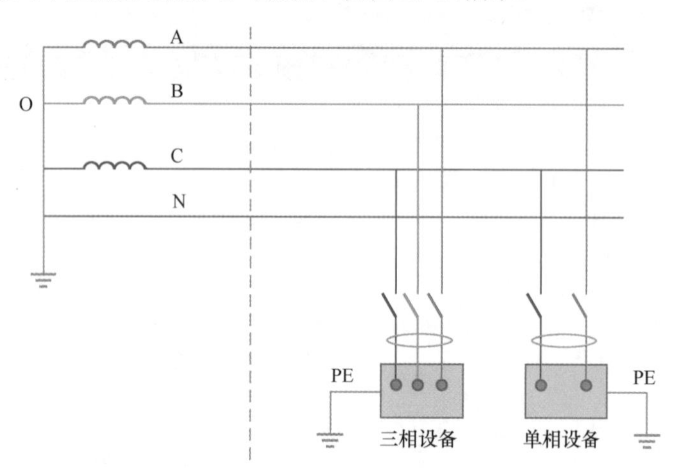

图 11-14　TT 系统接线图

在采用此系统时，单相接地的故障点对地电压较低，故障电流较大，使漏电保护器迅速动作切断电源，有利于防止触电事故发生。PE 不与中性线连接，线路架设分明、直观。

3 IT 系统

电源变压器中性点不接地（或通过高阻抗接地），而电气设备外壳采用保护接地。电力系统的带电部分与大地间无直接连接（或经电阻接地），而受电设备的外露导电部分则通过保护线直接接地。这种系统主要用于 10kV 及 35kV 的高压系统和矿山、井下的某些低压供电系统。

第12章 电力变压器

电力变压器在电力系统中的主要作用是实现电压的高低变换，以利于功率的传输。使用变压器，不仅可以减少线路损耗、提高送电经济性，实现远距离送电的目的；还能满足不同用户使用不同级别电压的需要，起着关键节点的作用。本章主要对电力变压器进行介绍，重点对油浸式、干式两类变压器的原理及其特点进行综述，并对其运行方法和日常维护与故障处理知识进行讲解。

12.1 电力变压器的基本知识

12.1.1 电力变压器的分类和工作原理

1 电力变压器的分类

电力变压器将某一数值的交流电压（电流）变成频率相同的另一种数值不同的电压（电流）的设备，是电力系统中的核心电气设备，涉及的种类很多，分类方式也很多，主要有以下几种。

（1）按相数分为单相变压器和三相变压器，如图 12-1 所示。

12-1：变压器

（a）单相变压器　　（b）三相变压器

图 12-1　单相变压器和三相变压器

（2）按绝缘介质可分为油浸式变压器、干式变压器和气体绝缘变压器。油浸式变压器和干式变压器如图 12-2 所示。

气体绝缘变压器采用 SF_6 气体作为绝缘介质的变压器，具有良好的绝缘特性、不燃性和良好的环境保护性能，适用于高层建筑、地下、人口密集且防火防爆要求高的场所，如图 12-3 所示。

（3）按绕组数目可分为自耦变压器（一套绕组中间抽头作为一次或二次输出）、双绕组变压器（每相装在同一铁芯上，原副绕组相互绝缘，分开绕制）和三绕组变压器，如图 12-4 所示。

（4）按照绕组在铁芯中的布置方式可分为芯式变压器和壳式变压器，如图 12-5 所示。

（5）按用途可分为升压变压器和降压变压器。升高电压可以减少线路损耗，提高远距离传输电的经济性；降低电压，可满足用户所需要的各级使用电压。

(a) 油浸式变压器　　(b) 干式变压器

图 12-2　油浸式变压器和干式变压器

图 12-3　气体绝缘变压器

(a) 自耦变压器　　(b) 双绕组变压器　　(c) 三绕组变压器

图 12-4　自耦变压器、双绕组变压器和三绕组变压器

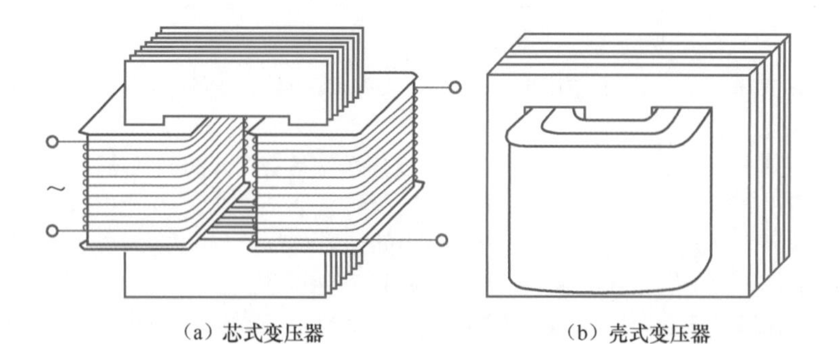

(a) 芯式变压器　　(b) 壳式变压器

图 12-5　芯式变压器和壳式变压器

2 电力变压器的工作原理

变压器有两个或两个以上的线圈，初级和次级线圈之间没有电的联系，通过磁耦合，线圈由绝缘铜或铝线绕制而成，铁芯用来加强两个线圈间的磁耦合，由涂漆的硅钢片叠压而成。变压器通过电磁感应原理，把电和磁联系在一起，无论是电路还是磁路都遵循各自的规律，如欧姆定律、基尔霍夫电流定律、基尔霍夫电压定律、焦耳楞次定律等。下面以单相变压器为例来讲述变压器的工作原理，工作原理示意图如图 12-6 所示。

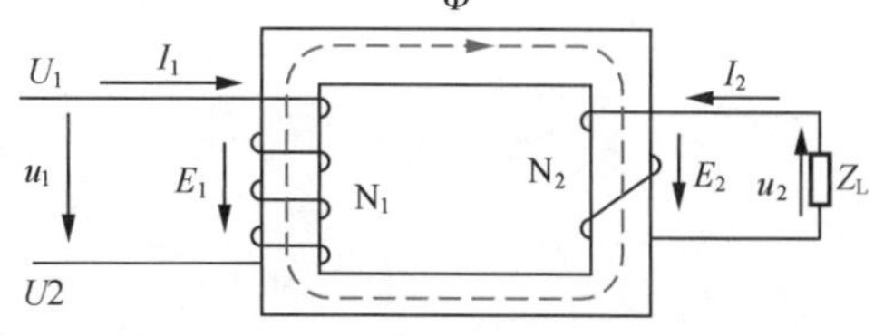

图 12-6 单相变压器工作原理示意图

（1）常用物理量的表示方法。

一般将连接电源的一侧称为电源侧绕组或一次绕组，与用电设备相连接为二次绕组。常用物理量的表示方法如表 12-1 所示。

表 12-1 常用物理量的表示方法

物理量	表示方法	物理量	表示方法
一次侧额定电压	U_1	二次侧额定电压	U_2
一次侧感应电动势	E_1	二次侧感应电动势	E_2
一次侧电流	I_1	二次侧电流	I_2
一次侧绕组匝数	N_1	二次侧绕组匝数	N_2
一次侧阻抗	Z_1	二次侧阻抗	Z_2
铁芯中主磁通最大值	Φ_m	电源频率	f
变压器空载电流	I_0	变压器的空载损耗	P_0
变压器的短路损耗	P_{SC}	变压器的功率	S

（2）工作原理。

当一次侧绕组接通电源时，在额定电压的作用下，交变的电流流入绕组产生正弦波交变磁通，在铁芯中构成磁路，同时穿过变压器的一、二次侧绕组。根据电磁感应定律，交变的磁通穿过线圈时，在变压器的一次绕组两端产生一个感应电动势 E_1，在二次侧绕组的两端产生一个感应电动势 E_2，如果二次绕组接通负载，就会在负载中有电流 I_2 流过，负载端电压即为 U_2，这样变压器就把从电源接收的电功率传给负载，输出电能，这就是变压器的工作原理。

变压器一次侧感应电动势：$E_1=\dfrac{2\pi fN1\Phi_m}{\sqrt{2}}=4.44fN1\Phi_m$

同理，变压器二次侧感应电动势：$E_2=\dfrac{2\pi fN2\Phi_m}{\sqrt{2}}=4.44fN2\Phi_m$

如果忽略一次绕组的阻抗压降，则电源电压 U_1 与自感电动势大小相等，方向相反，$U_1=E_1$。二次绕组的感应电动势是由于一次绕组中的电流变化而产生的，称为互感电动势，这种现象称为互感。二次绕组的端电压等于感应电动势，$U_2=E_2$，当变压器空载时，变压器的一次电压与二次电压之比称为电压比，简称变比，用 K 表示，即

$$\frac{U_1}{U_2}=\frac{E_1}{E_2}=\frac{N_1}{N_2}=K$$

当接通负载时，二次侧流过电流，变压器一次电流与二次电流之比为：

$$\frac{I_1}{I_2}=\frac{N_2}{N_1}=\frac{1}{K}$$

通过上面公式可以看出，电压高的一侧，线圈匝数越多，通过的电流越小，导线截面面积选用的就越小，所以可以通过绕组截面电流的大小判断高、低压绕组。

12.1.2 电力变压器的铭牌与技术参数

（1）电力变压器的型号。

电力变压器的型号一般由两部分组成，第一部分由拼音字母组成，代表变压器的类别、结构特征

和用途；第二部分由数字组成，表示产品的容量（kV · A）和高压绕组电压（kV）等级。例如，“SFSZ-31500kV·A/10kV”，此型号变压器为三相风冷三绕组有载调压变压器，额定容量为31500kV·A，一次侧额定电压为10kV，二次侧额定电压为0.4kV。变压器型号中常见字母的意义如表12-2所示。

表12-2 变压器型号中常见字母的意义

类型	字母符号	表示意义
相数	D	单相
	S	三相
冷却方式	J	油浸自冷（可不标注）
	G	干式空气自冷
	C	干式浇注绝缘
	F	油浸风冷
	S	油浸水冷
循环方式	不标注	自然循环
	P	强迫循环
	N	导体内冷
绕组数	不标注	双绕组
	S	三绕组
	F	双分裂绕组
调压方式	不标注	无励磁调压
	Z	有载调压

（2）变压器的铭牌。

变压器铭牌上标注变压器的关键信息，主要技术数据包括：型号、额定容量、额定电压、额定电流、额定功率、连接组标号、阻抗电压、空载电流、空载损耗、负载损耗、总重、相数和频率、温升和冷却、绝缘水平等。变压器铭牌如图12-7所示。

常用技术参数的意义如下。

①额定容量（kV · A）：在额定电压、额定电流下连续运行时能输出的容量。

②额定电压（kV）：指变压器长时间运行所能承受的工作电压，工作时电压不得大于规定值。为适应电网电压变化的需要，变压器高压侧可设分接抽头，通过调整高压绕组匝数来调节输出电压。

③额定电流（A）：变压器在额定容量下，允许长时间通过的电流。

④工作频率（Hz）：变压器铁芯损耗与频率有很大关系，应根据使用频率来设计和使用。我国规定的标准电力工作频率为50Hz。

⑤空载电流（A）：变压器二次侧开路，一次侧施加额定电压运行时，变压器一次绕组中通过的电流，称为空载电流。空载电流由磁化电流（产生磁通）和铁损电流（由铁芯损耗引起）组成。对于50Hz电源变压器来说，空载电流基本上等于磁化电流。

⑥空载损耗（kW）：指变压器在空载状态下的损耗，即变压器二次侧开路时，在初级测得的功率损耗。功率损耗主要是铁芯中的磁滞损耗和涡流损耗，其次是空载电流在初级线圈铜阻上产生的损耗（铜耗），这部分损耗很小，因此空载损耗也叫铁损，单位为W或kW，测量变压器铁损可以据此分析判断变压器是否存在铁芯缺陷。

⑦阻抗电压（%）：变压器的二次绕组短路，在一次绕组电压慢慢升高，当二次绕组的短路电流等于额定值时，一次侧所施加的电压。一般以额定电压的百分数表示。

⑧效率：指次级功率与初级功率的百分比。一般变压器的额定功率越大，效率就越高。

⑨绝缘电阻：表示变压器各线圈之间、各线圈与铁芯之间的绝缘性能。绝缘电阻的高低与所使用的绝缘材料的性能、温度高低和潮湿程度有关。

⑩联结组标号：根据变压器一、二次绕组的相位关系，把变压器绕组连接成各种不同的组合。一般采用时钟表示法。

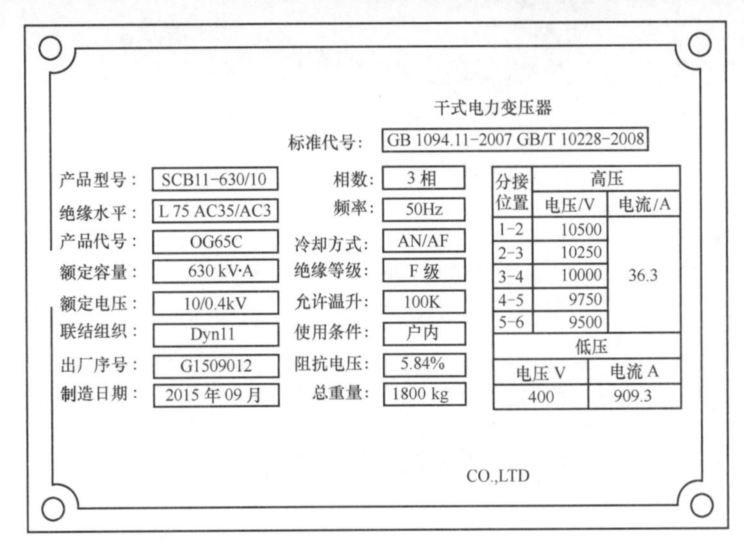

分接位置	高压 电压/V	高压 电流/A
1-2	10500	36.3
2-3	10250	
3-4	10000	
4-5	9750	
5-6	9500	

低压 电压 V	低压 电流 A
400	909.3

图 12-7　变压器铭牌

12.1.3　干式变压器的结构特点和用途

1　干式变压器的结构特点

干式变压器主要由硅钢片组成的铁芯和环氧树脂浇注成的线圈组成，高低压线圈之间放置绝缘筒增加电气绝缘，并由垫块支撑和约束线圈，其零部件搭接的紧固件均有防松性能。因其铁芯和绕组不浸渍在绝缘油中，故称为干式变压器。

铁芯由多片涂有绝缘漆的硅钢片叠压而成，铁芯的夹紧主要由夹件及夹紧螺杆来实现，上、下夹件通过拉螺杆或拉板压紧铁芯绕组。一般情况下，高压侧绕组在外面，低压侧绕组在里面，因为低压侧的电压低，要求的绝缘距离小，放在里面可以减小与铁芯间的距离，这样就可以减小变压器的体积，降低成本。同时，高压侧一般带分接引出头，通过调整分接头可以改变变压器的输出电压，放在外面操作方便、更安全。干式变压器的结构示意图如图 12-8 所示。

干式变压器的形式有开启式、封闭式、浇注式。开启式变压器是干式变压器常用的一种形式，其器身与大气直接接触，适用于比较干燥而洁净的室内，一般有空气自冷和风冷。封闭式变压器器身在封闭的外壳内，与大气不直接接触。浇注式变压器用环氧树脂或其他树脂浇注作为主绝缘，结构简单、体积小。

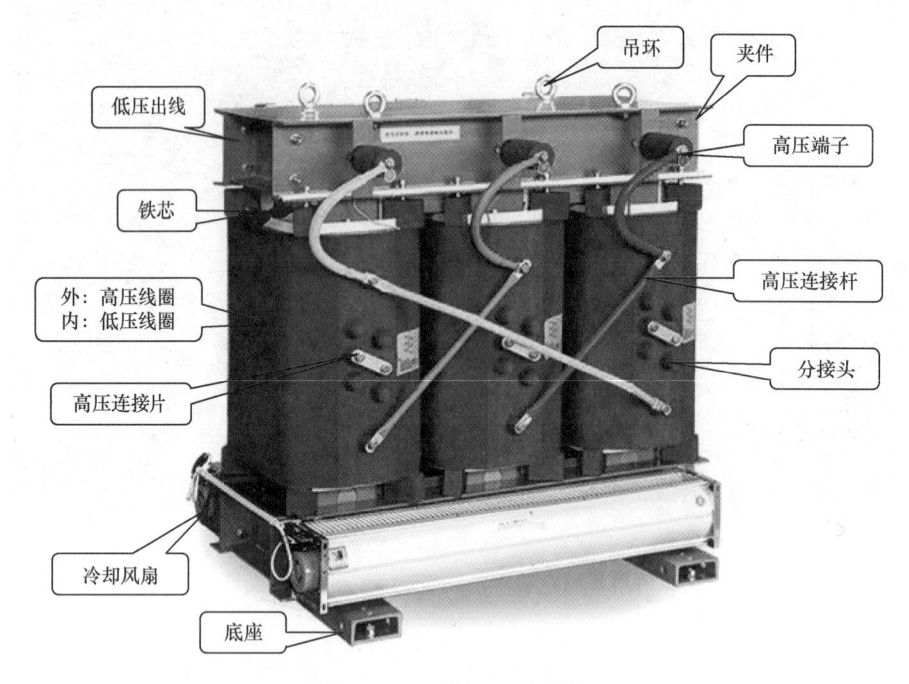

图 12-8　干式变压器的结构

2 干式变压器的用途

（1）改变电压，满足用户对不同电压等级的需求。

（2）有些型号的干式变压器可以起到安全隔离的作用，原边或副边出现故障时进行隔离，不会相互影响。

（3）改变阻抗。在电压改变的同时电流也随之变化，起到改变阻抗的作用。

干式变压器具有良好的防火性，可以合理布局在人员密集的建筑内，或者应用在需要防火、防爆的场所，同时也广泛用于电力、冶金、纺织、市政等行业。

干式变压器也存在着一些不足，比如同容量条件下，干式变压器价格昂贵；而且干式变压器电压等级受限，一般在 10kV 以下，个别达到 35kV 的电压等级，最高电压可达到 110kV；一般在室内使用；在户外使用时，必须配备较高防护等级的外罩；对于浇注成型的线圈出现毁损时，通常要报废，较难修复。

12.1.4 油浸式变压器的结构特点

油浸式变压器主要由器身、油箱、调压装置、冷却装置、保护装置和出线装置等组成。油浸式变压器的结构如图 12-9 所示。

1 器身

器身包括铁芯、高压绕组、低压绕组和引线及绝缘等。铁芯是变压器的磁路部分，一般采用小于 0.35mm、导磁系数高的冷轧晶粒取向硅钢片构成，在大容量的变压器中，为使铁芯损耗发出的热量能够被绝缘油在循环时充分带走，以达到良好的冷却效果，常在铁芯中设有冷却油道。油浸式变压器低压绕组除小容量采用铜导线以外，一般都采用铜箔绕制的圆筒式结构；高压绕组采用多层圆筒式结构，使绕组的匝数分布平衡，漏磁小，机械强度高，抗短路能力强。

2 油箱

油浸式变压器的器身（绕组及铁芯）都装在充满变压器油的油箱中，油箱用钢板焊成。油箱包括油箱本体和油箱附件。油箱本体分为箱盖、箱壁和箱底或上、下节油箱；油箱附件包括放油阀门、活门、油样活门、接地螺栓、铭牌等。

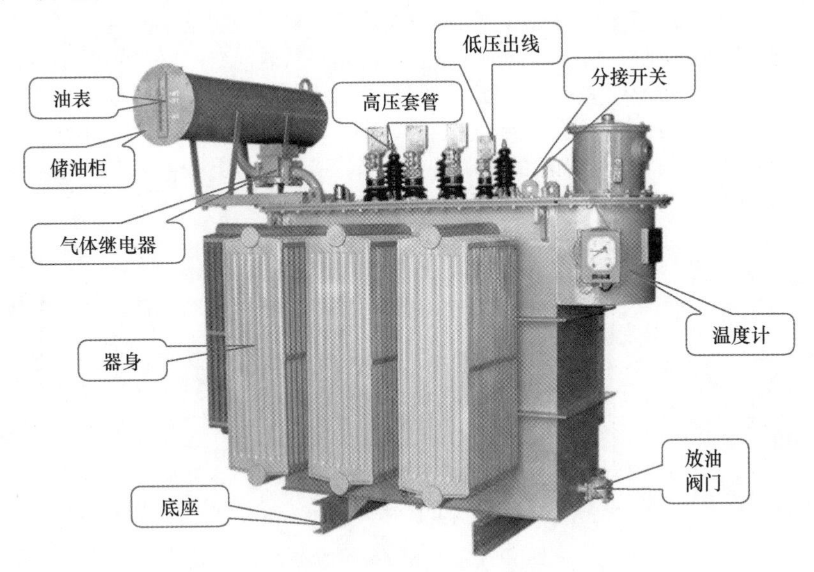

图 12-9 油浸式变压器的结构

3 调压装置

调压装置分为无励磁分接开关或有载分接开关。

变压器的二次侧不带负荷，一次侧与电网断开，无电源励磁成为无励磁调压，无励磁分接开关通过改变变压器一次线圈匝数以达到调整二次电压的目的。

有载分接开关是指能在变压器励磁或有负载状态下操作、变换变压器的分接，从而调节变压器输出电压的一种装置。就是在负载条件下，通过改变变压器的变比实现不间断的电压调节。有载分接开关在切换过程中，保证电流是连续的，且保证在切换过程中分接头间不发生短路。

4 冷却装置

油浸式变压器的冷却方式有自冷式、风冷式、强油风冷或水冷等冷却方法。自冷式冷却方式将散热器直接装在变压器油箱上，或者集中装在变压器附近，这种方式维护简单，油浸自冷式变压器可始终在额定容量下运行。风冷式散热器是利用风扇改变进入散热器与流出散热器的油温差，提高散热器的冷却效率，使散热器数量减少，占地面积缩小。强油风冷或水冷式是采用带有潜油泵与风扇的风冷却器或带有潜油泵的水冷却器，一般用于 50000kV · A 及以上额定容量的变压器。强油风冷冷却器可装在油箱上或单独安装。根据国内习惯，一般在变压器上多提供一台备用冷却器，可供有一台冷却器有故障需维修时使用。由于不是额定容量下运行，变压器可停运一部分冷却器，停用冷却器时潜油泵不能倒转，因此，每台冷却器上应有逆止阀，使油只能沿一个方向流动。选用水冷冷却器时应注意冷却水的水质，冷却水内有杂质易堵住冷却器而影响散热面。水压不能大于油压。

5 保护装置

保护装置是保证变压器安全运行的一些附属设施，有储油柜、油位计、安全气道、释放阀、吸湿器、测温元件、净油器、气体继电器等。

6 出线装置

出线装置包括高、中、低压套管，电缆出线等。

12.1.5 变压器的连接组别

1 三相绕组的连接方法

变压器绕组常见的连接方法有星形连接和三角形连接两种。

以高压绕组为例，星形连接是将三相绕组的三个末端连接在一起结为中性点，把三相绕组的首端分别引出，画接线图时，应将三相绕组竖直平行画出，相序从左向右，电势的正方向是由末端指向首端，电压方向则相反。三角形连接是将三相绕组的首、末端顺次连接成闭合回路，把三个接点顺次引出，三角形连接又分为顺序、逆序两种接法。画接线图时，三相绕组应竖直平行排列，相序由左向右，顺接是上一相绕组的首端与下一相绕组的末端顺次连接。逆接是将上一相绕组的末端与下一相绕组的首端顺次连接。变压器绕组的连接如图 12-10 所示。

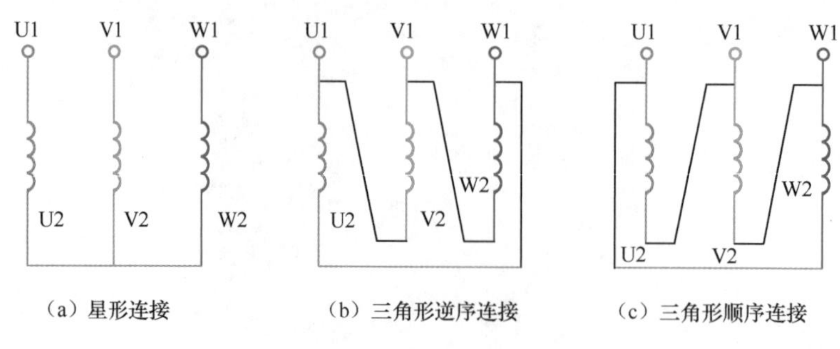

（a）星形连接　（b）三角形逆序连接　（c）三角形顺序连接

图 12-10　变压器绕组的连接

变压器的同一相高、低压绕组都是绕在同一铁芯上，并被同一主磁通链绕，当主磁通交变时，在高、低压绕组中感应的电势之间存在一定的极性关系。在任一瞬间，高压绕组的某一端的电位为正时，低压绕组也有一端的电位为正，这两个绕组间同极性的一端称为同名端，通常以圆点标注，反之则为异名端，如图 12-11 所示。

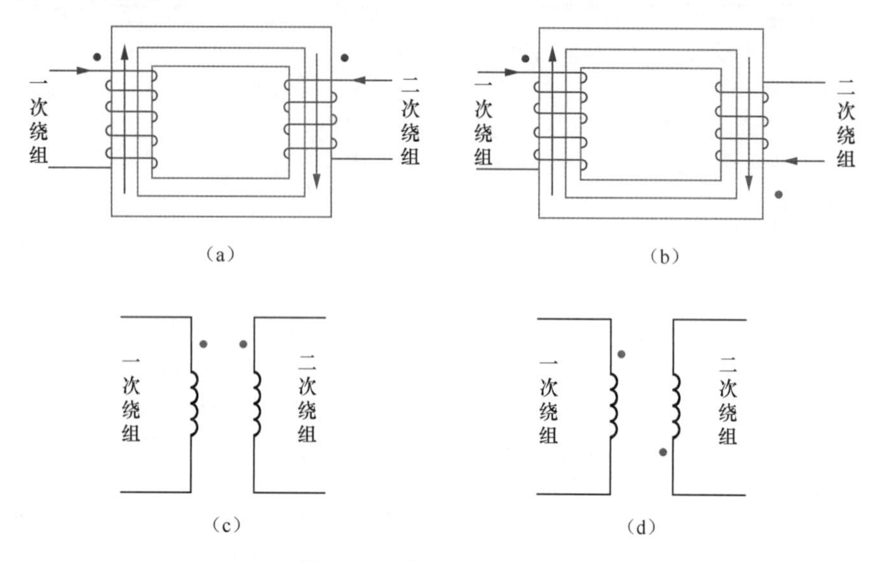

图 12-11　变压器绕组同名端

2 连接组标号

连接组标号是表示变压器绕组的连接方法以及原、副边对应线电势相位关系的符号。

连接组标号由字母和数字两部分组成，前面的字母自左向右依次表示高压、低压绕组的连接方法，大写字母表示一次侧（或原边）的接线方式，小写字母表示二次侧（或副边）的接线方式。Y（或 y）为星形接线；D（或 d）为三角形接线；“Yn”表示一次侧为星形带中性线的接线，Y 表示星形，n 表示带中性线。

数字部分用“时钟法”来表示低压绕组线电势对高压绕组线电势相位移的大小。把高压绕组线电势作为时钟的长针，永远指向“12”点钟，低压绕组的线电势作为短针，根据高、低压绕组线电势之间的相位指向不同的钟点。也就是用 0 ～ 11 间的整数来表示，该数字乘以 30° 即为低压边线电势滞后于高压边线电势相位移的角度数。

例如“Yn，d11”，表示一次侧为星形带中性线的接线，二次侧为三角形连接，其中 11 表示当一次侧线电压向量作为分针指在时钟 12 点的位置时，二次侧的线电压向量在时钟的 11 点位置，也就是二次侧的线电压 U_{ab} 滞后一次侧线电压 U_{AB}330°（或超前 30°）。

12.2 变压器的运行

12.2.1 变压器的安全运行要求

电力变压器作为变配电站的核心设备，安全运行尤为重要。由于油浸式变压器应用最为广泛，下面以油浸式变压器为例来讲解变压器的安全运行。

1 变压器运行前检查

新装或检修后的变压器投入运行前应检查以下几项。

（1）核对铭牌，检查铭牌电压等级与线路电压等级是否相符。

（2）检查变压器绝缘是否合格。检查时，用 1000V 或者 2500V 摇表，测试时间不少于 1min，表针稳定为止，绝缘电阻每千伏不低于 1MΩ，测试顺序为高压绕组对地，低压绕组对地，高低压之间的绝缘电阻。测试步骤如下。

①选择合适的兆欧表，兆欧表的额定电压一定要与被测电气设备或线路的工作电压相适应。一般额定电压在 500V 以下的设备，选用 500V 或 1000V 的兆欧表；额定电压在 500V 及以上的设备，选用 1000 ～ 2500V 的兆欧表。

②检查兆欧表的外观。外观应良好，外壳完整，玻璃无破损，摇把灵活，指针无卡阻，接线端子应齐全完好。兆欧表的接线端子如图 12-12 所示。

③进行开路试验。两条线分开处于绝缘状态，摇动兆欧表的手柄达 120r/min，表针指向无穷大（∞），表示兆欧表良好。

④进行短路试验。摇动兆欧表手柄到 120r/min，将两只表笔瞬间搭接一下，表针指向“0”（零），说明兆欧表正常，如图 12-13 所示。

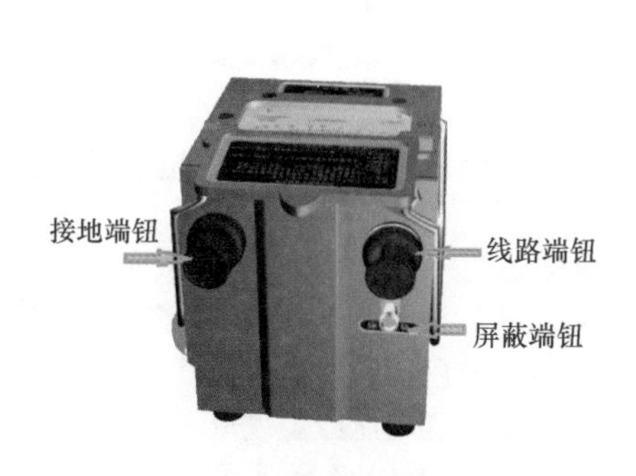

图 12-12 兆欧表的接线端子

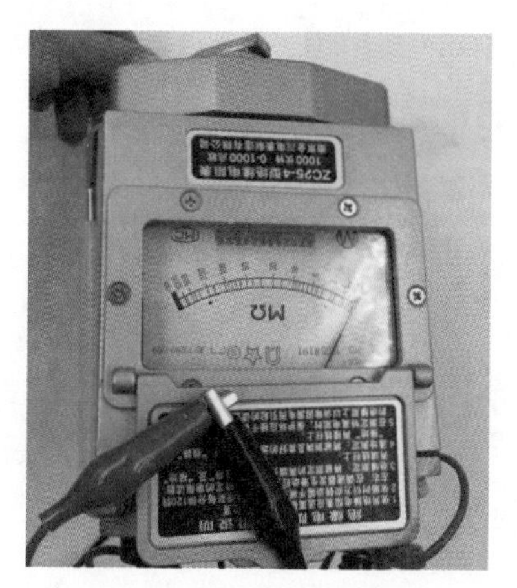

图 12-13 兆欧表短路试验

⑤分别测试高压绕组对地（变压器的外壳）、低压绕组对地、高低压之间的绝缘电阻。连线如图 12-14 所示。

20℃时，绝缘电阻值应满足：3 ～ 10kV 为 300MΩ、20 ～ 35kV 为 400MΩ、63 ～ 220kV 为 800MΩ、500kV 为 3000MΩ。检修后测得的绝缘电阻值与上次测得的数值换算到同一温度下相比较，本次测得的数值比上次数值不得降低 30%；吸收比 R60/R15（摇测中，60s 与 15s 时绝缘电阻的比值）在 10 ～ 30℃时应为 1.3 倍及以上。

一次侧电压为10kV的变压器，其绝缘电阻的最低合格值与温度有关。一般变压器绝缘电阻值不低于表12-3所示的数值。

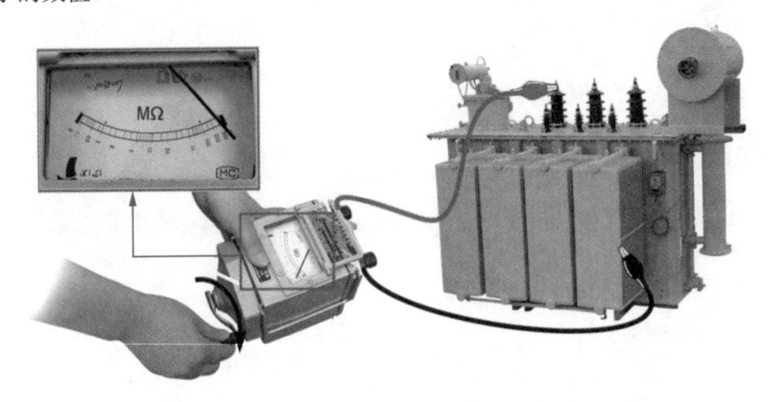

图12-14 兆欧表测量变压器绝缘电阻的连线

表12-3 变压器绝缘电阻合格阻值表

电压等级/kV	兆欧表选择/V	绝缘电阻值/MΩ
0.4	500	0.5
6.3	2500	300
10.5	2500	300
35	2500	400
110	2500	800

（3）分接头开关位置是否正确，锁紧装置是否牢固。

（4）油位计油面是否在标准线内，油内有无杂质，油色是否透明，玻璃管有无裂纹。

（5）检查引线端子是否牢固，外表是否清洁，有无漏油；瓷套管是否清洁，有无破损及漏油，防爆管膜有无破裂，有无漏油。

（6）瓦斯继电器是否正常。应打开瓦斯继电器放气门，放出内部气体，直到向上流油为止。

（7）呼吸器内的硅胶是否为蓝色（受潮后粉红色或变成淡蓝色），有无粉末，玻璃管有无破裂。

2 运行的变压器应检查的内容

运行的变压器应检查以下几项。

（1）变压器运行中全部保护装置均应投入运行，不得在无保护情况下运行，作为主保护的重瓦斯和差动保护必须能跳闸。

（2）在正常运行阶段，应经常查看油面温度、油位变化和储油柜有无冒油或油位下降现象。

（3）负荷电流、运行电压是否正常。

（4）电缆和母线有无过热、移动和变形，连接端子是否牢固。

（5）查看、视听变压器运行声音是否正常，有无爆裂等杂音。冷却系统运转是否正常，冷却风扇是否均能按规定整定值自动投入和切除。对于干式变压器，当变压器负载电流达到额定电流的2/3或油面温度达到65℃时，应投入冷却风扇，当负载电流低于1/2额定电流或温度低于50℃时切除风扇。油浸式风冷变压器风扇停止工作，顶层油温不超过65℃时，允许带额定负载运行。

（6）瓦斯继电器观察窗内油面是否充满，有无瓦斯气体；继电器及引线有无漫油、浸腐。

（7）变压器基础是否良好，无下沉、歪斜，外壳接地是否良好。

12.2.2 变压器的并列、分列运行

为了提高供电的可靠性，变电站或配电系统一般都设置两台或多台变压器，考虑运行的经济性与合理性，常常采取将两台或多台变压器并列运行或分列运行。

变压器的并列运行就是将两台或以上变压器的一次绕组并联接在同一电压等级的公共母线上，而

各变压器的二次绕组都分别接在另一电压等级的公共母线上，共同向负载供电的运行方式。

变压器的分列运行是指两台变压器一次母线并列运行，二次母线联络断路器断开，变压器通过各自的二次母线供给各自的负荷，如图 12-15 所示。

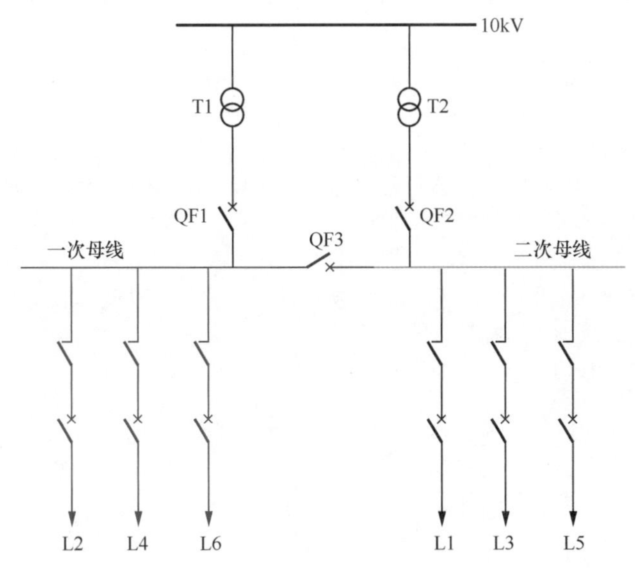

图 12-15 某变电站供电系统图

该系统为两台变压器 T1、T2 供电的配电系统，变压器 T1 通过进线断路器 QF1 向一次母线供电，变压器 T2 通过进线断路器 QF2 向二次母线供电，一次母线与二次母线之间通过母线断路器 QF3 连接。

变压器的并列运行就是运行状态下，QF1、QF2 两个进线断路器闭合，同时母线断路器 QF3 也为闭合状态，两台变压器同时向一次和二次母线供电。变压器的分列运行就是运行状态下，QF1、QF2 两个进线断路器闭合，母线断路器 QF3 断开，当变压器 T1 运行时向一次母线负荷供电，当变压器 T2 运行时向二次母线供电。

12.2.3 变压器并列运行的条件和用途

变压器必须满足一定的条件才能并列运行。如果不符合条件，并列运行将会引起安全事故。并列运行要求空载时，并联线圈间不应有循环电流流过；带负载时，各变压器的负荷应按容量比例分配，使容量能得到充分利用。

1 变压器并列运行的条件

（1）变压器的接线组别相同。这保证了并列变压器一、二次电压的相序和相位都对应相同，否则不能并列运行。假设两台变压器并列运行，一台为 Yyn0 连接，另一台为 Dyn11 连接，则它们的二次电压将出现 30° 相位差，会在两台变压器的二次绕组间产生电位差 ΔU，这个电位差将在两台变压器的二次侧产生一个很大的环流，使变压器绕组烧毁，对变压器的安全运行造成很大的威胁。

（2）变压器的变比相同，误差不超过 0.5%。如果并列变压器的电压比不同，则并列变压器二次绕组的回路内将出现环流，即二次电压较高的绕组将向二次电压较低的绕组供给电流，导致绕组过热甚至烧毁。

（3）变压器的阻抗电压（短路电压）相等。由于并列运行变压器的负荷是按阻抗电压值成反比分配的，如果阻抗电压相差很大，可能导致阻抗电压小的变压器发生过负荷的现象，所以要求并列变压器的阻抗电压必须相等，允许差值不得超过 10%。

（4）并列变压器的容量比不大于 3 ∶ 1。如果容量相差悬殊，当变压器的特性有差异时，会产生环流，容量小的变压器容易过负荷或烧毁。

（5）两台变压器并列运行前，必须保证相序相同，否则会造成相间短路，烧毁变压器。

2 变压器并列运行的用途

（1）提高变压器运行的经济性。

变压器的并联运行可根据用电负荷的大小来进行投切。当负荷增加，一台变压器容量不满足要求时，可并列投入第二台变压器；在低负荷时，可停运部分变压器，从而减少能量损耗，提高系统的运行效率，并改善系统的功率因数，保证经济运行。

（2）便于变压器检修，提高供电可靠性。

当并列运行的变压器中有一台损坏时，只要迅速将之从电网中切除，另一台或两台变压器仍可正常供电；检修某台变压器时，也不影响其他变压器正常运行，从而减少了故障和检修时的停电范围和次数，提高供电的可靠性。

（3）可以随着负荷的增加分期安装变压器，减少初期投资。

（4）减小备用容量。为了保证供电系统正常供电，必须设置一定的备用容量。变压器并列运行可使单台变压器容量变小，从而达到减小备用容量目的。

3 变压器并列运行的注意事项

（1）检查变压器铭牌，查看接线组别、变比等是否符合并列运行的基本条件。

（2）新投入运行和检修后的变压器，在并列运行之前，先进行核相，确保相序相同，并在变压器空载状态时试并列后，方可正式并列带负荷运行。

（3）变压器并列运行必须考虑运行的经济性。满足运行的经济性后，方可进行并列运行，同时，还应注意不宜频繁操作。

（4）进行变压器的并列或解列操作时，不允许使用隔离开关和跌开熔断器。操作并列和解列时要保证正确，不允许变压器倒送电。

（5）变压器并列运行要考虑负荷的分配情况。并列运行之前应根据实际情况，预计变压器负荷电流的分配，在并列之后立即检查两台变压器的运行电流分配是否合理。解列变压器或停用一台变压器时，应根据实际负荷情况预计是否有可能造成一台变压器的过负荷。如果实际负荷电流有可能造成变压器过负荷，不准进行解列操作。

12.3 变压器的日常维护与故障处理

12.3.1 变压器的试验项目

为保证变压器的安全稳定运行，需要对变压器进行一些试验项目。试验项目包括例行试验、型式试验、特殊试验。

1 例行试验

例行试验是每一台出厂变压器都进行的试验，随着技术的发展，这些试验项目大多有专门的测试仪器。变压器例行试验项目、测试用的仪器和功能如表12-4所示。

表12-4 变压器例行试验项目、测试用的仪器和功能

序号	试验项目	仪器	功能
1	绝缘例行试验	高压兆欧表	测量变压器绕组的绝缘电阻
2	绕组电阻测量	直流电阻快速测试仪	测量绕组的直流电阻
3	电压比测量及电压矢量关系校定	全自动变比组别测试仪	测量绕组所有分接的电压比
4	空载电流和空载损耗、短路阻抗及负载损耗测量	变压器空载负载特性测试仪	测量变压器的空载电流和空载损耗、短路阻抗和负载损耗
5	有载分接开关试验	变压器有载开关测试仪	测量有载分接开关的过渡电阻、切换时间等参数
6	变压器油的介电强度试验	全自动绝缘油介电强度测试仪	测量变压器油的介电强度
7	介质损耗功率因数测量	全自动抗干扰异频介损测试仪	测量绕组和电容性导管的介损值
8	变压器油试验	色谱分析仪	对变压器油中的溶解气体进行色谱分析

2 型式试验

型式试验是除出厂例行试验之外，为验证变压器是否与规定的技术条件符合所进行的具有代表性的试验，包括温升试验、绝缘型式试验、油箱机械强度试验。

3 特殊试验

特殊试验是除出厂例行试验和型式试验之外，经制造厂与使用部门商定的试验，它使用于一台或几台特定的变压器。试验包括绝缘特殊试验、绕组对地和绕组间电容的测量、暂态电压传输特性测定、三相变压器零序阻抗测量、短路承受能力试验、声级测定、空载电流谐波的测量等。

12.3.2 变压器的日常维护

要按规定对运行中的变压器进行检查，监视其运行情况，严格掌握运行标准，保证安全运行。

1 日常维护检查的时机

（1）变压器检修后，投入运行带负荷时，应进行详细检查。

（2）变压器出现故障后，应对变压器进行全面检查。

（3）天气或环境恶劣时，对变压器应进行特别检查。

（4）值班人员对运行或备用中的变压器，应进行定期和不定期检查。正常时，按规定时间、路线、人员进行检查。

2 变压器正常巡视检查

变压器正常巡视检查项目及内容如表 12-5 所示

表 12-5 变压器正常巡视检查项目及内容

序号	检查项目	检查内容
1	负荷情况	负荷电流、运行电压正常
2	瓦斯继电器	变压器瓦斯继电器内无气体
3	温度情况	变压器的油温及温度计正常，风扇运转正常；金属波纹储油柜油位与温度相对应；手触各散热器温度无明显差异
4	引线接头、电缆	压接良好，无发热迹象，接线无松动、脱落，绝缘包扎良好
5	油位	油位计油面在标准线内，油内无杂质，油色透明，玻璃管无裂纹
6	套管	套管油位应正常，瓷质部分无破损裂纹，无严重油污和积尘、无放电痕迹及其他异常现象
7	声音	变压器运行声音正常，为均匀的“嗡嗡”声，无焦煳异味
8	变压器基础	变压器基础构架无下沉、断裂，卵石层清洁，下油道畅通无堵塞
9	变压器外壳	变压器外壳接地良好，无松动，无锈蚀现象，铁芯接地电流小于 100mA
10	取气盒	取气盒内注满油，连管及各接头无渗漏
11	呼吸器	呼吸器内的硅胶为蓝色（受潮后为粉红色或变成淡蓝色），玻璃管无破裂
12	周围环境	周围有无杂物，消防设施应齐全完好。如在室内，变压器室通风机运行良好，室温正常

3 特殊条件下巡视

变压器在特殊条件下运行时，如过负荷、大风、雷雨天气等，电气人员应对变压器进行特殊巡视，巡视项目如下。

（1）在过负荷运行的情况下，着重监视负荷、油温和油位的变化。

（2）气象突变（如大风、大雾、大雪、寒潮等）。如在大风天气运行时，应注意引线的松紧及摆动情况，变压器主附件及引线有无搭挂杂物现象。在大雾天气注意瓷套管有无放电打火现象，重点监视有污秽的瓷质部分。在大雪天气时可根据积雪融化情况检查接头发热部位，并及时处理积雪和冰棒。

（3）雷雨季节特别是雷雨后，着重注意瓷套管有无放电闪络现象，了解避雷器放电记录器的动作情况。

（4）当变压器有缺陷运行时，应加大对变压器巡查力度，尽快进行检修处理。

（5）高温季节，高峰负载期间要增加巡视检查的次数。

12.3.3 变压器的故障处理

1 变压器油温升高

出现变压器油温升高超过规定值时，值班人员应按以下步骤检查处理。

（1）检查变压器的负载和冷却介质的温度，并与在同一负载和冷却介质的温度核对。

（2）检查温度测量装置，确定温度测量正确。在正常负载和冷却条件下，变压器温度不正常并不断上升，且经检查证明温度指示正确，则认为变压器已发生内部故障，应立即将变压器停止运行。

（3）检查变压器冷却装置或变压器室的通风情况，若温度升高的原因是冷却系统故障，且在运行中无法修理时，应将变压器停运修理；若不能立即停运修理，则应调整变压器负载至允许运行温度下的相应容量。

（4）当发现变压器的油面比当时油温所对应的油位显著降低时，应查明原因并按规定补油，禁止从变压器下部补油。

（5）变压器油位因温度上升有可能高出油位指示极限，经查明不是假油位所致时，则应放油，使油位降至与当时油温相对应的高度，以免溢油。

2 变压器轻瓦斯动作

（1）检查变压器外部有无异常，判明是否由于空气进入、油位降低或二次回路故障所致。

（2）检查气体继电器内是否有气，有则记录气量，观察气体的颜色及试验是否可燃，并取气样及油样做色谱分析。

（3）根据所收集气体性质判断故障性质。

①如果气体为无色、无臭、不可燃，则为空气。若经判断气体继电器内为空气，应放出气体，经相关主管负责人同意后可继续运行，并及时消除进气缺陷。

②若气体有色、有味、可燃或油中溶解气体分析结果异常，应综合判断确定变压器是否停运。一般情况下，黄色不易燃为木质的故障；淡灰色带强烈气味可燃为绝缘纸板或绝缘纸的故障；灰色和黑色易燃为油的故障。

③若因气候变化，油面下降致使瓦斯继电器动作，应对变压器进行加油处理。

3 变压器重瓦斯动作

（1）检查变压器外壳有无喷油、冒油、油色变化和油位升高等明显迹象，如发生喷油、冒油或变压器已着火，按灭火规定处理。

（2）检查变压器保护动作情况，若差动保护及重瓦斯保护同时动作，在未查明原因前，禁止送电。

（3）将变压器转冷备用，综合分析确定故障性质。瓦斯保护动作跳闸时，在查明原因消除故障前不得将变压器投入运行。

（4）有充分理由判明是瓦斯继电器误动，应将重瓦斯停用，其他保护必须投入使用，并及时制订检修更换措施。

4 变压器着火

（1）如果没有自动跳闸，应立即断开变压器各侧开关和刀闸，汇报给相关负责人，通知消防人员。

（2）停止冷却风扇和通风装置，并切断冷却风扇电动机电源。

（3）立即用附近配备的灭火器进行灭火。若因油溢在变压器顶盖上而着火时，则应打开下部排油阀放油至适当油位；若是变压器内部故障引起着火时，则不能放油，以防变压器发生严重爆炸。

（4）若漏出的油着火可用沙子和干粉灭火器灭火，禁止用水灭火。

（5）着火时必须有专人指挥，防止扩大事故或引起人员中毒、烧伤、触电等情况。

第13章 供配电线路基础

供配电线路是电力系统的重要组成部分，是保证供配电安全和稳定的基础。随着电力行业的不断发展，对供配电安全和供电质量的要求变得越来越高，因而做好电力供配电线路的维护工作也显得更加重要。本章主要介绍电线电缆的分类、命名及选择方法，并给出了电线电缆的敷设和安装方法以及电线电缆的连接方法，供读者参考。

13.1 电线电缆的基本知识

13.1.1 电线电缆的分类

电线电缆是由一根、几根或几组导线绞合，外包绝缘保护层制成的传输导线，广义的电线电缆简称电缆，狭义的电缆是指绝缘电缆。电缆的分类方式很多，常有以下几种分类方式。

1 根据用途和场所分类

根据电线电缆的用途可分为电力电缆、控制电缆、补偿电缆、屏蔽电缆、高温电缆、计算机电缆、信号电缆、同轴电缆、耐火电缆、船用电缆、矿用电缆、铝合金电缆等。使用电压在 1kV 及以下可分为耐火线缆、阻燃线缆、低烟无卤 / 低烟低卤线缆、耐油 / 耐寒 / 耐温 / 耐磨线缆、医用 / 农用 / 矿用线缆等。

电力电缆是用于传输和分配电能的电缆，常用于工矿企业内部供配电、发电站传输线路、城市地下电网及水下输电线，具有内通电、外绝缘的特征。其基本结构由线芯、绝缘层、内护层和外护层组成，如图 13-1 所示。15kV 及以上的电力电缆一般还有带铠装电缆、导体屏蔽层和绝缘屏蔽层电缆等。

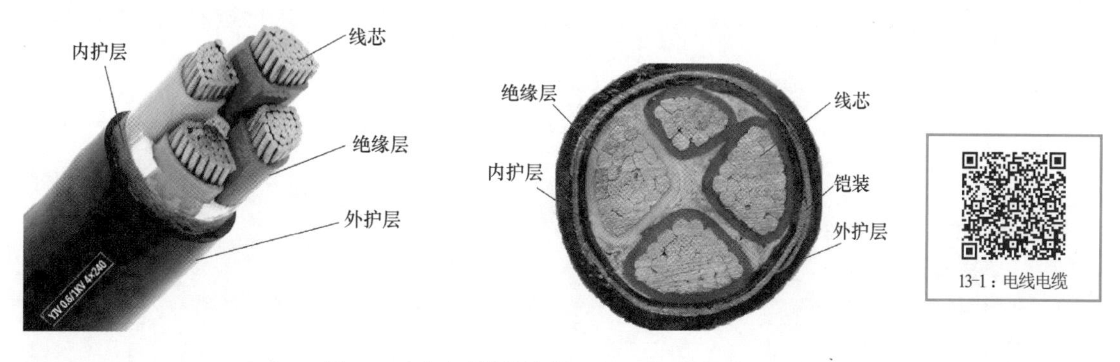

图 13-1 电力电缆的结构

2 根据电压等级分类

（1）低压电缆：适用于固定敷设在交流 50Hz、额定电压 3kV 及以下的输配电路上输送电能。

（2）中低压电缆（一般指 6 ～ 35kV）：聚氯乙烯绝缘电缆、聚乙烯绝缘电缆、交联聚乙烯绝缘电缆等。

（3）高压电缆（一般为 110 ～ 220kV）：聚乙烯电缆和交联聚乙烯绝缘电缆等。

（4）超高压电缆：电压为 330 ～ 500kV。

（5）特高压电缆：电压为 1000kV 及以上。

3 根据绝缘材料分类

（1）塑料绝缘电线电缆。

常用的绝缘塑料有聚乙烯（PE）、聚氯乙烯（PVC）、交联聚乙烯（XLPE）、聚丙烯（PP）、聚四氟乙烯（PTFE/F-4）等。

（2）橡胶绝缘电线电缆。

此种电线电缆的绝缘层为橡胶添加其他配合剂，经过充分混炼后挤包在导电线芯上，经过加温硫化而成。常用的橡胶绝缘材料有天然胶－丁苯胶混合物（NR）、乙丙胶（EPR）、氯丁胶（CR）、硅橡胶（SIR）、氯磺化聚乙烯（CSPE）、聚氯乙烯－丁腈复合物（PVC-NBR）等。

（3）油浸纸绝缘电力电缆。

这种绝缘方式常用于电力电缆中，以油浸纸作为绝缘材料，绝缘层是以一定宽度的电缆纸螺旋状地包绕在导电线芯上，经过真空干燥处理后用浸渍剂浸渍而成。根据浸渍剂的黏度和加压方式不同又分为黏性浸渍纸绝缘、滴干纸绝缘、不滴流纸绝缘等多种。

（4）气体绝缘电力电缆。

气体绝缘电力电缆所用绝缘气体为六氟化硫，将导体封装在充有六氟化硫气体的筒中，散热性好，具有较大的传输容量，常用于超高压大容量的传输。

13.1.2 电线电缆的命名

电缆规格型号是根据产品特性和相关标准来命名的，个别特殊用途的电缆厂根据自己的标准命名，主要包括以下部分。

（1）表示用途类别。

A—安装线，B—绝缘线，C—船用电缆，K—控制电缆，N—农用电缆，R—软线，U—矿用电缆，Y—移动电缆，JK—绝缘架空电缆，M—煤矿用，ZR—阻燃型，NH—耐火型，ZA—A 级阻燃，ZB—B 级阻燃，ZC—C 级阻燃，WD—低烟无卤型。

（2）表示导体材料。

T—铜芯导线，可以省略；L—铝芯导线。

（3）表示绝缘材料。

V—聚氯乙烯，Y—聚乙烯，YJ—交联聚乙烯，X—橡胶，Z—油浸纸。

（4）表示内部护层材料结构。

V—聚氯乙烯护套，Y—聚乙烯护套，Q—铅护套，H—橡胶护套，F—氯丁橡胶护套，P—铜丝编织屏蔽，P2—铜带屏蔽。

（5）表示特征代号。

B—扁平型，R—柔软，C—重型，Q—轻型，G—高压，H—电焊机用，S—双绞型，D—不滴流，F—分相，CY—充油，P—屏蔽，Z—直流。

（6）表示铠装层。

0—无，2—双钢带，3—细钢丝，4—粗钢丝。

（7）表示外护层代号。

1—纤维层，2—PVC 套，3—PE 套。

（8）表示防火特性。

阻燃电缆在代号前加 ZR，耐火电缆在代号前加 NH，防火电缆在代号前加 DH。

例如，KVVP22 表示为铜芯聚氯乙烯护套铜带屏蔽钢带铠装控制电缆；ZR-KVV22 表示为铜芯聚氯乙烯绝缘护套钢带铠装阻燃控制电缆。

13.1.3 电线电缆的选择

一般电线电缆的选择步骤是根据使用环境和敷设条件确定电缆型号，然后根据运行参数情况选择电缆导体的截面。

1 电线电缆型号的选择原则

（1）根据敷设条件的不同，可选用不同绝缘材料、不同结构的电缆。

塑料绝缘电缆结构简单，重量轻，敷设安装方便，不受敷设落差限制，广泛应用于低压电缆。橡胶电缆弹性好、柔软，适合于移动频繁、敷设弯曲半径小的场合。油浸纸绝缘电力电缆安全可靠，使用寿命长，普通油浸纸绝缘电缆敷设受落差限制。气体绝缘电力电缆散热性好，具有较大的传输容量，常用于超高压、大容量的传输。根据敷设的要求选择钢带铠装电缆、钢丝铠装电缆、防腐电缆等。

（2）根据用途的不同，可选用电力电缆、架空绝缘电缆、控制电缆等。

（3）根据安全性要求，可选用不延燃电缆、阻燃电缆、无卤阻燃电缆、耐火电缆等。

2 电线电缆导体截面的选择原则

电线电缆导体截面的选择应结合敷设环境，满足允许载流量（发热）、短路热稳定、允许电压降、机械强度等要求。

（1）电线电缆载流量应大于最大工作电流，这样，运行中的电缆导体温度才能保证不超过其规定的长期允许工作温度。

（2）选择电线电缆截面时，要考虑抗短路的能力，一般要求在短路电流作用期间，电缆线芯的温度不应超过其允许短路温度。电缆应能承受预期的故障电流或短路电流，承受短路电流的时间不少于短路保护的动作时间，满足热稳定校验的要求。

（3）电线电缆截面的选择要考虑允许的电压降。

（4）电线电缆截面的选择要满足机械强度的要求。

13.2 电力电缆的敷设安装

13.2.1 电力电缆的敷设方法

电力电缆根据工程条件、环境特点和电缆类型、数量等因素合理地选择敷设方式。当电力电缆在室外敷设时，可根据具体的环境情况、电缆数量、土壤性质，对电力电缆常采用直埋、电缆沟、排管、电缆隧道等敷设方式。当电力电缆在室内敷设时，可沿墙及建筑构件明敷设，也可将电缆穿金属导管埋地暗敷设。

1 埋地敷设

埋地敷设是将电缆直接埋在地下的敷设方式，这种方式适合于使用中不会受到大的冲击且具有铠装及防腐层保护的电缆，如图 13-2 所示。一般电缆外皮至地面的深度不得小于 0.7m，电缆外皮至地下构筑物基础的距离不得小于 0.3m，当位于行车道或耕地下时，应适当加深，且不宜小于 1.0m。

电缆应敷设于壕沟里，沟底应无硬质杂物，并应沿电缆全长的上、下紧邻侧铺以厚度不少于 100mm 的软土或砂层，还应沿电缆全长覆盖宽度不小于电缆两侧各 50mm 的保护板，保护板宜采用混凝土，也可用砖块替代水泥盖板。回填至沟的一半时，铺设警示带，回填完成后，在电缆转弯处、中间接头处、与其他管线相交处等特殊路段放置明显的方位标志和标桩，防止外力的破坏。

2 电缆沟敷设

电缆沟敷设是在开挖后，按设计要求砌筑沟道，在沟道的侧壁固定支架、梯架或托盘等，电缆可分层敷设，上面盖好盖板，如图 13-3 所示。电缆沟的尺寸应按满足容纳全部电缆的允许最小弯曲半径、施工作业与维护空间要求，且有防止外部进水、渗水的措施。电缆支架、梯架或托盘的层间距离应满足能方便地敷设电缆及其固定、安置接头的要求，且在多根电缆同置于一层情况下，可更换或增设任一根电缆及其接头。

3 电缆排管敷设

电缆排管敷设就是将电缆敷设于埋入地下的电缆保护管中的安装方式，如图 13-4 所示。当敷设的电缆数量较多，道路比较集中，且不宜建造电缆沟和电缆隧道时，可采用排管敷设。排管敷设可有效防止电缆遭受外力破坏和机械损伤，减轻土壤中有害物质对电缆的化学腐蚀。排管敷设造价适中，应用越来越广泛。

图 13-2　埋地敷设

图 13-3　电缆沟敷设

4 桥架敷设

桥架敷设是将绝缘导线敷设在桥架内的安装方式。桥架有梯架式（见图 13-5）、槽式、托盘式和网格式等结构，由支架、托臂和安装附件等组成。电缆桥架可以放置 10kV 及以下的电力电缆、控制电缆或弱电电缆，具有较大的承载能力。敷设电缆的总截面面积一般不应超过截面面积的 40%。

图 13-4　电缆排管敷设

图 13-5　梯架式桥架敷设

5 隧道敷设

电缆隧道敷设适合于穿越主干道或水下工程电力电缆的敷设，隧道有供安装和巡视的通道且容纳电缆数量较多。

13.2.2　配电线路的安装方法

配电线路的安装指由配电柜（箱）连接到用电设备的供电和控制线路的安装，有明敷和暗敷两种。明敷有线槽配线、桥架配线、线管配线、瓷夹配线、绝缘子配线、钢索配线等，应用最多的是线槽配线和线管配线。暗敷是在土建施工时，将配线管预先埋设在墙壁、楼板或天棚内，然后再进行管内穿线。常用的配管有塑料管和金属管，配线槽也有塑料线槽和金属线槽。

1 线槽配线

线槽配线是将绝缘导线敷设在线槽内，上部用盖板把导线盖住。常用的线槽有塑料线槽、金属线槽、封闭式母线槽及插接式母线槽。线槽选用时，应平整，无扭曲变形，内壁无毛刺，接缝处紧密平直，各种附件齐全。线槽内电线电缆的总截面面积不应超过线槽内截面面积的 20%，载流导体不超过 30 根。线槽配线的安装方式与桥架敷设安装相似，但是线槽的强度较低，通常用于敷设导线和通信线缆，而桥架主要用于敷设电力电缆和控制电缆，如图 13-6 所示。

2 线管配线

线管配线是将绝缘导线穿在管内敷设，根据线管的位置不同有明敷和暗敷两种方式。线管配线步骤包括线管选择、线管加工连接、线管敷设、管内穿线几个步骤。

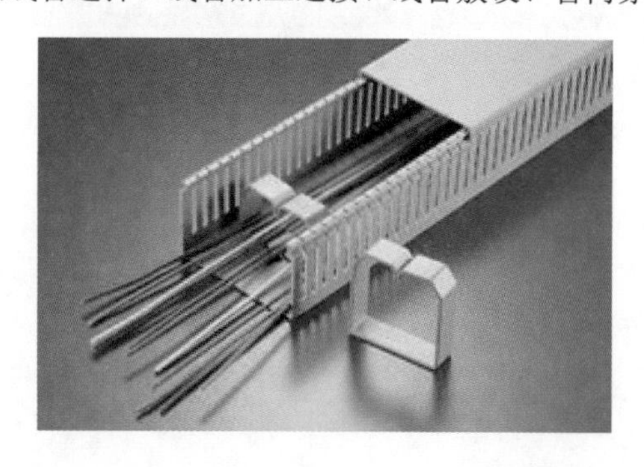

图 13-6　线槽配线敷设

（1）线管选择。

常用的线管有钢管、硬质塑料管、半硬塑料管、阻燃 PVC 管等。根据敷设环境的不同，合理采用线管的材质和规格。钢管既可明敷也可以暗敷，潮湿场所或埋于地下时用厚壁钢管。硬塑料管适用于室内或酸碱等有腐蚀介质的场所；半硬塑料管（塑料波纹管）适用于一般民用建筑的照明工程暗敷设，但不得在高温场所敷设；软金属管用来作为钢管和设备的过渡连接。管子规格的选择应根据管内所穿导线的根数和截面面积决定，一般规定管内导线的总截面面积（包括外护层）不应超过管子内孔截面面积的 40%。

（2）线管加工连接。

线管在敷设前应进行检查和加工。线管不应有裂痕和堵塞；钢管内应无铁屑及毛刺，切断口应锉平，尖角应刮光，然后进行如除锈、切割、套丝和弯曲操作。管的长度不够时需要进行连接，线管连接可采用套管、管箍、连接盒等方法。采用套管连接时，套管长度宜为管外径的 1.5 ～ 3 倍，并使连接管的对口处在套管中心。管与连接盒连接时，插入连接盒的深度宜为管外径的 1.1 ～ 1.8 倍。

（3）线管敷设。

线管明敷是用固定卡子将管子固定在墙、柱、梁、顶板和钢结构上；线管暗敷设是在土建施工时，将管子预先埋设在墙壁、楼板（见图 13-7）或天棚内。

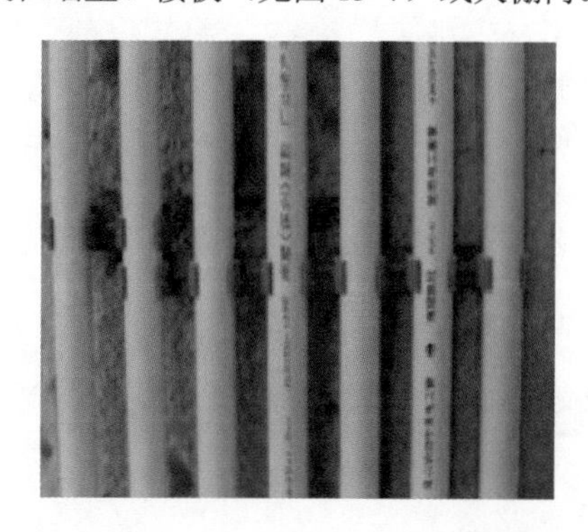
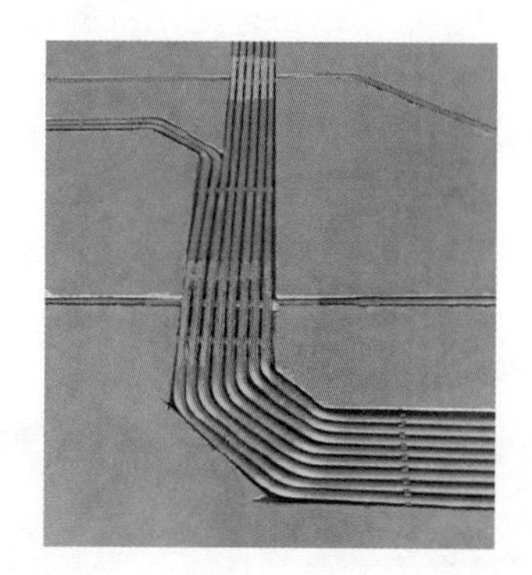

图 13-7　线管敷设

（4）管内穿线。

管子全部敷设完毕及建筑物抹灰、粉刷及地面工程结束后进行穿线。在较长的垂直管路中，为防止由于电线的自重拉断导线或拉脱接线盒中的接头，电线应在管路中间增设的拉线盒中加以固定。

13.3 电力电缆的连接

电力电缆的连接包括中间头连接和终端头连接，中间头连接将两根导线连接到一起，终端头连接将电线电缆与电气设备连接到一起。电缆终端头和中间接头是供配电线路中的重要附件。在电缆线路中，60% 以上的事故是由附件引起的，所以接头附件质量的好坏，对整个输变电的安全可靠起十分重要的作用。

13.3.1 电力电缆的连接

1 中间头连接

选用中间接头要考虑其绝缘强度和机械强度，能够适应机械应力和短路电流的冲击，且具有可靠的密封性。中间头连接主要包括电缆的预处理、导体连接、内外半导电层恢复及绝缘层恢复、电缆反应力锥的处理、金属屏蔽层和铠装层的处理、接头的密封和机械保护等步骤。

切割电缆时，将待接头的两段电缆自断口处交叠，交叠长度为200～300mm。导体的连接要求具备低电阻和足够的机械强度，连接处不能出现尖角。中低压电缆导体连接常用的方式是压接，压接应注意：选择合适的导电率和机械强度的导体连接管，用专用压接器进行压接，压接后屏蔽能够相互连通，连接完成后要加外保护套进行保护，根据需要选择电力电缆中间接头盒或热缩套管等绝缘材料进行包扎封装。电缆中间头连接如图13-8所示。

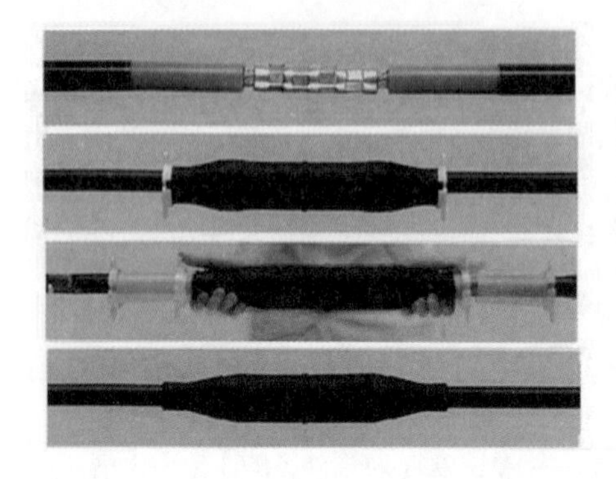

图13-8 电缆中间头连接

2 终端头连接

电力电缆的终端头是电缆与电气设备连接的装置。按安装材料终端头可以分为热缩电缆终端头和冷缩电缆终端头，按工作电压终端头可以分为1kV、10kV、27.5kV、35kV、66kV、110kV、138kV、220kV电缆头。按使用条件终端头可以分为户内电缆终端头和户外电缆终端头。按芯数终端头可以分为单芯终端头、两芯终端头、三芯终端头、四芯终端头（又分为四等芯和3+1）、五芯终端头（又分为五等芯、3+2和4+1）。

电缆终端头由于装置地区的环境条件不同和选择的电缆型号不同而有很多形式的制作过程。无论哪种形式大多需要接线端子、分支手套、应力管、绝缘管、密封管、相色标记管、雨裙、接地线等材料。连接步骤一般有电缆预处理、安装分支手套、安装绝缘塑料管、压接接线端子、绝缘密封等。

13.3.2 导线的连接

1 单股导线的连接

单股导线的连接一般有直线连接、丁字连接、十字连接和并头连接几种方式。

（1）直线连接。

首先用电工刀或剥线钳剥掉绝缘层，两线端各自在距离绝缘15～25mm（直径大的取大值）的位置相互交叉，两只手各捏住一端同时向两个相反的方向拧导线互缠绕3圈左右，并用钳子咬住，将线掰垂直；然后再将一条线端缠绕在另一条导线上，不少于5圈，之后再绕另一端，余线剪掉。连接完成后用绝缘胶布进行包扎处理。直线连接的效果如图13-9所示。

（2）丁字连接。

剥掉绝缘层，将要分支的导线剥掉绝缘，露出30～40mm长的铜（铝）线。

缠绕的方法有两种：第一种是直接缠绕，即将分支线直接缠绕在要分支的导线上，紧密缠绕不少于5圈，方向可左可右，在支线不受力的情况下可以使用，如图13-10（a）所示。

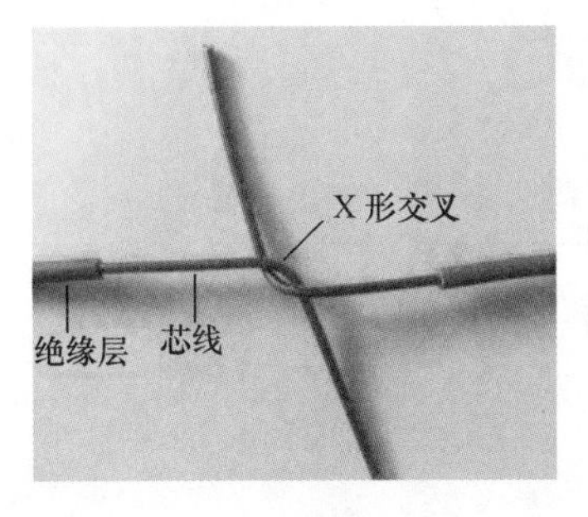

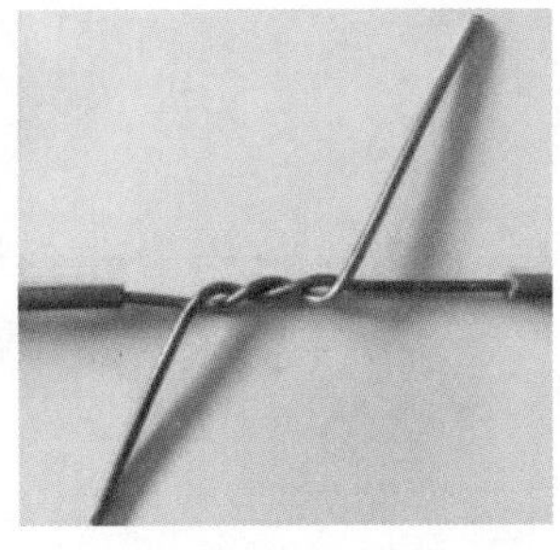

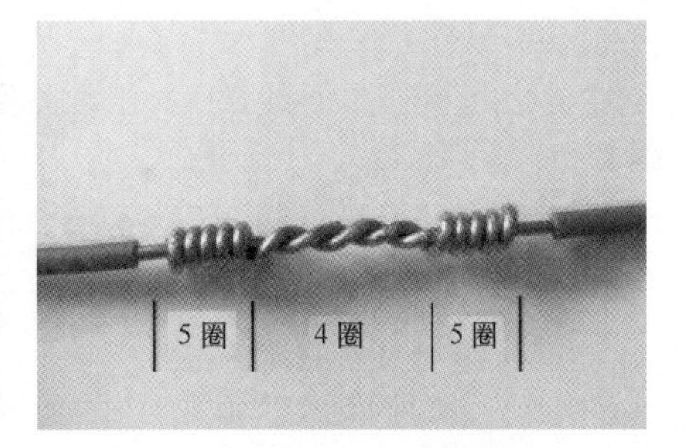

图 13-9 直线连接

第二种是先在要分支的导线上打一个结，从正面看像一个圆圈在右侧的 9 字，应注意在弯曲绕制过程中尽可能地压紧，不留空隙，之后再顺着主线密缠不少于 5 圈，然后用钳子将各处压紧，这种方法用于支线可能受一定拉力的情况，如图 13-10（b）所示。

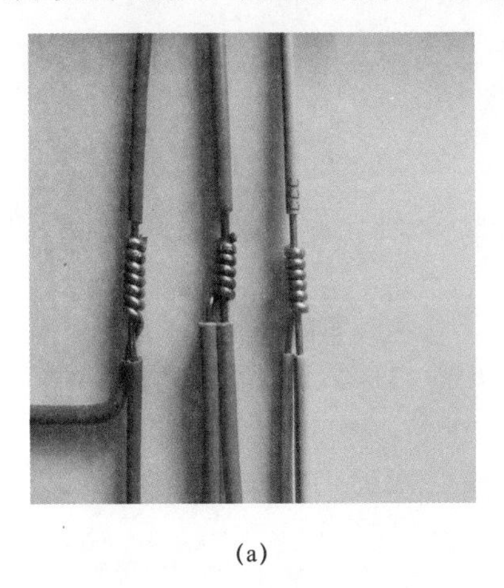

(a)

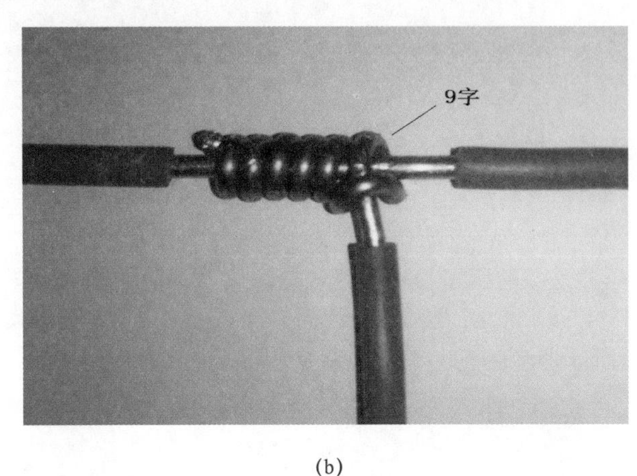

(b)

图 13-10 丁字连接

（3）十字连接。

十字连接有两种方法：同向缠绕和反向缠绕。同向缠绕是将两个分支线并在一起，在要分支的导线上密缠不少于 5 圈，如图 13-11（a）所示；反向缠绕是分两个方向各自在要分支的导线上密缠不少于 5 圈，如图 13-11（b）所示。

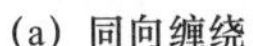

(a) 同向缠绕

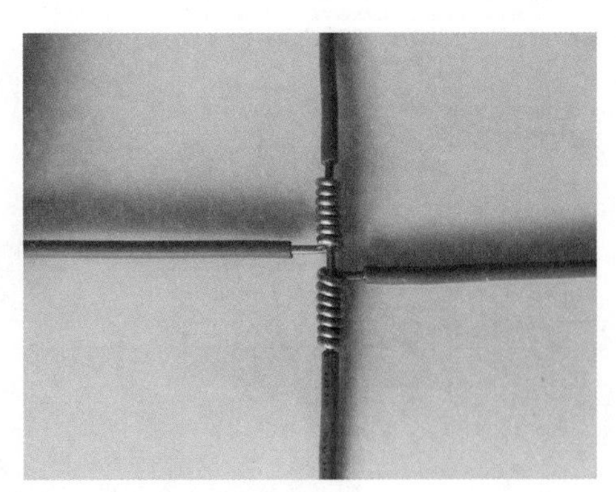

(b) 反向缠绕

图 13-11 十字连接

（4）并头连接。

将要连接的几条导线剥掉绝缘后（注意其中一条的导线剥离长度要比其余的长出 4 倍以上），用较长的导线缠绕其余导线 5 ～ 6 圈后掐断，用钳子将导线端压紧后，再用钳子将其余导线打回头压紧在缠绕的部分 2 ～ 3 圈，如图 13-12 所示。

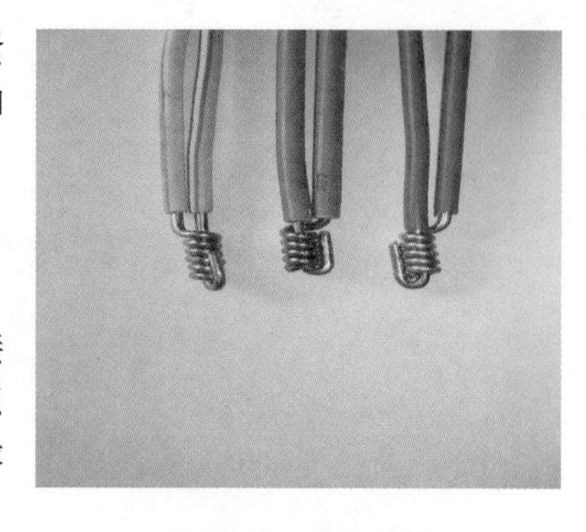

图 13-12　并头连接

2　多股导线的连接点的错位安排

（1）多股导线线径相同时的错位连接。

当多股导线线径相同的电线或电缆进行连接时，一般将对接点之间错开一定的距离，如图 13-13 所示。这样可以避免连接点的绝缘处理不好可能造成短路现象。同时，连接点错位后，绝缘处理外形不会较粗，外观相对美观。

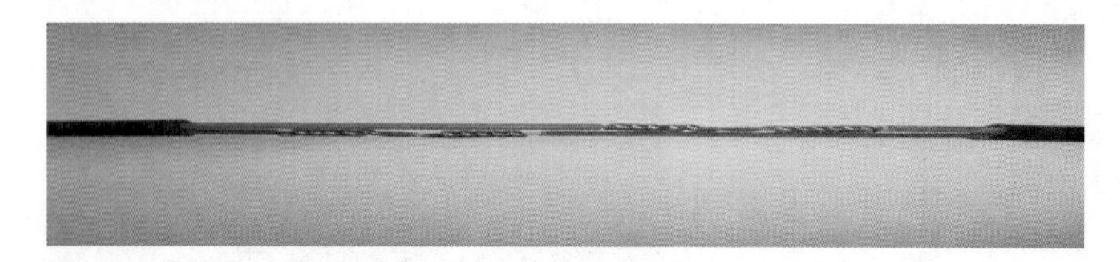

图 13-13　多股导线线径相同时的错位连接

（2）多股导线线径相差较多时的连接。

当要连接的两条导线线径相差较多时，可将较细的导线密缠在较粗的导线上不少于 5 圈，如图 13-14（a）所示；然后将较粗的导线弯回头，用钳子夹紧，如图 13-14（b）所示；再将较细的导线密缠在打回头的较粗导线上不少于 3 圈，用钳子夹紧，如图 13-14（c）所示。

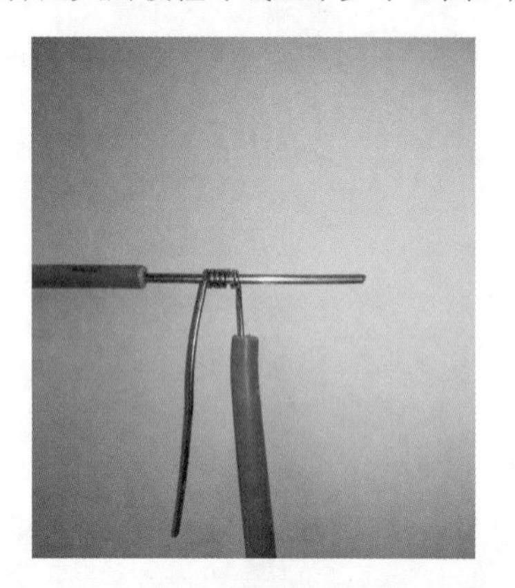

（a）细线缠绕粗线 5 圈以上

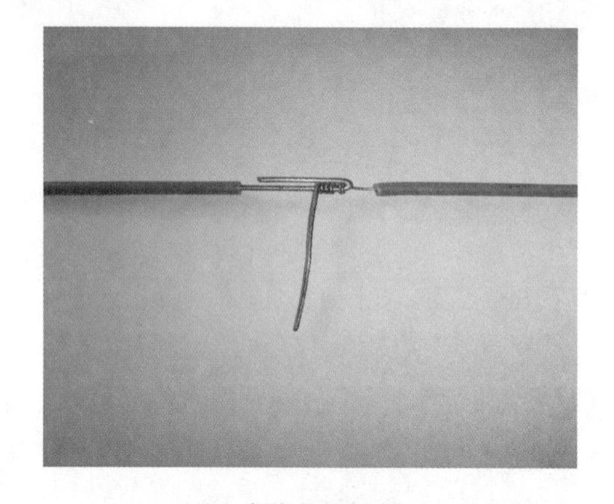

（b）粗线弯回头压紧

13-2：电线的连接

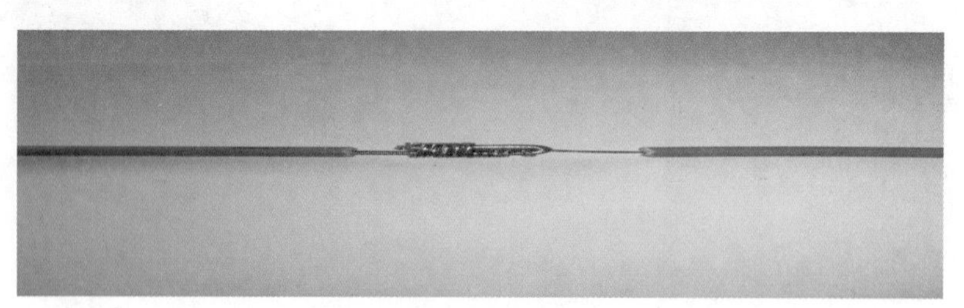

（c）细线缠绕打回头的粗线 3 圈以上

图 13-14　多股导线线径相差较多时的连接

第14章 继电保护和二次回路

继电保护的作用是当电力系统发生故障或异常情况时，对其进行检测，并发出报警信号，或直接将故障部分隔离、切除，从而保障电力系统的稳定运行。本章主要介绍了继电保护和二次回路的基本知识，详细阐述了常用的继电保护装置，并通过具体实例讲解了二次回路的原理和常见故障。

14.1 继电保护的基本知识

电力系统的安全运行是正常生产生活的必备条件，但是电力系统的构成部件众多，覆盖地域广阔，任何部分或设备（发电机、电气线路、变压器、用电设备等）都有可能在运行中出现异常或产生故障。不正常运行难以避免，但事故可以防止，电力系统继电保护装置是能反应电力系统中电气设备所发生的故障或不正常状态，并使断路器跳闸或发出信号的一种自动装置。

14.1.1 继电保护装置的基本任务

14-1：继电保护

继电保护装置装设在电力系统中，主要完成以下任务。

（1）监视电力系统运行情况，当运行中的设备发生异常情况和故障时，继电保护装置能自动、迅速、有选择地将故障设备从电力系统中切除，以保证系统其余部分迅速恢复正常运行，并使故障设备不再继续遭受损坏。

（2）当电气设备出现不正常工作状态，如过负荷、过热等现象时，继电保护装置应使断路器跳闸并发出信号，通知相关人员及时处理。

（3）对于某些故障，如小电流接地系统的单相接地故障不会直接破坏电力系统的正常运行，继电保护发出信号而不立即跳闸，通知相关人员制订设备检修计划和方案。

（4）随着微处理器的迅速发展，出现了微机继电保护装置，通过采集和处理数据，完成各种继电保护的功能，实现电力系统的自动化继电保护和远程操作，如自动跳闸、重合闸、信号警报、备用电源自动投入、遥控、遥测等。

14.1.2 继电保护装置的工作原理

继电保护装置的工作原理是利用电力系统中元件发生短路或异常情况时，电参量（电流、电压、功率、频率等）的变化以及其他物理量的变化控制继电器等部件有选择性地发出跳闸命令或发出报警信号来实现的。继电保护装置一般包括测量部分（定值调整部分）、逻辑部分和执行部分。继电保护装置的工作原理框图如图 14-1 所示。

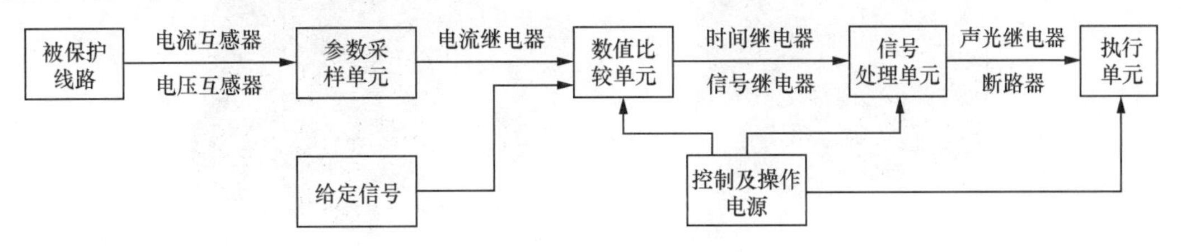

图 14-1 继电保护装置的工作原理框图

（1）参数采样单元。

本单元通过传感器（电流、电压互感器等）测量被保护线路的物理量（电参数），这些电参数经过电气隔离并转换为继电保护装置中数值比较单元可以接收的信号。电流、电压互感器等传感器根据电力系统的保护对象不同可由一台或多台组成。

（2）数值比较单元。

本单元通过比较给定单元和采样单元传递过来的电信号，对比较结果进行处理，向下一级处理单元发出信号。

比较单元一般由多台电流继电器组成，分为速断保护和过电流保护。电流继电器的电流线圈则接收采样单元（电流互感器）送来的电流信号，当电流信号达到电流整定值时，电流继电器动作，通过其接点向下一级处理单元发出信号；若电流信号小于整定值，则电流继电器不动作，传向下级单元的信号也不动作。

（3）信号处理单元。

本单元接受比较单元发来的信号，根据比较环节输出量的大小、性质、组合方式出现的先后顺序，来确定保护装置是否应该动作。一般由时间继电器、中间继电器等构成。

（4）执行单元。

本单元接收上一级的信号，发出报警信号和分断开关。执行单元一般分两类：一类是声、光信号继电器，如电笛、电铃、闪光信号灯等；另一类为断路器的操作机构的分闸线圈，使断路器分闸。

（5）控制及操作电源。

本单元负责继电保护装置的电源供给。一般继电保护装置要求有自己独立的交流或直流电源，电源功率根据所控制设备的多少而设计，交流电压一般为220V，功率1kV · A以上。

14.2 常用继电保护装置

常用的继电保护装置种类很多，可根据测量反映的物理量、被保护对象、作用及组成元件等不同进行分类。根据测量物理量的不同可分为电流保护、电压保护、距离保护、差动保护和瓦斯保护等。根据被保护对象的不同可分为发电机保护、输电线保护、母线保护、变压器保护、电动机保护等。在电气化铁道牵引供电系统中，主要有110kV（或220kV）输电线保护、牵引变压器保护、牵引网馈线保护及并联电容器补偿装置保护等。根据保护装置的作用不同可分为主保护、后备保护，以及为了改善保护装置的某种性能，而专门设置的辅助保护装置等。根据保护装置的组成元件不同可分为电磁型、半导体型、数字型及微机保护装置等。

14.2.1 电流继电保护装置

电流继电保护装置根据保护的原理和整定原则不同可分为定时限与反时限过流保护、电流速断保护、中性点不接地系统的单相接地保护，一般由电流继电器、时间继电器和信号继电器组成。电流互感器和电流继电器组成测量元件，用来判断通过线路电流是否超过标准；时间继电器根据系统需要整定适当的延时时间保证装置动作；信号继电器可作为扩展继电器发出保护动作信号，用以指示或报警。

电流继电器分为电磁式电流继电器和静态电流继电器。

（1）电磁式电流继电器一般由铁芯、线圈、衔铁、常开触点、常闭触点等组成的。它的实物如图14-2所示。

图14-2　电磁式电流继电器

继电器线圈未通电时处于断开状态的触点称为“常开触点”；处于接通状态的静触点称为“常闭触点”。当线圈两端加上一定的电压，线圈中就会有电流流过，从而产生电磁效应，衔铁就会在电磁力吸引的作用下克服返回弹簧的拉力吸向铁芯，从而带动衔铁的动触点与静触点（常开触点）吸合。

当线圈断电后，电磁的吸力也随之消失，衔铁就会在弹簧的反作用力下返回原来的位置，使动触点与原来的静触点（常闭触点）吸合。这样吸合、释放，从而达到了在电路中的导通、切断的目的。

（2）静态电流继电器。

静态电流继电器常采用集成电路型，具有精度高、功耗小、动作时间快、返回系数高、整定直观方便、范围宽等特点，提供直流辅助电源后完全可替代电磁式电流继电器，辅助电源采用开关电源变换，交直流通用，工作范围大，从 100 ～ 300V 均能可靠工作。JL 系列静态电流继电器采用拨码开关整定电流值，改变整定值无须校验，整定范围宽。

静态电流继电器原理框图如图 14-3 所示。

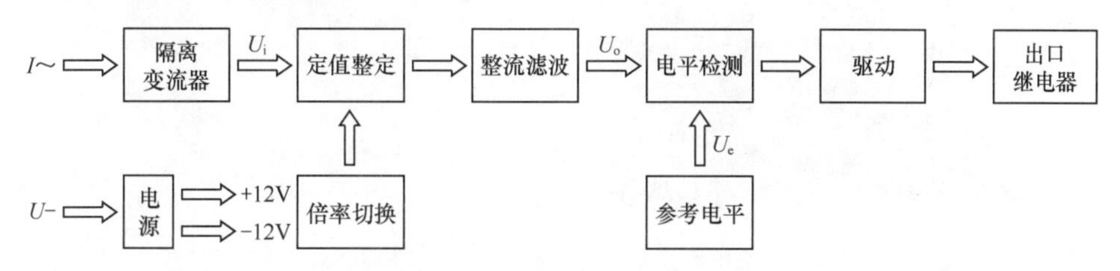

图 14-3 静态电流继电器原理框图

被测量的交流电流经隔离变流器后，在其次级得到与被测电流成正比的电压 U_i。经定值整定后进行整流滤波，得到与 U_i 成正比的直流电压 U_o。在电平检测中，U_o 与直流参考电压 U_e 进行比较，若直流电压 U_o 低于参考电压 U_e，电平检测器输出正信号，驱动出口继电器，继电器处于动作状态；反之，若直流电压 U_o 高于参考电压 U_e，电平检测器输出负信号，继电器处于不动作状态。

14.2.2 电压继电保护装置

电压继电保护装置主要有以下几种。

1 过电压保护

过电压保护是为了防止电压升高可能导致电气设备损坏而装设的。常见过电压现象有雷击、高电位侵入、事故过电压、操作过电压等。能够实现过电压保护的有避雷器和过电压保护器。

常用的避雷器和过电压保护器如图 14-4 所示。

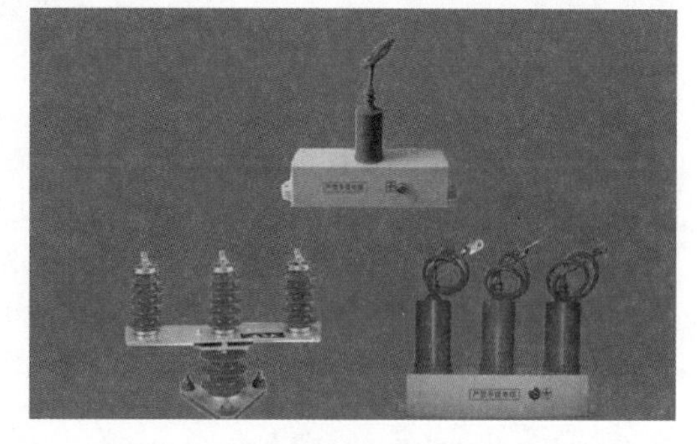

图 14-4 常用的避雷器和过电压保护器

避雷器通常接于带电导线与地之间，与被保护设备并联。它能够释放雷电或操作过电压的能量，保护设备免受瞬时过电压危害。当过电压值达到规定的动作电压时，避雷器立即动作，流过电荷，限制过电压幅值，保护设备绝缘；电压值正常后，避雷器又迅速恢复原状，以保证系统正常供电。避雷器在电力系统中的别称为过电压保护器，现在普遍使用的是氧化锌避雷器（MOA）。

过电压保护器是在电压超过整定值后，保护器断开电源，起到保护作用。一般意义上的过电压保护器是对工频过电压进行保护的，即在操作过程中，因开断时电弧未过零或回路波阻抗不同而产生电压反射波叠加的操作过电压，其电压波形的频率还是维持在工频 50Hz。

2 低电压保护

低电压保护又称失压保护和欠电压保护，是当电源电压消失或低于某一数值时，能自动断开电路的一种保护措施，是为了防止电压突然降低致使电气设备的正常运行受损而装设的。例如，当电动机的供电母线电压短时降低或中断又恢复时，为防止线路上电动机同时自启动使电源电压严重降低，通常会在次要电动机上装设低电压保护。当供电母线电压低到一定值时，低电压保护动作将次要电动机切除，使供电母线电压恢复到足够的电压，以保证重要电动机的自启动。低电压保护有断相保护继电器（见图 14-5）、热继电器、熔断器等。

随着电子技术的发展，现在可使用功能强大的微处理器芯片构成电压保护装置，能够实时显示三相电压，且能够同时实现过电压保护、欠电压保护、断相保护、三相电压不平衡保护、错相保护、零线断线等，如图 14-6 所示。

图 14-5　断相保护继电器

图 14-6　电压保护装置

14.2.3　零序保护装置

零序保护装置是指在大短路电流接地系统中发生接地故障后，出现零序电流、零序电压和零序功率，利用这些电气量构成保护接地短路的装置。零序电流互感器如图 14-7 所示。

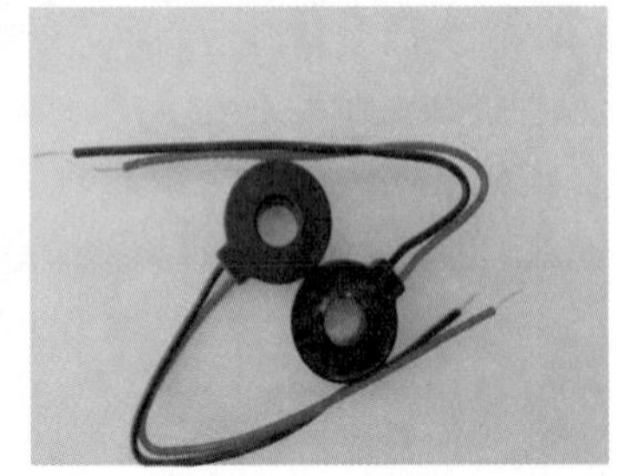

图 14-7　零序电流互感器

零序电流互感器可以实现零序保护，它的一次侧为被保护线路（如电缆三根相线），铁芯套在电缆上，二次绕组接至电流继电器，电缆相线必须对地绝缘，电缆头的接地线也必须穿过零序电流互感器。

基尔霍夫电流定律指出：流入电路中任一节点的复电流的代数和等于零。零序电流互感器保护的基本原理是基于这一定律。在线路与电气设备正常的情况下，各相电流的矢量和等于零，因此，零序电流互感器的二次侧绕组无信号输出，执行元件不动作。当发生接地故障时，各相电流的矢量和不为零，故障电流使零序电流互感器的环形铁芯中产生磁通，零序电流互感器的二次侧感应电压使执行元件动作，带动脱扣装置，切换供电网络，达到接地故障保护的目的。

14.2.4　瓦斯继电保护装置

瓦斯保护装置主要是用于油浸式变压器，所用继电器称为瓦斯继电器，如图 14-8 所示。瓦斯继电器装在变压器的储油柜和油箱之间的管道内。它的工作原理是当变压器内部发生故障时，短路电流所产生的电弧使变压器油和其他绝缘物受热分解，并产生不同的气体（瓦斯），利用气体压力或冲力使瓦斯气体继电器动作。一般容量在 800kV · A 以上的油浸式变压器均有瓦斯继电器。

根据变压器故障的性质，瓦斯可分为轻瓦斯和重瓦斯。轻瓦斯主要反映在运行或者轻微故障时，油分解的气体上升进入瓦斯继电器，气压使油面下降，继电器的开口杯随油面落下，轻瓦斯干簧触点接通发出信号，当轻瓦斯内气体过多时，可以由瓦斯继电器的气嘴将气体放出。重瓦斯主要反映在变压器严重内部

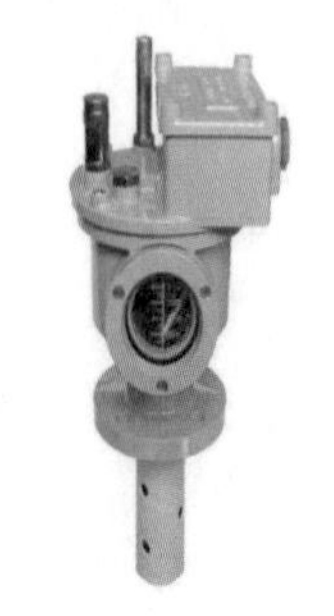

图 14-8　瓦斯继电器

故障（特别是匝间短路等其他变压器保护不能快速动作的故障）产生的强烈气体推动油流冲击挡板，挡板上的磁铁吸引重瓦斯干簧触点，重瓦斯气体继电器触点动作，使断路器跳闸并发出报警信号。

14.2.5 差动保护装置

差动保护装置是被保护设备发生短路故障时，利用产生的差电流而动作的一种保护装置，由差动继电器或电流继电器及辅助继电器构成。当被保护元件出现内部故障或不正常状态，使各端电流向量差达到一定值时，保护动作发出跳闸指令，控制断路器跳闸，使被保护的故障元件从电路中切除，或仅发出与不正常状态相应的信号。

反映并联元件同端电流差的称为横联差动保护；反映同一元件或串联元件出、入端电流差的称为纵联差动保护。横联差动保护常用作发电机的短路保护和并联电容器的保护，设备的每相均为双绕组或双母线时，采用这种差动保护。纵联差动保护一般常用作主变压器的保护，是变压器内部和外部的主要保护装置。

14.3 二次回路的基本知识

14.3.1 二次回路的概念

变配电所的电气设备通常分为一次设备和二次设备，其控制接线又可分为一次接线和二次接线。一次设备是指直接输送和分配电能的设备，如变压器、断路器、隔离开关、电力电缆、母线、输电线、电抗器、避雷器、高压熔断器、电流互感器、电压互感器等。

一次接线又称主接线，是一次设备及其相互间的连接电路。二次设备是指对一次设备起控制、保护、调节、测量等作用的设备。二次接线又称二次回路，是二次设备及其相互间的连接电路。二次回路是一个具有多种功能的复杂网络，其内容包括高压电气设备和输电线路的控制、调节、信号、测量与监察、继电保护与自动装置、操作电源等系统。

在用电设备的电气原理图中（见图 14-9），一般一次回路指的是主电路（图中红色虚线框），控制电路属于二次回路（图中蓝色虚线框）。描述二次回路的图纸称为二次接线图或二次回路图。

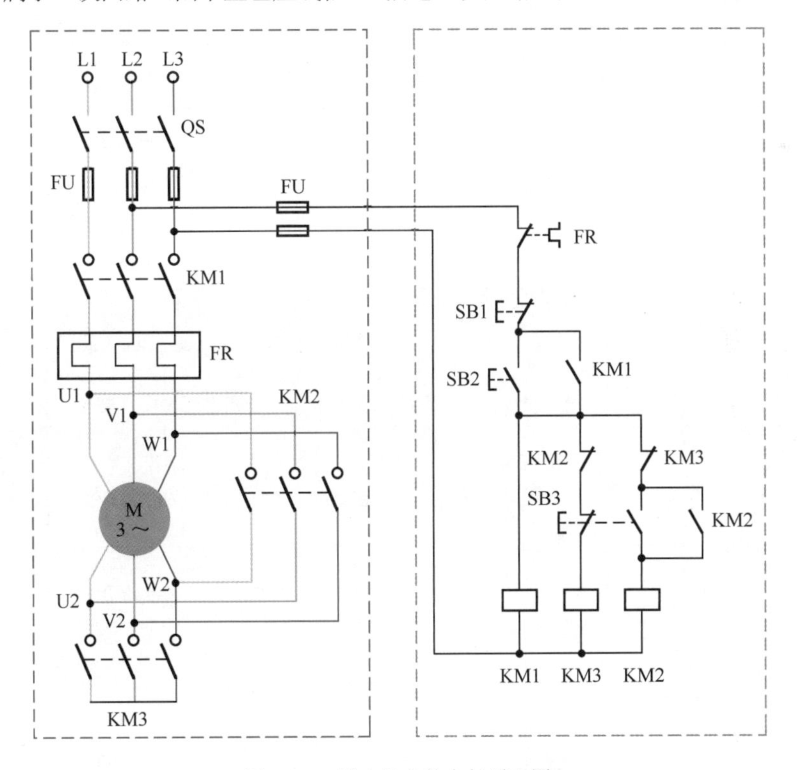

图 14-9 用电设备的电气原理图

14-2：二次回路

14.3.2 二次回路图的符号

二次回路图的符号包括图形符号、文字符号、回路标号，相应的二次设备和线路都用国家规定的统一图形符号和文字符号来表示，其图形符号和文字符号用以表示和区别二次回路图中的电气设备，回路标号用以区别电气设备间相互连接的不同回路。在二次回路图中，所有断路器和继电器的触点，均为断路器和继电器的线圈未通电也无外力时触点所处的状态。

常用开关的图形符号如表 14-1 所示，常用按钮和继电器的图形符号如表 14-2 所示。

表 14-1 常用开关的图形符号

类别	名称	图形符号	文字符号	类别	名称	图形符号	文字符号
开关	单极控制开关	或	SA	开关	低压断路器		QF
	手动开关一般符号		SA		控制器或操作开关	0 1 2 3 4	SA
	三极控制开关		QS	位置开关	常开触点		SQ
	三级隔离开关		QS		常闭触点		SQ
	三级负荷开关		QS		复合触点		SQ
	组合旋转开关		QS				

表 14-2 常用按钮和继电器的图形符号

类别	名称	图形符号	文字符号	类别	名称	图形符号	文字符号
按钮	常开按钮开关		SB	时间继电器	延时闭合的常开触点	或	KT
	常闭按钮开关		SB		延时断开的常闭触点	或	KT
	复合按钮开关		SB		延时闭合的常闭触点	或	KT
热继电器	热元件		FR		延时断开的常开触点	或	KT
	常闭触点		FR	中间继电器	线圈		KA

续表

类别	名称	图形符号	文字符号	类别	名称	图形符号	文字符号
接触器	线圈操作器件		KM	中间继电器	常开触点		KA
	常开主触点		KM		常闭触点		KA
	常开辅助触点		KM	电流继电器	过电流线圈	I>	KA
	常闭辅助触点		KM		欠电流线圈	I<	KA
时间继电器	通电延时吸附线圈		KT		常开触点		KA
	断电延时缓放线圈		KT		常闭触点		KA
	瞬时闭合的常开触点		KT	电压继电器	过电压线圈	U>	KV
	瞬时断开的常闭触点		KT				

14.3.3 二次回路图的分类

二次回路图按不同的绘制方法，分为原理图、展开图和安装接线图。

1 原理图

二次回路的原理图是表述二次回路的构成、互相动作顺序和工作原理的图纸。原理图是将二次回路部分的电流回路、电压回路、直流回路和一次回路图绘制在一起，能使看图者对整个装置的构成有一个整体的概念，并可清楚地了解二次回路中各设备间的电气联系和动作原理。

原理图主要用于体现继电保护和自动装置的一般工作原理和装置设备的构成，但是存在着一些局限性，比如对二次接线的某些细节表示不全面，没有元件的内部接线；端子排号码和回路编号、导线的表示仅一部分，并且只标出直流电源的极性且标注的直流正负极比较分散等。因此，以二次回路原理图为基础绘制展开图和安装接线图。

例如，10kV 的过电流保护原理图如图 14-10 所示。当负荷侧发生短路故障时，电流互感器二次侧电流迅速增大，使电流继电器 3 及 4 的线圈得电吸合，其触点闭合，直流电源加到时间继电器 5 的线圈上。经过一定时间后，延时触点闭合，使信号继电器 6 的线圈得电而吸合，发出跳闸信号。同时，直流电源经压板 7 将直流电源加到断路器的跳闸线圈 9 上，断路器跳闸。断路器跳闸后常开辅助触点断开，切断跳闸线圈的电流。当被保护的线路故障排除后，电流继电器和时间继电器触点返回到图中的原始位置，信号继电器则需要人工复位。

2 展开图

电气二次回路展开图是在原理图的基础上绘制的，是将交流电流回路、交流电压回路和直流回路分开来绘制，组成多个独立回路。

电气二次回路展开图接线清晰，附有设备表，便于施工人员了解整套装置的设备情况、接线方式和动作程序，是安装、调试和检修的重要技术图纸，也是绘制安装接线图的主要依据。

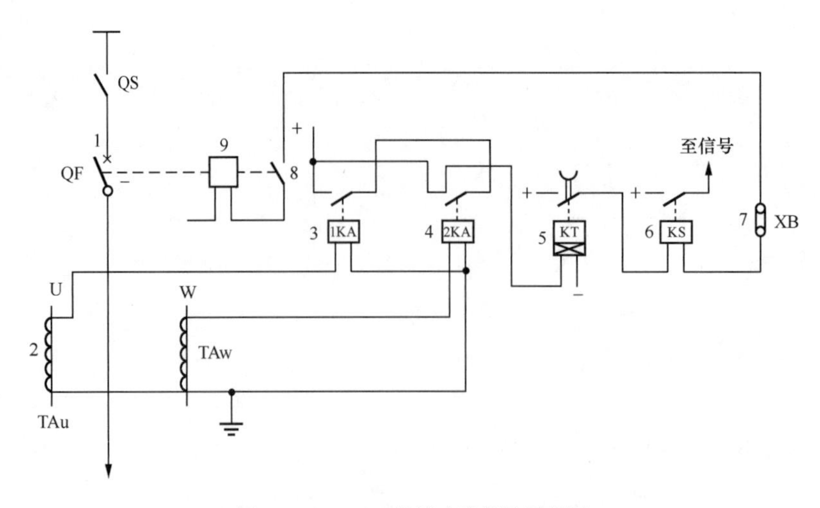

图 14-10　10kV 的过电流保护原理图

（1）展开图的独立回路按电源的不同可分为交流电流回路、电压回路和直流回路。直流回路根据其作用可分为控制回路、合闸回路、测量回路、保护回路和信号回路等。

（2）展开图的画图原则是能够清楚地表达继电器的动作顺序及同类回路的连接次序。例如，继电器可根据其在电路中不同的作用把各部分的组成拆分展开表示，其线圈属于二次电流回路，其部分触点属于直流回路，触点状态是未通电、未动作的状态。

（3）继电器和每一个独立回路的作用都在展开图的右侧注明。同一继电器在不同的展开图中，图纸上要标明连接去向，任何引进触点或回路也说明来处。

（4）各导线、端子都有统一规定的回路编号和标号，便于分类查找、施工和维修。常用的回路都给予固定的编号，如跳闸回路用 33、133、233、333 等，合闸回路用 3、103 等。

（5）直流正极回路按奇数顺序编号，负极回路则按偶数顺序编号。回路经过元件（如线圈、电阻、电容等）后，其编号也随着改变。

（6）展开图中与配电屏外有联系的回路编号均应在端子排图上占据一个位置。

阅读展开图时，应先读交流回路，后读直流回路，从左到右，从上到下，依次阅读。图 14-11 为 10kV 线路的过电流保护展开图。

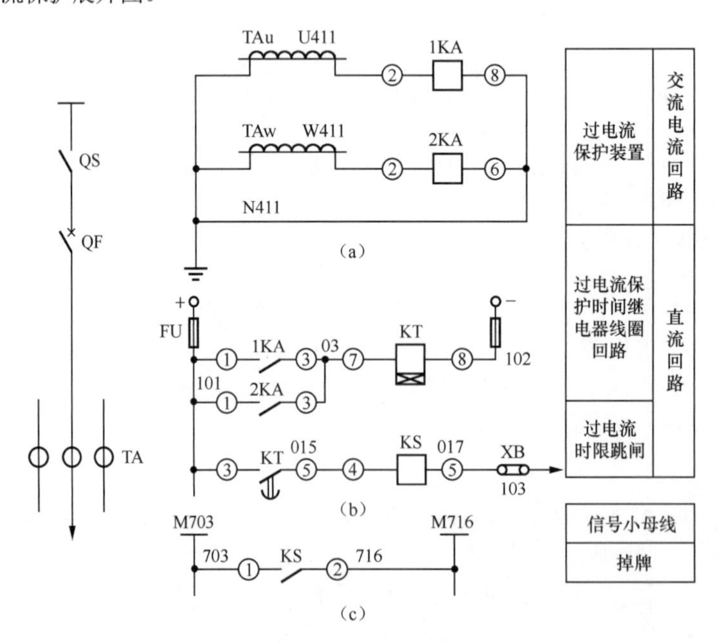

图 14-11　10kV 线路的过电流保护展开图

从图 14-11 可知，由电流互感器次级绕组 TAu、TAw 和电流继电器 1KA 和 2KA 的线圈组成交流回路。直流回路的电流经熔断器 FU 引出。当电流互感器次级绕组有交流电流通过时，电流继电器 1KA 线圈②—⑧、2KA 线圈端②—⑥得电，线圈吸合。直流回路中设备的动作顺序是由上至下，由左至右，即当 1KA 或 2KA 线圈动作后，分别使它们各自的触点①—③闭合，使接点 101-1KA 触点—接点 03—KT 线圈—接点 102 形成回路，时间继电器 KT 的线圈通电。经一定延时后，时间继电器 KT 的触点③—⑤闭合，直流电源经 KT 延时触点③—⑤、信号继电器 KS 线圈端④—⑤、压板 XB 接通“103”回路，向断路器发出跳闸脉冲，使断路器跳闸。在信号继电器 KS 线圈④—⑤得电后，其触点①—②闭合，接通小母线 M703、M716，信号回路发出“掉牌未复归”的灯光信号。

表 14-3 为该电路的设备表，列出了该保护装置所用设备的符号、型号、技术参数和数量等。

表 14-3　6 ～ 10kV 线路馈电屏上的设备表

符号	名称	型号	技术参数	数量
1KA、2KA	电流继电器	DL-10/10	10A	2
KT	时间继电器	DS-113	220V	1
KS	信号继电器	DX-11/1	1A	1
XB	压板	YY1/D		1

3　安装接线图

安装接线图是根据工作原理，按仪表、继电器、连接导线及端子的实际排列位置绘制的，用于配电屏制造厂生产加工和现场安装施工用的图纸，它是运行、试验、检修等的主要参考图。在安装接线图中，所有仪表、继电器、各类电气设备、端子排等，都是按照它们的实际图形及位置绘制的，并用编号表示连接关系。安装图包括屏面布置图、屏背面接线图、端子排图。

（1）屏面布置图。

屏面布置图是指从屏的正面看到的屏中各设备的实际布置，并按一定比例绘制的实际安装布置图。图上按比例画出了屏上各设备的安装位置、外形尺寸，并应附有设备明细表，列出屏中各设备的名称、型号、技术数据及数量等，以便备料和安装加工。

（2）屏背面接线图。

屏背面接线图表示各个设备在屏背面的实际连接情况，是以屏面布置图为基础，并以展开图为依据而绘制成的接线图。接线图中注明了屏上各个设备的代表符号、顺序号，设备与端子排之间的连接情况以及每个设备引出端子之间的连接情况。它是生产制造厂进行配电屏配线和接线的依据，也是施工单位现场安装二次设备的依据。

（3）端子排图。

端子排图是表示端子数目、类型、排列顺序以及它与屏上的设备及屏外设备连接情况的图纸。

端子排的设置以节省导线、便于查线和维修为原则，端子排位置应与屏内设备相对应；屏内设备与屏外设备之间的连接以及需经本屏转接的回路，应经过端子排；两设备相距较远或接线不方便时，应经过端子排；屏内设备与直接接至小母线的设备（如熔断器、小刀闸或附加电阻）的连接，一般应经过端子排；接线端子的一侧一般只接一根导线，最多不超过两根。

为配线方便，各设备和端子排一般都采用相对编号法来表示设备间的相互连线。所谓“相对编号法”就是，如果甲、乙两个端子应该用导线相连，那么就在甲端子旁标上乙端子的编号，而在乙端子旁标上甲端子的编号。这样，在接线和维修时就可以根据图纸，对屏上每个设备的任一端子，都能找到与其连接的对象。如果某个端子旁没有编号，就说明该端子是空着的；如果一个端子旁标有两个编号，则说明该端子有两条连线，有两个连接对象。

14.3.4　二次回路图的识图方法

二次回路的设备、元件的动作按照设计的先后顺序进行，因此二次回路图的逻辑性很强，识图时按照一定的规律进行，条理清晰，易于掌握。

（1）先一次，后二次。

读图前应了解一次设备如断路器、隔离开关、电流、电压互感器、变压器等的功能及常用的保护方式。比如变压器的保护方式一般有过电流保护、电流速断保护、过负荷保护等，掌握各种保护的基本原理；然后再查找一、二次设备的转换、传递元件，一次变化对二次变化的影响等。

（2）先交流，后直流。首先读二次接线图的交流回路，以及电参数变化的特点，然后找到交流量所对应的直流回路。

（3）交流回路看电源、直流回路找线圈。交流回路一般从电源入手，包含交流电流、交流电压回路两部分；先找出由哪个电流互感器或哪一组电压互感器供电（电流源、电压源），变换的电流、电压量所起的作用，它们与直流回路的关系、相应的电气量由哪些继电器反映出来。

（4）线圈对应查触头，触头连成一条线。这是指找出继电器的线圈后，再找出与其相应的触头所在的回路，一般由触头再连成另一回路；此回路中又可能串联接入其他的继电器线圈，由其他继电器的线圈又引起它的触头接通另一回路，直至完成二次回路预先设置的逻辑功能。

（5）先上后下，主要针对展开图、端子排图及屏后设备安装图。原则上由上向下、由左向右看，同时结合屏外的设备一起看。

14.3.5 二次回路的常见故障

二次回路的故障会破坏或影响电力生产的正常运行，因此了解二次回路的常见故障并及时排除非常重要。二次回路的故障分为两大类，一是二次回路断路故障，二是二次回路短路故障。

1 电流互感器二次回路断路

电流互感器二次回路断路常见的现象有：零序、负序电流启动的保护装置频繁动作，或启动后不能复归；差动保护启动或误动作；电流表、功率表等指示不正常；开路点可能有火花或冒烟等现象；电流互感器有较大的嗡嗡声等。

电流互感器一次绕组直接接在一次电流回路中，当二次回路开路时，二次电流为零，而一次电流不变，使铁芯中的磁通急剧增加达到饱和程度，这个剧增的磁通在开路的二次绕组中产生高电压，直接危及人身和设备的安全。

因此，发现有以上现象时，首先根据故障现象判断故障回路的位置。如果是保护用的二次绕组开路，应立即申请将可能误动作的保护装置停用。观察对应的二次回路设备（继电器、仪表、端子排等）有无放电、冒烟等明显的开路现象，如果没有发现明显的故障，可用绝缘工具（如验电器等）轻轻碰触、按压接线端子等部位，观察有无松动、冒火或信号动作等异常现象。在进行这项检查时，必须使用电压等级相符且试验合格的绝缘安全用具（如戴绝缘手套等）。

2 电压互感器二次回路断路

电压互感器二次回路断路常见的现象或产生的信号有：距离（或低阻抗）保护断线闭锁装置动作发出“断线、装置闭锁或故障”信号；二次回路开关跳闸告警信号；电压表指示为零，功率表指示不正常，电能表走慢或停转等。

电压互感器二次回路断线的原因，可能是接线端子松动、接触不良，回路断线，断路器或隔离开关辅助触点接触不良，熔断器熔断，二次回路开关断开或接触不良等。

首先根据故障现象判断故障回路的位置，若为保护二次电压断线时，立即申请停用受到影响的继电保护装置，断开其出口回路压板，防止断路器误跳闸。若仪表回路断线，应注意对电能计量的影响。然后可用万用表电压挡沿断线的二次回路测量电压，根据电压有无来找出故障点并予以处理。

3 直流回路断路

直流回路断路可能导致设备失去保护，断路器不能跳闸，操作不能正常进行或运行失去监视，严重威胁安全运行。发生直流断线时，可测量电压（电位）来检查直流回路断线点。

4 直流系统接地

常见的直流系统接地有单点接地、多点接地、多分支接地等几种，无论哪种接地故障，都会导致接地电阻的降低，当低于 25 kΩ 时，直流系统绝缘监察装置会发出接地报警，需要进行接地点的排查，防止造成由于直流系统接地引起的误动、拒动。

第15章 倒闸操作

电气设备从一种状态转换为另一种状态或系统改变运行方式时，都要进行倒闸操作。倒闸操作是电气运行一项基本而重要的工作，规范电气设备倒闸操作行为，养成良好的操作习惯，是实现安全生产的坚实基础。本章主要介绍倒闸操作的基本原则、操作步骤及注意事项，并结合生产实际给出了变配电系统常见的倒闸操作供读者参考。

15.1 倒闸操作的基本知识

15.1.1 倒闸操作的定义

电气设备分为运行、热备用、冷备用、检修四种状态。运行状态是指设备的隔离开关及断路器都在合闸位置，处于正常运行使用状态。热备用状态是指设备隔离开关在合闸位置，断路器在断开位置，设备运行时，需要启动断路器闭合的设备状态。冷备用状态是指设备断路器、隔离开关均在断开位置，未做安全措施。检修状态指电气设备的断路器和隔离开关均处于断开位置，并按安全操作规程和检修要求做好安全措施。

通过操作隔离开关、断路器以及挂、拆接地线将电气设备从一种状态转换为另一种状态或使系统改变运行方式的操作就叫倒闸操作。

倒闸操作方式有监护操作、单人操作。监护操作是由两人进行同一项倒闸任务的操作，一人操作一人监护，特别重要和复杂的倒闸操作采取这种方式，由熟练的运行人员操作，运行值班负责人监护。单人值班的变电站操作时，运行人员根据发令人传达的操作指令填写操作票，复诵无误后进行操作。实行单人操作的设备、项目及运行人员需经设备运行管理单位批准，人员应通过专项考核。

倒闸操作必须执行操作票制。操作票包括操作任务、发令人、受令人、下令时间、操作时间、操作项目的顺序及名称、操作完成情况等内容，填写规范如下。

（1）一份倒闸操作票只能填写一个操作任务，明确设备由一种状态转为另一种状态，或者系统由一种运行方式转为另一种运行方式。

（2）在操作任务中应写明设备电压等级和设备双重名称，如“××× 主变由运行转为检修”。

（3）由值班负责人（工作负责人）指派有权操作的值班员填写操作票。操作票按照操作任务进行，边操作边打“√”，操作完毕在编号上方加盖“已执行”印章。

（4）倒闸操作票由各单位统一编号，每年从1开始编号，使用时应按编号顺序依次使用，编号不能随意改动，不得出现空号、跳号、重号、错号。

（5）发令单位、发令人、受令人、操作任务、值班负责人、监护人、操作人、票面所涉及的时间必须手工填写，每字后面连续填写，不准留有空格，不得电脑打印，不得他人代签。有多页操作票时，其中操作任务、发令单位、发令人、受令人、受令时间、操作开始时间、操作结束时间，只在第一页填写；值班负责人、监护人、操作人每页均分别手工签名，且操作结束后，每张操作票均应加盖“已执行”印章。

15.1.2 倒闸操作的基本原则

倒闸操作的基本原则如下。

（1）电气设备的倒闸操作必须严格遵守安规、调规、运规和本单位的补充规定等要求。

（2）倒闸操作过程中严防发生下列误操作。

1）误拉、误合断路器。

2）带接地线（接地隔离开关）送电。

3）带电装设接地线或带电合接地隔离开关。

4）带负荷拉合隔离开关。

5）走错间隔。

6）非同期并列。

7）误投退压板、连接片、短路片，切错定值区。

（3）以下情况不宜进行倒闸操作。

1）系统发生事故时。

2）雷雨、大风、大雾等恶劣天气时。

3）交接班时。

4）系统高峰负荷时段。

5）通信中断或调度自动化设备异常影响操作时。

（4）变电站设备所处的状态分为运行、热备用、冷备用和检修四种状态。

（5）停电操作必须按照断路器（开关）、负荷侧隔离开关（刀闸）、电源侧隔离开关（刀闸）的顺序依次进行，送电合闸操作应按与上述相反的顺序进行。严禁带负荷拉合隔离开关（刀闸）。

（6）3/2 接线方式停电操作必须按照中间断路器（开关）、边断路器（开关）的顺序依次进行，送电合闸操作应按与上述相反的顺序进行。

（7）电气设备操作后的位置检查应以设备实际位置为准，无法看到实际位置时，可通过设备机械位置指示、电气指示、带电显示装置、仪表及各种遥测、遥信等信号的变化来判断。判断时，至少应有两个不同原理或非同源的指示发生对应变化，且所有这些确定的指示均已同时发生对应变化，才能确认该设备已操作到位。以上检查项目应填写在操作票中作为检查项。检查中若发现其他任何信号有异常，均应停止操作，查明原因。若进行遥控操作，可采用上述的间接方法或其他可靠的方法判断设备位置。

（8）停电操作时，继电保护及自动装置应进行相应的切换，原则上先操作一次设备，再退出相应的继电保护、自动装置；送电操作时，先投入相应的继电保护、自动装置，最后操作一次设备。

（9）新、扩、改建和 A、B 类检修竣工后的输变电设备在投运前，进行冲击合闸应满足下列条件。

1）冲击合闸用的断路器保护装置应完备、可靠投入，重合闸应退出，断路器的遮断容量满足要求，切断故障电流次数应在规定范围内。

2）被冲击设备无异状。

3）对变压器或线路串变压器冲击时，大电流接地系统变压器中性点应可靠接地。

（10）新设备冲击次数：变压器为 5 次；线路、电容器为 3 次。A、B 类检修后设备冲击次数：更换了线圈的变压器为 3 次。

（11）下列各项工作可以不填写操作票，在完成后应做好记录。

1）事故紧急处理（事故紧急处理应保存原始记录）。

2）拉合断路器的单一操作。

3）程序操作。

注：电气设备检修工作按工作性质内容及工作涉及范围，一般将其分为四类：A 类检修、B 类检修、C 类检修和 D 类检修。其中，A、B、C 类是停电检修，D 类是不停电检修。A 类检修是指设备的整体解体性检查、维修、更换和试验。B 类检修是指设备局部性的检修，部件的解体检查、维修、更换和试验。C 类检修是对设备常规性检查、维护和试验。D 类检修是设备在不停电状态下进行的带电测试、外观检查和维修。

15.1.3 倒闸操作的步骤

倒闸操作的步骤如下。

（1）接受调度预发指令。系统调度员下达操作任务时，预先将操作目的和项目下达给值班长。值班长接受操作任务时，应将下达的任务复诵一遍。值班长下达操作任务时，要说明操作目的、操作项目、设备状态。接受任务者接到操作任务后，复诵一遍，并记入操作记录本中。

（2）填写操作票。值班长接受操作任务后，立即指定监护人和操作人填写操作票。

（3）审核操作票。审票人应认真检查操作票的填写是否有漏项，操作顺序是否正确，内容是否简单明了，各审核人审核无误后在操作票上签字，操作票经值班负责人签字后生效。

（4）接受操作命令。接受调度正式操作指令，发、受令双方应互报单位和姓名，发令应准确、清晰，使用规范的调度术语和设备双重名称；受令人应复诵无误，对发、受令全过程进行录音并做好记录。

（5）模拟操作。正式操作之前，监护人、操作人应先在模拟图板上按照操作票中所列项目和顺序进行预演，无误后再进行操作。

（6）正式操作。操作前应先核对设备名称、编号及其运行状态（位置），操作中应认真执行监护复诵制度，即监护人高声唱票，操作人高声复诵（单人操作时也应高声唱票），操作过程中，应按操作票填写的顺序逐项操作，每操作完一个步骤，应检查无误后打钩。操作中，当对所进行的操作存有疑问时，应立即停止操作并向值班调度员或运行值班长报告，待弄清楚后再进行操作。

（7）复查设备。操作完毕后，操作人、监护人应全面复查一遍，检查操作过的设备是否正常，仪表指示、信号指示、联锁装置等是否正常。

（8）操作汇报、盖章和记录。操作结束后，监护人立即向发令人汇报操作情况、结果、操作起始时间和终结时间，经发令人认可后，由操作人在操作票上盖“已执行”印章，监护人将操作任务、起始时间和终结时间记入操作记录本中。

倒闸操作的步骤流程图如图 15-1 所示。

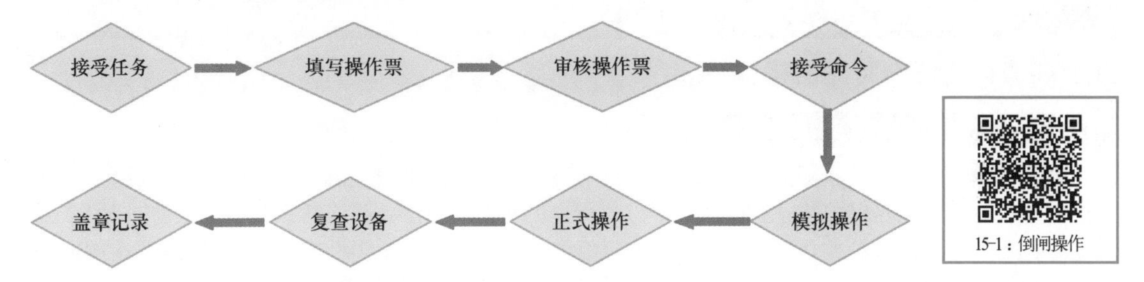

图 15-1　倒闸操作的步骤流程图

15.1.4　倒闸操作的注意事项

倒闸操作的注意事项如下。

（1）操作人员必须使用必要的合格的绝缘安全用具和防护用具，应戴绝缘手套和穿绝缘靴，配备高压验电器。绝缘安全用具如图 15-2 所示。

图 15-2　绝缘安全用具

（2）倒闸操作必须执行操作票制度。监护倒闸操作必须由两人进行，一人唱票、监护，一人复诵命令，重要和复杂的倒闸操作必须由熟悉的运行人员进行操作，值班长进行监护。

（3）操作前必须仔细核对操作设备的名称和编号，防止误拉、误合开关，防止带负荷拉合隔离开关，防止带电挂接地线或合接地隔离开关，防止带接地线或接地隔离开关合闸，防止误入带电间隔。

（4）装设接地线或合接地刀闸前，应先验电。电气设备停电后，即使是事故停电，在断开有关隔离开关和做好安全措施前，不得触及设备，进入遮拦，以防突然来电。装设接地线要遵循先停电，再验电，最后挂接地线的顺序。接地线和接地刀开关如图 15-3 所示。

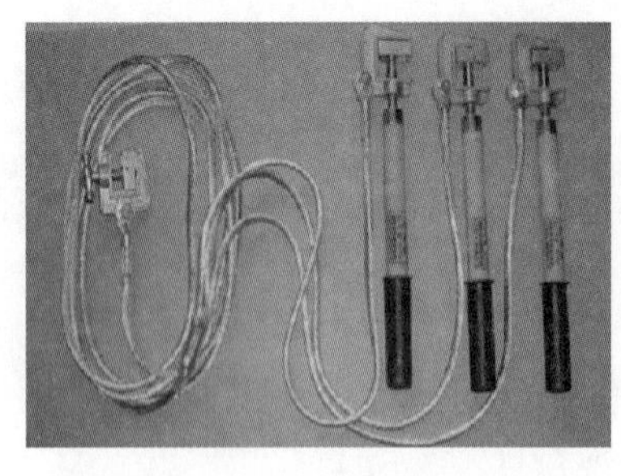

图 15-3　接地线和接地刀开关

（5）雷电时，严禁进行倒闸操作或更换熔丝（保险丝）工作。

（6）工作中遇有异常和事故时，应立即停止操作，待异常和事故处理结束后，再继续执行。执行一个倒闸操作任务，严禁中途换人。在操作过程中，监护人应自始至终认真执行。

（7）在电气设备或线路送电前必须收回并检查所有工作票，拆除安全措施，拉开接地刀闸或拆除临时接地线及警示牌，然后测量绝缘电阻，合格后方可送电。

15.2 变配电系统常见的倒闸操作

15.2.1 高压断路器的操作

1 高压断路器的定义和分类

高压断路器又称为高压开关，用以切断或闭合高压电路中的空载电流和负荷电流。当系统发生故障时，可以通过继电器保护装置的作用切断过负荷电流和短路电流。高压断路器具有完善的灭弧结构和足够的断流能力，其结构包括导流部分、灭弧部分、绝缘部分、操作机构部分。根据断路器使用的灭弧介质，高压断路器可分为油断路器（多油断路器、少油断路器）、六氟化硫断路器（SF_6 断路器）、压缩空气断路器、真空断路器等；根据操作方式不同，高压断路器可分为手车式（俗称小车）和固定式断路器。图 15-4 为手车式和固定式真空断路器。

15-2：高压断路器

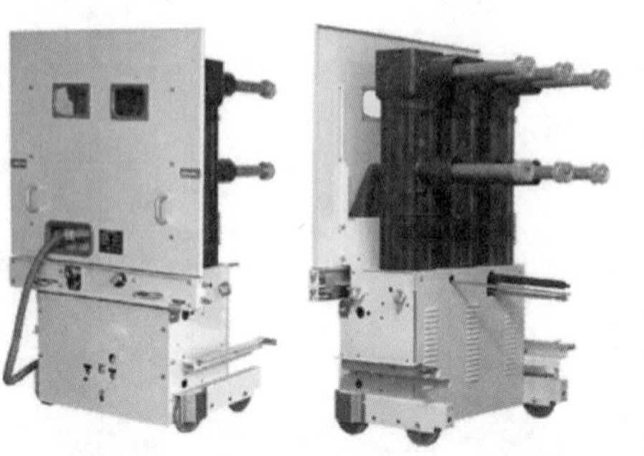
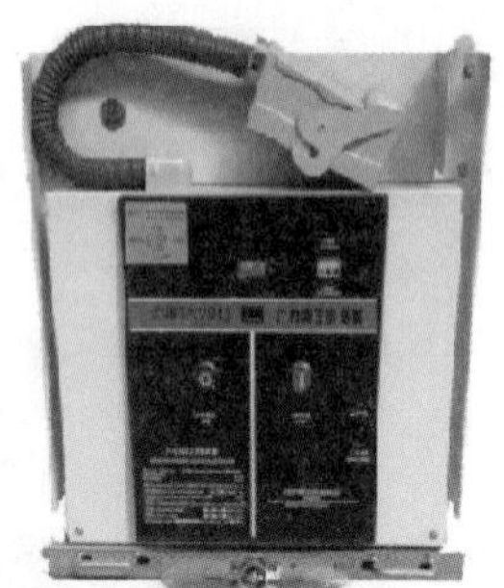

图 15-4　手车式和固定式真空断路器

2 高压断路器的型号表示

高压断路器的型号用字母和数字来表示，各部分的意义如图 15-5 所示。其他标志还有Ⅰ、Ⅱ、Ⅲ……的表示方法，表示同型系列中不同规格或派生品种，Ⅰ型的断流容量为 300MV · A，Ⅱ型的断流容量为 500MV · A，Ⅲ型断流容量为 750MV · A。

例如，一款高压断路器型号为 ZN63-12G/1250-25，表示户内真空断路器，设计序号为 63、额定电压 12kV、额定电流 1250A、额定开断电流 25kA。

3 高压断路器的操作

（1）断路器一般有运行、试验和检修位置。检修后，应推至试验位置，进行传动试验，试验良好后方可投入运行。

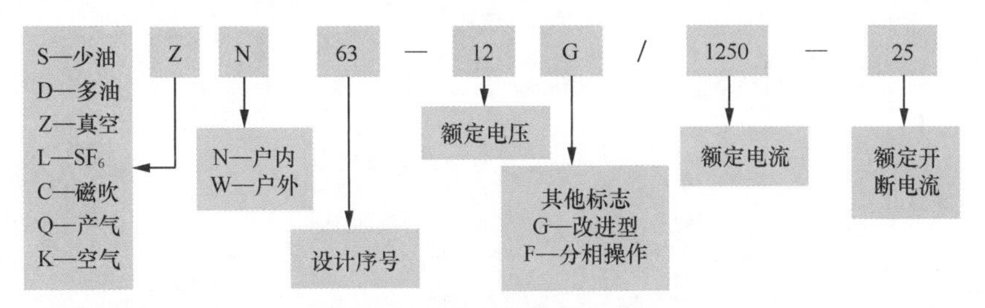

图 15-5　高压断路器型号的意义

（2）操作中应同时监视有关电压、电流、功率等指示及红绿灯的变化是否正常。

（3）断路器无论在工作位置还是在试验位置，均应用机械联锁把手车锁定。

（4）停运的断路器在投入运行前，应对该断路器本体及保护装置进行全面、细致的检查，必要时进行保护装置的传动试验，保证分、合良好，信号正确，方可投入运行。

（5）当手车式断路器推入柜内时，应保持垂直并缓缓推进。处于试验位置时，必须将二次插头插入二次插座，断开合闸电源，释放弹簧储能。

（6）固定式断路器可通过摇把缓慢摇入到相应位置。

（7）电动分、合闸后，若发现分、合闸未成功，应立即取下控制保险或跳开控制电源开关，以防烧坏分、合闸线圈。

（8）断路器动作后，应查看有关的信号及测量仪表的指示，并到现场检查断路器实际分、合闸位置。

（9）需要紧急手动操作高压断路器时，必须经调度同意后方可操作。远方操作的断路器不允许带电手动合闸，以免发生故障回路，使断路器损坏或引起爆炸。

15.2.2　隔离开关的操作

1　隔离开关的定义和分类

隔离开关是一种用于将高压配电装置中需要停电的部分与带电部分可靠地隔离，不带负荷地分断和接通线路的开关器件。一般隔离开关位于电源和断路器之间，方便把断路器与电源隔离，形成明显的断开点。隔离开关的主要特点是无灭弧能力，只能在没有负荷电流的情况下分、合电路。

隔离开关按其安装方式可分为户外隔离开关与户内高压隔离开关；按其绝缘支柱结构的不同可分为单柱式隔离开关、双柱式隔离开关、三柱式隔离开关；按电压等级的不同分为低压隔离开关和高压隔离开关。

户外双柱式高压隔离开关如图 15-6 所示，户内三柱式高压隔离开关如图 15-7 所示。

图 15-6　户外双柱式高压隔离开关

图 15-7　户内三柱式高压隔离开关

2　隔离开关的型号表示

隔离开关的型号用字母和数字来表示，各部分的意义如图 15-8 所示。其他标志表示同型系列中不同规格或派生品种，K—带快分装置，D—带接地刀闸，G—改进型，T—统一设计产品，C—瓷套管出线，S—手力操作机构等。

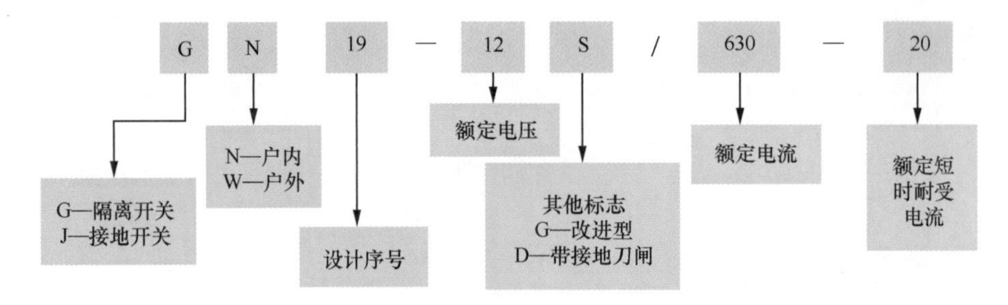

图 15-8 隔离开关型号的意义

例如，一款隔离开关的型号为 GN19-12S/630-20，表示户内隔离开关，设计序号为 19、额定电压 12kV、额定电流 630A、额定短时耐受电流为 20kA。

3 隔离开关的操作

（1）操作时应戴好安全帽、绝缘手套，穿好绝缘靴。

（2）在操作隔离开关前，应先检查相应回路的断路器在断开位置，以防止带负荷拉合隔离开关。

（3）线路停、送电时，必须按顺序拉合隔离开关。停电时，必须先断开断路器，然后断开线路侧隔离开关，最后断开母线侧隔离开关。送电时，首先合上母线侧隔离开关，其次合上线路侧隔离开关，最后合上断路器。

（4）操作中，如发现绝缘子严重破损、隔离开关传动杆严重损坏等严重缺陷时，不得进行操作，应根据规定拉开相应断路器；如隔离开关有声音，应查明原因，不得硬拉、硬合。

（5）隔离开关操作时，应有值班人员在现场逐项检查其分、合闸位置，同期情况，触头接触深度等项目，确保隔离开关动作正确、位置正确。

（6）对具有远方控制操作功能的隔离开关，一般应在主控室进行操作；只有在远控电气操作失灵时，才可在征得所长和技术负责人许可，并有现场监督的情况下就地进行电动或手动操作。

（7）隔离开关、接地刀闸和断路器之间安装有防止误操作的电气、电磁和机构闭锁装置。倒闸操作时，一定要按顺序进行。如果闭锁装置失灵或隔离开关和接地刀闸不能正常操作时，必须严格按闭锁的要求条件检查相应的断路器、刀闸位置状态，只有核对无误后，才能解除闭锁进行操作。

（8）解除闭锁后应按规定方向迅速、果断地操作，即使发生带负荷合隔离开关，也禁止再返回原状态，以免造成事故扩大，但也不要用力过猛，以防损坏隔离开关；对单极刀闸，合闸时先合两边相，后合中间相，拉闸时，顺序相反。

（9）操作隔离开关后，要将防误闭锁装置锁好，以防下次发生误操作。

15.2.3 挂接地线的操作

挂接地线的操作是指在设备或线路断电后进行检修之前要挂接的一种安全短路装置，接地线是用于防止设备、线路突然来电，消除感应电压、放尽剩余电荷的临时接地装置。临时接地线由导线夹、接地夹、绝缘操作杆和接地软铜线组成，导线夹和接地夹一般采用优质铝合金压铸，强度高，再经表面处理使线夹表面不易氧化；绝缘操作杆用进口环氧树脂精制而成，其绝缘性能好、强度高、重量轻、色彩鲜明、外表光滑；接地软铜线采用多股优质软铜线绞合而成，并外覆柔软、耐高温的透明绝缘护层，可以防止使用过程中对接地铜线的磨损，铜线需达到疲劳度测试需求。临时接地线的构成如图 15-9 所示。

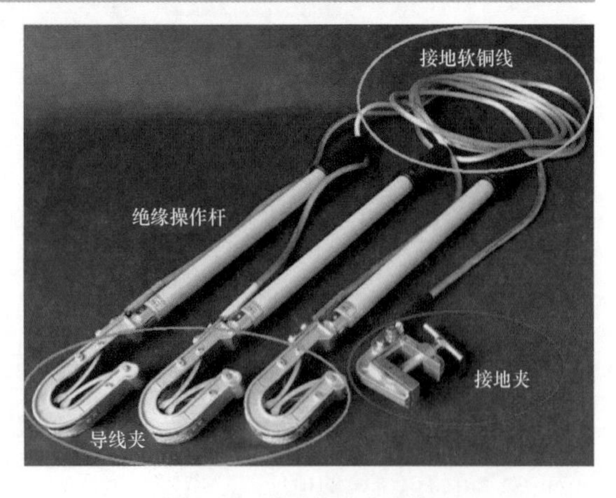

图 15-9 临时接地线的构成

1　临时接地线的分类

临时接地线是一种安全防护用具，一般按照携带型短路接地线的电压等级可以分为 0.4kV、10kV、35kV、110kV、220kV、500kV；按照接地线横截面面积可以分为 $10mm^2$、$16mm^2$、$25mm^2$、$35mm^2$、$50mm^2$、$70mm^2$、$95mm^2$、$120mm^2$、$130mm^2$、$150mm^2$。变电站常用临时接地线的规格如表 15-1 所示。

表 15-1　变电站常用临时接地线的规格

序号	电压等级 /kV	横截面面积 /mm^2	接地线长度 /m
1	0.4	25	12
2	10	25	10
3	35	25	18
4	110	35	15
5	220	35	15
6	500	50	15

2　挂接地线的操作

（1）做好准备工作。选择在有效期内、电压等级合适的绝缘靴、绝缘手套、验电器；选择电压等级合适的接地线，如 10kV、20kV、500kV，检查接地线的外观有无破损，接地端、导体段是否完好，是否在有效期内，并在带电的地方验证其可靠性。

（2）验电。操作人员戴上绝缘手套，穿上绝缘靴，在设备停电后，用验电器验明无电压。使用验电器时一定要将杆子完全拉出来，保证安全距离，确保无电后才能进行后续操作。

（3）将接地线的接地端挂在设备接地桩或接地铜排上，一定要挂牢固。

（4）用导体段对设备进行放电，如是三相设备，应逐相放电。

（5）放电后，将导线夹夹在设备的导体或铜排上，要夹接牢固。

3　挂接地线的注意事项

（1）装设接地线必须由两人进行。若为单人值班只允许使用接地刀闸接地或使用绝缘棒合接地刀闸。

（2）装设接地线前，要注意对电容器等能够储存电荷的装置进行放电，防止电荷释放造成事故，然后进入装设接地线程序。

（3）挂（拆）接地线前必须验电，验明设备确无电压后，立即将停电设备接地并三相短路，使工作点始终在“地电位”的保护之中，同时还可将停电设备上残余电荷放尽。

（4）装设接地线必须先接接地端，后接导体端，必须接触良好；拆接地线的顺序与此相反。为确保操作人员的人身安全，装、拆接地线均应使用绝缘棒或戴绝缘手套。

（5）所装接地线应与带电设备保持足够的安全距离。

（6）必须使用合格的接地线，其截面应满足要求且无断股，严禁将地线缠绕在设备上或将接地端缠绕在接地体上。

15.2.4　母线的倒闸操作

在电力系统中，母线是指多个设备以并列分支的形式接在其上的一条共用的通路。母线将配电装置中的各个载流分支回路连接在一起，作用是汇集、分配和传送电能。

母线倒闸操作是指母线的停电和送电以及母线上的设备在两条母线间的倒换。双母线的倒闸操作是指双母线接线方式的变电站，将一组母线上的部分或全部开关倒换到另一组母线上运行或热备用的操作。通常在一条母线停电检修时需要进行母线倒闸的操作。

1　母线倒闸操作的原则

（1）母线送电前，应先将该母线的电压互感器投入；母线停电时，应先将该母线上的所有负荷转移完后，再将该母线的电压互感器停止运行。

（2）母线倒闸操作前，切断控制回路电源或取下母联断路器控制熔断器，使其不能跳闸，保证母线倒闸操作过程中母线隔离开关始终保持等电位操作，避免母线隔离开关带负荷拉合闸引起弧光短路事故。

（3）母线充电时必须用断路器进行，其充电保护必须投入，充电正常后应停用充电保护。

（4）母线倒闸操作时，母联断路器应合上，确认母联断路器已合好后，再取下其控制熔断器（或断开控制电源开关），然后进行母线隔离开关的切换操作。母联断路器断开前，必须确认负荷已全部转移，母联断路器电流表指示为零，再断开母联断路器。

（5）在母线隔离开关的开、拉过程中，如有可能发生火花时，合闸遵循先合最靠近母联断路器的隔离开关的原则依次进行操作，拉闸则相反。尽量减少操作母线隔离开关时的电位差。

2 母线倒闸操作步骤

例如，某供电系统为双母线供电方式，双母线所带负荷的接线方式如图 15-10 所示。

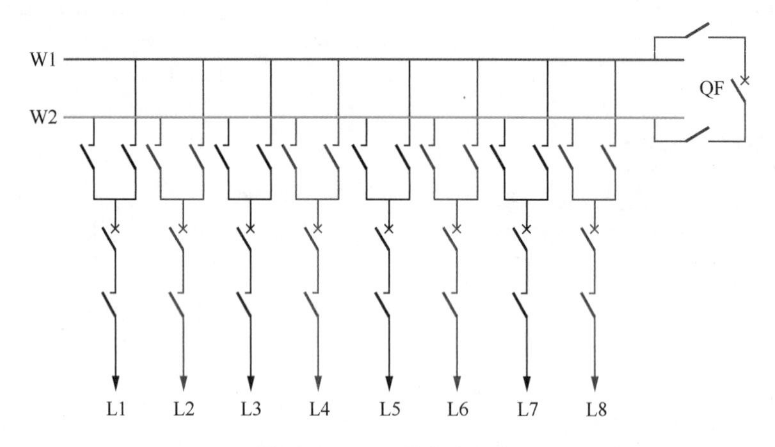

图 15-10　双母线供电方式

正常运行时，L1、L3、L5、L7 位于母线 W1 上，L2、L4、L6、L8 位于母线 W2 上，两段母线通过母联断路器 QF 连接，QF 处于闭合状态，双母线并列运行时，如图 15-11 所示。

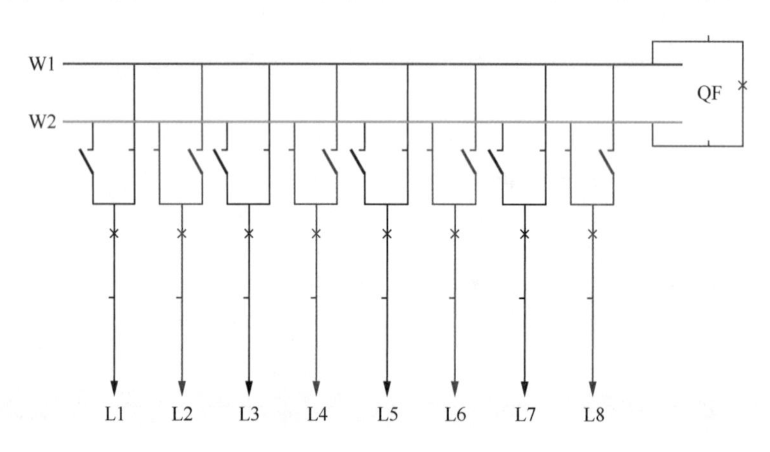

图 15-11　双母线并列运行

倒闸操作要求：将待停电母线 W1 上所带负荷 L1、L3、L5、L7 倒至母线 W2 上，将双母线的并列运行改为一组母线运行。

母线停电的倒闸操作步骤如下。

（1）投两母线保护互连压板，将母线保护置于非选择方式；合上保护装置屏上的“投互联”压板。

（2）确认母联断路器 QF 在合闸状态，取下控制熔断器（保险），防止操作过程中跳闸。

（3）合上待停电母线 W1 所连 L1、L3、L5、L7 线路的另一侧的隔离开关，使各线路与不停电母线 W2 连通，如图 15-12 所示的蓝色圈中的隔离开关。

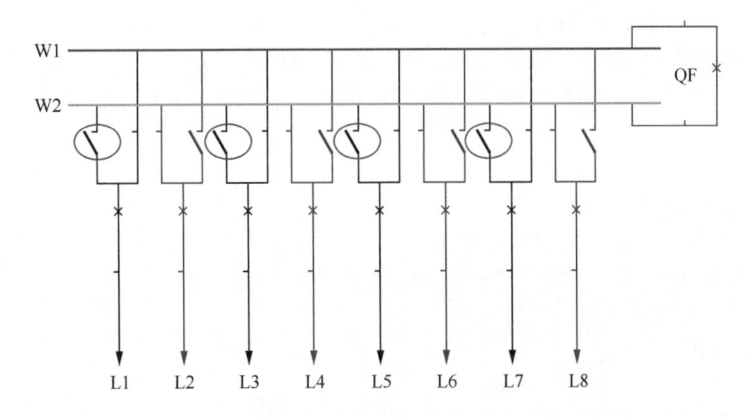

图 15-12　各线路与不停电母线 W2 连通的隔离开关

（4）断开待停电母线 W1 与 L1、L3、L5、L7 线路相连的隔离开关，如图 15-13 所示。

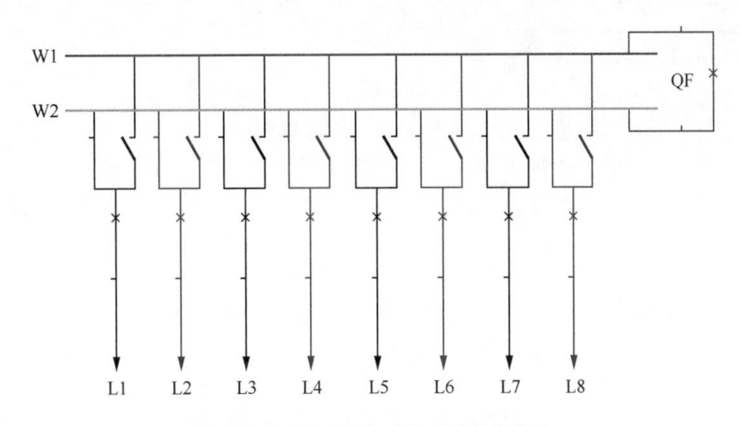

图 15-13　断开隔离开关系统供电状态

（5）进一步确认负荷 L1、L3、L5、L7 已全部转移到母线 W2，断路器 QF 电流为零。
（6）退出两母线保护互连压板。
（7）安装上断路器 QF 的操作保险，断开母联断路器 QF。
（8）取下 QF 操作保险，拉开 QF 两侧刀闸。
（9）退出停电母线上的 TV。
（10）对已停电母线验电后，投母线地刀，布置安全措施。
倒闸操作完成后各开关的状态如图 15-14 所示。

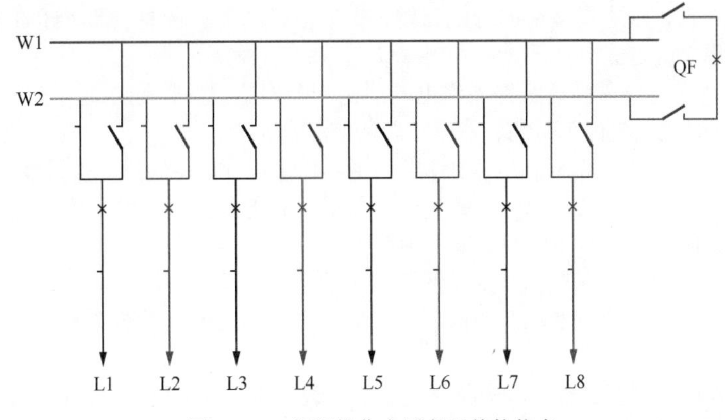

图 15-14　倒闸操作完后各开关的状态

母线检修完恢复送电的步骤如下。

（1）母线检修结束，拆除安全设施，断开母线接地刀闸。

（2）母线 PT 投入运行，先投一次侧，后投二次侧。

（3）合上母联断路器 QF 的动力电源、操作电源、信号电源、测控电源，“远方 / 就地”把手置于“远方”控制方式。

（4）投入母线充电保护回路。

（5）合上母联断路器 QF 两侧刀闸开关。

（6）合上母联断路器 QF，母线充电约 5min，检查母线充电正常。

（7）退出母线充电保护，投入母线保护。

（8）断开母联 QF 操作电源。

（9）投互连压板。

（10）将各线路负荷倒至检修前母线上。

（11）投入 QF 操作电源。

（12）退互连压板，恢复母差保护正常方式，检查母线和线路运行正常。

3 母线倒闸操作的注意事项

母线停电操作注意事项。

（1）母线停电前，母差保护应投入，且投入母线互连压板。

（2）确定母联断路器 QF 在合闸状态，操作时取下其操作保险，确保刀闸开关在等电位下操作，切换刀开关时要按“先合后拉”的原则进行，合刀闸开关时，应先从靠近断路器 QF 处开始，断开时相反。

（3）断开母联断路器 QF 前，应检查确定待停电母线的负荷已全部转移。

（4）断开母联断路器 QF 前，退出母线互连压板，恢复母差保护正常运行。

（5）停运 TV 应先断开其二次侧负荷，后断开一次侧刀闸开关，并在验电后投入 TV 接地刀闸。

母线恢复送电的操作注意事项。

（1）母线检修后送电前应检查 WB2 母线上所有检修过的母线隔离开关准确的断开位置，防止向其他设备误充电。

（2）经母联开关向另一条母线充电，应使用母线充电保护，即要检查母联开关跳闸出口压板在投入位置且投入充电保护压板，若母线配两套母差保护，则两套母差的充电保护压板均应投入。

（3）充电良好后，应立即解除充电保护压板。

（4）进行母线倒闸操作，恢复固定连接方式。

15.2.5 变压器的倒闸操作

1 变压器倒闸操作的原则

（1）变压器停电前，应考虑负荷的分配问题，保证运行的另一台变压器不超过负荷，可通过主变电源侧的电流表指示来确定。

（2）变压器停、送电要遵循逐级停、送电的原则，即停电时先停低压侧负荷，后停高压侧负荷，送电时与此相反；同时遵循先停负荷侧、后停电源侧的原则。

（3）变压器倒闸操作时，必须合上其中性点刀闸，正常运行的中性点应按调度令决定其投、停。

（4）主变压器投、停时，要注意中性点消弧线圈的运行方式。若主变压器停电检修，需在主变压器消弧线圈中性点刀闸主变压器侧挂一组单相接地线。

（5）变压器投入运行时，应该选择励磁涌流较小的带有电源的一侧充电，并保证有完备的继电保护。现场规程没有特殊规定时，禁止由中压、低压向主变压器充电，以防主变压器故障时保护灵敏度不够。

（6）主变压器检修后恢复送电时，应核对变压器有载调压分接头位置，确保与运行变压器的一致。

（7）主变压器停电检修应考虑相应保护的变动，如停用主变压器保护跳母联、分断开关出口压板等，防止继电人员做保护试验时误跳母联及分断。

（8）停电检修主变压器后恢复送电，主变压器充电前应退出停用运行变压器中性点间隙保护过流压板，充电良好后再投入，防止充电时电压不平衡，中性点产生环流导致运行变压器误跳闸。

2 变压器倒闸操作的步骤

如某供电系统由两个主变压器分两段供电，如图 15-15 所示。

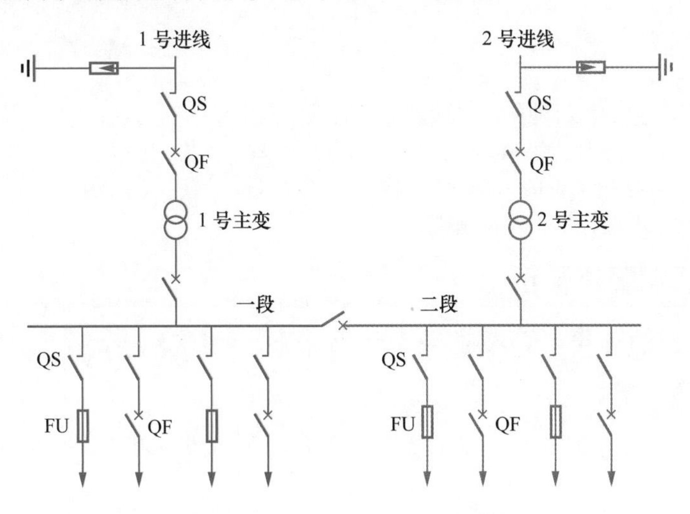

图 15-15　两个主变压器供电系统图

（1）1 号主变压器由运行转检修。

倒闸操作步骤如图 15-16 所示。

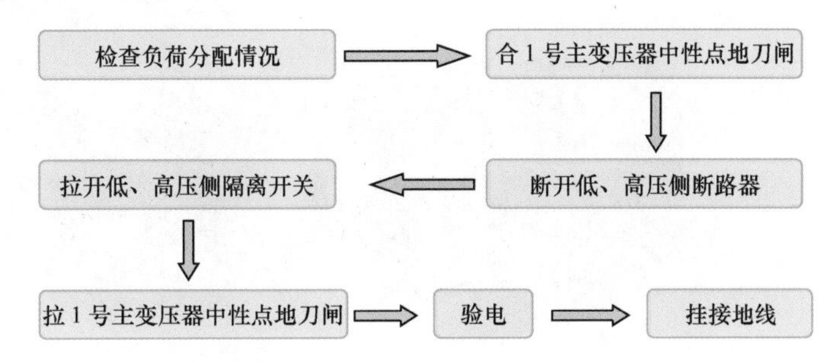

图 15-16　运行转检修倒闸操作步骤图

（2）1 号主变压器由检修后转运行。

倒闸操作步骤如图 15-17 所示。

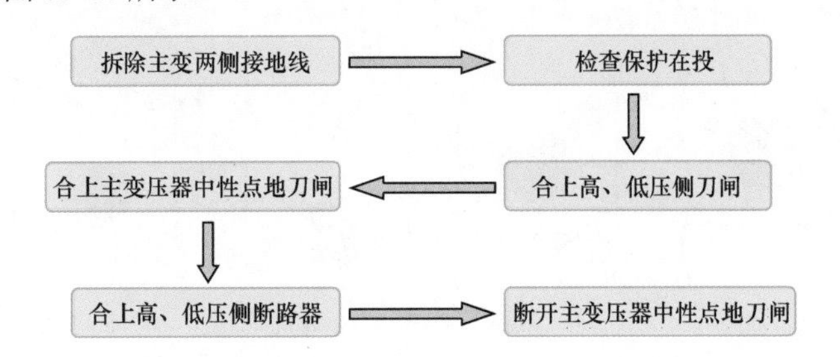

图 15-17　检修后转运行倒闸操作步骤图

第16章 电动机

电动机是把电能转换成机械能的一种设备。电动机作为主要的动力设备，广泛应用于冶金、化工、纺织、交通、机械加工、造纸、医药等各行各业，因此掌握电动机的相关知识非常重要。本章介绍了电动机的基本知识，包括电动机的分类、结构以及工作原理，阐述了电动机的日常维护和检修方法，为从事电工维修的技术人员提供了理论基础。

16.1 电动机的基本知识

16.1.1 电动机的分类

1 按工作电源分类

根据电动机工作电源的不同，可分为直流电动机和交流电动机，其中交流电动机又分为单相电动机和三相电动机。

直流电动机是将直流电能转换为机械能的电动机。与交流电动机相比，直流电动机具有良好的启动性能，启动转矩较大，能在较宽的范围内进行平滑的无极调速，适宜频繁启动。直流电动机如图 16-1 所示。

图 16-1 直流电动机

直流电动机根据它的励磁绕组的方式不同可分为直流他励电动机、直流并励电动机、直流串励电动机和直流复励电动机，如图 16-2 所示。

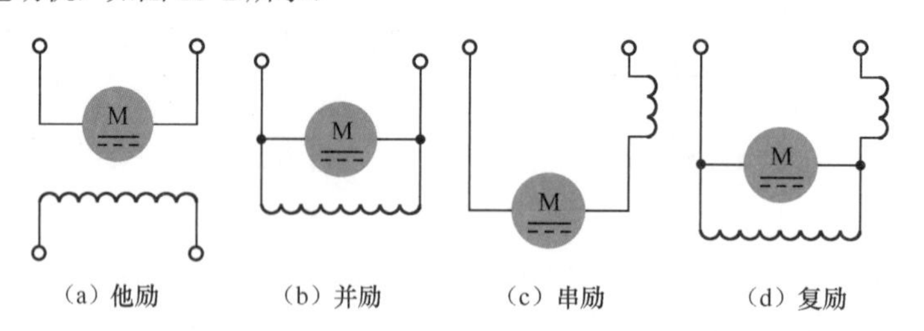

图 16-2 直流电动机的励磁方式

采用单相交流电源的异步电动机称为单相异步电动机。单相异步电动机由于只需要单相交流电，故使用方便，并且有结构简单、成本低廉、噪声小、对无线电系统干扰小等优点而广泛应用于工农业、公共场所、家用电器等方面，有“家用电器心脏”之称。单相异步电动机如图 16-3 所示。

三相电动机是指用三相交流电驱动的交流电动机。三相电动机具有结构简单、运行可靠、价格低廉、效率较高等一系列优点，是广泛应用于工农业生产中的一种动力机械，如图 16-4 所示。

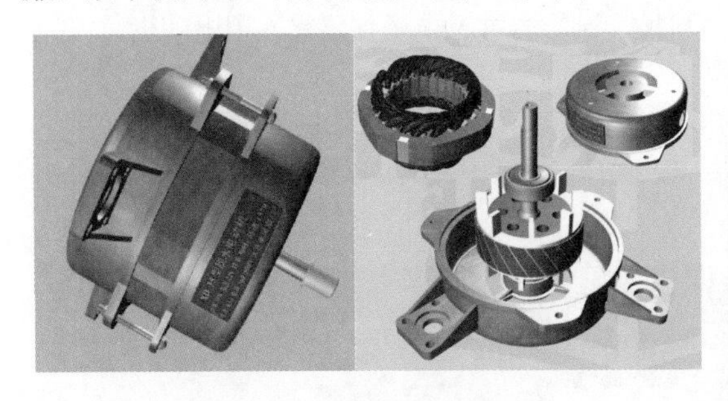

图 16-3 单相异步电动机

图 16-4 三相电动机

2 按结构及工作原理分类

电动机按结构及工作原理可分为异步电动机和同步电动机。

三相异步电动机是感应电动机的一种，靠接入 380V 三相交流电流（相位差 120°）供电，由于三相异步电动机的转子与定子旋转磁场以相同的方向、不同的转速旋转，存在转差率，所以叫三相异步电动机。三相异步电动机转子的转速低于旋转磁场的转速，转子绕组因与磁场间存在着相对运动而产生电动势和电流，并与磁场相互作用产生电磁转矩，实现能量变换。

同步电动机的转子磁场随定子旋转磁场同步旋转，即转子与定子旋转磁场以相同的速度、方向旋转，所以称为同步电动机。同步电动机还可分为永磁同步电动机、磁阻同步电动机和磁滞同步电动机。永磁同步电动机如图 16-5 所示。

图 16-5 永磁同步电动机

大型同步电动机如图 16-6 所示。

图 16-6 大型同步电动机

3 按用途分类

电动机按用途可分为驱动用电动机和控制用电动机。

驱动用电动机又分为电动工具（包括钻孔、抛光、磨光、开槽、切割、扩孔等工具）用电动机、家电（包括洗衣机、电风扇、电冰箱、空调器、录音机、吸尘器、电吹风、电动剃须刀等）用电动机及其他通用小型机械设备（包括各种小型机床、小型机械、医疗器械、电子仪器等）用电动机。

控制用电动机又分为步进电动机和伺服电动机等。

步进电动机是利用电磁铁原理，将脉冲信号转换成线位移或角位移的电动机。每有一个电脉冲，电动机转动一个角度，带动机械移动一小段距离。步进电动机（见图16-7）的应用非常广泛，如应用在数控机床、自动绘图仪等设备中。

图16-7　步进电动机

伺服电动机是一种把输入的电信号转换为转轴上的角位移或角速度来执行控制任务的电动机，又称执行电动机。它的特点：一是快速响应，有控制信号就旋转，无控制信号就停转；二是有较大的调速范围，转速的大小与控制信号成正比。伺服电动机可分为交流和直流两种。小功率的自动控制系统多采用交流伺服电动机，功率稍大的自动控制系统多采用直流伺服电动机。伺服电动机如图16-8所示。

图16-8　伺服电动机

4 按转子的结构分类

三相异步电动机由定子和转子两个基本部分组成。定子是电动机的固定部分，用于产生旋转磁场，主要由定子铁芯、定子绕组和基座等部件组成。转子是电动机的转动部分，由转子铁芯、转子绕组和转轴等部件组成，其作用是在旋转磁场作用下获得转动力矩。转子按其结构的不同分为笼式转子和绕线式转子。笼式转子为笼式的导条，通常为铜条安装在转子铁芯槽内，两端用端环焊接，形状像鼠笼，故称之为鼠笼式异步电动机。绕线式转子的绕组和定子绕组相似，三相绕组连接成星形，三根端线连接到装在转轴上的三个铜滑环上，通过一组电刷与外电路相连接。笼型异步电动机和绕线型异步电动机如图16-9和图16-10所示。

图16-9　笼型异步电动机

图16-10　绕线型异步电动机

16.1.2　电动机的结构

1　直流电动机的结构

直流电动机主要由定子、转子、联接器、端盖等构成，如图 16-11 所示。定子包括主磁极、换向磁极、电刷装置、机座和端盖等；转子包括电枢铁芯、电枢绕组、换向器、轴和风扇等。

定子部分的主磁极由铁芯和励磁绕组构成，用以产生恒定的气隙磁通；电刷装置与转子的换向片配合，完成直流与交流的互换；换向磁极用来换向。

转子电枢铁芯部分的作用是嵌放电枢绕组和颠末磁通，为了降低电动机工作时电枢铁芯中发作的涡流损耗和磁滞损耗。电枢绕组有许多线圈或玻璃丝包扁钢铜线或强度漆包线。换向器与电刷装置配合，完成直流与交流的互换。

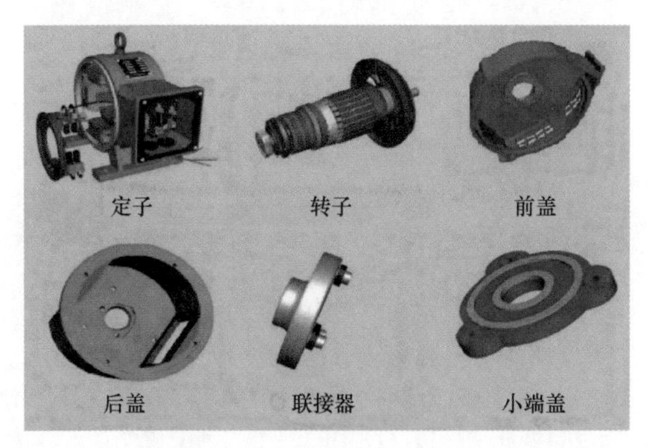

图 16-11　直流电动机的构成

2　交流电动机的结构

（1）单相异步电动机。

单相异步电动机由定子、转子、轴承、机壳、端盖等构成。转子一般采用鼠笼式；定子包含定子铁芯、定子绕组和基座，定子铁芯由硅钢片叠压而成，定子绕组分为主绕组（工作绕组）和副绕组（启动绕组），基座由铸铁或铝铸造而成。按单相电动机的定子结构和启动机构的不同，可分为电容式、分相式、罩极式电动机等几种。

（2）三相异步电动机。

三相异步电动机主要由定子、转子、风扇叶、风罩、端盖、轴承等构成。三相异步电动机的结构如图 16-12 所示。

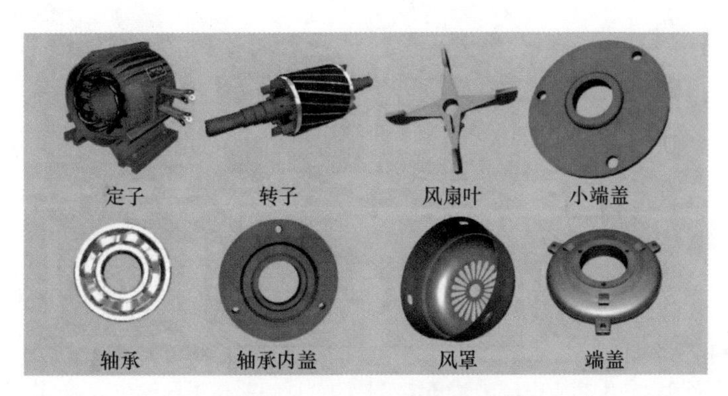

图 16-12　三相异步电动机的结构

定子由定子三相绕组、定子铁芯和机座组成。定子三相绕组是异步电动机的电路部分，在异步电动机的运行中起着很重要的作用，是把电能转换为机械能的关键部件。定子三相绕组的结构是对称的，一般有六个出线端 U1、U2、V1、V2、W1、W2，置于机座外侧的接线盒内，根据需要接成星形（Y）或三角形（△）。定子铁芯是异步电动机磁路的一部分。由于主磁场以同步转速相对定子旋转，为减小在铁芯中引起的损耗，铁芯采用 0.5mm 厚的高导磁硅钢片叠压而成，硅钢片两面涂有绝缘漆以减小铁芯的涡流损耗。机座又称机壳，它的主要作用是支撑定子铁芯，同时也承受整个电动机负载运行时产生的反作用力，运行时由于内部损耗所产生的热量通过机座向外散发。中、小型电动机的机座一般采用铸铁制成。大型电动机因机身较大浇注不便，常用钢板焊接成型。

转子由转子铁芯、转子绕组及转轴组成。转子铁芯也是由硅钢片叠压而成，与定子铁芯冲片不同的是，转子铁芯是在冲片的外圆上开槽，叠装后的转子铁芯外圆柱面上均匀地形成许多形状相同的槽，用以放置转子绕组。转子绕组根据结构可分为笼型绕组和绕线式绕组两种类型。

16.1.3 电动机的工作原理

1 直流电动机的工作原理

图16-13为直流电动机的物理模型，N、S为定子磁极，abcd是固定在可旋转导磁圆柱体上的线圈，线圈连同导磁圆柱体称为电机的转子或电枢。线圈的首末端a、d连接到两个相互绝缘并可随线圈一同旋转的换向片上。转子线圈与外电路的连接是通过放置在换向片上固定不动的电刷进行的。

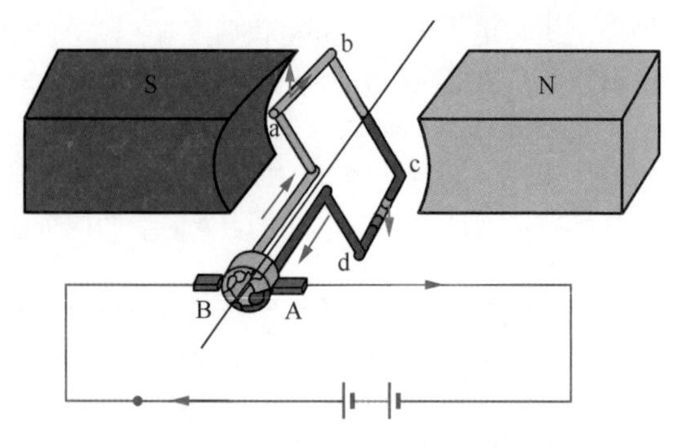

图16-13 直流电动机的物理模型

把电刷A、B接到直流电源上，电刷B接正极，电刷A接负极，此时电枢线圈中将有电流流过。由于线圈处在主磁极（图中的N和S）的磁场中，线圈会受到电磁力的作用。线圈的两个边由于电流的方向不同，所以两个线圈边受到大小相同、方向相反的电磁力，这两个电磁力刚好形成了电磁转矩，在电磁转矩的拉动下，线圈开始转动，而线圈嵌放在转子槽中，电动机开始转动。直流电动机外加的电源是直流的，但由于电刷和换向片的作用，线圈中流过的电流却是交流的，因此产生的转矩方向保持不变。

2 三相异步电动机的工作原理

三相异步电动机的工作原理如图16-14所示。

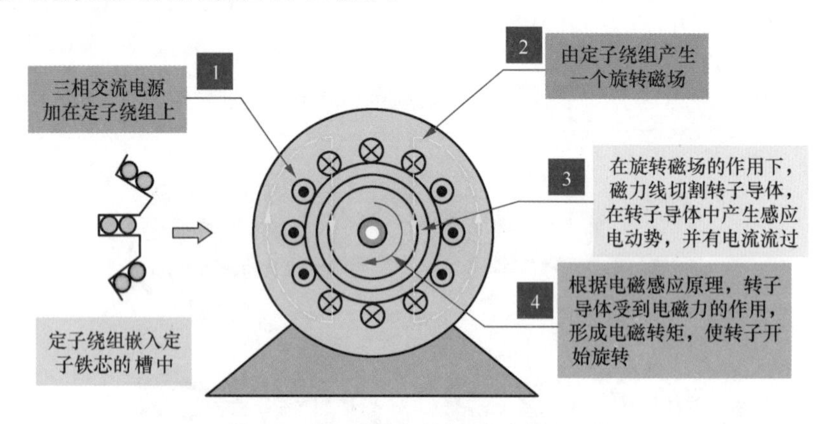

图16-14 三相异步电动机的工作原理图

当电动机的三相定子绕组通入三相交流电后，电流的变化就能产生旋转的合成磁场，该旋转磁场切割转子绕组，从而在转子绕组中产生感应电流，转子绕组是闭合通路，转子导体在定子旋转磁场作用下将产生电磁力，从而在电动机转轴上形成电磁转矩，驱动电动机旋转，并且电动机旋转方向与旋转磁场方向相同。

16.2 电动机的使用、维护和常见故障

16.2.1 电动机的使用与维护

电动机正常使用和周期性维护是保证电动机的正常运行，延长其使用寿命，保障安全生产的基础。

1 电动机启动前的检查

新安装的电动机或长期停用的电动机，使用前应使用兆欧表检查绕组间和绕组对地的绝缘电阻。

使用兆欧表测量绝缘电阻时，通常 500V 以下电压的电动机用 500V 兆欧表测量，500 ～ 1000V 电压的电动机用 1000V 兆欧表测量，1000V 以上电压的电动机用 2500V 兆欧表测量。兆欧表测量电动机的绝缘电阻如图 16-15 所示。

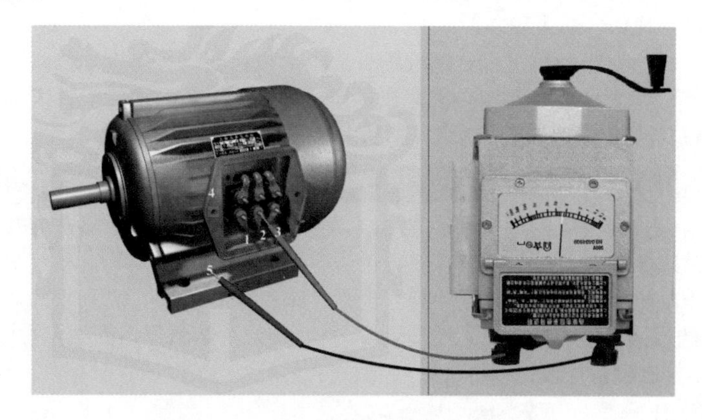

图 16-15　兆欧表测量电动机的绝缘电阻

绕组与地间的绝缘电阻测试如下。

兆欧表的黑色测试夹或表笔与电动机的接地端相连，红色的测试夹或表笔接某相绕组，摇动兆欧表的手柄进行测量，对于 380V 的异步电动机，绝缘电阻应不低于 0.5MΩ。

还要检查电动机基础是否稳固，螺栓是否拧紧，轴承是否少油，油是否合格；与铭牌所示的数据，如电压、功率、频率、联结、转速等与电源、负载比较是否相符；拨动电动机转轴，检查电动机传动机构的工作是否可靠，转子能否自由转动，转动时有无杂声；检查电动机的电刷装配情况及举刷机构是否灵活，举刷手柄的位置是否正确；电动机和启动设备的金属外壳是否可靠接地或接零。

2　电动机的日常检查

（1）监督检查电动机的温度，电动机温度不能超过其允许值。

（2）检查电动机的电流，电流表指示稳定，不超过允许值。

（3）检查电源电压的变化。电源电压的变化是影响电动机发热的原因之一，三相电压的不平衡也会引起电动机的额外发热。在额定功率下，相间电压差应不大于 5%。

（4）检查电动机的声音和气味。电动机正常运行时声音应均匀，无杂音和特殊声，没有过热的特殊的绝缘漆气味。当发现电动机有异常和异味时，应停机检查，找出原因，消除故障后才能继续运行。

（5）检查轴承的工作及润滑情况，轴承应无漏油、发热现象。滑动轴承油位在规定范围内，且油质良好。

（6）外壳接地线及各部连接螺钉应牢靠。

3　电动机的例行维护

16-2：电动机的维护

（1）检查电动机接线端子。接线盒的螺钉是否松动，接线端的螺钉是否松动，接线端是否有过热现象，引出线和配线是否有损伤和老化。

（2）定期清理电动机。及时清除电动机机座外部的灰尘、油污。如使用环境灰尘较多，最好每天清扫一次，及时清除启动设备外部灰尘。

（3）定期检查各固定部分螺钉，包括地脚螺钉、端盖螺钉、轴承盖螺钉等的紧固情况，如有松动的螺母应及时拧紧。

（4）电动机绝缘情况的检查。电动机在使用过程中，应经常检查绝缘电阻，检查电动机的接地线是否良好。

（5）检查电刷、集电环磨损情况，电刷在刷握内是否灵活等。

（6）检查传动装置、皮带轮或联轴器有无损坏，安装是否牢固，皮带及其联结扣是否完好。

（7）检查和更换润滑剂，必要时要解体电动机进行轴心检查，清扫或清洗油垢。轴承在使用一段时间后应该清洗，更换润滑脂或润滑油。清洗和换油的时间，应视电动机的工作情况、工作环境、清洁程度、润滑剂种类而定，一般每工作 3 ～ 6 个月应该清洗一次，重新换润滑脂。油温较高时，或者环境条件差、灰尘较多的电动机要经常清洗、换油。

（8）定期清理散热风扇，防止积灰。

除了按上述几项内容对电动机进行定期维护外，电动机还要进行年度大修，每年要大修一次。对电动机进行一次彻底、全面检查、维护，增补或更换电动机缺少、磨损的元件，彻底消除电动机内外的灰尘、污物，检查其绝缘情况，清洗轴承并检查其磨损情况。

16.2.2 电动机的常见故障

电动机故障是影响安全生产的最主要因素之一，熟悉电动机的常见故障并能及时排除故障非常重要。电动机常见的故障如下。

（1）通电后，电动机不能转动，但无异响，也无异味和冒烟。

产生这种故障的原因可能有：电源未通（至少两相未通）；熔断器熔断（至少两相熔断）；过流继电器的整定值过小；控制设备接线错误等。

故障排除的方法如下。

1）检查电源电压是否正常。用万用表的 500V 电压挡测量电源开关两侧的电压，相线之间的电压是否为 380V，判断供电电源和回路开关是否有故障，如图 16-16 所示。

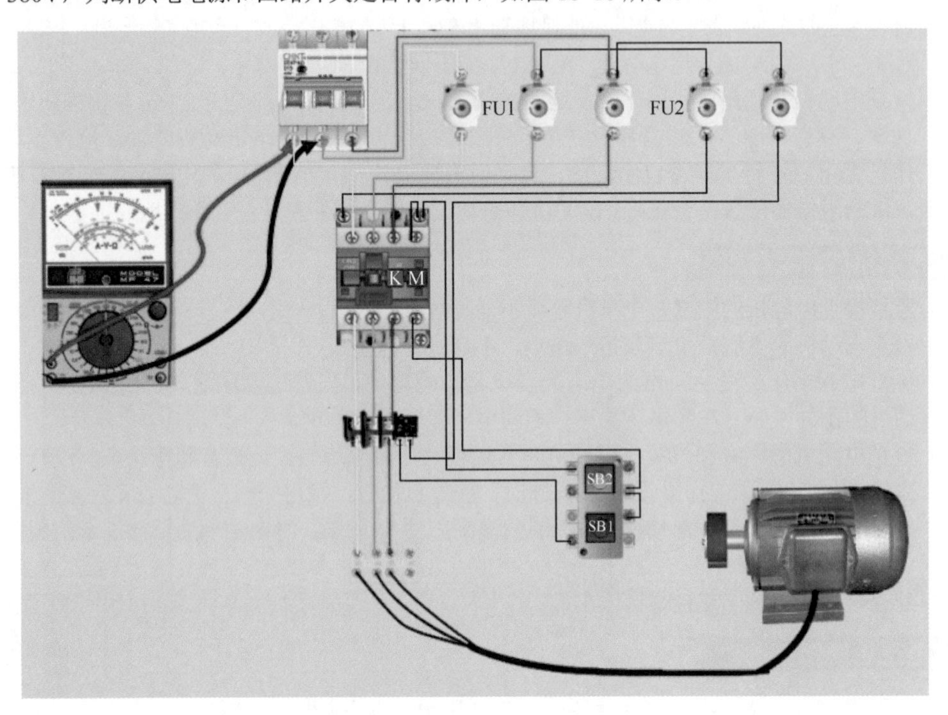

图 16-16 测量电源电压示意图

2）检查熔丝是否熔断。用万用表的欧姆挡测量熔断器是否断路，如果断路应进行更换，如图 16-17 所示。

3）调节热继电器整定值，使之与电动机的运行参数相配合。

4）检查二次回路是否有接线错误，如果有则改正接线错误。

（2）电动机温升过高或冒烟。

电动机温升过高有电动机本身的原因，也可能是因为电源供电质量差、负载过大、环境温度高和通风不良等引起。

电动机本身常见原因有定子绕组匝间或相间短路或接地；绕组接法有错，误将星形接成三角形或接反；轴承有松动，定子、转子装配不良；电动机风扇故障，通风不良；定子一相绕组断路，或并联绕组中某一支路断线，引起三相电流不平衡而使绕组过热；转子断条等。

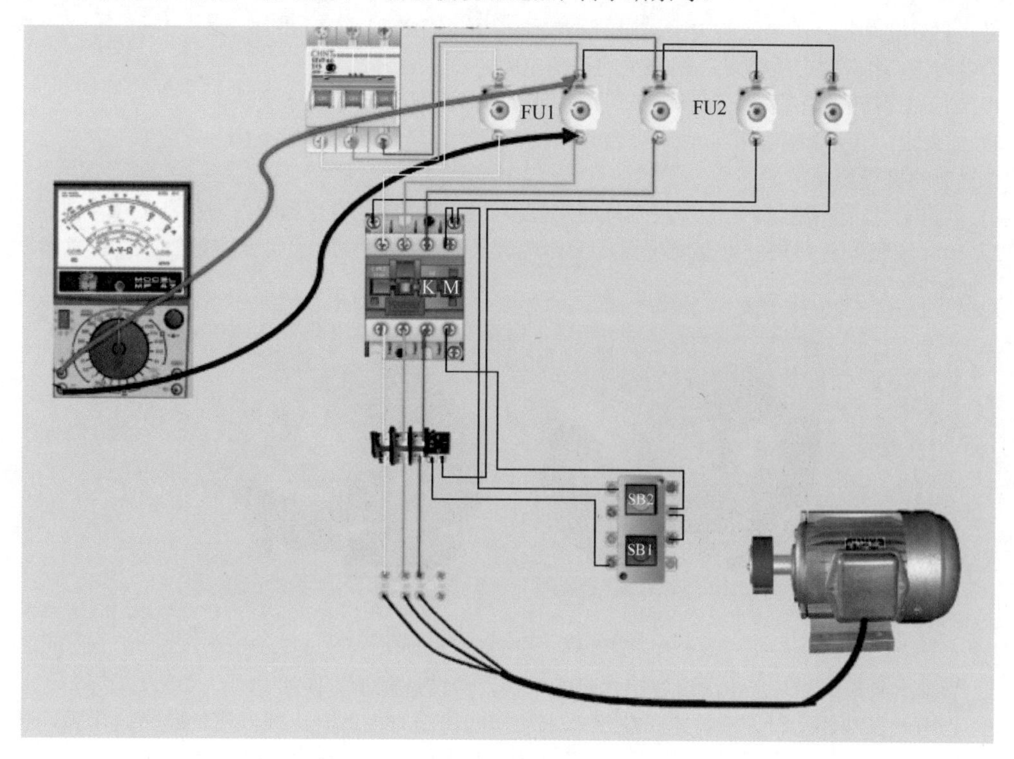

图 16-17 熔断器的测试示意图

故障排除方法如下。

1）用兆欧表检查定子绕组间和绕组对地的绝缘电阻，判断是否有相间短路或接地故障。测量方法如图 16-18 所示。若故障不严重只需要重包绝缘，严重的应更换绕组。

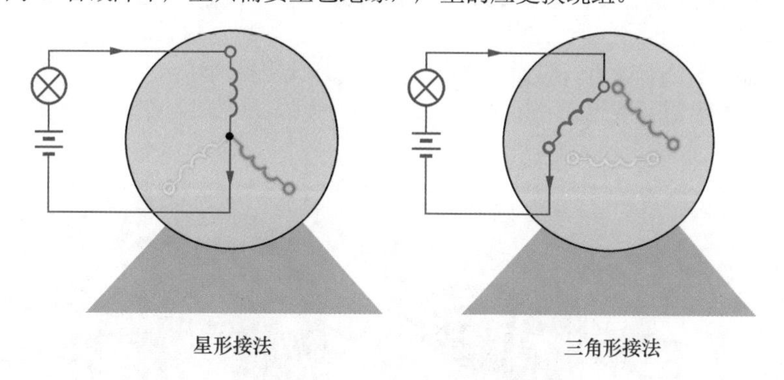

图 16-18 定子绕组断路故障检测

2）检查绕组接法是否正确。

3）定子绕组断路故障多发生在绕组端部线圈接头或绕组与引出线连接的地方。原因是绕组端部易受机械或外力损伤，或由于接头焊接不良。在查找断路故障时，可先进行外观检查，检查绕组端部有没有明显的断点，如果没有可用绝缘电阻表、万用表或试验灯分别测试每相定子绕组，如图 16-18 所示，如为三角形接法应将连接接点拆开。

对中等容量的电动机，定子绕组为多根导线并绕或多支路并联时，若其中几根导线断线，检查比较复杂，通常用以下两种方法。

①三相电流平衡法：对于星形接法（Y）的电动机，将三相并联后，通以低电压、大电流的交流电（通过变压器或电焊机供电），逐相测量电流。三相电流读数相差 5% 以上时，电流小的一相可能有

断路。对于三角形接法（△）的电动机，则先将绕组的一个角的连接点断开，然后逐相通入低电压、大电流的交流电，并测量电流的大小，电流小的一相可能有断路故障。

②电阻法：用双臂电桥测量三相绕组的每相电阻。

4）如果出现转子断条，对铜条转子可焊补或更换，对铸铝转子应予更换。

5）如果定、转子相擦，检查轴承是否有松动，定子、转子是否装配不良。

（3）电动机噪声异常。

1）当定子、转子相擦时，会产生刺耳的“嚓嚓”碰擦声。应检查轴承，对损坏的轴承进行更新。

2）扇叶碰壳或有杂物，也会发出撞击声。应校正扇叶，清除扇叶周围的杂物。打开风扇罩进行检查，如图 16-19 所示。

图 16-19　电动机风扇叶故障

3）当轴承严重缺油时，电动机发出“咝咝”声，应清洗轴承，换油。

4）当电动机缺相运行，或者定子绕组首末端接线错误时，就会出现低沉的吼声。用万用表电压挡测量供电电源是否正常，检查开关及接触器的触头是否接通，检查绕组接线是否有错误。

5）转子导条断裂，发出时高时低的“嗡嗡”声，转速也变慢，电流增大。

6）定子、转子铁芯松动。

（4）轴承过热。

电动机滚动轴承温度超过 95℃，滑动轴承温度超过 80℃，就是轴承过热。轴承过热可能的原因及解决方法如下。

1）轴承润滑脂过少或有杂质。应加油或换新油，修理或更换油环。

2）轴承与端盖配合过紧或过松。如过紧时，加工轴承室；过松时，在端盖内镶钢套。轴承检修如图 16-20 所示。

图 16-20　轴承检修

3）电动机两端盖或轴承盖装配不良。

4）传动带过紧或联轴器装配不良。调整传动带张力，校正联轴器。

5）电动机轴弯曲。

第17章 电气控制设计

电气控制设计包括原理设计和工艺设计两部分。原理设计就是根据设备的控制要求，设计出设备控制系统中电路的构成和控制方式、计算电路主要参数、电气设备和元器件的选型和使用以及设备维护中的所需要的图纸和资料等，包括电气原理图、元器件清单、设备清单、设备说明书等。电气原理图是整个设计的核心，它是工艺设计、操作规程制订、其他图绘制的依据。工艺设计根据原理图和选定的电气元器件设计电气设备的总体配置绘制总装配图和总接线图，还包括各组成部分的电气装配图与接线图、控制面板图等。工艺设计主要依据电气原理图来制订，还需要考虑设备所处空间的具体情况等现场因素。本章内容主要讲解电气控制系统原理部分的设计。

本章介绍了控制系统的内容、设计步骤和电气控制系统设计的原则，并通过具体的案例讲解电气控制的设计步骤和相关内容，为电气控制设计工作提供了依据。

17.1 电气控制系统设计的原则

17.1.1 电气控制系统设计的原则

（1）满足要求。首先要了解生产机械的工作性能、结构特点、工艺要求以及使用维护，在此基础上进行设计，充分满足生产机械和生产工艺对电气控制系统的要求。

（2）方案合理。设计方案应简单、经济，便于操作和维修，协调好机械和电气两者的关系。

（3）合理选择元器件。在经济合理的条件下优选元器件，合理选择控制电器，尽量减少元器件的品种和数量，同一用途的元器件尽可能选用同品牌同型号的产品。设计控制电路时，尽量缩短连接导线的长度和导线数量。

（4）安全可靠。元器件要正确连接，动作要合理，可以降低故障率，提高可靠性，延长其使用寿命。控制电路应具有完善的保护环节，常用的有漏电保护、短路、过载、过电流、过电压、欠电压与零电压、弱磁、联锁与限位保护等。

17.1.2 电气控制系统的组成

17-1：电气控制系统的组成

狭义的电气控制系统一般指设备的控制回路部分，包括电源供电回路、保护回路、信号回路、自动与手动回路、制动停车回路、自锁及闭锁回路。

（1）电源供电回路。供电回路的供电电源有 AC 380V 和 220V 等多种。

（2）保护回路。保护(辅助)回路对电气设备和线路进行短路、过载和失压等各种保护，由熔断器、热继电器、失压线圈、整流组件和稳压组件等保护组件组成。

（3）信号回路。信号回路指能及时反映或显示设备和线路正常与非正常工作状态信息的回路，如不同颜色的信号灯、不同声响的音响设备等。

（4）自动与手动回路。电气设备为了提高工作效率，一般都设有自动方式，但在安装、调试及紧急事故的处理中，控制线路中还需要设置手动方式用于调试。通过组合开关或转换开关等实现自动与手动方式的转换。

（5）制动停车回路。制动停车回路是指切断电路的供电电源，并采取某些制动措施，使电动机迅速停车的控制环节，如能耗制动、电源反接制动、倒拉反接制动和再生发电制动等。

（6）自锁及闭锁回路。启动按钮松开后，线路保持通电，电气设备能继续工作的电气环节叫自锁环节，如串联在线圈电路中的接触器的动合触点。当有两台或两台以上的电气装置和组件时，为了保证设备运行的安全与可靠，只能一台通电启动，另一台不能通电启动的保护环节称为闭锁环节，如两个接触器的动断触点分别串联在对方线圈电路中。

17.2 电气控制系统设计的内容和步骤

17.2.1 电气控制系统设计的内容

电气控制系统设计的基本任务是根据电气控制要求设计、编制出设备制造和使用维修过程中所必需的图纸、资料等。图纸包括电气原理图、电气系统的组件划分图、元器件布置图、安装接线图、电气箱图、控制面板图、电器元件安装底板图和非标准件加工图等，另外还要编制外购件目录、单台材料消耗清单、设备说明书等资料。

电气控制系统设计的内容主要包含原理设计与工艺设计两个部分，以电力拖动控制设备为例，设计内容主要如下。

（1）原理设计内容。

电气控制系统原理设计的主要内容包括：

1）拟订电气设计任务书；

2）确定电力拖动方案，选择电动机；

3）设计电气控制原理图，计算主要技术参数；

4）选择电器元件，制订元器件明细表；

5）编写设计说明书。

电气原理图是整个设计的中心环节，它为工艺设计和制订其他技术资料提供依据。

（2）工艺设计内容。

进行工艺设计主要是为了便于组织电气控制系统的制造，从而实现原理设计提出的各项技术指标，并为设备的调试、维护与使用提供相关的图纸资料。工艺设计的主要内容有：

1）设计电气总布置图、总安装图与总接线图；

2）设计组件布置图、安装图和接线图；

3）设计电气箱、操作台及非标准元件；

4）列出元件清单；

5）编写使用维护说明书。

17.2.2 电气控制系统设计的步骤

以电动机拖动为例，电气控制系统的设计步骤如下。

（1）根据设计要求制订设计任务。

（2）根据任务设计主电路。

1）确定电动机的启动方式，设计启动线路。根据电动机的容量及拖动负载性质选择适当的启动线路。对于容量小（一般 7.5kW 以下）、电网容量和负载都允许直接启动的电动机，可采用直接启动，对于大容量电动机应采用降压启动。降压启动有自耦降压启动电路、电动机 Y- △降压启动电路等方式。详细讲述见本书第 18 章第 3 节的内容。

2）根据设计任务的运动要求，确定电动机的旋转方向设计。电动机无论是正转还是正反转都必须设计，比如常用的车床、刨床、刻丝机、甩干机等都需要电动机能够正反转。

3）电气保护设计。短路保护、过流保护等保护功能的设计。

4）其他特殊要求设计。比如主电路参数测量、信号检测等。

（3）根据主电路的控制要求设计控制回路。

1）确定控制电路电压的种类及大小。设计时应尽量减少控制电路中的电流、电压种类。控制电压选用标准电压等级，一般根据电源提供的情况和所选择安装的接触器、继电器的线圈电压综合考虑来决定，有交流 220V、380V 或者安全电压 24V、36V。

2）根据电动机的启动、运行、调速、制动，依次设计各基本单元的控制线路。

3）联锁设计。联锁设计包括自锁、互锁和联锁。

①自锁是接触器通过自身的结构，保持动作后的状态不变。例如，通过其自身的常开辅助触头与启动按钮并联，即使启动按钮松开后线圈仍然处于得电的状态，并维持这种状态不变。自锁设计电路

如图 17-1 所示。

②互锁是通过接触器上的辅助触点在电气上的连接，使同一台电动机两个动作之间或者两台电动机之间不能同时动作，两个运行条件互相制约。例如，电动机的正反转电路通过接触器的常闭触头实现互锁，防止同时通电造成电动机故障。如图 17-2 所示，接触器 KM1 与 KM2 的常闭触头接到线圈支路，能有效防止两个接触器同时接通，达到互锁的效果。

③联锁是指两台或两台以上的设备，其中部分设备的运行条件受其他设备是否运行的制约。比如 A 接触器动作后，后续的 B、C 接触器自动完成规定动作。

4）保护电路设计。常见的保护电路有短路保护、电流保护、压力保护、温度保护、位置限制等。

5）特殊要求和应急操作等的设计。

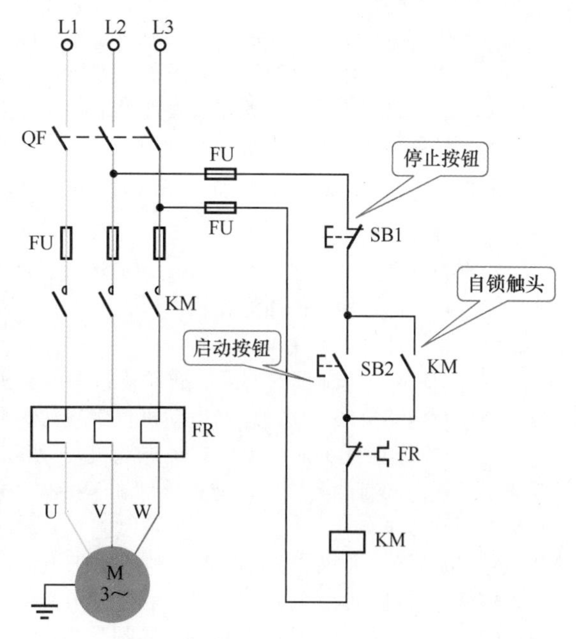

图 17-1　自锁设计电路

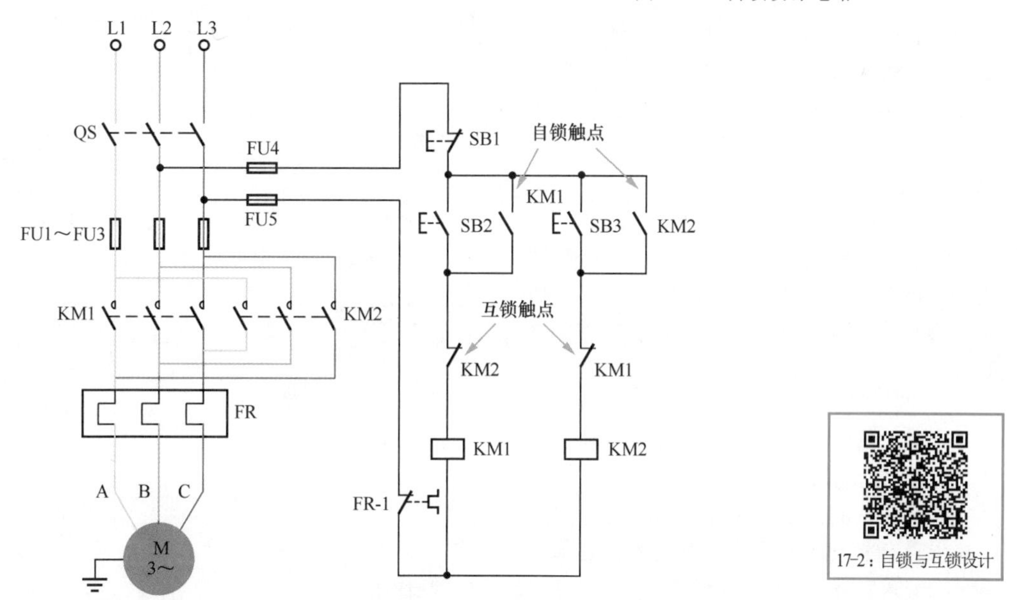

图 17-2　互锁设计电路

（4）其他辅助电路设计。报警功能、指示功能等的设计。

（5）审核和完善。检查动作是否满足要求，接触器、继电器等的触点使用是否合理，各种功能能否实现。出现问题应及时补充、修改和完善。

（6）经过电路参数的计算，合理选择开关、器件、导线等，编制材料目录表。

（7）按国家标准绘制电气原理图。

17.3　电气控制设计案例

17.3.1　设计要求

设计一个厂房的通风排烟设备的控制系统，要求如下。

（1）在厂房正常使用情况下，通风设备处于低速运转，实现通风的目的。

（2）在厂房出现异常时，通风设备高速运行，排风量大大增加，实现排烟功能。

（3）能够就地手动控制通风设备速度的切换且能手动启停电动机。

（4）具备必要的电路保护和运行指示。

17.3.2 设计步骤

（1）制订设计任务。

根据设计要求，设计的任务是实现通风设备两个速度状态下正常运行，可手动启停，具有过载保护功能，具有运行停止的电源指示。

（2）根据任务设计主电路。

1）本任务的控制设备为厂房通风设备，电动机容量不大，所带负载是旋转叶轮，因此根据电动机的容量及拖动负载性质，选择电动机直接启动的方式。

2）根据设计任务的运动要求，电动机需要双速运行，因此可以选择三相异步双速电动机实现。双速电动机内部有两套绕组，通过外部端子接线实现不同的连接方式来改变定子绕组的磁极对数，从而实现不同转速。

3）根据设计要求和负载情况，电气保护设计需要进行过载保护、短路保护、低电压保护，因此选择热继电器对负荷进行过载保护，利用主电路的供电空气开关进行短路和低电压保护。

（3）根据主电路的控制要求设计控制回路。

1）主电路的电动机采用三相异步双速电动机，根据电源的供给情况，确定控制电路电压为交流380V。

2）双速电动机低速时，电动机绕组是三角形接法；电动机高速时，电动机绕组是双YY型接法，如图17-3所示。

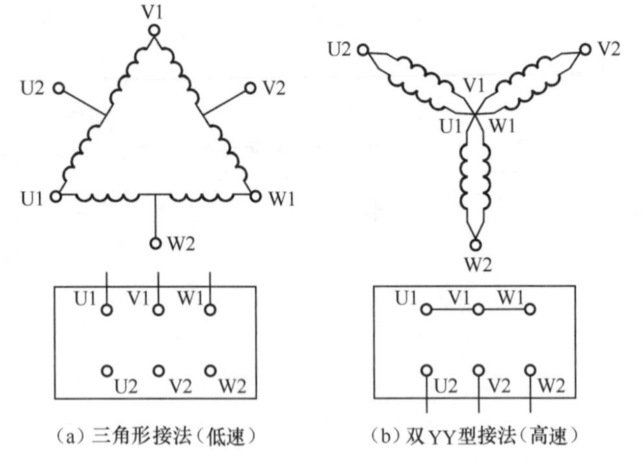

（a）三角形接法（低速）　（b）双YY型接法（高速）

图17-3　双速电动机绕组接线图

从接线图看出，可以通过三个接触器的切换实现高低速运转。低速时，一个接触器吸合，电动机绕组是三角形接法；高速时，两个接触器吸合，电动机绕组是双YY型接法。

3）联锁设计。

①低、高速运行分别通过接触器的常开触头实现自锁功能。

需要注意的是，高速运行时，两个接触器处于吸合状态，为保证动作后的状态保持不变，自锁支路需要把两个接触器的常开触头同时串联使用。

②低、高速运行不能同时动作，互相制约。因此，通过接触器的常闭触头实现互锁，防止同时吸合通电造成电动机故障。

4）保护电路设计。过载保护电路通过热继电器实现。将热继电器的常闭触头串联在交流接触器的电磁线圈的控制支路中，并调节整定电流，当出现过电流时，使触头断开进而断开交流接触器，切断电动机的电源，使电动机及时停车，得到保护。

5）特殊要求和应急操作等设计。

（4）其他辅助电路设计，如报警功能、指示功能等。

（5）审核和完善。检查动作是否满足要求，接触器、继电器的触点使用是否合理，各种功能能否实现。出现问题应及时补充、修改和完善。

（6）经过电路参数的计算，合理选择开关、元器件、导线等，编制材料目录表。

（7）按国家标准绘制电气原理图。

17.3.3 电气原理图

电气原理图如图 17-4 所示，通风电动机的高低速运转采取两种接线方式，低速时，电动机是三角形接法；高速时，电动机是双 YY 型接法，可以通过设计三个接触器实现电动机高低速切换。控制回路采取 380V 的控制电压，既能起到控制作用，同时也能实现断相保护。

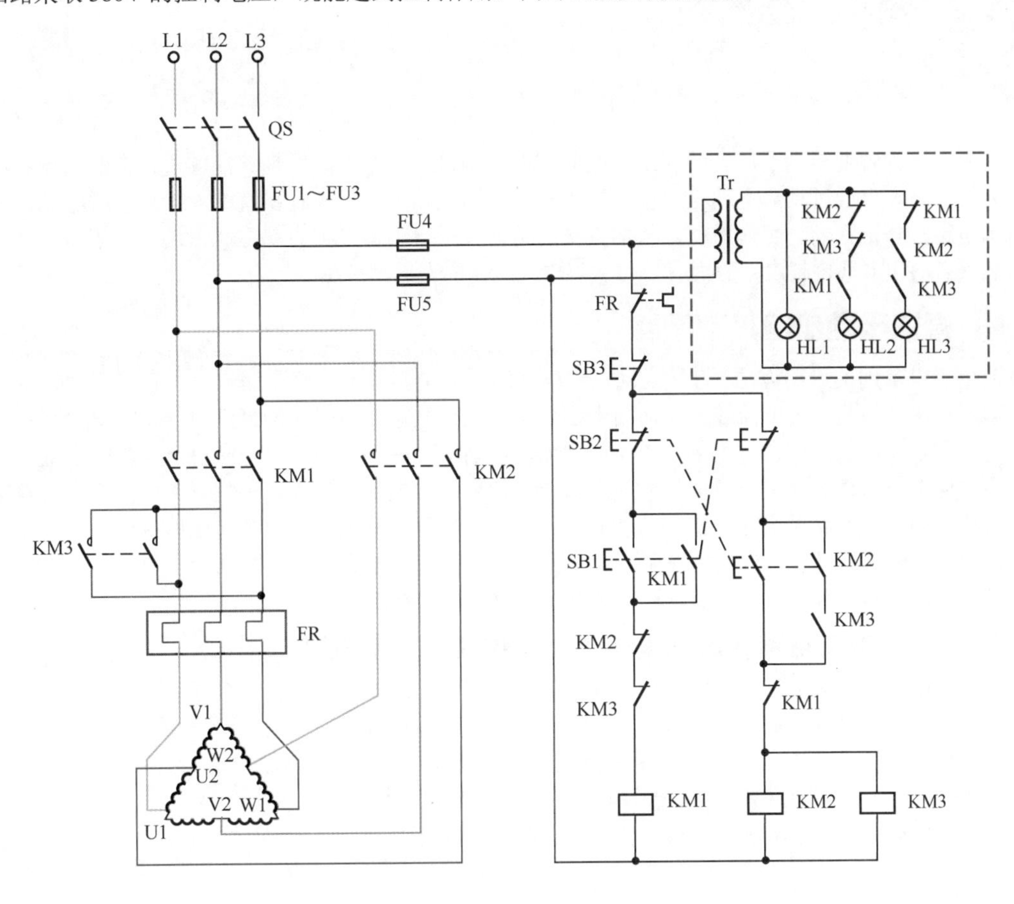

图 17-4 电气原理图

（1）厂房正常使用时。

按下启动按钮 SB1，接触器 KM1 得电，主触头吸合，辅助常开触点闭合并自锁，通风电动机绕组为三角形接法，双速电动机在低速状态下运行。

（2）厂房出现异常时。

当厂房出现异常现象需要加速排风时，按下按钮 SB2，此时接触器 KM1 失电断开，接触器 KM2 和 KM3 线圈得电，主触头吸合，辅助常开触点闭合并自锁，通风电动机绕组为双 YY 型接法，通风电动机高速运行。KM1 和 KM2、KM3 实现互锁，保证电动机安全运行。

（3）保护电路。

热继电器 FR 对负荷进行过载保护，主电路的供电空气开关 QS 进行短路和低电压保护，同时熔断器 FU1 ～ FU5 分别对主回路和控制回路进行过流保护。

（4）指示电路。

电路的指示回路分三路，如图 17-4 红色虚线框所示。HL1 为电源指示，如果控制回路电源正常，HL1 亮，如果熔断器熔断或者电源开关在断开位置，HL1 不能点亮。当电动机低速运转时，KM1 吸合，其辅助常开触点闭合，HL2 低速运行，指示灯点亮。当电动机高速运行时，接触器 KM2、KM3 吸合，其辅助常开触点闭合，HL3 高速运行，指示灯点亮。

第18章 电动机控制系统设计

电动机在各行各业得到了广泛的应用，因此掌握电动机控制系统的原理并能够进行电路系统的设计就尤为重要。本章通过直流电动机、单相异步电动机和三相电动机控制系统的设计，讲解电动机的常用控制电路，分析它们的工作原理，包括直接启动、降压启动等多种启动方式，进一步阐述多台电动机的顺序启动和多地控制启动等内容，对从事电气工作的人员具有指导意义。

18.1 直流电动机的控制电路

直流电动机常用的启动方法：直接启动、电枢回路串联电阻启动和降电压启动。直接启动设备简单、启动速度快，但是冲击电流较大，适用于小型电动机，如家用电器中的直流电动机。电枢回路串联电阻启动设备成本低，冲击电流小，随转速增加慢慢切除串联的电阻，广泛应用于各种中小型直流电动机中。但由于启动过程中能量消耗大，不适合经常启动的电动机和中、大型直流电动机。对容量较大的直流电动机，通常采用降电压启动，即由单独的可调压直流电源对电动机电枢供电，通过控制电源电压使电动机平滑启动，且能实现调速。降压启动后，电枢电压慢慢升高，但是调压设备成本高。本节通过几个常用的典型控制电路来讲解直流电动机的控制系统。

18.1.1 并励直流电动机串联电阻正、反转启动控制电路

在生产应用中，常常要求直流电动机既能正转又能反转。例如，直流电动机拖动龙门刨床的工作台往复运动，矿井提升机的上下运动等。直流电动机反转有两种方法，一是电枢反接法，即改变电枢电流方向，保持励磁电流方向不变；二是励磁绕组反接法，即改变励磁电流方向，保持电枢电流方向不变。在实际应用中，并励直流电动机的反转常采用电枢反接法来实现。

并励直流电动机串联电阻正、反转启动控制电路如图18-1所示。

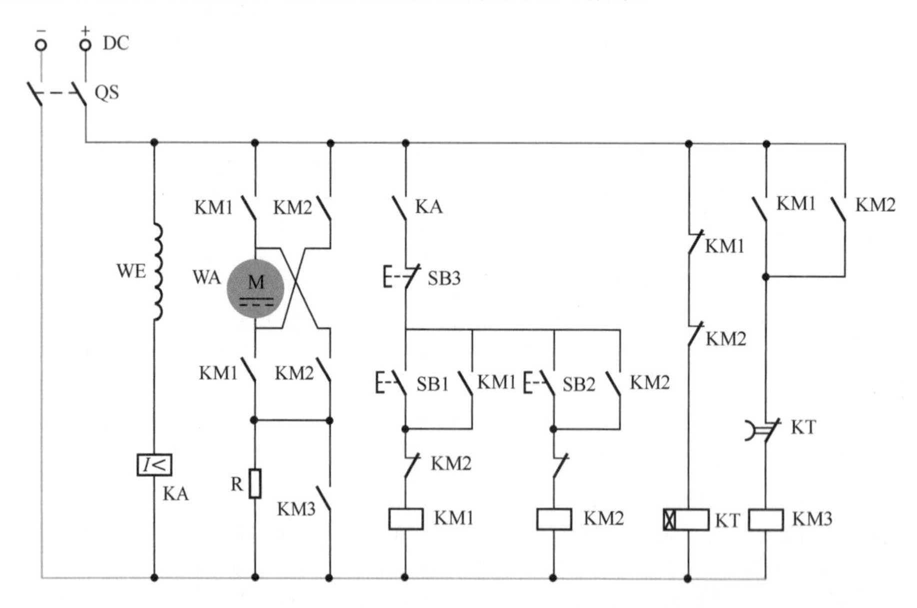

图18-1 并励直流电动机串联电阻正、反转启动控制电路

合上电源总开关QS时，断电延时时间继电器KT通电闭合，欠电流保护继电器KA通电闭合。

按下直流电动机正转启动按钮SB1，接触器KM1通电闭合，断电延时时间继电器KT断电并开始计时，直流电动机M串联电阻R启动运转。经过一段时间，时间继电器KT断电延时，继电器常闭触点闭合，接通接触器KM3线圈电源，接触器KM3通电闭合，切除串联电阻R，直流电动机M全压全速正转运行。

同理，按下直流电动机M反转启动按钮SB2，接触器KM2通电闭合，断电延时时间继电器KT断电并开始计时，直流电动机M串联电阻R启动运转。经过一定时间，时间继电器KT常闭触点闭合，接通接触器KM3线圈电源，接触器KM3通电闭合，切除串联电阻R，直流电动机M全压全速反转运行。

直流电动机M在运行中，如果励磁线圈WE中的励磁电流不够，欠电流继电器KA将欠电流释放，其常开触点断开，直流电动机M停止运行。

18.1.2　并励直流电动机变磁调速控制电路

直流电动机的转速$n=\dfrac{U-I_aR_a}{C_e\Phi}$，通过公式可知，改变磁通、电枢电压和电枢电阻都能改变电动机的转速。直流电动机转速调节的常用方法主要有电枢回路串联电阻调速、改变励磁磁通调速、改变电枢电压调速和混合调速四种。

并励直流电动机变磁调速控制是通过电动机控制电路中接入串联电阻R来改变直流电动机的励磁电流，进而改变直流电动机的励磁主磁通来实现调速的。并励直流电动机变磁调速控制电路如图18-2所示。

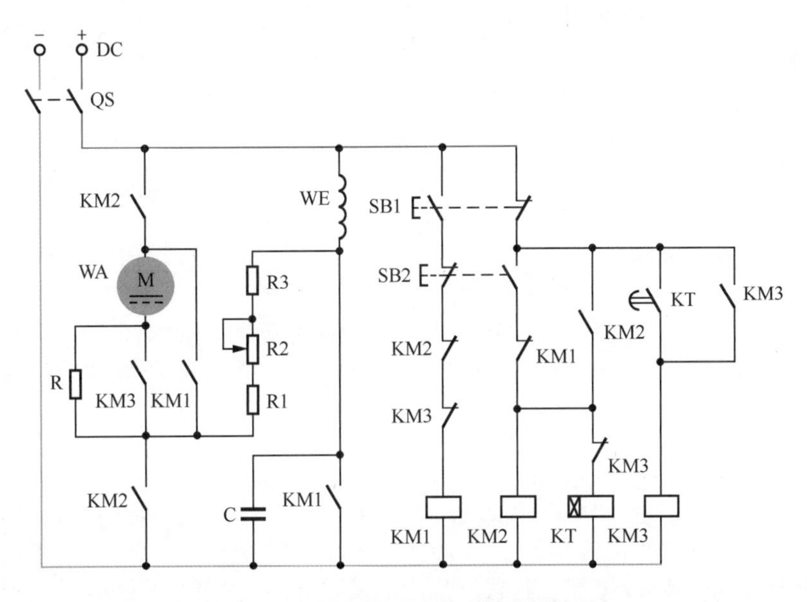

图18-2　并励直流电动机变磁调速控制电路

该控制线路主电路由电源开关QS、接触器KM1～KM3主触头、启动电阻器R、调速电阻器R1～R3和并励直流电动机M组成；控制电路由启动按钮SB1、停止按钮SB2、时间继电器KT线圈及其通电延时闭合触头、接触器KM1～KM3线圈及其对应辅助动合、动断触头组成。

合上电源开关QS，按下启动按钮SB1，接触器KM2得电吸合并自锁，主电路中接触器KM2主触头闭合，并励直流电动机串联电阻器R启动。同时时间继电器KT得电工作，当延时时间达到时，时间继电器KT的通电延时闭合触头闭合，接触器KM3通电吸合并自锁。接触器KM3的辅助动断触头断开，从而实现与接触器KM1互锁控制并使定时继电器KT线圈失电释放。主电路中接触器KM3的主触头闭合，切除启动电阻R，并励直流电动机M全压运行。在电动机M正常运行状态下，调节调速电阻器R2阻值，即改变励磁电流大小，即可改变并励直流电动机的运转速度。

当需要并励直流电动机制动停止运转时，按下制动停止按钮 SB2，接触器 KM2、KM3 均失电释放，主电路中 KM2、KM3 主触头断开，切断并励直流电动机的电枢回路电源，并励直流电动机脱离电源惯性运行。同时接触器 KM2、KM3 的辅助动断触头复位闭合，接触器 KM1 得电闭合，主电路中接触器 KM1 主触头闭合，接通能耗制动回路，串联电阻 R 实现能耗制动。同时短接电容 C，实现制动过程中的强励。松开制动停止按钮 SB1，制动结束。

18.1.3 并励直流电动机能耗制动控制电路

直流电动机常用的电气制动方法有能耗制动、反接制动和发电制动三种。利用接触器构成的并励直流电动机能耗制动控制电路如图 18-3 所示。该方式具有制动力矩大、操作方便、无噪声等特点，在直流电力拖动中广泛应用。

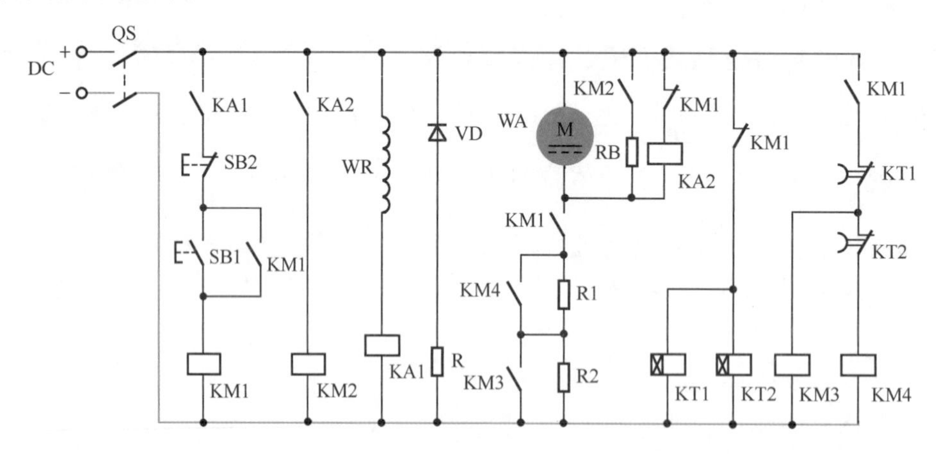

图 18-3　接触器构成的并励直流电动机能耗制动控制电路

合上电源开关 QS，中间继电器 KA1，时间继电器 KT1、KT2 均通电吸合，其中中间继电器 KA1 的动合触头闭合，为并励直流电动机启动运转做好准备。

按下启动按钮 SB1，接触器 KM1 通电闭合并自锁，接通并励直流电动机电枢绕组 WA 电源，此时并励直流电动机串联电阻 R1、R2 启动，同时 KM1 的常闭触点打开，断电延时时间继电器 KT1、KT2 开始计时，经过一段时间，时间继电器 KT1、KT2 的断电延时闭合的常闭触点依次闭合，顺序接通接触器 KM3、KM4 的线圈电源，KM3、KM4 的主触点闭合，分别切除串联电阻 R1、R2，直流电动机 M 全压全速正转运行。

当需要并励直流电动机制动停止时，按下制动停止按钮 SB2，接触器 KM1 失电释放，主电路中 KM1 主触头断开，切断并励直流电动机电枢绕组 WA 电源，即电枢绕组 WA 失电。但由于惯性的作用，直流电动机转子仍然旋转，此时并励直流电动机工作于发电机状态，在电枢绕组中产生感应电动势，该感应电动势使中间继电器 KA2 得电吸合，中间继电器 KA2 的动合触头闭合，接触器 KM2 通电闭合，接触器 KM2 的辅助动合触头处于闭合状态，将制动电阻 RB 串联接在电枢绕组 WA 回路中，电枢绕组 WA 中所产生的感应电流消耗在制动电阻 RB 上，使并励直流电动机转速迅速下降，当转速下降到一定值，其产生的感应电动势不足以维持中间继电器 KA2 吸合时，中间继电器 KA2 释放，其动合触头复位断开，接触器 KM2 失电释放，其动合触头复位断开，并励直流电动机逐渐停止转动，完成能耗制动过程。

电阻 R 和二极管 VD 是励磁绕组的放电回路，以防止励磁绕组在电源断开瞬间产生较大的自感电动势而损坏有关元器件。在正常工作时，由于二极管处于反偏截止状态，不会有电能损耗，更不会对电动机正常工作产生影响。

18.1.4 串励直流电动机正、反转启动控制电路

串励直流电动机常采用励磁绕组反接法来实现正、反转，该方法是保持电枢电流方向不变而改变励磁电流方向使电动机反转。串励直流电动机正、反转启动控制电路如图 18-4 所示。

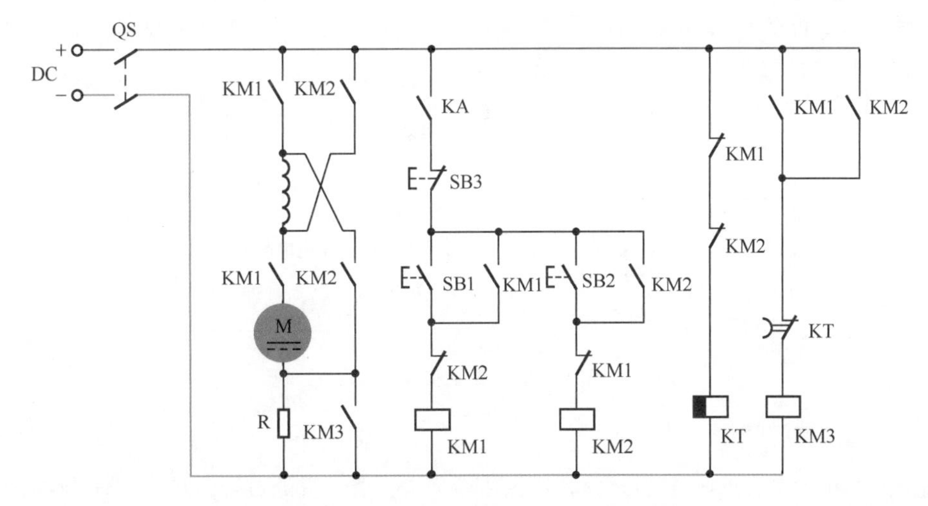

图 18-4　串励直流电动机正、反转启动控制电路

正转控制电路：合上电源开关 QS，按下启动按钮 SB1，KM1 线圈通电闭合，继电器 KT 断电，接触器 KM3 线圈断电，电动机串联电阻 R 接入，电动机正转启动。KT 动断触头延时闭合，KM3 线圈通电，启动过程结束。

反转控制电路：合上电源开关 QS，按下启动按钮 SB2，KM2 线圈通电闭合，电动机串联电阻 R 接入、电动机启动，KT 线圈失电，KT 动断触头延时闭合，KM3 线圈通电，启动过程结束。

当需要电动机停止运转时，按下停止按钮 SB3，接触器 KM1（反转时为接触器 KM2）失电，KM1（反转时为接触器 KM2）主触头断开，电动机停止运转。

18.2 单相异步电动机的控制电路

单相异步电动机是利用单相交流电源供电的小容量交流电动机，由于它结构简单、成本低廉、运行可靠、移动安装方便，并可以直接在单相 220V 交流电源上使用，因此广泛应用于工业、农业、医疗、家用电器以及办公场所等。日常生活中常用的排气扇、洗衣机、吸尘器等都采用单相异步电动机。

18.2.1 单相异步电动机正、反转控制电路

单相异步电动机定子有两个绕组，一是主绕组，即工作绕组，产生主磁场；二是副绕组，即启动绕组，用来与主绕组共同作用产生旋转磁场，使电动机产生启动转矩。这两个绕组空间上相差 90°，通常启动绕组串联一个适当的电容器。

将启动电容器从一个绕组改接到另一个绕组上，将启动绕组和工作绕组互换就可实现电机的正、反转。图 18-5 所示的方法适合于频繁正、反转的情况，比如洗衣机的电动机。

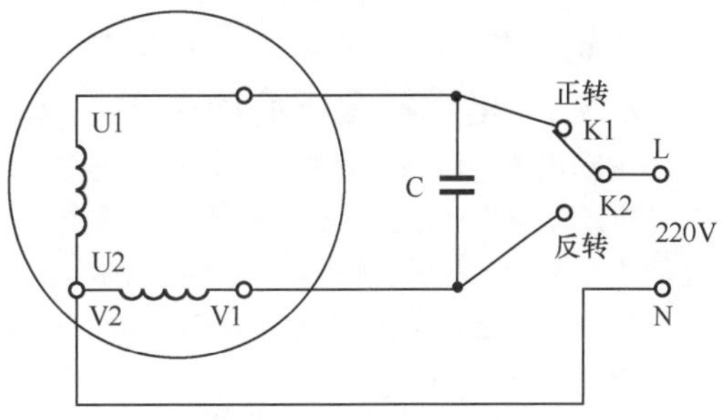

图 18-5　工作绕组和启动绕组互换式正、反转电路

U1U2、V1V2 分别为工作绕组和启动绕组，C 为启动电容，L、N 为电源接线端。当开关处于 K1 位置接通时，电动机正转；当开关处于 K2 位置接通时，电动机反转。从图中可知，电动机反转时，其工作绕组和启动绕组进行了互换，这种方法适用于启动绕组和工作绕组技术参数相同的电容启动电动机。

18.2.2 单相异步电动机的调速控制电路

单相异步电动机的调速控制常用的方法是改变绕组主磁通进行调速和串联电抗器进行调速。

1 改变绕组主磁通调速方式

改变绕组主磁通调速的原理是通过转换开关的不同触头，与设计好的绕组不同抽头连接，在电动

机的外部通过抽头的变换增减绕组的匝数，从而增减绕组端电压和工作电流来调节主磁通，实现调速的目的，如图 18-6 所示。

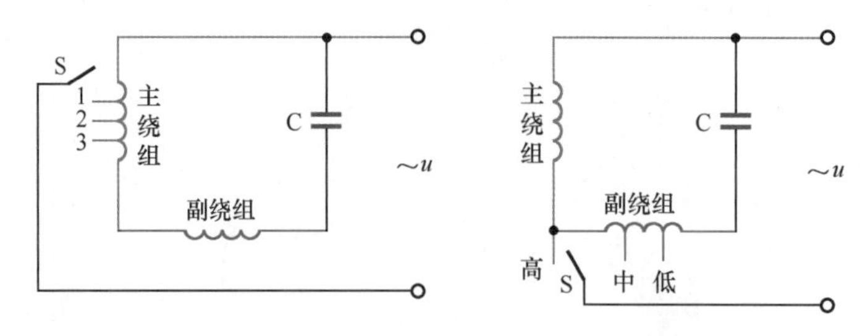

图 18-6 绕组抽头调速电路

2 串联电抗器调速

串联电抗器调速是通过在电动机外面串联带抽头的电抗器，并通过转换开关将不同匝数的电抗器绕组与电动机绕组串联。当开关在 1 挡时，串联的电抗器匝数最多，电抗器上的压降最大，因而电动机的转速较低；当开关在 5 挡时，电动机的转速最高，电路图如图 18-7 所示。这种方法在电扇调速器中应用最多，电扇调速器如图 18-8 所示。

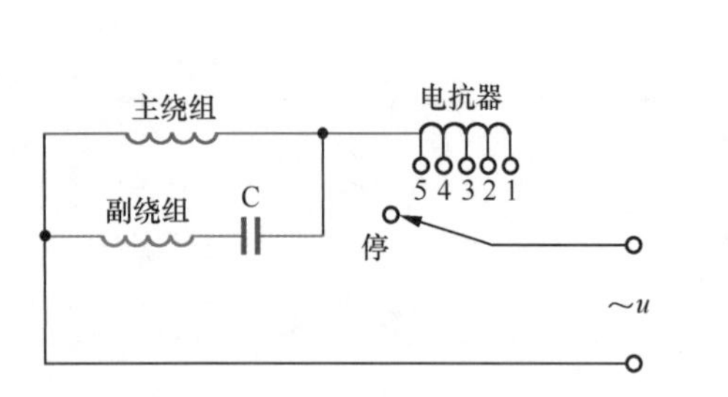

图 18-7 串联电抗器调速电路图

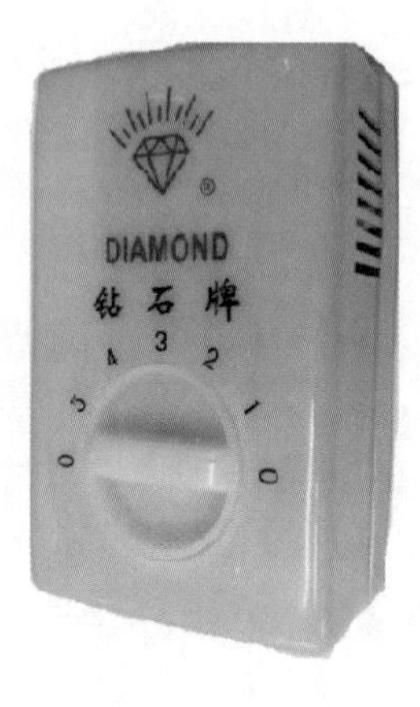

图 18-8 电扇调速器

18.3 三相电动机的启动方式控制电路

18.3.1 电动机全压启动电路

电动机的全压启动也称直接启动，是最常用的启动方式。它是将电动机的定子绕组直接接入电源，在额定电压下启动，具有启动转矩大，操作方便，启动迅速的优点，但是启动电流较大，一般是额定电流的 4 ～ 7 倍，容量 10kW 以下的电动机，且小于供电变压器容量的 20% 时，可采取直接启动的方式。

电动机全压启动的原理图及主回路实物连接示意图如图 18-9 所示。

主电路由隔离开关 QS、熔断器 FU、接触器 KM 的常开主触点、热继电器 FR 的热元件和电动机 M 组成。控制电路由启动按钮 SB1、停止按钮 SB2、接触器 KM 线圈和常开辅助触点、热继电器 FR 的常闭触头构成。

电气控制的工作原理如下。

1 电动机启动

合上三相隔离开关 QS，按下控制回路启动按钮 SB1，接触器 KM 的吸引线圈得电，三对常开主触点 KM-1 闭合，将电动机 M 接入电源，电动机开始启动。同时，与 SB1 并联的 KM 的常开辅助触点 KM-2 闭合，这样即使按钮 SB1 断开，吸引线圈 KM 通过其辅助触点还可以继续保持通电，维持吸合状态。

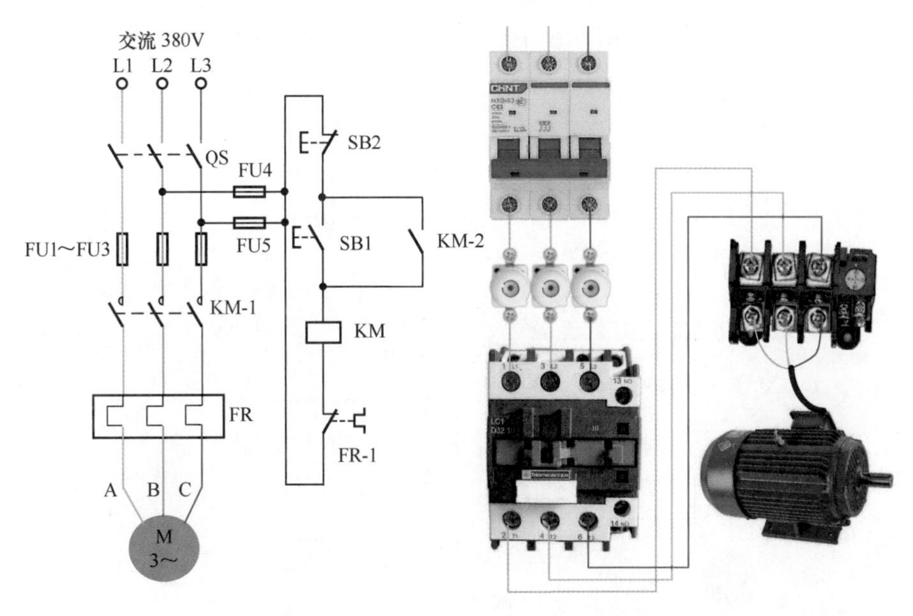

图 18-9 电动机全压启动原理图及主回路实物连接示意图

接触器（或继电器）利用自己的辅助触点来保持其线圈带电的，称之为自锁（自保），这个触点称为自锁（自保）触点。由于 KM 的自锁作用，当启动按钮 SB1 断开后，电动机 M 仍能继续启动，最后达到稳定运转。

2 电动机停止

按下停止按钮 SB2，接触器 KM 的线圈失电，其主触点和辅助触点均断开，电动机脱离电源，停止运转。这时，即使停止按钮断开，由于自锁触点断开，接触器 KM 线圈不会再通电，电动机不会自行启动。只有再次按下启动按钮 SB1 时，电动机才能再次启动运转。

18.3.2 电动机自耦降压启动电路

大功率电动机如果采取直接启动方式，启动电流很大，可能会影响其他负荷的正常运行，而且电动机启动时，机械部分不能承受全压启动的冲击转矩，因此大功率电动机经常采用降压启动。降压启动通常有电阻降压启动、自耦降压启动、Y- △降压启动三种启动方式。电阻降压启动的电阻损耗大，不能频繁启动，较少采用。因此本章主要介绍自耦降压启动和 Y- △降压启动。

自耦降压启动方式启动电流与电压平方成比例减小，应用较多但是不宜频繁启动。

自耦降压启动是指电动机启动时利用自耦变压器来降低加在电动机定子绕组上的启动电压。待电动机启动后，再使电动机与自耦变压器脱离，从而在全压下正常运转。这种降压启动分为手动控制和自动控制两种，现在一般采用自动控制方式。电动机自耦降压启动原理图如图 18-10 所示，由控制电路、主电路（图中蓝色虚线框内部分）、指示电路（图中红色虚线框内部分）三个部分组成。

1 电动机启动

合上电源开关 QS 接通三相电源，电源引入，指示灯 HL2 亮。按下启动按钮 SB2，交流接触器 KM1 线圈通电，其动断辅助触点断开，电源指示电路（HL2）和全压启动支路（KM3）实现互锁。同时其动合辅助触点闭合，一是实现自锁；二是使时间继电器 KT 和接触器 KM2 线圈得电，时间继电器开始计时，KM2 的动合辅助触点闭合，降压运行指示灯 HL3 亮；三是自耦变压器线圈接成星形，同时 KM2 的动合主触头闭合，电动机串入自耦变压器降压启动。

时间继电器 KT 线圈通电，并按已整定好的时间开始计时，当时间到达后，KT 的延时常开触点闭合，使中间继电器 KA 线圈通电吸合并自锁，其常闭触点断开使 KM1 线圈断电，KM1 常开触点全部释放，主触头断开，使自耦变压器线圈封星端打开；同时 KM2 线圈断电，其主触头断开，切断自耦变压器电源。KA 的常开触点闭合，通过 KM1 已经复位的常闭触点，使 KM3 线圈得电吸合，主触头接通，电动机在全压下运行，KM3 的动合辅助触点闭合，全压运行指示灯 HL1 亮。

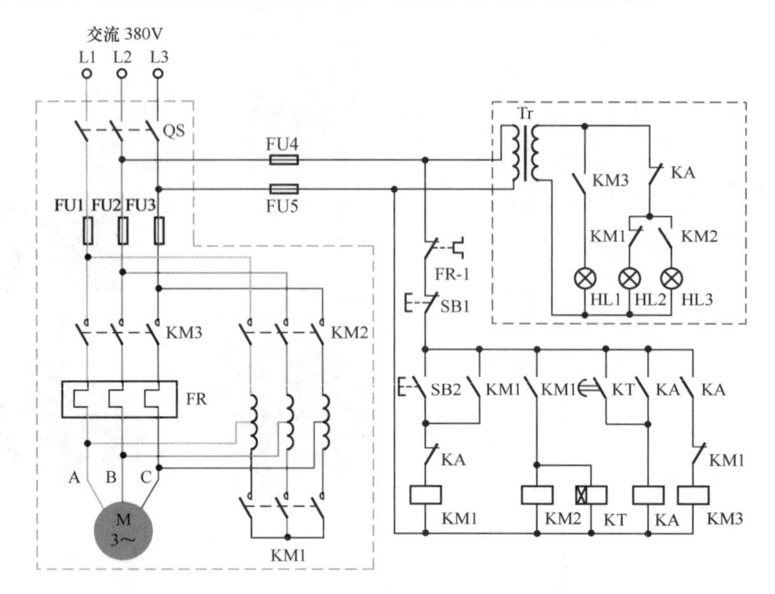

图 18-10　电动机自耦降压启动原理图

KM1 的常开触点断开也使时间继电器 KT 线圈断电，其延时闭合触点释放，也保证了在电动机启动任务完成后时间继电器 KT 处于断电状态。

2　电动机停止

按下停止按钮 SB1，接触器 KM3、中间继电器 KA 的线圈失电，其主触点和辅助触点均断开，电动机脱离电源，停止运转。这时，即使松开停止按钮，由于自锁触点断开，接触器 KM1 线圈不会再通电，电动机不会自行启动。只有再次按下启动按钮 SB2 时，电动机才能再次启动运转。电动机的过载保护由热继电器 FR 完成。

18.3.3　电动机 Y- △降压启动电路

Y- △降压启动用于定子绕组三角形接法的电动机，设备简单，可频繁启动，应用比较广泛。

电动机 Y- △降压启动是指电动机启动时定子绕组连接成星形，启动后转速升高，当转速基本达到额定转速时，切换成三角形连接的启动方式。这种启动方式用于正常运行时为三角形接法的电动机。启动控制方式有利用复合按钮手动控制电路和利用时间继电器自动控制的启动电路。

1　手动控制的 Y- △降压启动电路

手动控制的 Y- △降压启动电路原理图如图 18-11 所示。这种启动方式需要两次操作，由星形接法向三角形接法转换时需人工操作完成，切换时间不易准确把握。

（1）星形启动。按下星形启动按钮 SB2，接通接触器 KM1、KM3 线圈回路电源，KM1、KM3 工作，KM3 的常闭触点断开，起互锁作用，KM1 的常开触点闭合自锁，KM1、KM3 各自的主触点闭合，将电动机接成星形接法，电动机得电以星形接法启动。

（2）三角形运转。当电动机的转速升高到额定转速时，再按下三角形运转按钮 SB3（复合按钮），首先 SB3 的常闭触点断开使 KM3 线圈断电释放，KM3 常闭触点恢复常闭状态，解除互锁，KM3 主触点断开，星形接法解除，电动机失电但仍靠惯性继续运转。在按下 SB3 的同时，其常开触点闭合，KM2 线圈得电吸合，KM2 常闭触点断开，起互锁作用，KM2 常开触点闭合自锁，KM2 三相主触点闭合将电动机绕组接成三角形接法，电动机以三角形接法全压运转。

（3）停止。按下停止按钮 SB1，切断 KM1、KM2 线圈回路的电源，KM1、KM2 断电释放，KM1 常开触点断开，解除自锁，KM2 常闭触点闭合，解除互锁。KM1、KM2 各自的三相主触点断开，三角形接法解除，电动机失电停止运转。

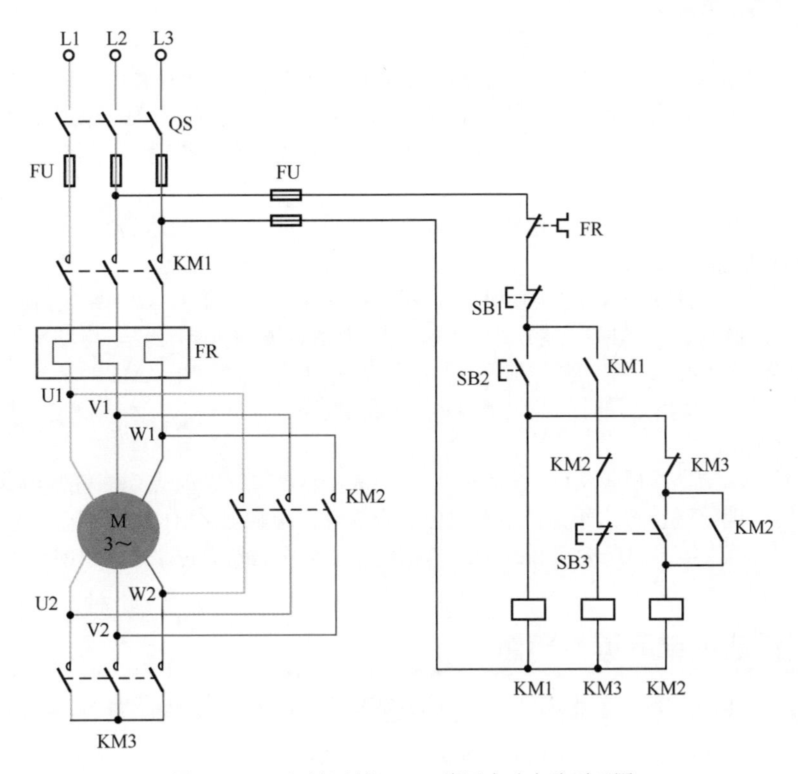

图 18-11　手动控制的 Y- △降压启动电路原理图

2 自动控制的 Y- △降压启动电路

自动控制的 Y- △降压启动电路原理图如图 18-12 所示。该启动方式通过时间继电器实现由星形接法向三角形接法的转换，操作简单。

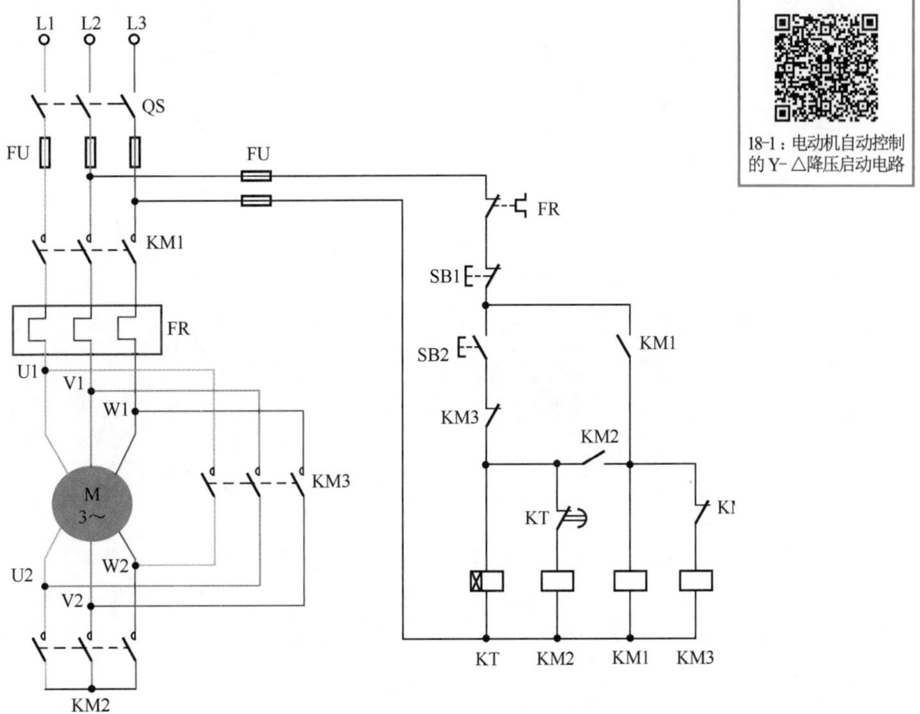

图 18-12　自动控制的 Y- △降压启动电路原理图

（1）电动机启动。

合上电源开关 QS，接通三相电源，按下启动按钮 SB2，时间继电器 KT、交流接触器 KM2 线圈通电。KM2 线圈得电，一是主触头闭合，电动机接成星形；二是其常开辅助触点闭合，KM1 线圈得电，KM1 的常开触点闭合实现自锁，KM1 的主触头闭合，电动机得以星形启动；三是其常闭辅助触点断开，实现与 KM3 的互锁。

时间继电器 KT 线圈通电，并按已整定好的时间开始计时，当时间达到后，KT 的延时常闭触点断开，KM2 线圈失电。

KM2 线圈失电，一是使 KM2 主触点断开，星形接法解除。二是 KM2 的常闭触点复位闭合，使接触器 KM3 线圈通电吸合，KM3 主触点闭合将电动机绕组接成三角形接法，电动机得电，以三角形接法全压运转。同时 KM3 的常闭触点断开，实现与 KM2 的互锁。三是 KM2 的常开触点断开，保证了在电动机启动任务完成后，使时间继电器 KT 处于断电状态。

（2）电动机停止。

按下停止按钮 SB1，接触器 KM1 的线圈失电，其主触点和辅助触点均断开，电动机脱离电源，停止运转。这时，即使停止按钮断开，由于自锁触点断开，接触器 KM1 线圈不会再通电，电动机不会自行启动。只有再次按下启动按钮 SB2 时，电动机才能再次启动运转。电动机的过载保护由热继电器 FR 完成。

18.4 电动机的单向运行电路

18.4.1 电动机点动、单向运行双功能控制电路

电动机点动和单向运行双功能控制电路如图 18-13 所示。

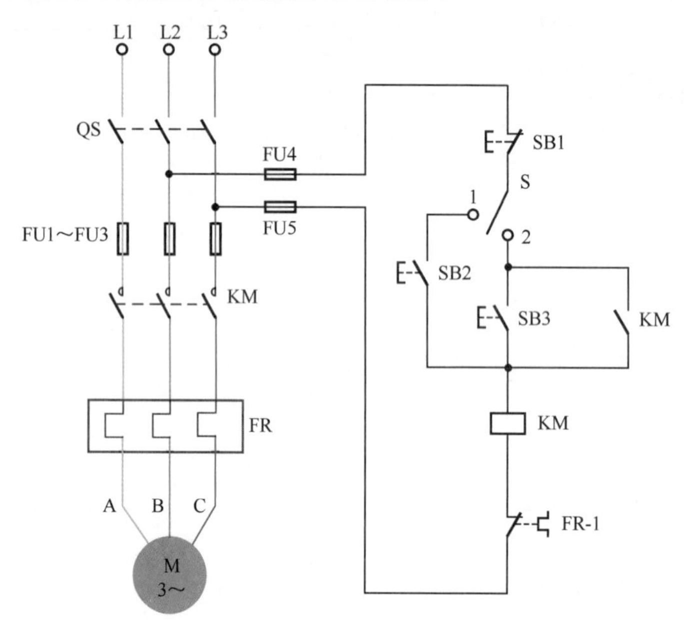

图 18-13　电动机点动和单向运行双功能控制电路

（1）点动。

电动机 M 需要点动时，选择开关拨至位置 1，合上电源开关 QS，按下启动按钮 SB2，接触器 KM 的线圈得电，使衔铁吸合，同时接触器 KM 的三对主触头闭合，电动机 M 便接通电源启动运转。当电动机需要停转时，只要启动按钮 SB2 断开，使接触器 KM 的线圈失电，衔铁在复位弹簧作用下复位，接触器 KM 的三对主触头断开，电动机 M 失电停转。

（2）单向运行。

电动机需要单向运行时，选择开关拨至位置 2，合上电源开关 QS，按下控制回路启动按钮 SB3，接触器 KM 的吸引线圈得电，三对常开主触点闭合，将电动机 M 接入电源，电动机开始启动。同时，与 SB3 并联的 KM 的常开辅助触点闭合，这样即使 SB3 断开，吸引线圈 KM 通过其辅助触点可以继续保持通电，维持吸合状态。需要停止时，按下停止按钮 SB1，接触器 KM 的线圈失电，其主触点和辅助触点均断开，电动机脱离电源，停止运转。

18.4.2　电动机多地控制启动控制电路

在实际生产中，电动机的运转需要多地能够控制启停。电动机多地控制启动控制电路如图 18-14 所示。

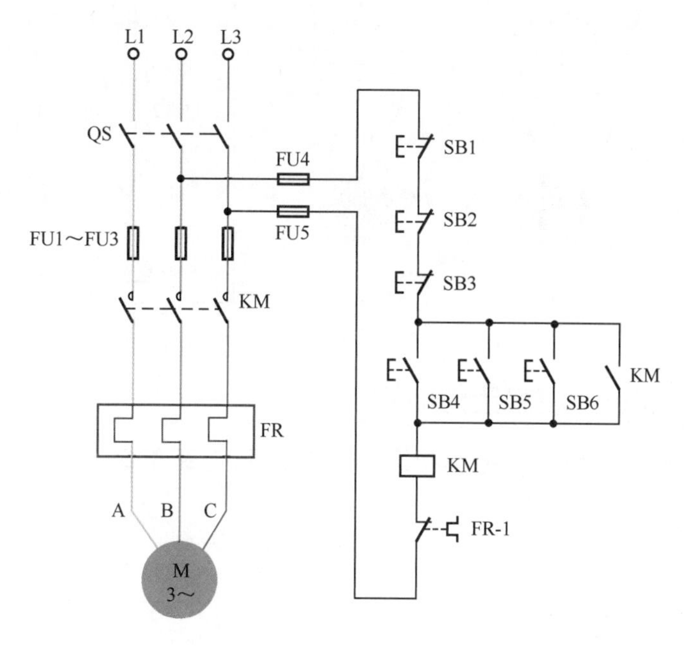

图 18-14　电动机多地控制启动控制电路

工作时，合上三相隔离开关 QS，按钮 SB4、SB5、SB6 的动合触点中任一触点闭合，KM 辅助动合触点构成自锁，这里的动合触点并联构成逻辑或的关系，任一条件满足，就能接通电路，实现多地控制电动机启动。KM 失电条件为按钮 SB1、SB2、SB3 的动断触点中任一触点断开，动断触点串联构成逻辑与的关系，其中任一条件满足，即可切断电路，实现多地控制电动机停止。

18.4.3　多台电动机顺序启动、逆序停止控制电路

有些生产机械需要两台电动机按先后顺序启动，并且按逆序停止。两台电动机顺序启动、逆序停止控制电路如图 18-15 所示。

启动时，两台电动机按顺序 M1 先启动，M2 才能启动；停止时，电动机按逆序 M2 先停止，M1 才能停止。

当合上电源开关 QS，按下启动按钮 SB2 时，接触器 KM1 的线圈得电并自锁。电动机 M1 启动运转。同时接触器 KM1 其他辅助常开触点闭合，为电动机 M2 启动做好准备，这时再按下启动按钮 SB4，接触器 KM2 得电并自锁，电动机 M2 启动运转。

当需要停止时，必须先按下停止按钮 SB3，KM2 断电释放，M2 停止运转。KM2 断电释放的同时，其并联在控制电动机 M1 停止按钮 SB1 两端的常开触点断开，这时再按下停止按钮 SB1，KM1 断电释放，M1 停止转动。这样就实现了电动机 M1 和 M2 顺序启动、逆序停止。

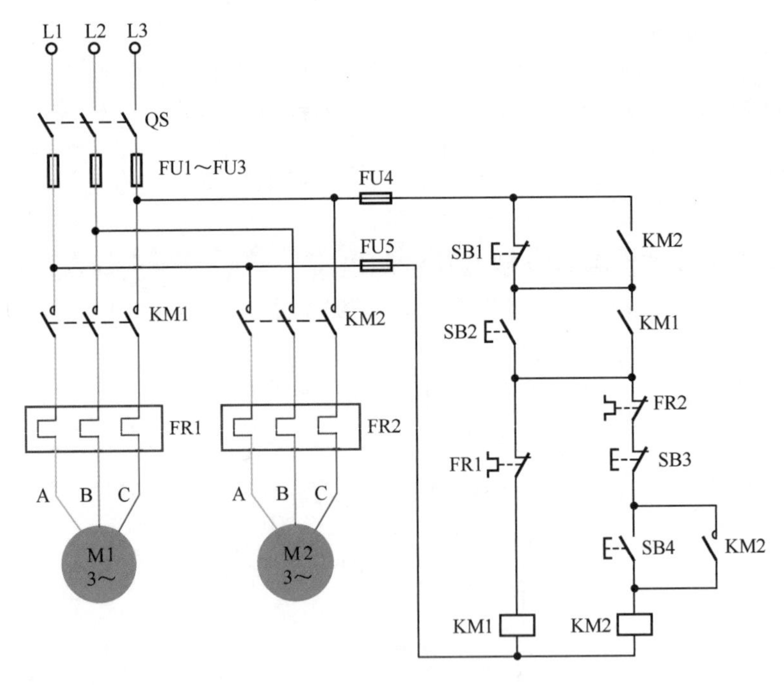

图 18-15　两台电动机顺序启动、逆序停止控制电路

18.5　电动机的正、反向运行电路

18.5.1　接触器、按钮互锁电动机正、反向运行控制电路

在工业控制电路中，经常应用到电动机的正、反转运行电路，如工作台的前进和后退、起重机的上升和下降、各种大型阀门的开闭等。由接触器、按钮互锁控制的电动机正、反向运行控制电路如图 18-16 所示。

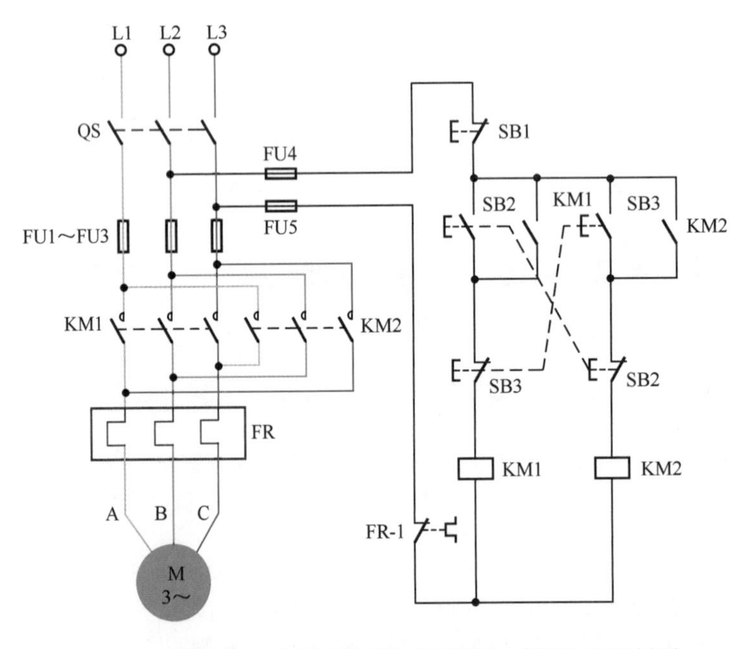

图 18-16　接触器、按钮互锁控制的电动机正、反向运行控制电路

正转控制：合上电源开关 QS，按下正转按钮 SB2，接触器 KM1 线圈通电并吸合，其主触点闭合、常开辅助触点闭合并自锁，电动机正转。这时电动机所接电源相序为 L1-L2-L3。

反转控制：按下反转按钮 SB3，此时 SB3 的常闭触点先断开正转接触器 KM1 的线圈电源，按钮 SB3 的常开触点才闭合，接通反转接触器 KM2 线圈的电源，使 KM2 吸合，辅助常开触点闭合并自锁，主触点闭合，电动机反转。这时电动机所接电源相序为 L3–L2–L1。

如需要电动机停止，按下停止按钮 SB1 即可。

18.5.2　具有断相和相间短路保护的正、反向控制电路

在电动机的电气回路中，熔断器常用于三相异步电动机的保护。当其熔丝的某一相熔断时就会造成三相电动机的断相运行，断电不及时会导致三相电动机烧毁，三相异步电动机的损坏大多由断相造成的，因此安装熔断器保护的三相异步电动机，必须加装断相保护。当三相异步电动机在重载下进行正、反转运行时，在正、反转转换的过程中交流接触器主触头会产生较强的电弧，易形成相间短路，使控制器件损坏，因此需要做好相间短路保护。

具有相间短路保护的正、反向控制电路如图 18-17 所示，电路保护控制原理如下。

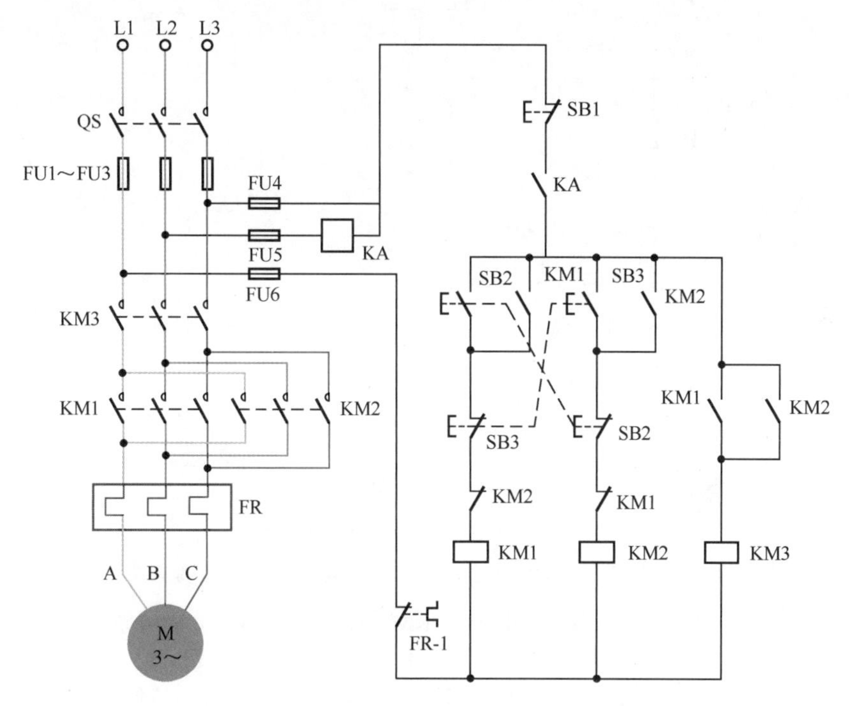

图 18-17　具有相间短路保护的正、反向控制电路

（1）短路保护及过载保护。

由熔断器 FU1 ～ FU3、FU4 ～ FU6 分别实现主电路与控制电路的短路保护，由热继电器 FR 实现三相异步电动机的长期过载保护。当三相异步电动机出现长期过载时，串联接在三相异步电动机定子电路中的 FR 发热元件使双金属片受热弯曲，从而使串联接在控制电路中的 FR 常闭触头断开，切断 KM1、KM3（KM2、KM3）线圈励磁电路，使三相异步电动机断开电源，达到保护的目的。

（2）欠电压保护和失电压保护。

当电源电压严重下降或电压消失时，接触器电磁吸力急剧下降或消失，衔铁释放，各触头复原，三相异步电动机断开电源，停止转动。当电源电压恢复时，三相异步电动机也不会自行启动，避免事故发生，达到保护的目的。

（3）断相和相间短路保护。

在三相异步电动机启动时，若 L1 断相，KM1、KM2、KM3 励磁通路被切断，KM1、KM2、KM3 均不能励磁，主电路断开，三相异步电动机不能启动。若 L2 断相，中间继电器 KA 不能得电吸合，控制电路被切断，KM1、KM2、KM3 也同样不能得电，主电路断开，三相异步电动机亦不能启动。

在三相异步电动机运行过程中，若 L1 断相，KM1、KM2、KM3 励磁通路被切断，KM1、KM3

（KM2、KM3）失磁，主电路断开，三相异步电动机停止转动。若 L2 断相，中间继电器 KA、KM1、KM3（KM2、KM3）同时失磁，主电路断开，三相异步电动机亦停止转动，从而起到了双重断相保护作用。

在三相异步电动机正、反转换接时，常因三相异步电动机容量较大或操作不当等原因，触点产生较严重的起弧现象。尚未完全灭弧时，如反转的交流接触器闭合，就会引起相间短路，使控制器件损坏。在本电路中，KM3 与 KM1（KM2）配合，可实现相间短路保护。当正反转转换时，正转接触器 KM1 断电后，交流接触器 KM3 也随着断开，KM3 与 KM1（KM2）组成断点灭弧电路，可有效熄灭电弧，实现相间短路保护。

18.5.3 行程开关控制正、反转电路

工作台经常通过行程开关来控制电动机正、反转运行电路，工作原理图如图 18-18 所示。

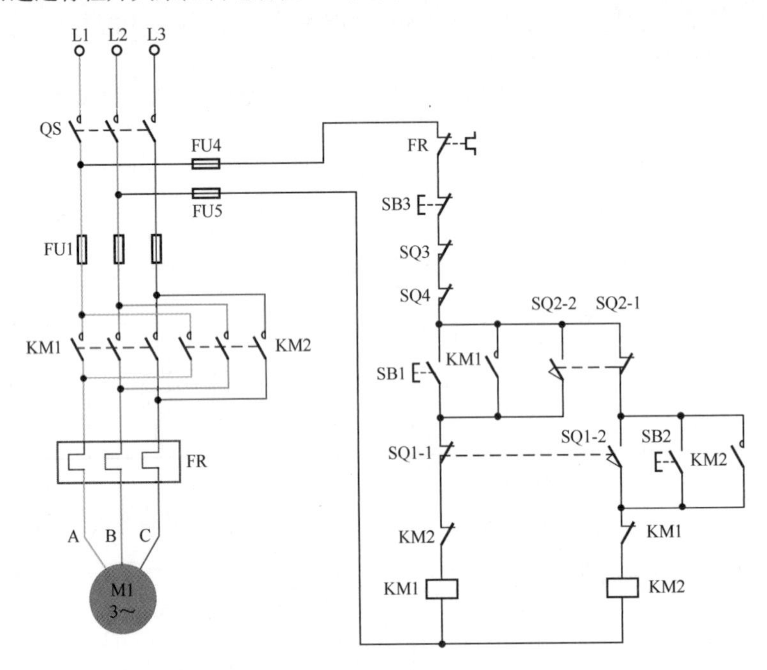

图 18-18　行程开关控制的电动机正、反转运行电路工作原理图

（1）合上电源开关 QS，按下启动按钮 SB1，KM1 线圈通电，KM1 自锁触头闭合自锁，KM1 互锁触头分断，实现对 KM2 互锁，同时 KM1 主触头闭合，电动机 M 正转。

（2）工作台向左移动，当限定位置挡铁 1 碰行程开关 SQ1 时，其常开接点 SQ1-2 闭合、常闭接点 SQ1-1 分断，接触器 KM1 线圈失电，KM1 互锁触头恢复闭合，KM1 自锁触头分断，KM1 主触头分断，电动机停止正转，工作台停止向左移动。

（3）SQ1-2 闭合使得接触器 KM2 线圈通电，KM2 互锁触头分断，对 KM1 互锁，KM2 自锁触头闭合自锁，KM2 主触头闭合，电动机 M 反转，工作台向右移动（SQ1 触头复位）。

（4）限定位置挡铁 2 碰行程开关 SQ2 后，SQ2-1 先断、SQ2-2 后闭合，使得 KM2 线圈失电，其互锁触头复位、自锁触头分断，同时主触头分断，工作台停止向右移动。

（5）SQ2-2 闭合后 KM1 线圈通电，其自锁触头闭合自锁、互锁触头分断，对 KM2 互锁，KM1 主触头闭合，电动机 M 又正转，工作台又向右移动（SQ2 触头复位）。

重复上述过程，工作台就能够在限定的行程内自动往返运动。停止时，按下 SB3，整个控制电路失电，KM1（或者 KM2）主触头分断，电动机 M 失电停转，工作台停止运动。

这里 SB1、SB2 分别作为正转启动按钮和反转启动按钮。若启动时工作台在左端，应按下 SB2 进行启动。图中行程开关 SQ3、SQ4 是用作极限位置保护的。当 KM1 得电，电动机正转，运动部件压下行程开关 SQ2 时，应该使 KM1 失电，而接通 KM2，使电动机反转。但若 SQ2 失灵，运动部件继续前行会引起严重事故。若在行程极限位置设置 SQ4（SQ3 装在另一极端位置），则当运动部件压下 SQ4 后，KM1 失电而使电动机停止。这种限位保护的行程开关在行程控制电路中必须设置。

第19章 可编程逻辑控制器（PLC）系统

可编程逻辑控制器（Programmable Logic Controller，PLC）是一个以微处理器为核心的数字运算操作的电子系统装置，专为在工业现场应用而设计。它采用了可编程序的存储器，用来在其内部存储执行逻辑运算、顺序控制、定时、计数和算术运算等操作的指令，并通过数字的模拟的输入和输出控制各种类型的机械或生产过程。可编程逻辑控制器系统及其有关的外围设备，都应易于与工业控制系统形成一个整体、易于扩充其功能的原则设计。本章介绍了可编程逻辑控制器的组成和原理，并通过具体案例讲解了可编程控制系统的设计步骤和原则。

19.1 可编程逻辑控制器基础知识

19.1.1 可编程逻辑控制器的组成

可编程逻辑控制器（PLC）主要由中央处理器单元（CPU）、存储器、输入 / 输出接口（I/O）、通信接口、电源组成，如图 19-1 所示。

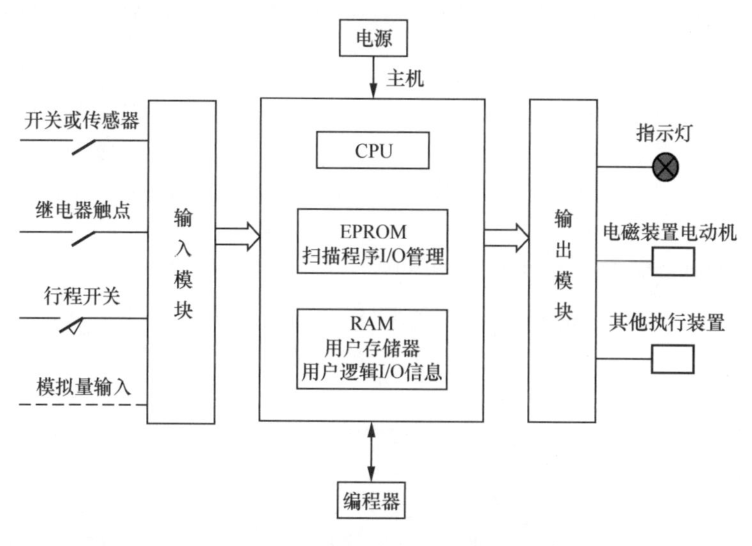

图 19-1　PLC 的组成框图

1 中央处理器单元

中央处理器由控制器、运算器和寄存器组成并集成在一块芯片内。CPU 通过数据总线、地址总线、控制总线和电源总线与存储器、输入 / 输出接口、编程器和电源相连接。它是 PLC 的控制中枢，是 PLC 的核心，每套 PLC 至少有一个 CPU。中央处理器能按照 PLC 系统程序赋予的功能接收并存储从编程器键入的用户程序和数据，检查电源、存储器、I/O 以及警戒定时器的状态，并能诊断用户程序中的语法错误。

小型 PLC 的 CPU 采用价格很低的 8 位或 16 位微处理器或单片机，例如 8031、M6800 等；中型 PLC 的 CPU 采用 16 位或 32 位微处理器或单片机，例如 8086、8096 系列单片机等，这类芯片集成度一般比较高、运算速度快且可靠性高；而大型 PLC 则需采用高速位片式微处理器。CPU 运行速度和内存容量是 PLC 的重要参数，它们决定 PLC 的工作速度、输入 / 输出接口（I/O）数量及软件容量等。

2 存储器

PLC 的内存储器主要用于存放系统程序、用户程序和数据等。系统程序存储器用于存放系统软件，用户程序存储器是存放 PLC 用户程序的存储器，数据存储器是存储 PLC 程序执行时的中间状态与信息的存储器，相当于 PC 的内存。

3 输入 / 输出接口（I/O 模块）

输入 / 输出接口是 PLC 与工业现场控制或检测元件和执行元件连接的接口。I/O 模块集成 PLC 的 I/O 电路，其输入暂存器反映输入信号状态，输出点反映输出锁存器状态。输入模块将电信号转换成数字信号进入 PLC 系统，输出模块与输入模块相反。I/O 分为开关量输入（DI）、开关量输出（DO）、模拟量输入（AI）以及模拟量输出（AO）等模块。

4 编程器

编程器将用户编写的程序下载至 PLC 的用户程序存储器，检查、修改和调试用户程序，监视用户程序的执行过程，显示 PLC 状态、内部器件及系统的参数等。

5 电源

PLC 的电源为 PLC 电路提供工作电源，将外部供给的交流电转换成供 CPU、存储器等所需的直流电，是整个 PLC 的能源供给中心，在整个系统中起着十分重要的作用。

19.1.2 可编程逻辑控制器的工作原理

PLC 有两种基本的工作状态，即运行（RUN）状态与停止（STOP）状态。PLC 采用“顺序扫描，不断循环”的方式进行工作，即在 PLC 运行（RUN）时，通过执行反映控制要求的用户程序来实现控制功能，按指令步序号（或地址号）做周期性循环扫描，如无跳转指令，则从第一条指令开始逐条顺序执行用户程序，直至可编程逻辑控制器停机或切换到 STOP 工作状态。然后返回第一条指令，开始下一轮新的扫描。在每次扫描过程中，还要完成对输入信号的采样和对输出状态的刷新等工作。除了执行用户程序之外，在每次循环过程中，可编程逻辑控制器还要完成内部处理、通信处理等工作，一次循环可分为 5 个阶段，如图 19-2 所示。

PLC 的一个扫描周期经过输入刷新、程序执行和输出刷新三个阶段，如图 19-3 所示。

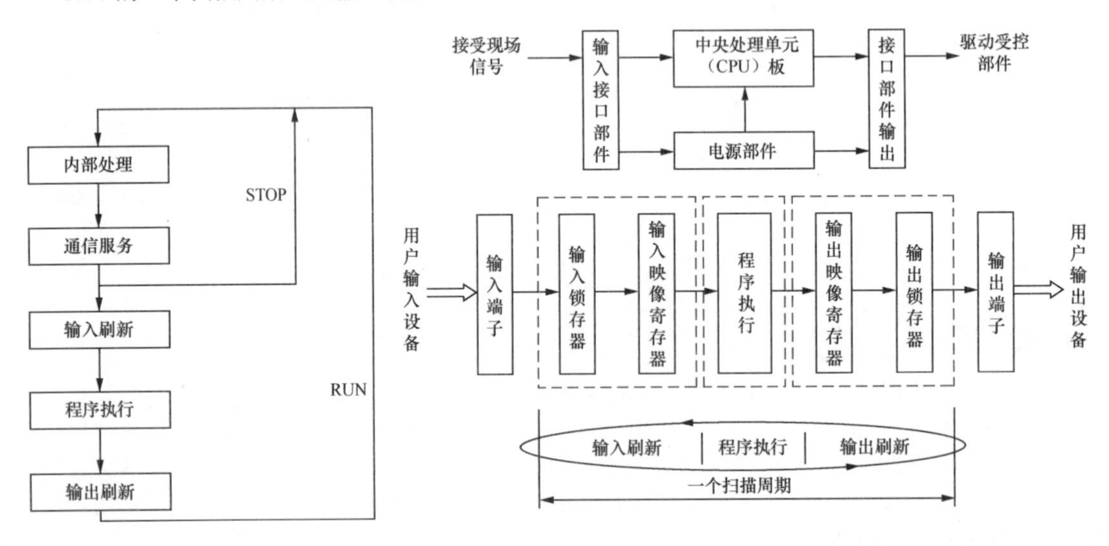

图 19-2 PLC 的循环扫描工作过程

图 19-3 PLC 的一个扫描周期

输入刷新阶段：首先以扫描方式按顺序将所有暂存在输入锁存器中的输入端子的通断状态或输入数据读入，并将其写入各对应的输入映像寄存器中，即输入刷新，随即关闭输入端口，进入程序执行阶段。

程序执行阶段：按用户程序指令存放的先后顺序扫描执行每条指令，经相应的运算和处理后，将其结果写入输出映像寄存器中，输出映像寄存器中所有的内容随着程序的执行而改变。

输出刷新阶段：当所有指令执行完毕后，输出映像寄存器的通断状态在输出刷新阶段送至输出锁存器中，并通过一定的方式（继电器、晶体管或晶闸管）输出，驱动相应的输出设备工作。

19-2：PLC 的硬件组成

19.1.3　可编程逻辑控制器的软硬件基础

1　PLC 的硬件系统

PLC 的硬件系统是指构成 PLC 的物理实体或物理装置，也就是它的各个结构部件。图 19-4 所示为 PLC 的硬件系统简化框图。

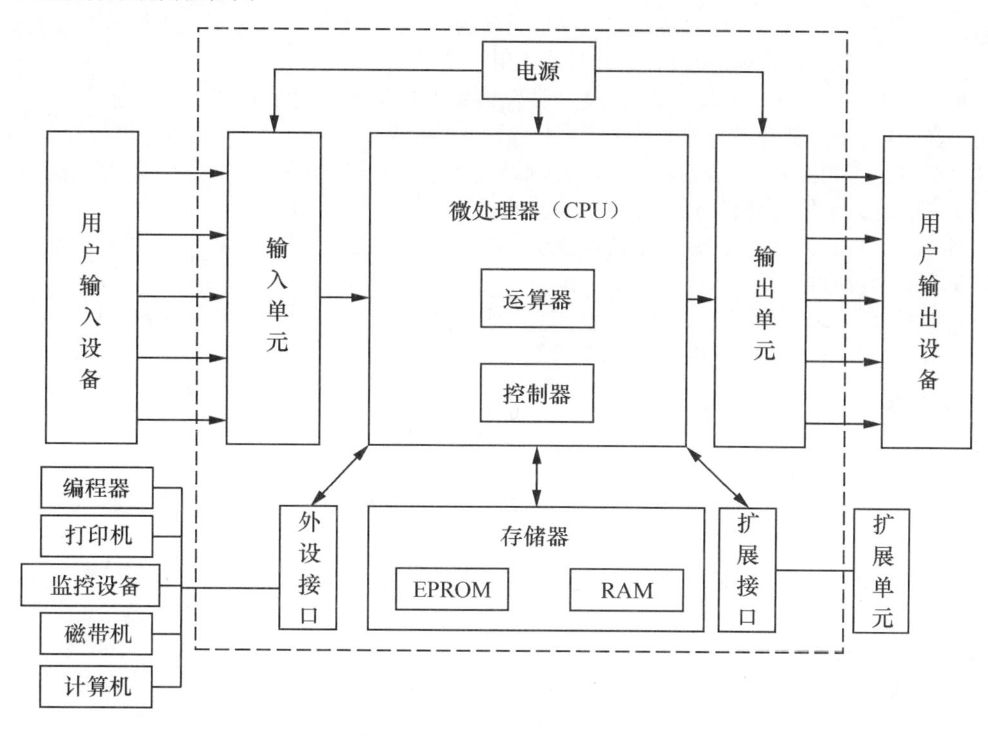

图 19-4　PLC 的硬件系统简化框图

PLC 的硬件系统由主机、I/O 扩展机及外部设备组成。主机和扩展机采用微型计算机的结构形式，其内部由运算器、控制器、存储器、输入单元、输出单元以及接口等部分组成。

运算器和控制器集成在一片或几片大规模集成电路中，称之为微处理器（或微处理机、中央处理机），简称 CPU。

主机内各部分之间均通过总线连接。总线分为电源总线、控制总线、地址总线和数据总线。

（1）CPU。

CPU 在 PLC 控制系统中的作用类似于人体的神经中枢。它是 PLC 的运算、控制中心，用来实现逻辑运算、算术运算，并对全机进行控制。

①接收并存储从编程器键入的用户程序和数据。

②用扫描的方式接收现场输入设备的状态或数据，并存入输入状态表或数据寄存器中。

③诊断电源、PLC 内部电路工作状态和编程过程中的语法错误。

④ PLC 进入运行状态后，从存储器中逐条读取用户程序，经过指令解释后，按照指令规定任务产生相应的控制信号，去控制相关的电路，分时、分渠道地执行数据的存取、传送、组合、比较和变换等动作，完成用户程序规定的逻辑运算或算术等任务。

⑤根据运算结果，更新有关标志的状态和输出状态寄存器表的内容，再由输出状态表或数据寄存器的有关内容，实现输出控制、制表打印或数据通信等。

（2）存储器。

存储器（简称内存），用来存储数据或程序。它包括可以随机存取的随机存储器（RAM）和在工作过程中只能读出、不能写入的只读存储器（ROM）。

PLC 配有系统程序存储器和用户程序存储器，分别用来存储系统程序和用户程序。关于系统程序和用户程序的解释将在 PLC 的软件中做介绍。

ROM 配有系统程序，可以用 EPROM 写入器写入到主机的 EPROM 芯片中。写入了用户程序的 EPROM 可以通过外部设备接口与主机连接，然后主机运行 EPROM 中的程序。EPROM 是可擦可编的只读存储器，它存储的内容不需要时可以用紫外线擦除器擦除，再写入新的程序。

（3）输入 / 输出（I/O）模块。

I/O 模块是 CPU 与现场 I/O 设备或其他外部设备之间的连接部件。PLC 提供各种操作电平和输出驱动能力的 I/O 模块和各种用途的 I/O 功能模块供用户选用。

一般 PLC 均配置 I/O 电平转换模块及电气隔离模块。输入电平转换是用来将输入端不同电压或电流的信号源转换成微处理器所能接收的低电平信号。

电气隔离是指 PLC 在微处理器部分与 I/O 回路之间采用光电隔离措施，这样能有效地隔离微处理器与 I/O 回路之间的联系，而不会引起 PLC 故障或误动作。

此外，某些 PLC 还具有其他功能的 I/O 模块，如串 / 并行变换、数据传送、误传检验、A/D 或 D/A 变换以及其他控制功能等。

I/O 模块既可以与 CPU 放置在一起，也可以远程放置。通常，I/O 模块还具有 I/O 状态显示和 I/O 接线端子排。

（4）电源。

PLC 配有开关稳压电源，为 PLC 的内部电路供电。

（5）编程器。

编程器用作程序编制、编辑、调试和监视，还可以通过键盘调用和显示 PLC 的一些内部状态和系统参数。它经过接口与 CPU 联系，完成人机对话连接。

编程器可分为简易型和智能型两类。前者只能联机编程，后者既可联机编程，也可脱机编程，即用电缆连接到 CPU 进行编程。

（6）I/O 扩展机。

I/O 扩展机用来扩展输入、输出点数。当用户需要的输入、输出点数超过主机的输入、输出点数时，就要加 I/O 扩展机来扩展输入、输出点数。

2 PLC 的软件系统

PLC 的软件系统指 PLC 所使用的各种程序的集合。它包括系统程序（又称为系统软件）和用户程序（又称为应用程序或应用软件）。

硬件系统和软件系统是相辅相成的，它们共同构成 PLC 系统，缺一不可。没有软件的 PLC 系统，称为裸机系统，是没有什么用途的。同样，没有硬件系统，软件系统也就无立足之地。

（1）系统程序。

系统程序包括监控程序、编译程序和诊断程序等。

监控程序又称为管理程序，主要用于管理全机；编译程序是把程序语言翻译成机器语言；诊断程序用于诊断机器故障。

系统程序由PLC生产厂家提供，并固化在EPROM中，用户不能直接存取，也就是不需要用户干预。

（2）用户程序。

用户程序是用户根据现场控制的需要，用 PLC 的程序语言编制的应用程序来实现各种控制要求。

小型 PLC 的用户程序比较简单，不需要分段，而是按顺序编制的。大中型 PLC 的应用程序很长，也比较复杂，为使用户程序编程简单清晰，可按功能、结构或使用目的将用户程序划分为各个程序模块（又称软件模块），犹如将控制电路总图划分成一页页的电路分图一样。

用户程序按模块结构由各自独立的程序段组成，每个程序段用于实现一个确定的技术功能。因此，即使在复杂的应用场合下，很长的程序编制，用户也易于理解，而且程序之间的链接也很简单。用户程序分段设计使得程序的调试、修改和查错都变得很容易。

19.2 可编程逻辑控制器系统设计

19.2.1 可编程逻辑控制器的指令和编程方法

1 三菱 FX_{0N}-40MR 指令系统

（1）基本元素种类及其编号。

1）输入继电器（X）。

输入继电器是 PLC 与外部用户输入设备连接的接口单元，用以接收用户输入设备发来的输入信号。输入继电器的线圈与 PLC 的输入端子相连。它具有多对常开接点和常闭接点，供 PLC 编程时使用。

输入继电器的编号为：

基本单元 X000 ～ X007、X010 ～ X017、X020 ～ X027。

2）输出继电器（Y）。

输出继电器是 PLC 与外部用户输出设备连接的接口单元，用以将输出信号传给负载（即用户输出设备）。输出继电器有一对输出接点与 PLC 的输出端子相连。它还具有多对常开接点和常闭接点。

输出继电器的编号为：

基本单元 Y000 ～ Y007、Y010 ～ Y017。

3）中间继电器（M）。

中间继电器是逻辑运算的辅助继电器，与输入 / 输出继电器一样，具有多对常开接点和常闭接点。其编号为：

① M0 ～ M383　（384 点）——通用；

② M384 ～ M511　（128 点）——保持用。

4）定时器（T）。

FX_{0N}-40MR 型 PLC 共有 64 个定时器，分类及相应说明如表 19-1 所示。

表 19-1　FX_{0N}-40MR 型 PLC 的定时器分类及相应说明

100ms	T0 ～ T62，共 63 点	
10ms	T32 ～ T62，共 31 点	若某一特殊辅助继电器置 1 时改为 10ms
1ms	T63，1 点	

5）计数器（C）。

FX_{0N}-40MR 型 PLC 共有 29 个计数器，以十进制编号，每个计数器均为断电保护，其分类及相应说明如表 19-2 所示。

表 19-2　FX_{0N}-40MR 型 PLC 的计数器分类及相应说明

通用	C0 ～ C15，共 16 点，16 位增计数器	
保持用	C16 ～ C31，共 16 点，16 位增计算器	
高速计数器	C235 ～ C238、C241 ～ C244、C246 ～ C249，共 13 点	单相 5kHz 4 点，双相 2kHz 1 点 合计≤ 5kHz

6）状态寄存器（S）。

状态寄存器是 PLC 中的一个基本元素，通常与步进指令一起使用。FX_{0N}-40MR 型 PLC 共有 128 个状态寄存器，以十进制编号，其分类及相应说明如表 19-3 所示。

表 19-3　FX_{0N}-40MR 型 PLC 状态寄存器分类及相应说明

初始化用	S0 ～ S9，共 10 点	
通用	S10 ～ S127，共 118 点	
保持用	所有点都均有掉电保持（S0 ～ S127）	用 ZRST 批指令可复位

7）数据寄存器。

PLC 内提供许多数据寄存器供数据传送、数据比较、算术运算等操作时使用，其分类及相应说明如表 19-4 所示。

表 19-4　PLC 内的数据寄存器分类及相应说明

通用	D0 ～ D127，共 128 点	
保持用	D128 ～ D255，共 128 点	
特殊用	D8000 ～ D8255，共 45 点	
文件寄存器	D1000 ～ D1499，最多 1500 点	取决于存储器容量
变址用	V、Z，共 2 点	

（2）可编程逻辑控制器的常用指令。

可编程逻辑控制器的常用指令分为原型指令、脉冲型指令、输出型指令。各类型指令的功能、实例以及指令表达如表 19-5 ～表 19-7 所示。

表 19-5　原型指令的功能、实例以及指令表达

基本指令	功能	实例（梯形图表示）	指令表达
LD（取）	接左母线的常开触点	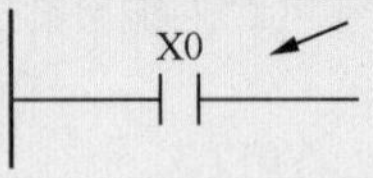 X0	LD X0
LDI（取反）	接左母线的常闭触点	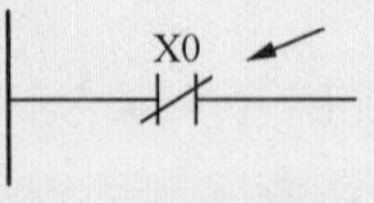 X0	LDI X0
AND（与）	串联触点（常开触点）	 X0 X1	LD X0 AND X1
ANI（与反）	串联触点（常闭触点）	 X0 X1	LD X0 ANI X1
OR（或）	并联触点（常开触点）	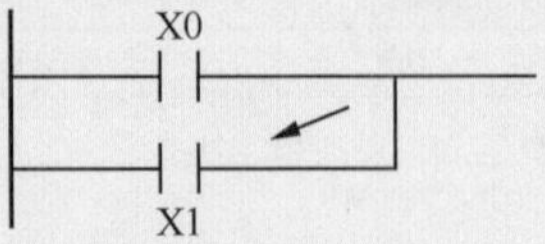 X0 X1	LD X0 OR X1
ORI（或反）	并联触点（常闭触点）	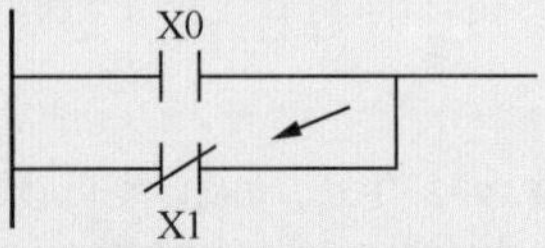 X0 X1	LD X0 ORI X1
END（结束）	程序结束并返回 0 步	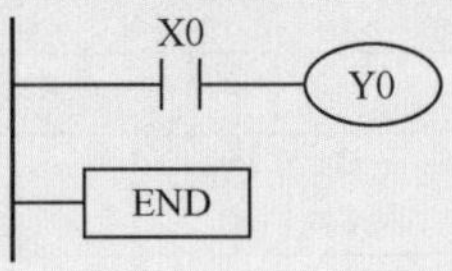 X0 Y0 END	0 LD X0 1 OUT Y0 2 END

表 19-6　脉冲型指令的功能、实例以及指令表达

基本指令	功能	实例（梯形图表示）	指令表达
LDP（取脉冲）	左母线开始，上升沿检测	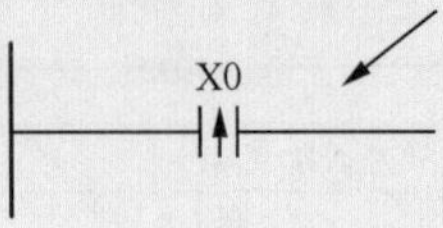 X0	LDP X0

续表

基本指令	功能	实例（梯形图表示）	指令表达
ANDP（与脉冲）	串联触点，上升沿检测	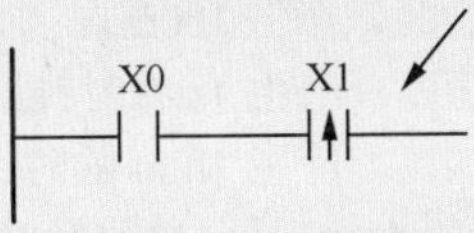 X0 X1	LD X0 ANDP X1
ORP（或脉冲）	并联触点，上升沿检测	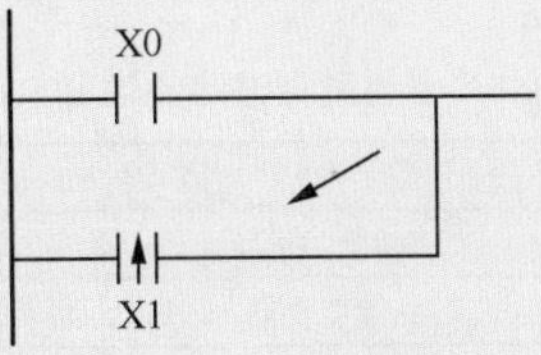 X0 X1	LD X0 ORP X1
LDF（取脉冲）	左母线开始，下降沿检测	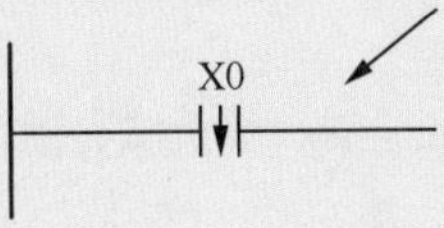 X0	LDF X0
ANDF（与脉冲）	串联触点，下升沿检测	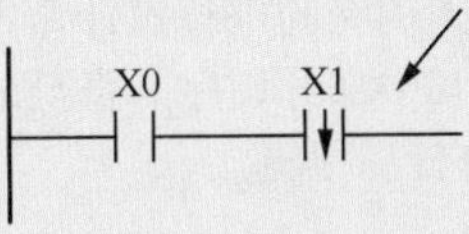 X0 X1	LD X0 ANDF X1
ORF（或脉冲）	并联触点，下升沿检测	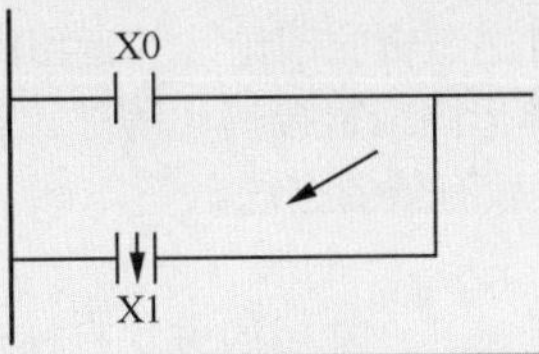 X0 X1	LD X0 ORF X1

表 19-7　输出型指令的功能、实例以及指令表达

基本指令	功能	实例（梯形图表示）	指令表达
OUT（输出）	驱动执行元件	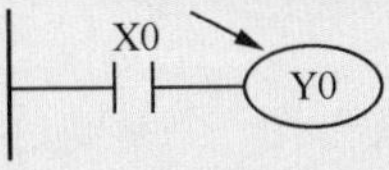 X0 Y0	LD X0 OUT Y0
INV（取反）	运算结果反转	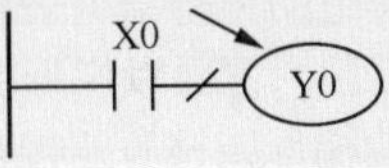 X0 Y0	LD X0 INV OUT Y0
SET（置位）	接通执行元件并保持	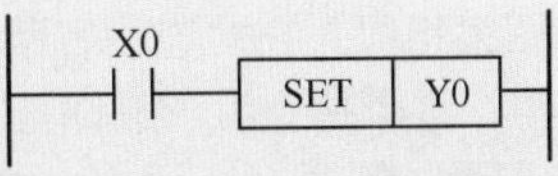 X0 SET Y0	LD X0 SET Y0
RST（复位）	消除元件的置位	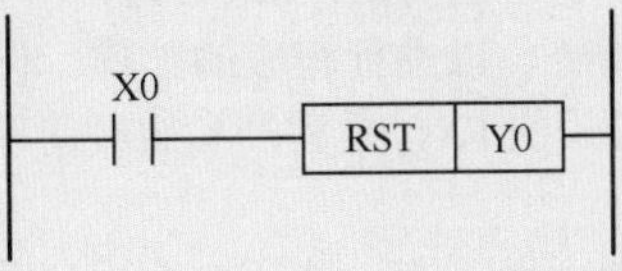 X0 RST Y0	LD X0 RST Y0
PLS（输出脉冲）	上升沿输出（只接通一个扫描周期）	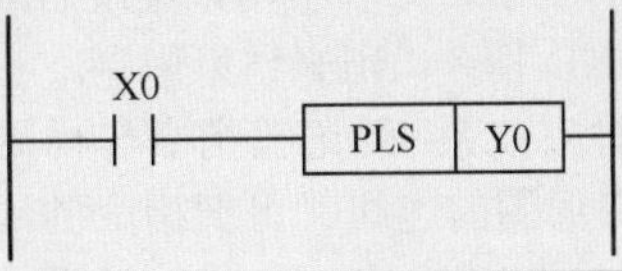 X0 PLS Y0	LD X0 PLS Y0
PLF（输出脉冲）	下降沿输出（只接通一个扫描周期）	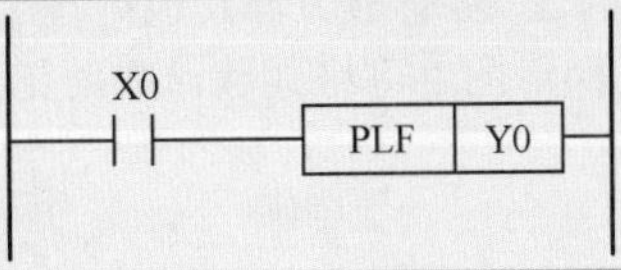 X0 PLF Y0	LD X0 PLF Y0

在 FX_{2N} 中，产生时钟脉冲功能的特殊继电器有 4 个：

M8011：触点作周期性振荡，产生 10ms 的时钟脉冲；

M8012：触点作周期性振荡，产生 100ms 的时钟脉冲；

M8013：触点作周期性振荡，产生 1s 的时钟脉冲；

M8014：触点作周期性振荡，产生 1min 的时钟脉冲。

普通型定时器（FX_{2N}）的地址、计时单位和时间设定值范围如表 19-8 所示。

表 19-8　普通型定时器的地址、计时单位和时间设定值范围（FX_{2N}）

地址号	数量	计时单位	时间设定值范围
T0 ~ T199	200 个	100ms（0.1s）	0.1s ~ 3276.7s
T200 ~ T245	46 个	10ms（0.01s）	0.01s ~ 327.67s

2　PLC 编程方法

常用的 PLC 编程方法有经验法、解析法、图解法。

（1）经验法。

经验法运用自己的或别人的经验进行设计。设计前选择与设计要求相类似的成功的案例，并进行修改，增删部分功能或运用其中部分程序，直至适合自己的情况。在工作过程中，可收集与积累这样成功的案例，从而不断丰富自己的经验。

（2）解析法。

可利用组合逻辑或时序逻辑的理论，并运用相应的解析方法，对其进行逻辑关系的求解，然后再根据求解的结果，画成梯形图或直接写出程序。解析法比较严密，可以运用一定的标准使程序优化，可避免编程的盲目性，是较有效的方法。

（3）图解法。

图解法是靠画图进行设计。常用的方法有梯形图法、波形图法及流程法。梯形图法是基本方法，无论是经验法还是解析法，要将 PLC 程序转化成梯形图，就要用到梯形图法。波形图法适合于时间控制电路，将对应信号的波形画出后，再依时间逻辑关系去组合，就可很容易把电路设计出。流程法是用框图表示 PLC 程序执行过程及输入条件与输出关系，在使用步进指令的情况下，用它设计是很方便的。

最常用的两种编程语言，一是梯形图，二是助记符语言表。采用梯形图编程直观易懂，但需要一台个人计算机及相应的编程软件；采用助记符语言表便于试验，因为它只需要一台简易编程器，而不必用昂贵的图形编程器或计算机来编程。下面以梯形图为例了解 PLC 编程。

梯形图：通过连线把 PLC 指令的梯形图符号连接在一起的连通图，用以表达所使用的 PLC 指令及其前后顺序，它与电气原理图很相似。它的连线有两种：母线和内部横竖线。内部横竖线把一个个梯形图符号指令连成一个指令组，这个指令组一般都是从装载（LD）指令开始；必要时再继以若干个输入指令（含 LD 指令），以建立逻辑条件；最后为输出类指令，实现输出控制，如数据控制、流程控制、通信处理、监控工作等指令，以进行相应的工作。母线是用来连接指令组的。三菱公司的 FX_{2N} 系列产品的最简单的梯形图示例如图 19-5 所示。

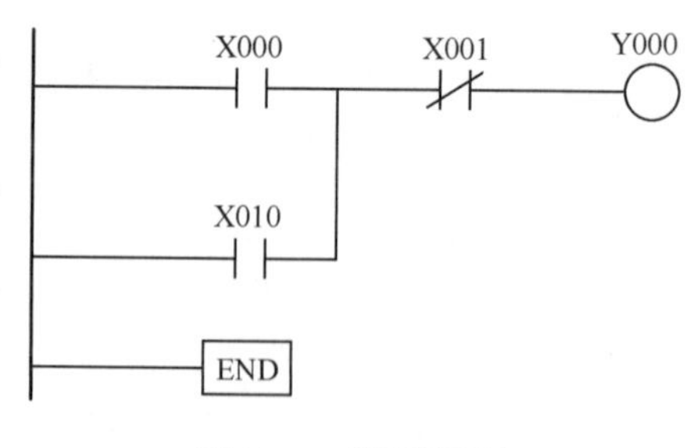

图 19-5　梯形图示例

图 19-5 中的梯形图有两组，第一组用来实现启动、停止控制。第二组仅有一个 END 指令，用来结束程序。

梯形图与助记符的对应关系：助记符指令与梯形图指令有严格的对应关系，而梯形图的连线又可把指令的顺序予以体现。顺序一般为：先输入，后输出（含其他处理）；先上，后下；先左，后右。有了梯形图就可将其翻译成助记符程序。图 19-5 的助记符程序为：

地址 指令　变量
0000 LD　X000
0001 OR　X010
0002 ANI　X001
0003 OUT　Y000
0004 END

反之，根据助记符程序，也可画出与其对应的梯形图。

梯形图与电气原理图的关系：如果仅考虑逻辑控制，梯形图与电气原理图也可建立起一定的对应关系。如梯形图的输出（OUT）指令，对应继电器的线圈；而输入指令（如 LD、AND、OR）对应于接点，等等。这样，原有的继电器控制逻辑经转换即可变成梯形图，再进一步转换，即可变成语句表程序。

19.2.2　可编程逻辑控制器设计的原则和内容

1　系统设计的原则

在进行 PLC 控制系统设计时，应遵循以下几个原则。

（1）尽量发挥 PLC 控制系统功能，满足被控对象的工艺要求。

（2）在满足控制要求和技术指标的前提下，使控制系统简单、经济、可靠。

（3）保证控制系统安全可靠。

（4）将控制系统的容量和功能预留一定的余量，便于以后的调整和扩充。

2　设计内容

（1）根据被控对象的特性和提出的要求，制订 PLC 控制系统的使用技术和设计要求，并编写设计任务书，完成整个控制系统的设计。

（2）参考相关产品的资料，选择开关种类、传感器类型、电气传动形式、继电器 / 接触器的容量以及电磁阀等执行机构，选择 PLC 的型号及程序存储器的容量，确定各种模块的数量。

（3）绘制 PLC 控制系统接线图。

（4）设计 PLC 应用程序。

（5）输入程序并进行调试，根据设计任务书进行测试，完成测试报告。

（6）根据工艺要求设计电气柜、模拟显示盘和非标准电器部件。

（7）编写设计说明书和使用说明书等设计文档。

19.2.3　可编程逻辑控制器设计的步骤

可编程逻辑控制器设计的步骤流程如图 19-6 所示。

（1）了解和分析被控对象的工艺条件，通过分析控制要求，确定被控对象的机构和运行过程，明确动作的逻辑关系（动作顺序、动作条件）和必须要加入的联锁保护及系统的操作方式（手动、自动）等。

（2）根据被控对象对 PLC 控制系统的技术指标要求确定所需输入 / 输出信号的点数，选择配置适当的 PLC 型号。

（3）设计 PLC 的输入 / 输出分配表。

（4）设计 PLC 控制系统梯形图程序，同时进行电气控制柜的设计和施工。

（5）将梯形图程序输入到 PLC 中。

（6）将程序输入 PLC 后，进行软件测试工作，排除程序错误。

（7）进行 PLC 控制系统整体调试，根据控制系统的组成，进行不同方案的联机调试。

（8）整个可编程逻辑控制器调试成功后，编写相关技术文档（包括 I/O 电气接口图、流程图、程序及注释文件、故障分析及排除方法等）。

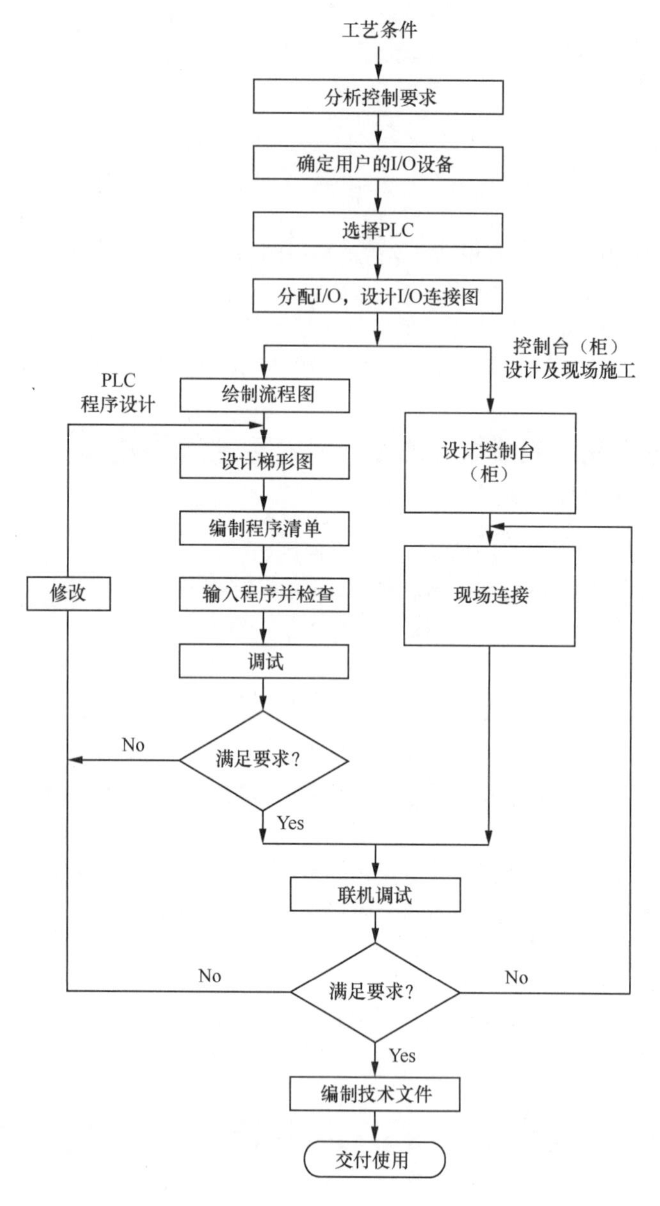

图 19-6　可编程逻辑控制器设计的步骤流程

19.3 可编程逻辑控制器的应用

19.3.1　电动机单向运转电路

电动机单向运转电路控制原理图如图 19-7 所示。电气控制的工作原理如下。

（1）电动机启动。

合上三相断路器 QF，按下控制回路启动按钮 SB2，接触器 KM 的线圈得电，三对常开主触点闭合，将电动机 M 接入电源，电动机开始启动。同时，与 SB2 并联的 KM 的常开辅助触点闭合，这样即使松开启动按钮 SB2，线圈 KM 通过其辅助触点也可以继续保持通电，维持吸合状态。

（2）电动机停止。

按下停止按钮 SB1，接触器 KM 的线圈失电，其主触点和辅助触点均断开，电动机脱离电源，停止运转。这时，即使松开停止按钮，由于自锁触点断开，接触器 KM 线圈不会再通电，电动机不会自行启动。只有再次按下启动按钮 SB2 时，电动机才能再次启动运转。

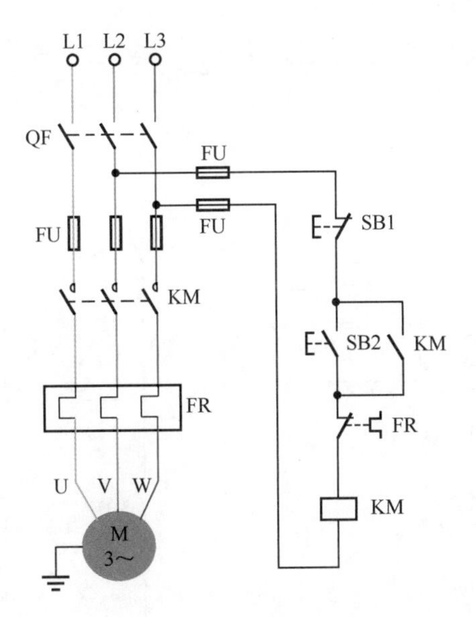

图 19-7　电动机单向运转电路控制原理图

根据确定的输入/输出设备及输入/输出点数，得到表 19-9 所示的 I/O 点分配表。

表 19-9　输入 / 输出设备及 I/O 点分配

输入			输出		
元件代号	功能	输入点	元件代号	功能	输出点
SB1	停止	X002			
SB2	启动	X001	KM	控制电机运转	Y000
FR	过载保护	X003			

电动机单向运转梯形图如图 19-8 所示。

不同的生产厂家所提供的 PLC 编程语言不同，但程序的表达方式大致相同，常用梯形图和指令表。如当 X001（SB2）接通时，Y000（KM）动作，驱动输出设备动作；当 X002（SB1）或 X003（FR）动作时，Y000（KM）动作，输出设备停止工作。

PLC 输入 / 输出整体功能示意图见图 19-9。

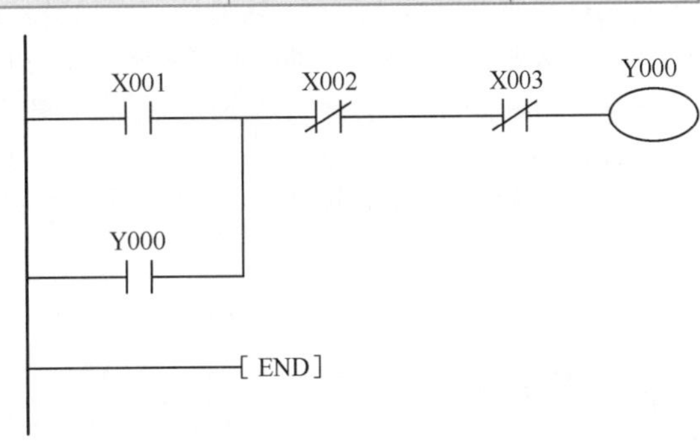

图 19-8　电动机单向运转梯形图

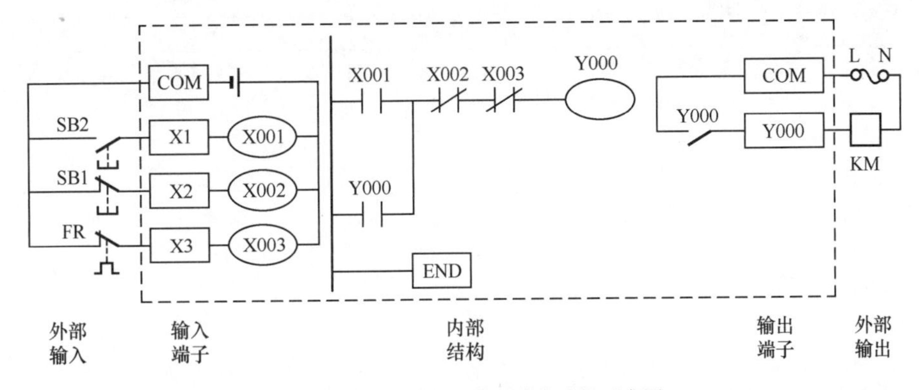

图 19-9　PLC 输入 / 输出整体功能示意图

19.3.2 电动机正、反转电路

电动机正、反转电路电气原理图如图 19-10 所示，电气控制的工作原理如下。

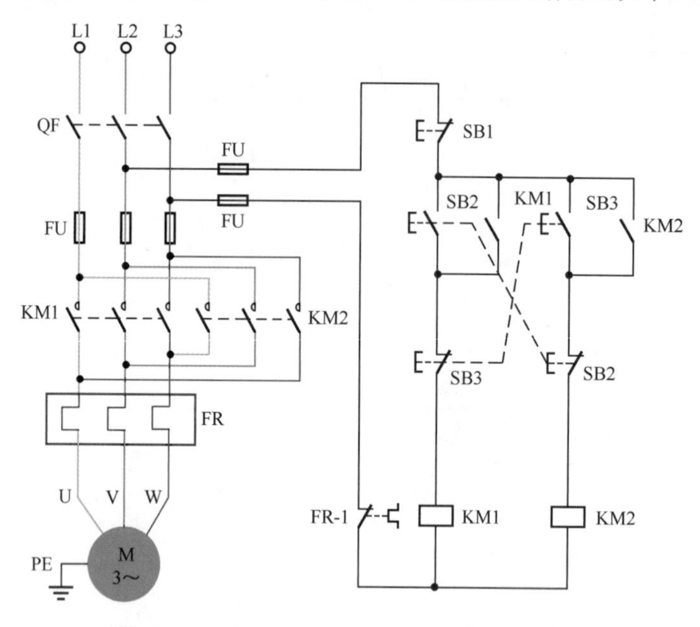

图 19-10　电动机正、反转电路电气原理图

（1）正转控制：合上断路器 QF，按下正转启动按钮 SB2，接触器 KM1 的线圈通电并吸合，其主触点闭合、常开辅助触点闭合并自锁，电动机正转。这时电动机所接电源相序为 L1-L2-L3。

（2）反转控制：按下反向启动按钮 SB3，此时 SB3 的常闭触点先断开正转接触器 KM1 的线圈电源，按钮 SB3 的常开触点才闭合，接通反转接触器 KM2 线圈的电源，辅助常开触点闭合并自锁，主触点闭合，电动机反转。这时电动机所接电源相序为 L3-L2-L1。

（3）如需要电动机停止，按下停止按钮 SB1 即可。

PLC 程序在软件中使用互锁功能并不可靠，因此需在硬件中添加互锁。地址分配表如表 19-10 所示，除了在硬件中添加互锁外，还需要添加一个热保护装置。

表 19-10　地址分配表

输入			输出		
元件代号	功能	输入点	元件代号	功能	输出点
SB1	停止	X002			
SB2	正向启动	X001	KM1	控制电机正转	Y000
SB3	反向启动	X003	KM2	控制电机反转	Y001
FR	过载保护	X004			

根据设备的具体功能与需求画出 PLC 梯形图，如图 19-11 所示，然后对其进行解析，即可得到编程代码。

设计得到的指令如下：

0 LD X001

1 OR Y000

2 ANI X002

3 ANI X003

4 ANI Y001

5 ANI X004

6 OUT Y000

7 LD X003
8 OR Y001
9 ANI X002
10 ANI X001
11 ANI Y000
12 ANI X004
13 OUT Y001
14 END

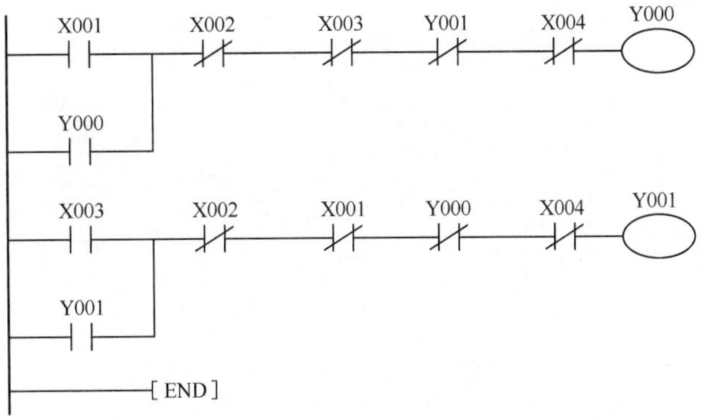

图 19-11 电动机正、反转 PLC 梯形图

在图 19-11 所示的梯形图中，PLC 外部按钮所控制的常开触点主要是左母线的第一等级以及第二等级的 X001 触点和 X003 触点，只需按钮便可使得 X001 或 X003 任意一个常开触点闭合，输出继电器 Y000 或继电器 Y001 就能通过相应线路形成闭合回路，进而使常开接触点 Y000 或 Y001 实现自锁功能的同时实现电动机的正、反转。停止功能通过 PLC 外部的按钮实现，按钮通过释放 X002 的常闭触点，使得继电器断电引发电动机停止运转。

19.3.3 电动机延时启动电路

电气控制的工作原理如下。

在图 19-7 所示的电机单向启动电路的基础上，PLC 内部增加继电器 M 和定时器 T 即可实现延时启动。梯形图和指令如图 19-12 所示。

0	LD	X001	
1	OR	M0	
2	ANI	X002	
3	ANI	X003	
4	OUT	M0	
5	LD	M0	
6	OUT	T0	K20
7	LD	T0	
8	ANI	X002	
9	OUT	Y000	
10	END		

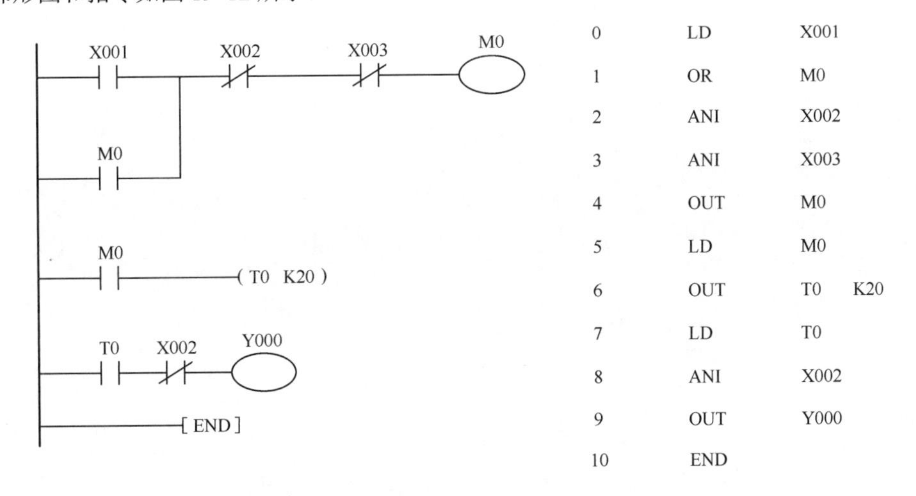

图 19-12 电动机延时启动梯形图和指令

在不改或少改变外部电路的基础上，仅在 PLC 内部改变程序即可实现设备的功能升级，极大地方便了用户、减少了投资、节省了时间。